University Physics

大学物理（第二版）
学习指导

主编 吴亚非

编者 （按音序排列）

梁麦林 刘新典 孟湛祥 吴亚非

高等教育出版社·北京

内容提要

本书是吴亚非主编的《大学物理》(第二版)教材的配套学习指导书。本书一方面概括总结了主教材所涉及的所有知识点、难点,并做了适当的扩展,另一方面对主教材中各章的思考题与习题给出了相应的参考解答。

本书将主教材涉及的全部内容归结为六类,每类对应一篇。在每篇中又分为学习指导、综合练习和解题参考三个部分。

本书可作为高等学校非物理专业大学物理课程的辅助教材,也可供社会读者阅读参考。

图书在版编目(CIP)数据

大学物理(第二版)学习指导 / 吴亚非主编. -- 北京:高等教育出版社,2018.3(2022.1重印)
ISBN 978-7-04-049405-1

Ⅰ.①大… Ⅱ.①吴… Ⅲ.①物理学-高等学校-教学参考资料 Ⅳ.①O4

中国版本图书馆 CIP 数据核字(2018)第 024456 号

DAXUE WULI(DI ER BAN) XUEXI ZHIDAO

| 策划编辑 | 李 颖 | 责任编辑 | 李 颖 | 封面设计 | 张志奇 | 版式设计 | 杜微言 |
| 插图绘制 | 杜晓丹 | 责任校对 | 李大鹏 | 责任印制 | 耿 轩 | | |

出版发行	高等教育出版社	网 址	http://www.hep.edu.cn
社 址	北京市西城区德外大街 4 号		http://www.hep.com.cn
邮政编码	100120	网上订购	http://www.hepmall.com.cn
印 刷	三河市吉祥印务有限公司		http://www.hepmall.com
开 本	787 mm×1092 mm 1/16		http://www.hepmall.cn
印 张	18.25		
字 数	440 千字	版 次	2018 年 3 月第 1 版
购书热线	010-58581118	印 次	2022 年 1 月第 4 次印刷
咨询电话	400-810-0598	定 价	33.90元

本书如有缺页、倒页、脱页等质量问题,请到所购图书销售部门联系调换
版权所有 侵权必究
物料号 49405-00

大学物理（第二版）学习指导

主编 吴亚非
编者 梁麦林 刘新典 孟湛祥 吴亚非

1. 计算机访问 http://abook.hep.com.cn/1253943，或手机扫描二维码、下载并安装 Abook 应用。
2. 注册并登录，进入"我的课程"。
3. 输入封底数字课程账号（20位密码，刮开涂层可见），或通过 Abook 应用扫描封底数字课程账号二维码，完成课程绑定。
4. 单击"进入课程"按钮，开始本数字课程的学习。

课程绑定后一年为数字课程使用有效期。受硬件限制，部分内容无法在手机端显示，请按提示通过计算机访问学习。

如有使用问题，请发邮件至 abook@hep.com.cn。

扫描二维码
下载 Abook 应用

http://abook.hep.com.cn/1253943

前言

"大学物理"不仅是高等学校许多专业的公共基础课,而且是一门启迪智慧、培养科学思维方法的重要课程。

物理学对客观事物的运动规律有着独特的科学分析方法,它善于从错综复杂的客观世界中,找出事物运动发展中最关键的要素,提炼出简洁而又代表其本质的物理模型,从总结其客观规律的"知其然"开始,向着"知其所以然"一路追踪下去,使整个宇宙在人们的眼前变成一幅越来越清晰的图像,为各种"创新"提供了思想的原动力。因此,物理学有着自己独特的、严谨的、科学的思维模式。

为了更好地帮助学生学好大学物理,同时也为教师备课提供方便,我们特意编写了这本与主教材配套的学习指导书。本书一方面概括总结了主教材所涉及的所有知识点、难点;另一方面对教材中的习题与思考题给出了参考解答。

在本书的编写工作中,梁麦林负责编写第一篇至第六篇中的学习指导与综合练习部分,以及第13、第14、第15章的解题参考;孟湛祥负责编写第1、第2、第9、第10章的解题参考;刘新典负责编写第3、第4、第11、第12章的解题参考;吴亚非负责编写第5、第6、第7、第8章的解题参考。

由于水平有限,书中难免有不当之处,衷心希望使用此书的老师和学生们批评指正。

编　者
2017 年 2 月

目 录

第一篇 力学 ········ 1
一、学习指导 ········ 1
二、综合练习 ········ 11
三、解题参考 ········ 20
    第1章 质点力学 ········ 20
    第2章 刚体力学基础 ········ 34

第二篇 热学 ········ 45
一、学习指导 ········ 45
二、综合练习 ········ 52
三、解题参考 ········ 67
    第3章 气体动理论 ········ 67
    第4章 热力学基础 ········ 77

第三篇 电磁学 ········ 87
一、学习指导 ········ 87
二、综合练习 ········ 105
三、解题参考 ········ 109
    第5章 静电场 ········ 109
    第6章 恒定磁场 ········ 129
    第7章 电磁感应 ········ 144
    第8章 麦克斯韦方程组 ········ 154

第四篇 振动与波动 ········ 159
一、学习指导 ········ 159
二、综合练习 ········ 166
三、解题参考 ········ 176
    第9章 振动 ········ 176
    第10章 波动 ········ 193

第五篇 光学 ········ 211
一、学习指导 ········ 211
二、综合练习 ········ 215
三、解题参考 ········ 234
    第11章 几何光学基础 ········ 234
    第12章 波动光学 ········ 235

第六篇 近代物理学 ········ 254
一、学习指导 ········ 254
二、综合练习 ········ 261
三、解题参考 ········ 267
    第13章 狭义相对论 ········ 267
    第14章 物质的波粒二象性 ········ 271
    第15章 量子力学基础 ········ 277

第一篇 力　　学

一、学习指导

力学问题 1　描述运动的四个物理量

位矢、位移、速度和加速度：

这四个物理量描述质点的位置和运动状态，它们都是矢量，在直角坐标系中表示为

$$r(t) = x\boldsymbol{i}+y\boldsymbol{j}+z\boldsymbol{k}$$
$$\Delta \boldsymbol{r} = \boldsymbol{r}_2 - \boldsymbol{r}_1 = \Delta x\boldsymbol{i}+\Delta y\boldsymbol{j}+\Delta z\boldsymbol{k}$$
$$\boldsymbol{v} = \frac{\mathrm{d}\boldsymbol{r}}{\mathrm{d}t} = \frac{\mathrm{d}x}{\mathrm{d}t}\boldsymbol{i}+\frac{\mathrm{d}y}{\mathrm{d}t}\boldsymbol{j}+\frac{\mathrm{d}z}{\mathrm{d}t}\boldsymbol{k} \tag{1.1}$$
$$\boldsymbol{a} = \frac{\mathrm{d}\boldsymbol{v}}{\mathrm{d}t} = \frac{\mathrm{d}v_x}{\mathrm{d}t}\boldsymbol{i}+\frac{\mathrm{d}v_y}{\mathrm{d}t}\boldsymbol{j}+\frac{\mathrm{d}v_z}{\mathrm{d}t}\boldsymbol{k}$$

位矢的大小是 $r = |\boldsymbol{r}| = \sqrt{x^2+y^2+z^2}$。位移的大小 $|\Delta \boldsymbol{r}|$ 一般不等于路程 Δs。无限小的位移表示为微分形式 $\mathrm{d}\boldsymbol{r} = \mathrm{d}x\boldsymbol{i}+\mathrm{d}y\boldsymbol{j}+\mathrm{d}z\boldsymbol{k}$；无限小位移的大小等于路程，即 $|\mathrm{d}\boldsymbol{r}| = \mathrm{d}s$。这是由于在无限小位移的情况下，两个点无限靠近，直线位移和曲线路程没有区别。无限小的位移沿轨道的切向，所以速度只有切向分量。

速度的大小或者速率是

$$v = |\boldsymbol{v}| = \left|\frac{\mathrm{d}\boldsymbol{r}}{\mathrm{d}t}\right| = \frac{\mathrm{d}s}{\mathrm{d}t} = \sqrt{v_x^2+v_y^2+v_z^2} \tag{1.2}$$

上式给出了速率与路程的关系，而速率可以由速度的各个直角分量求出。例如，对于抛物运动，水平和竖直方向的速度分量知道后，就可以由上式求出速率，再通过积分求出路程，该路程即是一段抛物线的长度。

自然坐标系：

在自然坐标系中，坐标以路程的形式表示，即 $s = s(t)$，速度和加速度的表达式为

$$\boldsymbol{v} = v\boldsymbol{e}_\mathrm{t} = \frac{\mathrm{d}s}{\mathrm{d}t}\boldsymbol{e}_\mathrm{t}$$
$$\boldsymbol{a} = a_\mathrm{t}\boldsymbol{e}_\mathrm{t}+a_\mathrm{n}\boldsymbol{e}_\mathrm{n} = \frac{\mathrm{d}v}{\mathrm{d}t}\boldsymbol{e}_\mathrm{t}+\frac{v^2}{\rho}\boldsymbol{e}_\mathrm{n} \tag{1.3}$$

通过切向分量和法向分量，同样能够得到加速度的大小。例如，一个质点做半径为 R 的圆周运动，路程与时间的关系为 $s=2t^2-t^4$（m），速率 $v=ds/dt=4t-4t^3$（m·s^{-1}），切向加速度 $a_t=dv/dt=4-12t^2$（m·s^{-2}），法向加速度 $a_n=v^2/R=(4t-4t^3)^2/R$（m·s^{-2}）；再如质点做斜抛运动，在最高点处，加速度只有法向分量，数值为重力加速度 g，而速度只有水平分量，由速度的水平分量 v_{0x} 和重力加速度可以得到此处的曲率半径 $\rho=v_{0x}^2/g$。

平面极坐标系：

在平面极坐标系中，质点的位置矢量、速度矢量的表达式为

$$\boldsymbol{r} = r\boldsymbol{e}_r$$
$$\boldsymbol{v} = v_r\boldsymbol{e}_r + v_\theta\boldsymbol{e}_\theta = \frac{\mathrm{d}r}{\mathrm{d}t}\boldsymbol{e}_r + r\frac{\mathrm{d}\theta}{\mathrm{d}t}\boldsymbol{e}_\theta \tag{1.4}$$

式中，v_r 称为径向速度，v_θ 称为横向速度或角向速度。加速度表达式较为复杂，此处从略。

由位矢求速度、加速度是通过逐次求导数进行的；反过来，由加速度求速度、位矢则要通过逐次积分来进行。由于是矢量，积分时要按坐标系的每个分量分别进行积分。

力学问题 2　矢量的特性和运算

在大学物理中，经常或者说到处都有矢量的身影。熟悉并掌握矢量的运算是非常重要的。大学物理中会涉及矢量的以下一些主要性质。

矢量的表示方法：

矢量既有大小又有方向，**一个矢量有三种表示方法：与具体坐标系无关的抽象表示；大小乘以方向矢量（沿矢量方向的单位矢量）的表示；在具体坐标系中按分量的表示。**例如重力加速度，如果写成 $\boldsymbol{a}=g(-\boldsymbol{j})$，则等式左边是一个矢量的抽象表示，与具体的坐标系无关，等式右边表示加速度的大小为 g，而方向沿 y 轴的负向；如果写成 $\boldsymbol{a}=-g\boldsymbol{j}$，我们说加速度的 y 分量是 $-g$。弹性力也可以写成 $\boldsymbol{F}=kx(-\boldsymbol{i})=-kx\boldsymbol{i}$，第一个等号的左边是力的抽象表示，右边表明弹性力的大小是 kx，方向沿 x 轴的负向；第二个等号右边表示弹性力的 x 分量是 $-kx$。万有引力、库仑力也有这样的三种表示形式：

$$\boldsymbol{F} = -G\frac{m_1 m_2}{r^2}\boldsymbol{e}_r = -G\frac{m_1 m_2}{r^3}(x\boldsymbol{i}+y\boldsymbol{j}+z\boldsymbol{k}) \tag{1.5}$$

$$\boldsymbol{F} = k\frac{q_1 q_2}{r^2}\boldsymbol{e}_r = k\frac{q_1 q_2}{r^3}(x\boldsymbol{i}+y\boldsymbol{j}+z\boldsymbol{k}) \tag{1.6}$$

从数学上看，这两种力的形式完全相同，因此有共同的性质，都是保守力。位矢、位移、速度、加速度四个矢量都可以有三种表示形式。

矢量的标量积（点积）和分解（投影）：

矢量的另一个性质是分解或者投影，可以用单位矢量与一个矢量的点积去完成。例如，$\boldsymbol{i}\cdot\boldsymbol{v}=v_x$ 得到速度的 x 分量，也是速度在 x 轴上的投影。由于速度沿轨道的切向，所以与法向方向的单位矢量点积是零，即 $\boldsymbol{e}_n\cdot\boldsymbol{v}=0$。元功是力与无限小位移的点积：

$$\mathrm{d}W = \boldsymbol{F}\cdot\mathrm{d}\boldsymbol{r} = F_t\mathrm{d}s \tag{1.7}$$

写出上式用到了结果 $\mathrm{d}\boldsymbol{r}=\mathrm{d}s\boldsymbol{e}_t$，即无限小位移沿切向、大小为无限小路程。$\boldsymbol{F}\cdot\boldsymbol{e}_t=F_t$ 是力在切向

方向的投影或者分解。式（1.7）表明只有切向的力做功，法向的力不做功。洛伦兹力就是法向的力，不对电荷做功。如果质点在向心力场中做圆周运动，那么向心力一致保持为法向的力，因而不做功，质点的速度大小保持不变。

无限小位移在径向方向的投影是一个非常有用的结果：

$$e_r \cdot dr = dr \tag{1.8}$$

这一关系在计算万有引力做功、库仑力做功，或者计算点电荷的电势能等具有球对称或者柱对称等相关问题时非常有效。

在几何问题中，柱体的体积可以表示成底面面积矢量与高度矢量的点积。

矢量的矢量积（叉积）：

大学物理中还经常用到矢量的矢量积运算。两个矢量的矢量积 $A \times B$ 是一个矢量，方向按右手螺旋定则给出：将右手四指由第一个矢量 A 转向第二个矢量 B，则右手拇指的方向即为矢量积 $A \times B$ 的方向。$A \times B$ 的方向垂直于两个矢量所决定的平面。矢量积 $A \times B$ 的大小为 $AB\sin\theta$，其中 θ 是两个矢量的夹角。如果两个矢量平行或者反平行，则两个矢量的矢量积为零。力矩、角动量、洛伦兹力、电流产生的磁场等都与矢量积有关。

三角形的面积可以用矢量积算出。如图 1.1 所示的三角形面积是

$$\frac{1}{2}|\overrightarrow{AB} \times \overrightarrow{BC}| = \frac{1}{2}|\overrightarrow{BC} \times \overrightarrow{CA}| = \frac{1}{2}|\overrightarrow{CA} \times \overrightarrow{AB}| \tag{1.9}$$

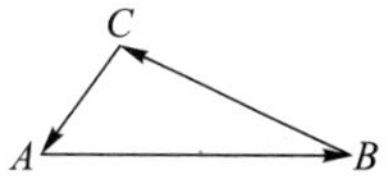

图 1.1 矢量的矢量积

当卫星绕着地球转动或者地球绕着太阳转动时，dt 时间内的位移是 dr，位矢扫过的面积是 $\frac{1}{2}|r \times dr|$。单位时间内扫过的面积就是 $\frac{1}{2}\frac{|r \times dr|}{dt} = \frac{1}{2}|r \times v|$。我们知道对于这样的系统，角动量是守恒的，而角动量是 $r \times mv$。所以位矢在单位时间内扫过的面积是恒定值，即相同时间内位矢扫过的面积相等。

力学问题 3　相互垂直方向运动的独立性

在相互垂直的方向，位移、速度和加速度是相互独立的，例如：

$$v_x = \frac{dx}{dt}, \quad a_x = \frac{dv_x}{dt}; \quad v_y = \frac{dy}{dt}, \quad a_y = \frac{dv_y}{dt}; \quad v_z = \frac{dz}{dt}, \quad a_z = \frac{dv_z}{dt} \tag{1.10}$$

这实际上源于牛顿第二定律的线性形式。如果质点质量不变，则牛顿第二定律是 $F = ma$。用单位矢量点乘牛顿定律的两边会得到牛顿定律的分量形式：

$$F_x = ma_x, \quad F_y = ma_y, \quad F_z = ma_z \tag{1.11}$$

某一方向的加速度只与该方向上的力有关，与垂直方向的力无关，因此各个方向的加速度是相互独立的，这就引出了相互垂直方向上运动的独立性。如果牛顿定律不是线性的，则垂直方向的运动就不会是相互独立的。

物体运动的动能、外力做的功等，也可以写成各个方向相关量的和：

$$E_k = \frac{1}{2}mv_x^2 + \frac{1}{2}mv_y^2 + \frac{1}{2}mv_z^2 \tag{1.12}$$

$$dW = F_x dx + F_y dy + F_z dz \tag{1.13}$$

某一方向的功只改变对应方向的动能，就好像动能、做功也可以分解到不同方向一样。

力学问题 4　牛顿第二定律的一般形式和力学中的三个定理

牛顿第二定律的一般形式为

$$F = \frac{dp}{dt}, \quad p = mv \tag{1.14}$$

这一表达式适用于单个和多个质点系统。当外力为零时，动量不变，得到动量守恒的结论。如果质量是可变的，从 $F = ma$ 不能得到动量守恒的结论，而只能得到外力为零时速度不变的结论。说明牛顿第二定律的一般形式 $F = dp/dt$ 比 $F = ma$ 更具普遍意义。

从牛顿第二定律出发，可以得到力学中的三个定理，即动量定理、动能定理和角动量定理，它们的微分、积分形式分别为

$$dI = Fdt = dp, \quad I = \int_{t_1}^{t_2} Fdt = p_2 - p_1 \tag{1.15}$$

$$dW = F \cdot dr = dE_k, \quad W = \int_{(1)}^{(2)} F \cdot dr = E_{k2} - E_{k1} \tag{1.16}$$

$$Mdt = dL, \quad \int_{t_1}^{t_2} Mdt = L_2 - L_1 \tag{1.17}$$

式中，$M = r \times F$ 为力矩，$L = r \times p$ 为角动量。由式（1.15）知，当合外力 $F = 0$ 时，系统动量 p 守恒。由式（1.17）知，当合外力矩 $M = 0$ 时，系统角动量 L 守恒。

作用力按照做功的特点可以分为两种：保守力和非保守力。**保守力做功与路径无关，或者沿一个闭合路径，保守力做功是零**。根据保守力的这一特点，保守力做的功能够表示成一个函数在两点处的差值，这一函数被称为势能：

$$\begin{aligned} dW_{\text{保}} &= F_{\text{保}} \cdot dr = -dE_p \\ W_{\text{保}} &= \int_{(1)}^{(2)} F_{\text{保}} \cdot dr = -(E_{p2} - E_{p1}) = E_{p1} - E_{p2} \end{aligned} \tag{1.18}$$

根据此定义，保守力做功等于势能的减少。由于势能的差等于保守力做的功，因此势能的绝对大小没有意义，可以选择任何一点的势能为零，该点称为势能的参考点。常见的势能有重力势能、弹性势能和万有引力势能，静电学中还有电势能。

[例题 1.1] 万有引力的功和万有引力势能

根据功的定义，可以直接算出万有引力的功：

$$\begin{aligned} W &= \int_{(1)}^{(2)} F \cdot dr = \int_{(1)}^{(2)} \left(-G \frac{m_1 m_2}{r^2} e_r \cdot dr \right) = \int_{(1)}^{(2)} \left(-G \frac{m_1 m_2}{r^2} dr \right) \\ &= G \frac{m_1 m_2}{r_2} - G \frac{m_1 m_2}{r_1} = E_{p1} - E_{p2} \end{aligned}$$

做功与路径无关，这是保守力的特点。上式可以改写为

$$E_{p1} = E_{p2} + G \frac{m_1 m_2}{r_2} - G \frac{m_1 m_2}{r_1}$$

选择 r_2 点的势能 E_{p2} 为零，就得到了任意一点的势能。如果 r_2 无限大，就是选择无限远处为势能零点或者参考点，此时万有引力势能为

$$E_{p1} = -G\frac{m_1 m_2}{r_1}$$

如果选择 r_2 为有限值（如 $r_2 = r_0$），那么万有引力势能为

$$E_{p1} = G\frac{m_1 m_2}{r_0} - G\frac{m_1 m_2}{r_1}$$

无论选择哪一点的势能为零，被改变的只是势能本身的大小，但两点间的势能差不会改变。当然，此问题不能选择原点即 $r_2 = 0$ 处为势能零点，因为此处势能为无限大，出现发散现象。

[例题1.2] 弹性力的功与弹性势能

有一个轻质弹簧，其弹性力不服从胡克定律。该弹簧的弹性力 F 与弹簧形变 x 的关系为 $F = -kx - x^3/3$，问该力是不是保守力？如果是，对应的弹性势能是多少？

在 x_1、x_2 两点之间该力做的功为

$$W = \int_{x_1}^{x_2} F\mathrm{d}x = \int_{x_1}^{x_2} (-kx - x^3/3)\mathrm{d}x = -\frac{1}{2}\left(kx^2 + \frac{1}{6}x^4\right)\Bigg|_{x_1}^{x_2}$$

可见，该力做功与路径无关，所以是保守力。取平衡点（即 $x = 0$）处势能为零，则 x 处系统的势能为

$$E_p = \frac{1}{2}\left(kx^2 + \frac{1}{6}x^4\right)$$

系统动能与势能之和 $E = E_k + E_p$ 称为机械能。当只有保守力做功时，系统的机械能守恒。另一等价说法是，当外力和非保守内力做功之和等于零时，系统机械能守恒。

力学问题5　变力和变质量问题的求解

[例题1.3] 力是速度的函数

$$F(v) = m\frac{\mathrm{d}v}{\mathrm{d}t} \tag{1.19}$$

若在一个方程中有两个变量，为了得到两个变量之间的关系，就需要分离变量，即将两个变量分别移到方程的两边，然后积分得到结果。例如对式（1.19）有

$$\mathrm{d}t = m\frac{\mathrm{d}v}{F(v)}, \quad \int \mathrm{d}t = \int m\frac{\mathrm{d}v}{F(v)} + C \tag{1.20}$$

上式中的积分常量 C 需要由初始条件定出。式（1.20）用的是不定积分，也可以用定积分处理，将式（1.20）写成

$$\int_{v_0}^{v} m\frac{\mathrm{d}v}{F(v)} = \int_0^t \mathrm{d}t = t$$

式中，v_0 对应 $t = 0$ 时的速度。

[例题1.4] 力是坐标的函数

$$F(x) = m\frac{\mathrm{d}v}{\mathrm{d}t} \tag{1.21}$$

此方程中出现了三个变量——坐标、速度和时间，分离变量出现了困难。为使方程中只有两个变量，可以在等式两边同乘 $\mathrm{d}x$，得到

$$F(x)dx = m\frac{dv}{dt}dx = mvdv \tag{1.22}$$

这样就可以消去一个变量，然后两边积分即可得到预期的结果：

$$\int_{x_0}^{x} F(x)dx = \int_{v_0}^{v} mvdv$$

式中，x_0、v_0 分别对应 $t=0$ 时的坐标、速度。该式的积分结果实际上是一维动能定理。

[**例题 1.5**] 外力不存在，质量随时间变化

$$0 = \frac{d(mv)}{dt} \tag{1.23}$$

此式表示 $mv = p_0$ 是常量。质量增加时，速度减小，与实际一致。如果用 $F = ma = 0$，则得不到这样的结果。这说明牛顿第二定律的一般形式（1.14）应用范围更广。

力学问题 6　刚体的定轴转动

角量与线量的关系：

刚体在做定轴转动时，刚体上的各个点都在做圆周运动，用角量能够统一描述刚体的定轴转动。角速度和角加速度分别为

$$\omega = \frac{d\theta}{dt}, \quad \beta = \frac{d\omega}{dt} \tag{1.24}$$

距离转轴 r 处一点转过的弧长、速率以及切向和法向加速度为

$$s = \theta r, \quad v = \omega r, \quad a_t = \frac{dv}{dt} = r\beta, \quad a_n = \frac{v^2}{r} = \omega^2 r \tag{1.25}$$

刚体定轴转动定律与角动量定理：

对于定轴转动，刚体的角速度、角加速度都是沿转轴的方向，刚体定轴转动的角动量可以写成 $L = I\omega$，也是沿转轴的方向，于是角动量定理式（1.17）转化为刚体的定轴转动定律：

$$M = I\beta, \quad I = \sum_i m_i r_i^2 \tag{1.26}$$

上式中的力矩亦沿转轴方向，其他方向的力矩对于绕该轴的转动没有影响。力矩可以改变转动的状态，只有力而没有力矩，转动的状态是不会被改变的。对于一个初始时刻静止的刚体，当其所受力的力矩为零时，刚体是不会转动的。

由于刚体定轴转动只有两个转向，所以有关定轴转动的公式均以标量形式给出，若一个方向取正值，则另一个方向就取负值。

如将角动量定理式（1.17）应用于刚体，当刚体所受合外力矩为零时，刚体角动量守恒。地球自转一周的时间保持 24 小时，就是角动量守恒的反映。地球绕太阳年复一年地公转，而且周期几乎不变，也反映了该系统的角动量守恒。

另外，角动量守恒定律对非刚体也是成立的。这是因为角动量定理式（1.17）可以改写为 $M = dL/dt$，当合外力矩 $M = 0$ 时，角动量 L 守恒；对于定轴转动，就有 $I_1\omega_1 = I_2\omega_2$，转动惯量减小，角速度增加。例如，花样滑冰运动员旋转角速度的改变就是通过改变自身转动惯量实现的。而由转动定律 $M = I\beta$，则只能得到角速度不变的结论。说明角动量定理 $M = dL/dt$ 比转动定律 $M = I\beta$ 更具普遍意义。就像前文所述，牛顿第二定律的一般形式 $F = dp/dt$ 比 $F = ma$ 更具

普遍意义。

刚体定轴转动动能定理：

刚体做定轴转动时，刚体上的各个点都在做圆周运动，力对刚体做功可以用力矩与角位移表示。采用自然坐标系，可以得到这一结果：

$$dW = \boldsymbol{F} \cdot d\boldsymbol{r} = (F_n\boldsymbol{e}_n + F_t\boldsymbol{e}_t) \cdot ds\boldsymbol{e}_t = F_t r d\theta = M d\theta \tag{1.27}$$

将定轴转动定律式（1.26）代入式（1.27），得到刚体定轴转动动能定理微分、积分形式为

$$dW = M d\theta = I\beta d\theta = I\omega d\omega = dE_k$$

$$W = \int_{\theta_1}^{\theta_2} M d\theta = \int_{\omega_1}^{\omega_2} I\omega d\omega = E_{k2} - E_{k1} \tag{1.28}$$

式中，$E_k = \dfrac{1}{2}I\omega^2$ 为刚体做定轴转动的动能。

力学问题 7 刚体转动惯量及相关定理

刚体转动惯量及决定因素：

刚体定轴转动惯量定义为

$$I = \sum_i m_i r_i^2, \quad I = \int r^2 dm \tag{1.29}$$

求和式适用于质量离散分布的情况，积分式适用于质量连续分布的情况。由定义可知，决定刚体转动惯量的因素有三个：① 刚体的总质量；② 刚体的质量分布；③ 转轴的位置。求和或积分决定了转动惯量具有可加性，如果第一个物体相对某转轴的转动惯量为 I_1，第二个物体相对同一转轴的转动惯量为 I_2，则两物体相对该轴的总转动惯量为 $I = I_1 + I_2$。

有关转动惯量的两个定理：

平行轴定理公式为

$$I = I_C + md^2 \tag{1.30}$$

式中，I_C 为刚体绕通过自身质心转轴的转动惯量，I 为刚体绕与质心轴平行的转轴的转动惯量，d 为两轴间距，m 为刚体质量。

正交轴定理公式为

$$I_z = I_x + I_y \tag{1.31}$$

此式适用于薄板状刚体，其中 I_x、I_y 分别为位于薄板上两个彼此垂直转轴的转动惯量，I_z 为垂直于薄板且通过板内两轴交点的转轴的转动惯量。

应用这两个定理，在有些情况下可以简化对转动惯量的计算。

力学问题 8 刚体定轴转动问题的求解

[例题 1.6] 转动圆盘的摩擦力矩

如图 1.2 所示，半径为 R、质量为 m 的匀质圆盘在水平桌面上转动，求摩擦力矩。

解：摩擦力沿切向，力的作用点即半径各不相同，因此需要积分求解。计算积分要分三步进行：

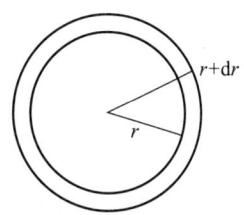

图 1.2 转动圆盘的摩擦力矩

第一步,分析清楚问题,设置合理的坐标系或者选择合适的变量。这是个平面问题,选择二维坐标系,径向坐标为 r,质量面密度为

$$\sigma = m/(\pi R^2)$$

第二步,选择积分微元,计算出与微元相关的量,这是关键一步。选择面积微元为 r 到 $r+\mathrm{d}r$ 的圆环,面积为 $\mathrm{d}A = 2\pi r \mathrm{d}r$,质量为 $\mathrm{d}m = \sigma \mathrm{d}A = 2\sigma \pi r \mathrm{d}r$,所受的重力为 $g\mathrm{d}m = 2\sigma g \pi r \mathrm{d}r$,摩擦力为 $\mathrm{d}F_\mathrm{f} = \mu g \mathrm{d}m = 2\mu g \sigma \pi r \mathrm{d}r$,相对通过圆盘中心且垂直圆盘转轴的摩擦力矩为 $\mathrm{d}M = r\mathrm{d}F_\mathrm{f} = 2\mu g \sigma \pi r^2 \mathrm{d}r$。

第三步,积分得到总的摩擦力矩为

$$M = \int \mathrm{d}M = \int_0^R 2\mu g \sigma \pi r^2 \mathrm{d}r = \frac{2}{3}\mu m g R$$

这是阻力矩,会使圆盘转速逐渐减小,最后停止。

[**例题 1.7**] 质点和刚体的组合力学系统

质点运动可用牛顿第二定律处理。如果系统中存在刚体,还要考虑刚体的转动定律。求解相关问题的基本过程是:① 分析系统中各个质点和刚体受到的力。② 列出质点运动的牛顿第二定律方程以及各个刚体的转动定律方程。注意,对于刚体,影响其运动状态的是力矩而不是力。列方程时还要考虑到无滑动条件,即刚体边缘的切向加速度(或称线加速度)等于质点的加速度,而线加速度等于刚体的半径乘以刚体的角加速度。③ 联立求解所得方程组就会得到刚体转动的角加速度或者质点运动的加速度。对于单轴问题,先求刚体的角加速度较为方便;而对于双轴问题,先求质点的加速度较为方便。最后解决其他相关问题,如转动的时间,质点运动的距离、速度等。

单轴问题:

如图 1.3 所示,两个半径分别为 R_1 和 R_2($R_1 < R_2$)的滑轮黏合在一起,在半径为 R_1 的滑轮右端通过缠绕的轻绳悬挂一质量为 m_1 的物体,另有一轻绳跨过半径为 R_2 的滑轮,右端悬挂质量为 m_2 的物体,左端有一力 F 向下拉动滑轮,如果绳子与滑轮之间没有相对滑动,求滑轮转动的角加速度。

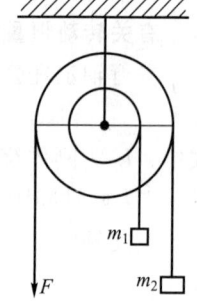

图 1.3 单轴问题

解: 首先要分析受力。设与 m_1 和 m_2 连接的绳子中的张力分别为 $F_{\mathrm{T}1}$ 和 $F_{\mathrm{T}2}$,每个物体受到两个力——重力和张力;影响滑轮转动的力矩由拉力 F 和两个绳子中的张力 $F_{\mathrm{T}1}$ 和 $F_{\mathrm{T}2}$ 产生。其次,列出动力学方程。以滑轮逆时针转动为运动正方向,物体服从牛顿第二定律:

$$F_{\mathrm{T}1} - m_1 g = m_1 R_1 \beta$$
$$F_{\mathrm{T}2} - m_2 g = m_2 R_2 \beta$$

式中,$R_1\beta = a_1$、$R_2\beta = a_2$ 分别为两个质点的线加速度。滑轮服从刚体定轴转动定律:

$$FR_2 - F_{\mathrm{T}1}R_1 - F_{\mathrm{T}2}R_2 = I\beta$$

式中,$I = I_1 + I_2$ 是两滑轮的总转动惯量。联立上述三个方程,得到滑轮角加速度为

$$\beta = (FR_2 - m_1 g R_1 - m_2 g R_2)/(I + m_1 R_1^2 + m_2 R_2^2)$$

进一步可以得到绳子中的张力、质点的加速度等。注意:单轴问题先求解角加速度比较方便。

双轴问题:

如图 1.4 所示,一根轻绳跨过两个半径分别为 r 和 R 的定滑轮,右端悬挂质量为 m 的物

体，左端有一力 F 向下拉绳。设绳子与滑轮之间没有相对滑动，求两个滑轮转动的角加速度。

解：首先要分析受力的情况。设两个滑轮之间的绳子中的张力为 F_{T1}，右端连接物体 m 的绳子中的张力为 F_{T2}，物体受向下的重力的作用。其次，列出动力学方程。以滑轮逆时针转动为运动正方向，物体服从牛顿第二定律：

$$F_{T2}-mg=ma$$

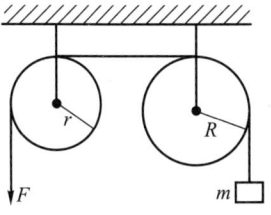

图 1.4 双轴问题

两个滑轮服从刚体定轴转动定律：

$$Fr-F_{T1}r=I_1(a/r)$$
$$F_{T1}R-F_{T2}R=I_2(a/R)$$

式中，$a/r=\beta_1$、$a/R=\beta_2$ 分别是两个滑轮的角加速度，a 是滑轮边缘的线加速度或称为切向加速度，也是物体的加速度。联立上述三式，得到线加速度为

$$a=(F-mg)/(m+I_1/r^2+I_2/R^2)$$

进一步可以得到每个滑轮的角加速度、绳子中的张力等。注意：对于双轴或者多轴系统先求线加速度比较方便。

力学问题 9　相对运动

相对运动涉及三个物体，分别设为 A、B、C，三个物体间的相对速度满足以下关系式：

$$\boldsymbol{v}_{\text{A对C}}=\boldsymbol{v}_{\text{A对B}}+\boldsymbol{v}_{\text{B对C}}$$

实际问题 1：滚动车轮边缘相对于大地的速度。如图 1.5 所示，轮子上边缘的辐条看不清楚，而下面的非常清楚。假设轮子边缘的某一点叫作 A，车轴叫作 B，大地叫作 C。当一个人骑车向前走时，车轴向前行进的速度就是人前进的速度，记为 $v_C=v_{\text{B对C}}$。以车轴为参考系，车轮边缘各处的速率相同。如果车轮与地面间没有滑动，那么车轮边缘一点相对车轴的速率也是 v_C，即 $v_{\text{A对B}}=v_C$（车轴前进一个车轮周长的距离，接触地面的点会转动一圈，所以轮子边缘的速率等于车轴的速率）。站在地上观看车轮，根据相对运动速度关系式，轮子上边缘的速度为

图 1.5　车轮边缘的速度

$$\boldsymbol{v}_{\text{A对C}}=\boldsymbol{v}_{\text{A对B}}+\boldsymbol{v}_{\text{B对C}}=2\boldsymbol{v}_C$$

而车轮与地面接触点的速度为

$$\boldsymbol{v}_{\text{A对C}}=\boldsymbol{v}_{\text{A对B}}+\boldsymbol{v}_{\text{B对C}}=-\boldsymbol{v}_C+\boldsymbol{v}_C=0$$

相对于地面，车轮上边缘的速度是车轴速度的两倍，车轮下边缘的速度是零。

实际问题 2：相向运动的火车上的人总是觉得对面的火车快。如果两列火车相对于地面的速度都相同，那么一列火车上的人看另一列火车的速度是该速度的两倍，所以会觉得对面的列车要比自己所在列车快得多。

力学问题 10　重力势能与万有引力势能

重力势能与万有引力势能的形式分别为

$$E_p = mgh, \qquad E_p = -G\frac{mm'}{r} \qquad (1.32)$$

一般来讲，重力势能的势能零点选在地球表面，而万有引力势能的势能零点选在无限远处。利用近似关系，有

$$\frac{1}{r} = \frac{1}{R+h} = \frac{1}{R(1+h/R)} \approx \frac{1}{R}\left(1-\frac{h}{R}\right) \qquad (1.33)$$

这里 R 是地球的半径，并且假设 $h \ll R$，万有引力势能因此可以写为

$$E_p = -G\frac{mm'}{R}\left(1-\frac{h}{R}\right) = -G\frac{mm'}{R} + mgh \qquad (1.34)$$

式中，$g = Gm'/R^2$ 是重力加速度。如果让地球表面的势能为零，则万有引力势能变为重力势能。也就是说，重力势能的形式只有对于地球表面附近的质点才成立。

卫星在地球上方 R 处，卫星与地球的相互作用势能不能写成重力势能，而只能是万有引力势能 $E_p = -Gmm'/(2R)$。

势能与两个物体有关，反映了它们之间的相互作用。万有引力势能是两个物体（天体）之间的势能，重力势能是物体与地球之间的势能。

力学问题 11　非惯性系

相对于惯性系（静止或匀速直线运动的参考系）做加速运动的参考系称为非惯性参考系。地球有自转和公转，我们在地球上所观察到的各种力学现象，实际上是非惯性系中的力学问题。

加速平动参考系中的惯性力：

牛顿定律不适用的参考系称为非惯性系，加速平动参考系就是非惯性系。在非惯性系中物体会受到惯性力的作用。当人们坐在车上，以车为参考系时，发现当车向前加速启动时，车上的物体居然可以无缘无故地向后加速运动，似乎有一个力作用在物体之上，这是一个什么力呢？它具有什么性质呢？施力物体是什么？无论我们怎样努力寻找，始终无法把这个力的施力物体找出来。为了弄清楚原因，我们下了车，在地面上以地面为参考系再来观察一番，这时我们恍然大悟，原来当车加速启动时，车上的物体就会相对于车厢反向加速运动起来，相对于地面，物体其实并没有发生运动而是保持静止状态，物体并没有受到力的作用，当然我们找不到施力物体了。可见，在不同参考系上观察物体的运动，观察的结果会截然不同！

一个物体在非惯性参考系中似乎在力作用下发生了加速运动，可是找不到其施力物体。为了使牛顿第二定律依然成立，人们假设了物体受到一个力的作用，这个力由物体质量与非惯性参考系加速度乘积的负值决定，但是由于找不到施力物体，人们认为这不是一个真实存在的力，而是一个虚构的力，把这个力称为"惯性力"，其数学形式为 $-ma$。

惯性离心力与科里奥利力：

匀速转动参考系也是非惯性系。在匀速转动参考系中，质量为 m 的物体会受到惯性离心力 $-ma_n$ 的作用，式中 a_n 是转动参考系的向心加速度。如果物体在转动参考系中运动，还会受到科里奥利力的作用，该力的数学形式为 $\boldsymbol{F}_C = 2m\boldsymbol{v}' \times \boldsymbol{\omega}$，式中 $\boldsymbol{v}'$ 是物体 m 在转动参考系中的速度，$\boldsymbol{\omega}$ 是转动参考系自身的角速度。该力类似于洛伦兹力 $\boldsymbol{F} = q\boldsymbol{v} \times \boldsymbol{B}$，转动参考系的角速度起到

磁场的作用。所以,质点在科里奥利力作用下的运动类似于带电粒子在磁场中的运动。惯性离心力和科里奥利力都是人们为了要在转动参考系中应用牛顿定律而人为虚构的"惯性力",它们都找不到施力物体。重力加速度随地球纬度的变化以及傅科摆实验是验证它们存在的真实案例。

二、综合练习

1. 一质点在平面上运动,已知质点位置矢量的表达式为 $r = 3t^2 i + 5t^2 j$,则质点做
 (A) 匀速直线运动　　　　　　(B) 变速直线运动
 (C) 抛物线运动　　　　　　　(D) 一般曲线运动

2. 判断以下说法哪个是正确的?
 (A) 物体运动的加速度越大,速度也越大
 (B) 物体沿直线前进时,如果加速度减小了,那么速度也减小
 (C) 物体的加速度很大,而物体的速度保持不变,是不可能的
 (D) 在直线运动中,位移的量值与路程相等

3. 一运动质点在某瞬时位于径矢 $r(x, y)$ 的端点处,其速度的大小为
 (A) $\dfrac{dr}{dt}$　　(B) $\dfrac{d\boldsymbol{r}}{dt}$　　(C) $\dfrac{d|\boldsymbol{r}|}{dt}$　　(D) $\sqrt{\left(\dfrac{dx}{dt}\right)^2 + \left(\dfrac{dy}{dt}\right)^2}$

4. 以下各表达式正确的是哪个
 (A) $\Delta r = |\boldsymbol{r}_2 - \boldsymbol{r}_1|$　　(B) $a = \dfrac{dv}{dt}$　　(C) $a_t = \dfrac{dv}{dt}$　　(D) $v = \dfrac{dr}{dt}$

5. 在升降机天花板上拴有轻绳,其下端系一重物,当升降机以加速度 a_1 上升时,绳中的张力正好等于绳子所能承受的最大张力的一半,问升降机以多大加速度上升时,绳子刚好被拉断?
 (A) $2a_1$　　(B) $2(a_1+g)$　　(C) $2a_1+g$　　(D) a_1+g

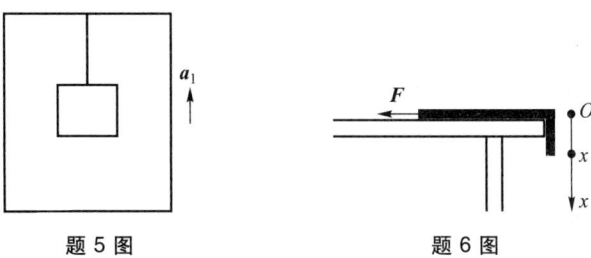

题 5 图　　　　　　　　题 6 图

6. 一长为 l、质量为 m 的匀质链条,放在光滑的桌面上,若其长度的 1/5 悬挂于桌边下,将其慢慢拉回桌面,需做功

(A) $\dfrac{2mgl}{5}$ (B) $\dfrac{mgl}{5}$ (C) $\dfrac{mgl}{25}$ (D) $\dfrac{mgl}{50}$

7. 一物体按规律 $x=ct^2$ 在流体介质中做直线运动，式中 c 为常量，t 为时间。若介质对物体的阻力正比于物体速度的二次方，阻力系数为 k，则在 0 到 2.0 s 的时间间隔内，这个阻力作用在物体上的冲量大小为

(A) $\dfrac{32kc^2}{3}$ (B) $\dfrac{32kc^2}{5}$ (C) $4kc$ (D) $\dfrac{8kc}{3}$

8. 质量为 m 的小球自高为 y_0 处沿水平方向以速率 v_0 抛出，与地面碰撞后跳起的最大高度为 $y_0/2$，水平速率为 $v_0/2$，设在碰撞过程中地面对小球水平冲量的大小为 I_x、竖直冲量的大小为 I_y，则下列结果中哪组是正确的？

(A) $I_x=3mv_0/2$，$I_y=(1+\sqrt{2})m\sqrt{gy_0}$ (B) $I_x=mv_0/2$，$I_y=2m\sqrt{2gy_0}$
(C) $I_x=mv_0/2$，$I_y=(1+\sqrt{2})m\sqrt{gy_0}$ (D) $I_x=mv_0/2$，$I_y=(\sqrt{2}-1)m\sqrt{gy_0}$

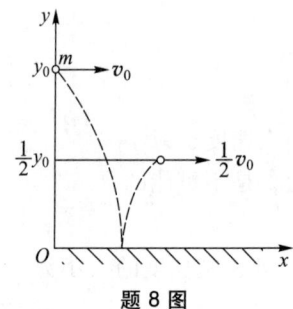

题 8 图   题 9 图

9. 如图所示，钢球 A 和 B 质量相等，正被绳牵着以 $\omega_0=4$ rad·s^{-1} 的角速度绕竖直轴转动，二球与轴的距离都为 $r_1=15$ cm。现在把轴上环 C 下移，使得两球离轴的距离缩减为 $r_2=5$ cm，则钢球的角速度 ω 等于

(A) 36 rad·s^{-1} (B) 12 rad·s^{-1}
(C) 1.33 rad·s^{-1} (D) 0.44 rad·s^{-1}

10. 半径 $r=0.4$ m 的圆盘，绕过圆心且垂直圆面的轴转动，其角速度与时间的关系为 $\omega=6+t$(rad·s^{-1})，当 $t=2$ s 时，对于圆盘边缘一点，以下结果正确的是

(A) $v=0.2$ m·s^{-1} (B) $a_t=0.4$ m·s^{-2}
(C) $a_n=2$ m·s^{-2} (D) $a=2.04$ m·s^{-2}

11. 一个以恒定角加速度转动的圆盘，在某一时刻的角速度为 $\omega_1=20\pi$ rad·s^{-1}，再转 60 r 后角速度为 $\omega_2=30\pi$ rad·s^{-1}，若以 β 表示角加速度，以 t 表示转 60 r 所用时间，则以下结果中，哪一组是正确的？

(A) $\beta=41.1$ rad·s^{-2}，$t=0.76$ s   (B) $\beta=6.54$ rad·s^{-2}，$t=4.8$ s
(C) $\beta=4.17$ rad·s^{-2}，$t=2.40$ s   (D) $\beta=0.66$ rad·s^{-2}，$t=15$ s

12. 一圆盘绕过圆心且与盘面垂直的光滑固定轴 O 以角速度 ω_1 按图示方向转动。若如图所示的那样，将两个大小相等方向相反但不在同一直线上的力 F 沿盘面同时作用到圆盘上，圆盘的角速度变为 ω_2，则

(A) $\omega_1 > \omega_2$　　　　　　　　　　(B) $\omega_1 = \omega_2$
(C) $\omega_1 < \omega_2$　　　　　　　　　　(D) 如何变化，不能确定

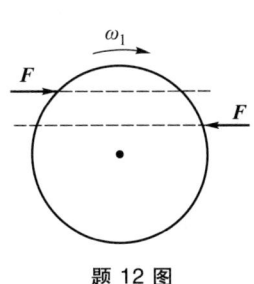

题 12 图

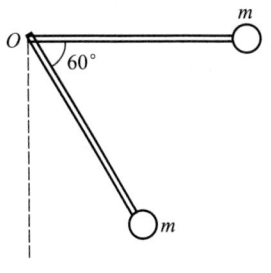

题 13 图

13. 一长为 l、质量可以忽略的直杆，可绕通过其一端的水平光滑轴在竖直平面内作定轴转动，在杆的另一端固定着一质量为 m 的小球，如图所示。现将杆由水平位置无初转速地释放，则杆刚被释放时的角加速度 β_0 及杆与水平方向夹角为 60°时的角加速度 β 应为

(A) $\beta_0 = \dfrac{2g}{l}$,　$\beta = \dfrac{g}{l}$　　　　　　(B) $\beta_0 = \dfrac{g}{l}$,　$\beta = \dfrac{g}{2l}$

(C) $\beta_0 = \dfrac{g}{l}$,　$\beta = \dfrac{\sqrt{3}g}{2l}$　　　　　(D) $\beta_0 = \dfrac{3g}{l}$,　$\beta = \dfrac{3g}{2l}$

14. 一转动惯量为 I 的圆盘绕过圆心且垂直圆面的竖直固定轴在水平面内转动，若在阻力矩作用下，圆盘的角速度从初态的 ω_0 变为 $\omega_0/2$，则在此过程中阻力矩所做的功为

(A) $\dfrac{3}{8}I\omega_0^2$　　(B) $-\dfrac{3}{8}I\omega_0^2$　　(C) $-\dfrac{3}{4}I\omega_0^2$　　(D) $-\dfrac{1}{2}I\omega_0$

15. 一块方板，可以绕通过其一个水平边的光滑固定轴自由转动，最初板自由下垂。今有一小团黏土，垂直板面撞击方板下部，并粘在板上（相互作用时间很短）。对黏土和方板系统，如果忽略空气阻力，在碰撞中守恒的量是

(A) 动能　　　　　　　　　(B) 绕方板转轴的角动量
(C) 机械能　　　　　　　　(D) 动量

16. 长为 l、质量为 m' 的匀质杆可绕通过杆的一端 O 的水平光滑固定轴转动，转动惯量为 $\dfrac{1}{3}m'l^2$，开始时杆竖直下垂，如图所示。有一质量为 m 的子弹以水平速度 v_0 射入杆上 A 点，并嵌在杆中，A 点与 O 点距离为 $2l/3$，则子弹射入后瞬间杆的角速度 ω 为

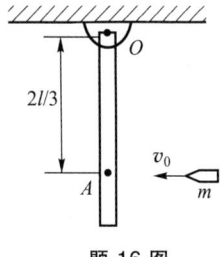

题 16 图

(A) $\dfrac{2mv_0}{m'l}$　　　　　　　　　(B) $\dfrac{3mv_0}{m'l}$

(C) $\dfrac{3mv_0}{(m'+3m)l}$　　　　　(D) $\dfrac{6mv_0}{(3m'+4m)l}$

17. 一质点的运动方程为 $x = 6t - t^2$（SI 单位），则在时间由 0 到 4 s 的区间内，位移的大小为_____；在 0 到 4 s 内，质点走过的路程为_____。

18. 某物体的运动规律为 $dv/dt = -kv^2t$，初始时刻物体的速度为 v_0，则物体速度与时间的

关系为_____。

19. 如图所示，一根棍子靠在一面墙上，忽略摩擦。如以 x 表示棍子 A_2 端的坐标，以 y 表示 A_1 端的坐标，则当 A_2 端以速度 v_0 向 x 轴正方向移动时，A_1 端沿墙壁下滑的速度是_____。

20. 一质点在 Oxy 平面内运动，运动方程为 $x=2t-2$（SI 单位），$y=2t^2$（SI 单位），则 $t=1$ s 时，质点的切向加速度为_____，法向加速度为_____。

21. 某人以速率 v 向东跑去，今有风以相同的速率从北偏东 $30°$ 方向吹来，问人感到风从哪个方向吹来？_____。

22. 如图所示，质量为 m 的物体 A 用平行于斜面的细线连接置于光滑的斜面上，若斜面向左方做加速运动，当物体开始脱离斜面时，它的加速度的大小为_____。

23. 一个物体在两个力的作用下运动，位移为 $\Delta \boldsymbol{r}=(3\boldsymbol{i}+4\boldsymbol{j})$（m），其中一个力是 $\boldsymbol{F}=(4\boldsymbol{i}-3\boldsymbol{j})$（m）。如果两个力做的功是 24 J，则另一个力做的功是_____。

24. 质量为 20 g 的子弹，以 400 m·s^{-1} 的速率沿图示方向射入一原来静止的质量为 980 g 的摆球中，摆线长度不可伸缩。子弹射入后开始与摆球一起运动的速率为_____。

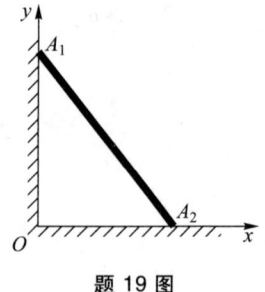

题 19 图

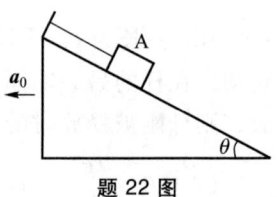

题 22 图

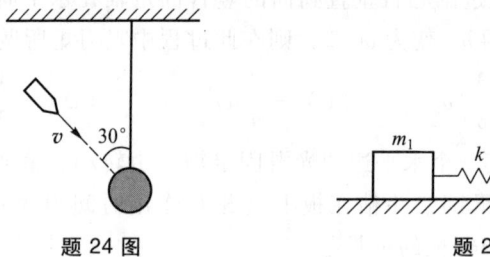

题 24 图　　　　　题 25 图

25. 质量分别为 m_1、m_2 的两个物体用一劲度系数为 k 的轻弹簧相连，放在水平光滑桌面上，如图所示。当两物体相距 x 时，系统由静止释放。已知弹簧的自然长度为 x_0，则当物体相距 x_0 时，m_1 的速度大小为_____。

26. 质点做匀速率圆周运动时，质点对圆心的角动量_____（选填"守恒"或"不守恒"），作用于质点的合力对圆心的力矩_____（选填"为零"或"不为零"）。

27. 一质点做直线运动，在直线外选一点 O 作为参考点。若该质点做匀速直线运动，则它相对于 O 点的角动量_____常量；若该质点做匀加速直线运动，则它相对于 O 点的角动量_____常量，角动量的变化率_____常量。（三空均选填"是"或"不是"。）

28. 一长为 L、质量为 m 的匀质细杆，两端附着质量分别为 m_1 和 m_2 的小球，两小球可以作为质点处理，此杆可绕通过中心并垂直于细杆的水平轴在竖直平面内转动，则系统对该轴的转动惯量为_____。（细杆绕过中心竖直轴的转动惯量 $I_{杆}=mL^2/12$。）

29. 两个均质圆盘 A 和 B 的密度分别为 ρ_A 和 ρ_B。如果 $\rho_A>\rho_B$，但两盘的质量和厚度都相同，若以 I_A、I_B 分别表示 A 盘、B 盘相对通过自身圆心且垂直于盘面的轴的转动惯量，则它们之间的数值关系为：I_A_____I_B。（选填"<""=" 或 ">"。）

30. 如图所示，A、B为两个相同的缠绕着轻绳的定滑轮。A滑轮绳端悬挂一质量为 m 的物体，B滑轮受一竖直向下的拉力 F 作用，而且 $F=mg$。若以 β_A 和 β_B 分别表示A、B两滑轮的角加速度，不计滑轮轴上的摩擦，则两个角加速度之间的数值关系为 β_A _____ β_B。（选填">" "=" 或 "<"号。）

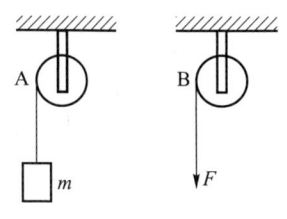

题 30 图

31. 质量为 m 的人站在转动惯量为 I、半径为 R 的水平圆形转台边缘，水平转台可以绕通过中心的竖直轴自由转动。开始时人和转台以角速度 ω_0 转动，当人在转台边缘沿转动方向以相对于转台的速率 v_0 行走后，转台的角速度为 _____。

32. 如图所示，长为 l、质量为 m_2 的匀质杆可绕过其端点 O 的水平光滑固定轴在竖直平面内转动，杆绕轴 O 的转动惯量为 I，开始时杆处于竖直静止状态。一质量为 m_1 的子弹以水平速度 v 射入杆的下端并留在其中。若忽略空气阻力且子弹射入杆端所用时间极短，则子弹射入后与杆绕轴 O 的角速度 $\omega=$ _____；子弹与杆从竖直位置摆起到最大角度过程中重力矩所做的功 $W=$ _____。

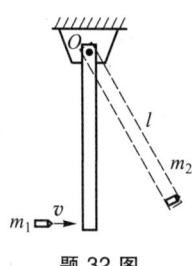

题 32 图

综合练习答案：

1. （B）

解：质点的运动状态由速度和加速度来判断。对于该位置矢量，速度 $v=6t\boldsymbol{i}+10t\boldsymbol{j}$，初始时，速度为零，质点静止。质点的加速度 $\boldsymbol{a}=6\boldsymbol{i}+10\boldsymbol{j}$，是常矢量，而且任意时刻的速度方向与加速度方向相同且不变，所以质点做匀加速直线运动，属于变速直线运动范畴。

2. （C）

解：（A）不对。例如，加速度与速度方向相反时，加速度增加，速度反而减小。

（B）不对。因为不论加速度大小，只要加速度与速度方向一致，速度都会增加。

（C）对。加速度等于速度对时间的变化率。只要加速度不等于零，就说明速度是变化的。注意本题说的是速度矢量，若说速率，则答案不同。例如匀速率圆周运动时，向心加速度可以很大而速率保持不变。

（D）不对。当出现折返运动时，位移大小与路程可以不相等。

3. （D）

解：根据定义。注：（B）是速度矢量。（A）和（C）都是径向速度分量。

4. （C）

解：根据定义。注：$\Delta r=|\boldsymbol{r}_2|-|\boldsymbol{r}_1|$，为位矢大小之差；而 $|\Delta\boldsymbol{r}|=|\boldsymbol{r}_2-\boldsymbol{r}_1|$ 是位移矢量的大小。而选项（D）为径向速度分量。

5. （C）

解：$F_T-mg=ma_1$，依题意，$F_T=mg+ma_1=F_{Tm}/2$，有 $F_{Tm}=mg+m(2a_1+g)$。

6. （D）

解：本题"慢慢拉回"意指拉动过程是准静态的，即每时每刻受力平衡，拉力等于下垂绳段所受的重力。如图中所设坐标系，当下垂绳段为 x 时，拉力 $F=-(m/l)xg$，拉力随绳段长

度 x 变化，求功需要做积分，所以拉回 $l/5$ 做的功为 $W = -\int_{l/5}^{0} \dfrac{m}{l} xg \mathrm{d}x = \dfrac{mgl}{50}$。

7.（A）

解：速度 $v = \dfrac{\mathrm{d}x}{\mathrm{d}t} = 2ct$，阻力 $F_f = -kv^2 = -4kc^2t^2$，冲量值为

$$I = \int_0^2 F_f \mathrm{d}t = -\int_0^2 4kc^2 t^2 \mathrm{d}t = -\dfrac{32kc^2}{3}$$

[注] 题目只求大小，去掉负号即可。

8.（C）

解：分别沿 x、y 两个方向应用冲量定理：$I_x = \dfrac{1}{2}mv_0 - mv_0 = -\dfrac{1}{2}mv_0$（题中只求大小，去掉负号即可）；$I_y = mv_2 - (-mv_1) = m\sqrt{2g\dfrac{y_0}{2}} + m\sqrt{2gy_0} = (1+\sqrt{2})m\sqrt{gy_0}$。这里特别应注意的是速度的方向。

9.（A）

解：由角动量守恒 $2mr_1^2 \omega_0 = 2mr_2^2 \omega$，解得

$$\omega = \dfrac{r_1^2}{r_2^2}\omega_0 = \dfrac{15^2}{5^2}\times 4 \text{ rad}\cdot\text{s}^{-1} = 36 \text{ rad}\cdot\text{s}^{-1}$$

10.（B）

解：$v(2) = r\omega(2) = 3.2 \text{ m}\cdot\text{s}^{-1}$；$a_t(2) = r\beta(2) = 0.4 \text{ m}\cdot\text{s}^{-2}$；$a_n(2) = r[\omega(2)]^2 = 25.6 \text{ m}\cdot\text{s}^{-2}$；$a = \sqrt{[a_t(2)]^2 + [a_n(2)]^2} = 25.6 \text{ m}\cdot\text{s}^{-2}$。

11.（B）

解：由 $\omega_2^2 - \omega_1^2 = 2\beta\theta$，得

$$\beta = \dfrac{\omega_2^2 - \omega_1^2}{2\theta} = \dfrac{(30\pi)^2 - (20\pi)^2}{2(60\times 2\pi)} \text{ rad}\cdot\text{s}^{-2} = 6.54 \text{ rad}\cdot\text{s}^{-2}$$

再由 $\omega_2 = \omega_1 + \beta t$，得 $t = \dfrac{\omega_2 - \omega_1}{\beta} = 4.8 \text{ s}$。

12.（C）

解：合力矩沿 ω_1 转向，角加速度 $\beta > 0$，故角速度增加，$\omega_1 < \omega_2$。

13.（B）

解：水平时，$M = mgl = ml^2\beta_0$，$\beta_0 = \dfrac{g}{l}$；$60°$时，$M = mgl\cos 60° = ml^2\beta$，$\beta = \dfrac{g}{2l}$。

注意：此问题应按质点转动考虑，因杆的质量可略，不能按刚体考虑。

14.（B）

解：根据刚体绕定轴转动的动能定理，阻力矩所做的功为 $W = \int M\mathrm{d}\theta = \dfrac{1}{2}I\omega^2 - \dfrac{1}{2}I\omega_0^2$，将 $\omega = \dfrac{1}{2}\omega_0$ 代入上式，得 $W = -\dfrac{3}{8}I\omega_0^2$。

15. (B)

解：作用时间很短，可以认为碰撞时板还未及摆动，因此没有重力矩作用。合外力矩为零，系统绕方板转轴的角动量守恒。

16. (D)

解：对系统而言，过 O 点的合外力矩为零，系统角动量守恒，有

$$mv_0 \frac{2l}{3} = \left[\frac{1}{3}m'l^2 + m\left(\frac{2l}{3}\right)^2\right]\omega$$

解得

$$\omega = \frac{6mv_0}{(3m'+4m)l}$$

17. 8 m，10 m

解：位移大小：$\Delta x = x(4) - x(0) = 8$ m。求路程应注意有无折返运动，令 $dx/dt = 6 - 2t = 0$，得 $t = 3$ s。由此可知，[0, 3 s] 区间，x 增加；[3 s, 4 s] 区间，x 减小；有折返运动。所以路程：$s = [x(3) - x(0)] + [x(3) - x(4)] = 10$ m。位移和路程不相等。

18. $\dfrac{1}{v} = \dfrac{1}{v_0} + \dfrac{k}{2}t^2$

解：分离变量 $-\dfrac{dv}{v^2} = kt\,dt$，两边积分 $\int_{v_0}^{v} -\dfrac{dv}{v^2} = \int_{0}^{t} kt\,dt$，得 $\dfrac{1}{v} = \dfrac{1}{v_0} + \dfrac{k}{2}t^2$。

19. $-xv_0/y$

解：设棍子长度为 l，则有 $x^2 + y^2 = l^2$，对此式求导数，有 $2x\dfrac{dx}{dt} + 2y\dfrac{dy}{dt} = 0$，依题意，$\dfrac{dx}{dt} = v_0$，于是 $\dfrac{dy}{dt} = -\dfrac{x}{y}v_0$。

20. 3.58 m·s^{-2}，1.79 m·s^{-2}

解：$v_x = \dfrac{dx}{dt} = 2$，$v_y = \dfrac{dy}{dt} = 4t$，$v = \sqrt{v_x^2 + v_y^2} = \sqrt{4 + 16t^2}$，$a_t = \dfrac{dv}{dt} = \dfrac{8t}{\sqrt{1+4t^2}}$；

$a_x = \dfrac{dv_x}{dt} = 0$，$a_y = \dfrac{dv_y}{dt} = 4$，$a = \sqrt{a_x^2 + a_y^2} = 4$，$a_n = \sqrt{a^2 - a_t^2} = \dfrac{4}{\sqrt{1+4t^2}}$。

将 $t = 1$ s 代入，得

$$a_t = \frac{8}{\sqrt{5}}\ \text{m·s}^{-2} = 3.58\ \text{m·s}^{-2},\qquad a_n = \frac{4}{\sqrt{5}}\ \text{m·s}^{-2} = 1.79\ \text{m·s}^{-2}$$

21. 北偏东 60°方向

解：相对运动速度关系：$\boldsymbol{v}_{绝对} = \boldsymbol{v}_{牵连} + \boldsymbol{v}_{相对}$。这里风对地是绝对速度，人对地是牵连速度，风对人是相对速度，如题 21 解图（a）所示，三个速度呈等腰三角形，所以，人感到风是从北偏东 60°方向吹来。

讨论：如果人向西跑，则矢量关系如题 21 解图（b）所示，三个速度呈等边三角形，所以人感到风是从北偏西 30°方向吹来。

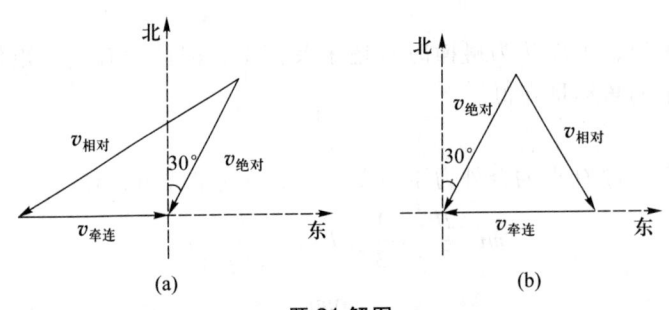

题 21 解图

22. $g\cot\theta$

解：如题 22 解图所示，当斜面以大小为 a_0 的加速度向左运动时，相对于斜面，物体 A 受到向右的大小为 ma_0 的惯性力，另外还受到绳的拉力、斜面支持力和重力。物体要处在斜面上，需满足 $F_N + ma_0\sin\theta = mg\cos\theta$，当 $F_N = 0$ 时，是物体开始脱离斜面的临界点，此时有 $a_0 = g\dfrac{\cos\theta}{\sin\theta} = g\cot\theta$。

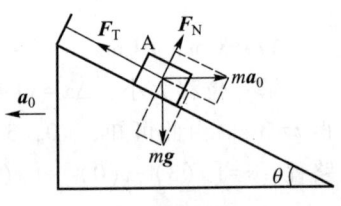

题 22 解图

23. 24 J

解：恒力 F 做功：$F \cdot \Delta r = (4i-3j) \cdot (3i+4j)\,\text{J} = 12\,\text{J} - 12\,\text{J} = 0\,\text{J}$，则另一个力做功 24 J。

24. $4\ \text{m}\cdot\text{s}^{-1}$

解：因摆线不可伸缩，子弹射入后与摆球一起开始运动的速率沿水平方向。系统水平方向无外力，动量守恒。设子弹质量为 m_1，小球质量为 m_2，一起运动的速率为 v'，则有
$$m_1 v\cos 60° = (m_1 + m_2)v'$$
各值代入，解得 $v' = 4\ \text{m}\cdot\text{s}^{-1}$。

25. $\sqrt{\dfrac{m_2 k(x-x_0)^2}{m_1(m_1+m_2)}}$

解：弹簧力属内力且桌面光滑，所以根据动量守恒有 $m_1 v_1 = m_2 v_2$；弹簧力属保守力，根据机械能守恒有 $\dfrac{1}{2}k(x-x_0)^2 = \dfrac{1}{2}m_1 v_1^2 + \dfrac{1}{2}m_2 v_2^2$；两式联立，解得
$$v_1 = \sqrt{\dfrac{m_2 k(x-x_0)^2}{m_1(m_1+m_2)}}$$

26. 守恒，为零

解：质点角动量 $L = r \times mv$，方向垂直圆面；角动量大小 $L = rmv$，速率 v 不变，L 大小不变，所以角动量守恒。作用于质点的合力为质点做匀速率圆周运动的向心力，其方向始终指向圆心，合力矩为零。

讨论：如果不是匀速率圆周运动，则合力矩 $M = rF_t$ 不等于零，角动量不守恒。

27. 是，不是，是

解：如题 27 解图所示，质点角动量 $L = r \times mv$，当质点沿直线匀速运动时，角动量方向始终垂直图面向外，角动量大小 $L = rmv\sin\theta = mvd$ 因匀速运动而保持定值，所以质点相对 O 点的

角动量是常矢量。而当质点做匀加速直线运动时,角动量的方向仍保持垂直图面向外,但角动量的大小则随速率的变化而变化,故角动量不是常量。角动量的变化率为 $\dfrac{d\boldsymbol{L}}{dt}=\dfrac{d\boldsymbol{r}}{dt}\times m\boldsymbol{v}+\boldsymbol{r}\times m\dfrac{d\boldsymbol{v}}{dt}=\boldsymbol{v}\times m\boldsymbol{v}+\boldsymbol{r}\times m\boldsymbol{a}=0+\boldsymbol{r}\times m\boldsymbol{a}$,方向为垂直图面向外,大小为 $rma\sin\theta=mad$,因为 $\boldsymbol{a}$ 是常矢量,所以角动量的变化率是常矢量。

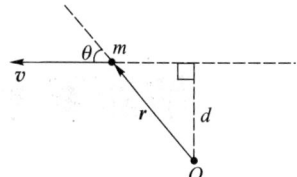

题 27 解图

28. $\dfrac{L^2}{4}\left(\dfrac{m}{3}+m_1+m_2\right)$

解:$I=\dfrac{1}{12}mL^2+m_1\left(\dfrac{L}{2}\right)^2+m_2\left(\dfrac{L}{2}\right)^2=\dfrac{L^2}{4}\left(\dfrac{m}{3}+m_1+m_2\right)$。

29. <

解:圆盘转动惯量 $I=\dfrac{1}{2}mR^2$。设两盘厚度为 h,则 $m_A=\pi R_A^2 h\rho_A$,$m_B=\pi R_B^2 h\rho_B$。依题意 $m_A=m_B$,则有 $\dfrac{R_B^2}{R_A^2}=\dfrac{\rho_A}{\rho_B}>1$,$\dfrac{I_B}{I_A}=\dfrac{m_B R_B^2/2}{m_A R_A^2/2}=\dfrac{R_B^2}{R_A^2}>1$。

30. <

解:设两滑轮的转动惯量为 I,半径为 R,对 A 滑轮,设绳中张力为 F_T,有 $mg-F_T=ma$,$F_T R=I\beta_A$,$a=R\beta_A$,解得 $\beta_A=\dfrac{mgR}{I+mR^2}$;对 B 滑轮,有 $FR=I\beta_B$,$F=mg$,解得 $\beta_B=\dfrac{mgR}{I}$;比较可知,$\beta_A<\beta_B$。

31. $\omega=\omega_0-\dfrac{mRv_0}{I+mR^2}$

解:设人行走后,转台的角速度是 ω,则转台边缘的速度是 ωR。因此,人相对于地的速度为 $\omega R+v_0$。根据角动量守恒,有 $(I+mR^2)\omega_0=I\omega+Rm(R\omega+v_0)$,解得 $\omega=\omega_0-\dfrac{mRv_0}{I+mR^2}$。

讨论:如果初始时,人和转盘静止,即 $\omega_0=0$,那么 $\omega=-mRv_0/(I+mR^2)$,负号表示转盘的转动方向与人的走动方向相反。

如果人沿径向走到转轴处,那么角动量守恒公式为 $(I+mR^2)\omega_0=I\omega$。

32. $\dfrac{m_1 vl}{I+m_1 l^2}$,$-\dfrac{(m_1 vl)^2}{2(I+m_1 l^2)}$

解:子弹射入过程中角动量守恒,有 $m_1 vl=(I+m_1 l^2)\omega$,$\omega=\dfrac{m_1 vl}{I+m_1 l^2}$;根据转动动能定理,重力矩做功为 $W=\Delta E_k=0-\dfrac{1}{2}(I+m_1 l^2)\omega^2=-\dfrac{(m_1 vl)^2}{2(I+m_1 l^2)}$。

三、解题参考

第1章 质点力学

1.1 对一个质点来说，$\dfrac{dv}{dt}$、$\dfrac{dr}{dt}$、$\dfrac{ds}{dt}$、$\dfrac{d\boldsymbol{v}}{dt}$、$\left|\dfrac{d\boldsymbol{v}}{dt}\right|$各表示什么物理意义？

解：切向加速度 $a_t = \dfrac{dv}{dt}$，径向速度 $v_r = \dfrac{dr}{dt}$，速率 $v = \dfrac{ds}{dt}$，加速度 $\boldsymbol{a} = \dfrac{d\boldsymbol{v}}{dt}$，加速度的大小 $a = \left|\dfrac{d\boldsymbol{v}}{dt}\right|$。

1.2 设质点做曲线运动的方程为 $x=x(t)$ 和 $y=y(t)$，在计算质点的速度和加速度的数值时，有人先求出 $r=\sqrt{x^2+y^2}$，再由 $v=\dfrac{dr}{dt}$ 和 $a=\dfrac{d^2 r}{dt^2}$ 求得 v 和 a。这种方法对吗？怎样做才是正确的？

解：该做法不对。正确方法为：先计算速度和加速度的各个分量 $v_x=\dfrac{dx}{dt}$、$v_y=\dfrac{dy}{dt}$ 以及 $a_x=\dfrac{d^2 x}{dt^2}$、$a_y=\dfrac{d^2 y}{dt^2}$，再由 $v=\sqrt{v_x^2+v_y^2}$ 和 $a=\sqrt{a_x^2+a_y^2}$ 求得 v 和 a。

1.3 在光滑的水平桌面上，用跨过定滑轮的绳子拉动物体 A，设定滑轮和绳子的质量可以忽略。问在下面两种情况下，物体 A 的加速度是否相同？绳中的张力是否相同？

（1）在绳子的另一端挂上质量为 $m_B = 5$ kg 的物体 B［题 1.3 图 (a)］；

（2）在绳子的另一端用力 $F = m_B g$ 向下拉［题 1.3 图 (b)］。

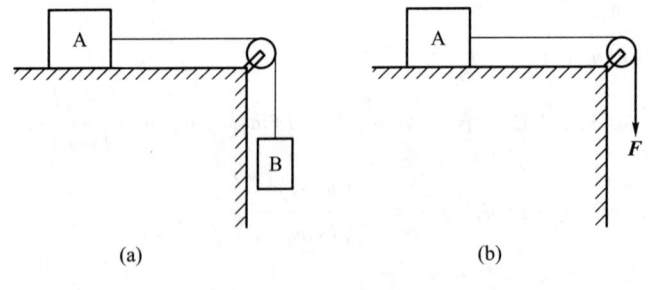

题 1.3 图

解：第一种情况中物体 A 的加速度较小，绳中的张力也较小。

第一种情况有：$m_B g - F_{T1} = m_B a_1$，$F_{T1} = m_A a_1$，解出 $a_1 = \dfrac{m_B g}{m_A + m_B}$，$F_{T1} = \dfrac{m_A m_B g}{m_A + m_B}$。

第二种情况有：$F = F_{T2} = m_A a_2$，得到 $a_2 = \dfrac{m_B g}{m_A}$，$F_{T2} = m_B g$；可见，$a_2 > a_1$，$F_{T2} > F_{T1}$。

1.4 以力 F 拉弹簧，弹簧伸长 ΔL。如果以两个这样的弹簧组成系统，在下述两种组合中，要使系统同样伸长 ΔL，要用多大的力？（1）两个弹簧串联；（2）两个弹簧并联。

解： 设弹簧劲度系数为 k，则 $F = k \Delta L$。

（1）串联时，$\dfrac{1}{k_串} = \dfrac{1}{k} + \dfrac{1}{k} = \dfrac{2}{k}$，$k_串 = \dfrac{k}{2}$，$F_1 = k_串 \Delta L = \dfrac{k}{2} \Delta L = \dfrac{F}{2}$。

（2）并联时，$k_并 = k + k = 2k$，$F_2 = k_并 \Delta L = 2k \Delta L = 2F$。

1.5 关于摩擦力的概念有种种说法，试指出下面的几种说法是否正确？并举例说明。
（1）摩擦力总是与物体运动的方向相反；
（2）摩擦力总是做负功；
（3）摩擦力总是阻碍着物体间的相对运动。

解： 前两种说法是错误的，第三种说法是正确的。例如，物体与传送带之间的摩擦力，当传送带加速运动时，传送带作用于物体上的摩擦力与物体运动方向相同；当传送带减速运动时，传送带作用于物体上的摩擦力与物体运动方向相反；前者做正功；后者做负功。

1.6 绳子通过高处的定滑轮，两端分别攀着两只质量相同的猴子，开始时它们离地面的高度相同，设它们同时攀绳往上爬，其中一只相对绳的速度总是另一只相对绳的速度的两倍。问哪一只先爬到顶点？

解： 两只猴子同时到达顶点。两猴初态静止，相对滑轮轴的总角动量等于零。上爬过程中两猴的总角动量 $L = m_1 v_1 R - m_2 v_2 R$，总角动量守恒且 $L = 0$，而 $m_1 = m_2$，所以两猴相对轴的速度 $v_1 = v_2$，因而同时到顶。这里注意，猴子相对绳的速度与相对滑轮轴的速度意义不同。上面角动量中的 v_1、v_2 都是相对滑轮轴的速度。

1.7 把一块很长的木板安装上轮子，放在光滑的平面上，有两人在板上从板的两端相向行走，在下述的三种情况中，木板向哪个方向运动？
（1）两人的质量相同，速度的大小相同；
（2）两人的质量不同，而速度大小相同；
（3）两人的质量相同，而速度大小不同。

解：（1）木板不动。
（2）沿质量小的人行走的方向移动。
（3）沿速度小的人行走的方向移动。

1.8 两质点有相同的动量 p，相对于同一参考点来说，它们的角动量是否一定相同？

解： 根据角动量的表达式 $L = r \times mv$ 可知，两质点对同一点的角动量不一定相同。只有位矢

r 也相同其角动量才相同。

1.9 单摆在单向的摆动过程中,如果忽略了摩擦,角动量的方向是否变化?角动量的大小是否变化?

解:角动量的方向不变,大小变化。引起单摆角动量变化的是重力矩。

1.10 根据动量定理,给物体以冲量作用,必引起物体动量的改变;根据动能定理,力对物体做功,必引起物体动能的改变。

(1) 给物体以冲量作用,是否一定会引起动能的改变?

(2) 对物体做了功,是否一定会引起动量的改变?

解:(1) 如果冲量的作用只使动量的方向发生改变,而动量的大小不变,则物体的动能是不改变的。例如,物体在向心力的作用下,做匀速圆周运动的过程中,动量改变,动能不变。

(2) 由于做了功使动能改变,动能的改变意味着物体速度的大小改变,因而动量也一定发生改变。

1.11 一木块的质量为 m',用细绳悬挂着,可在竖直平面内摆动。今有一质量为 m 的子弹沿水平方向射入木块,并陷在其中,和木块一起升高了 h。为了计算子弹入射前的速度 v,采用公式 $\frac{1}{2}mv^2=(m'+m)gh$ 对否?为什么?

解:不对。因为子弹射入木块时,受到木块的摩擦阻力(不然的话子弹将穿出木块,而且速度不变),子弹与木块所组成的系统在碰撞过程中机械能不守恒,所以用此公式计算是错误的。应该先按动量守恒求出子弹与木块的碰后速度,再依机械能守恒得出碰后速度与摆起高度的关系,两式联立解出子弹初速。

1.12 有一质点沿 x 轴做直线运动,t 时刻的坐标为 $x=4.5t^2-2t^3$,式中 x 单位为 m,t 单位为 s。试求:

(1) 从 $t=1$ s 到 $t=2$ s 之间的路程;

(2) 从 $t=1$ s 到 $t=2$ s 之间的位移及平均速度;

(3) $t=1$ s 时的速度和加速度。

解:(1) 令 $\frac{dx}{dt}=9t-6t^2=0$,解出 $t_1=0$ 及 $t_2=1.5$ s,说明质点在 $t_2=1.5$ s 时运动反向。

路程:$s=|x(1.5)-x(1)|+|x(2)-x(1.5)|=2.25$ m。

(2) 位移:$\Delta x=x(2)-x(1)=-0.5$ m;平均速度:$\bar{v}=\frac{\Delta x}{\Delta t}=-0.5$ m·s^{-1}。

(3) $v=\frac{dx}{dt}=9t-6t^2$,当 $t=1$ s 时,$v(1)=3$ m·s^{-1};

$a=\frac{dv}{dt}=9-12t$,当 $t=1$ s 时,$a(1)=-3$ m·s^{-2}。

1.13 一个质点在 Oxy 平面上运动,运动方程 $x=3t+5$,$y=\frac{t^2}{2}+3t-4$(SI 单位)。求:

（1）位置矢量；（2）从 $t=1$ s 到 $t=2$ s 的位移；（3）轨道方程；（4）$t=4$ s 时的速度；（5）$t=4$ s 时的加速度；（6）$t=4$ s 时的切向加速度、法向加速度。

解：（1）运动方程：$\boldsymbol{r}=(3t+5)\boldsymbol{i}+\left(\dfrac{1}{2}t^2+3t-4\right)\boldsymbol{j}$（m）。

（2）$t=1$ s 时位矢 $\boldsymbol{r}_1=\left(8\boldsymbol{i}-\dfrac{1}{2}\boldsymbol{j}\right)$ m，$t=2$ s 时位矢 $\boldsymbol{r}_2=(11\boldsymbol{i}+4\boldsymbol{j})$ m，位移为

$$\Delta\boldsymbol{r}=\boldsymbol{r}_2-\boldsymbol{r}_1=\left(3\boldsymbol{i}+\dfrac{9}{2}\boldsymbol{j}\right)\text{ m}$$

（3）轨道方程：$18y=x^2+8x-137$。

（4）速度 $\boldsymbol{v}=\dfrac{\mathrm{d}\boldsymbol{r}}{\mathrm{d}t}=3\boldsymbol{i}+(t+3)\boldsymbol{j}$（m·s^{-1}），速率 $v=\sqrt{9+(t+3)^2}$（m·s^{-1}）；

当 $t=4$ s 时，$v_4=7.6$ m·s^{-1}，速度与 x 轴夹角 $\alpha=\arctan(7/3)=66.8°$。

（5）加速度 $\boldsymbol{a}=\dfrac{\mathrm{d}\boldsymbol{v}}{\mathrm{d}t}=1\boldsymbol{j}$ m·s^{-2}；当 $t=4$ s 时，$a=1$ m·s^{-2}，加速度沿 y 轴的正向。

（6）$a_\mathrm{t}=\dfrac{\mathrm{d}v}{\mathrm{d}t}=\dfrac{t+3}{\sqrt{t^2+6t+18}}$（m·s^{-2}），$a_\mathrm{n}=\sqrt{a^2-a_\mathrm{t}^2}=\dfrac{3}{\sqrt{t^2+6t+18}}$（m·s^{-2}）；

$t=4$ s 时，$a_\mathrm{t4}=0.92$ m·s^{-2}，$a_\mathrm{n4}=0.39$ m·s^{-2}。

1.14 一粒子沿抛物线轨道 $y=x^2$ 运动，粒子速度沿 x 轴的投影恒为 $v_x=3$ m·s^{-1}，求当坐标 $x=2/3$ m 时，粒子的速度和加速度。

解：$v_x=\dfrac{\mathrm{d}x}{\mathrm{d}t}=3$，$v_y=\dfrac{\mathrm{d}y}{\mathrm{d}t}=\dfrac{\mathrm{d}y}{\mathrm{d}x}\cdot\dfrac{\mathrm{d}x}{\mathrm{d}t}=2x\cdot3$（m·s^{-1}）$=6x$（m·s^{-1}），$\boldsymbol{v}=v_x\boldsymbol{i}+v_y\boldsymbol{j}=3\boldsymbol{i}+6x\boldsymbol{j}$。

$a_x=\dfrac{\mathrm{d}v_x}{\mathrm{d}t}=0$，$a_y=\dfrac{\mathrm{d}v_y}{\mathrm{d}t}=\dfrac{\mathrm{d}v_y}{\mathrm{d}x}\cdot\dfrac{\mathrm{d}x}{\mathrm{d}t}=6\times3$ m·s$^{-2}=18$ m·s^{-2}，$\boldsymbol{a}=a_x\boldsymbol{i}+a_y\boldsymbol{j}=18\boldsymbol{j}$。

当 $x=2/3$ m 时，$\boldsymbol{v}(2/3)=(3\boldsymbol{i}+4\boldsymbol{j})$ m·s^{-1}，$\boldsymbol{a}(2/3)=\boldsymbol{a}=18\boldsymbol{j}$ m·s^{-2}。

1.15 在光滑水平桌面上有一根细棒绕棒的一端 O 旋转，如以 O 为极点，沿一固定方向作射线为极轴，则相对极轴细棒旋转角度与时间的关系为 $\theta=0.4t$（rad·s^{-1}）。现在棒上有一只昆虫在 $t=0$ 时，从 O 点出发沿棒向外爬行，昆虫相对棒的速度恒为 $u=0.01$ m·s^{-1}，求当 $t=2$ s 时，昆虫相对桌面的径向速度、横向速度及总速度的大小。

解：极坐标运动方程：$r=ut$，$\theta=0.4t$；速度：$v_r=\dfrac{\mathrm{d}r}{\mathrm{d}t}=u$，$v_\theta=r\dfrac{\mathrm{d}\theta}{\mathrm{d}t}=0.4ut$；当 $t=2$ s 时，$v_r=u=0.01$ m·s^{-1}，$v_\theta=0.8u=0.008$ m·s^{-1}，$v=\sqrt{v_r^2+v_\theta^2}=0.013$ m·s^{-1}。

1.16 在一个半径为 R 的定滑轮上缠绕着一根质量可以忽略的绳子，悬在绳子一端的物体在竖直方向按 $y=\dfrac{1}{2}bt^2$ 的规律运动，其中 b 为常量，t 为时间。设滑轮与绳子之间没有相对滑动，试求：滑轮边缘一点 M 在 t 时刻的速度、切向加速度、法向加速度和总加速度的大小。

解：因为滑轮与绳子之间没有相对滑动，所以 M 点经过的弧长满足 $s=y=\dfrac{1}{2}bt^2$，M 点的速率 $v=\dfrac{\mathrm{d}s}{\mathrm{d}t}=bt$；$M$ 点的切向加速度、法向加速度与总加速度的大小为

$$a_t = \dfrac{\mathrm{d}v}{\mathrm{d}t} = b, \quad a_n = \dfrac{v^2}{R} = \dfrac{b^2 t^2}{R}$$

$$a = \sqrt{a_t^2 + a_n^2} = \sqrt{b^2 + \dfrac{b^4 t^4}{R^2}} = b\sqrt{1 + \dfrac{b^2 t^4}{R^2}}$$

题 1.16 图 题 1.17 图

1.17 有一做直线运动的物体，其速度与时间的关系曲线如图所示。求：（1）$t=2$ s、$t=6$ s、$t=10$ s 时的加速度；（2）前 4 s、前 8 s、前 12 s 内物体运动的距离。

解：（1）加速度对应 v-t 曲线的斜率，利用式 $a=\dfrac{\mathrm{d}v}{\mathrm{d}t}\approx\dfrac{\Delta v}{\Delta t}$ 可求出

$$a(2)=0, \quad a(6)=0.75\ \mathrm{m\cdot s^{-2}}, \quad a(10)=-1.25\ \mathrm{m\cdot s^{-2}}$$

（2）$v=\dfrac{\mathrm{d}x}{\mathrm{d}t}$，积分 $x=\int v\mathrm{d}t$ 等于曲线下的面积，于是有

$$x(4)=8\ \mathrm{m},\quad x(8)=22\ \mathrm{m},\quad x(12)=32\ \mathrm{m}$$

1.18 一质点沿直线运动，加速度 $a=4-t^2$（$\mathrm{m\cdot s^{-2}}$），如果当 $t=3$ s 时，质点位置为 $x=9$ m，速度为 $v=2\ \mathrm{m\cdot s^{-1}}$，求质点的坐标与时间的关系。

解：$a=\dfrac{\mathrm{d}v}{\mathrm{d}t}$，积分有 $\displaystyle\int_2^v \mathrm{d}v=\int_3^t a\mathrm{d}t=\int_3^t (4-t^2)\mathrm{d}t$，得 $v=4t-\dfrac{t^3}{3}-1$。

$v=\dfrac{\mathrm{d}x}{\mathrm{d}t}$，再积分有 $\displaystyle\int_9^x \mathrm{d}x=\int_3^t v\mathrm{d}t=\int_3^t \left(4t-\dfrac{t^3}{3}-1\right)\mathrm{d}t$，得 $x=2t^2-\dfrac{t^4}{12}-t+0.75$（m）。

1.19 一辆汽车冒雨沿平直的公路行驶，当车的速率为 $v=6\ \mathrm{km\cdot h^{-1}}$ 时，车窗上的雨迹为竖直向下。当车的速率为 $v=18\ \mathrm{km\cdot h^{-1}}$ 时，车窗上的雨迹向车后倾斜且与竖直方向成 30°角。求雨点的速率与下落方向。

解：如图（a）所示：车速为 $\boldsymbol{v}_1$，雨对车的速度为 $\boldsymbol{v}_1'$，雨对地的速度为 $\boldsymbol{v}=\boldsymbol{v}_1+\boldsymbol{v}_1'$，由图可知雨对地水平速度大小为

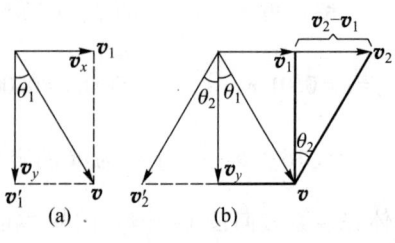

题 1.19 解图

$$v_x = v\sin\theta_1 = v_1 = 6 \text{ km}\cdot\text{h}^{-1}$$

如图（b）所示：车速为 $\boldsymbol{v}_2$，雨对车的速度为 $\boldsymbol{v}'_2$，雨对地的速度为 $\boldsymbol{v} = \boldsymbol{v}_2 + \boldsymbol{v}'_2$，由图可知雨对地垂直速度为

$$v_y = v\cos\theta_1$$

其与车速关系为

$$\tan\theta_2 = \frac{v_2 - v_1}{v_y}, \quad v_y = \frac{v_2 - v_1}{\tan\theta_2} = \frac{18-6}{\tan 30°} \text{ km}\cdot\text{h}^{-1} = 20.78 \text{ km}\cdot\text{h}^{-1}$$

$$v = \sqrt{v_x^2 + v_y^2} = 21.6 \text{ km}\cdot\text{h}^{-1}, \quad \tan\theta_1 = \frac{v_x}{v_y}, \quad \theta_1 = \arctan\frac{v_x}{v_y} = 16.1°$$

斜向前如图（b）所示。

1.20 在海面上有两艘船航行，甲船以 $30 \text{ km}\cdot\text{h}^{-1}$ 的速度向东航行，乙船以 $20 \text{ km}\cdot\text{h}^{-1}$ 的速度向东北航行，求乙船相对甲船的速度。

解：根据 $\boldsymbol{v}_绝 = \boldsymbol{v}_牵 + \boldsymbol{v}_相$，这里乙船速度是 $\boldsymbol{v}_绝 = 20 \text{ km}\cdot\text{h}^{-1}$，甲船速度是 $\boldsymbol{v}_牵 = 30 \text{ km}\cdot\text{h}^{-1}$，所求速度是 $\boldsymbol{v}_相$，如图所示。由余弦定理，有

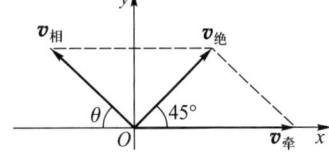

$$v_相 = \sqrt{v_绝^2 + v_牵^2 - 2v_绝 v_牵 \cos 45°} = 21.2 \text{ km}\cdot\text{h}^{-1}$$

$$\theta = \arccos\frac{v_牵^2 + v_相^2 - v_绝^2}{2v_牵 v_相} = 41.7°$$

题1.20解图

乙船相对甲船的速度 $\boldsymbol{v}_相$ 的方向为西偏北 41.7°。

1.21 质点质量 $m = 2$ kg，运动方程为 $\boldsymbol{r} = 4t^4\boldsymbol{i} + (1-2t^3)\boldsymbol{j}$（m），其中时间 t 的单位为 s，求：（1）质点所受合外力的表达式；（2）当 $t=1$ s 时合外力的大小及与 x 轴的夹角。

解：（1）
$$\boldsymbol{F} = m\frac{\text{d}^2\boldsymbol{r}}{\text{d}t^2} = 96t^2\boldsymbol{i} - 24t\boldsymbol{j}$$

（2）
$$\boldsymbol{F}(1) = (96\boldsymbol{i} - 24\boldsymbol{j}) \text{ N}$$

$$F(1) = \sqrt{96^2 + (-24)^2} \text{ N} = 99.0 \text{ N}, \quad \theta = \arctan\frac{F_y}{F_x} = \arctan\frac{-24}{96} = -14.0°$$

1.22 水平桌面上有一质量 $m = 1$ kg 的物体，在水平拉力 F 的作用下由静止开始沿直线运动，拉力 F 随时间 t 的变化关系如图所示。已知物体与桌面之间的动摩擦因数 $\mu_k = 0.25$，求物体在 $t = 5$ s 和 $t = 7$ s 时的速度大小。

解： $F = \begin{cases} 0.5t + 2.5, & 0 \leq t \leq 5 \\ -2.5t + 17.5, & 5 < t \leq 7 \end{cases}$, $F_f = \mu mg$

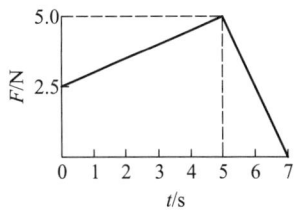

$$F - F_f = m\frac{\text{d}v}{\text{d}t}, \quad \text{d}v = \frac{F - F_f}{m}\text{d}t$$

$$\int_0^{v_5} \text{d}v = \int_0^5 \frac{F - F_f}{m}\text{d}t, \quad v_5 = 6.5 \text{ m}\cdot\text{s}^{-1}$$

题1.22图

$$\int_{v_5}^{v_7} dv = \int_5^7 \frac{F-F_f}{m} dt, \quad v_7 = v_5 + 0.1 \text{ m·s}^{-1} = 6.6 \text{ m·s}^{-1}$$

1.23 如图所示，在一根长为 R 的轻绳的一端系一质量为 m 的小球，另一端固定于 O 点，使小球在竖直平面内做圆周运动。已知 $t=0$ 时，小球处在最低点且速率为 v_0，求小球在任意位置时的速率和绳中张力的大小，讨论小球做圆运动时速率 v_0 所须满足的条件。

解： 根据牛顿第二定律，列出小球运动满足的切向、法向方程：

$$-mg\sin\theta = m\frac{dv}{dt}$$

$$F_T - mg\cos\theta = m\frac{v^2}{R}$$

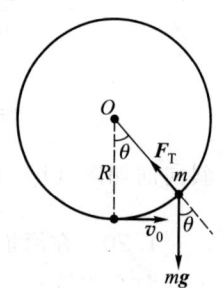

题 1.23 图

由于 $\dfrac{dv}{dt} = \dfrac{dv}{ds}\dfrac{ds}{dt} = \dfrac{dv}{Rd\theta}v$，代入切向方程有 $vdv = -Rg\sin\theta d\theta$。由已知条件 $t=0$ 时，$\theta=0$，$v=v_0$，两边积分得

$$\int_{v_0}^{v} vdv = \int_0^{\theta} -Rg\sin\theta d\theta$$

解得

$$v = \sqrt{v_0^2 - 2Rg(1-\cos\theta)}$$

将其代入法向方程，得

$$F_T = 3mg\cos\theta + m\frac{v_0^2}{R} - 2mg$$

当小球运动到最高点时，$\theta = \pi$，而绳中张力 F_T 须满足 $F_T \geq 0$，因而有 $v_0 \geq \sqrt{5Rg}$，此即小球做圆运动时速率 v_0 所须满足的条件。

1.24 质量 $m=1$ kg 的质点，受力 $\boldsymbol{F} = 2t\boldsymbol{i}$（N）的作用，式中 t 为时间，单位为 s。若 $t=0$ 时该质点恰以 $\boldsymbol{v}_0 = 2\boldsymbol{j}$ m·s^{-1} 的速度通过坐标原点，求该质点任意时刻的位置矢量。

解： 积分一次：

$$2t = F_x = m\frac{dv_x}{dt}, \quad \int_0^{v_x} dv_x = \int_0^t \frac{2t}{m} dt, \quad v_x = \frac{t^2}{m} = \frac{dx}{dt}$$

$t=0$ 时，$0 = F_y = \dfrac{dv_y}{dt}$，$v_y = $ 常量 $= 2 = \dfrac{dy}{dt}$（初值）。

再积分一次：

$$\int_0^x dx = \int_0^t \frac{t^2}{m} dt, \quad x = \frac{t^3}{3m}; \quad \int_0^y dy = \int_0^t 2dt, \quad y = 2t$$

结果：

$$\boldsymbol{r} = x\boldsymbol{i} + y\boldsymbol{j} = \frac{t^3}{3m}\boldsymbol{i} + 2t\boldsymbol{j} = \frac{t^3}{3}\boldsymbol{i} + 2t\boldsymbol{j} \quad (\text{m})$$

1.25 如图所示，长 L 的均质链条的质量为 m，将其一端拉起，使链条自由下垂，并下端触地。若让链条下落，试求出地面对链条的作用力的大小是如何随下落高度 h 改变的？并求出该作用力的平均值。

解： 设地面对链条的作用力为 F_N，取 x 轴向下为正，若下落 x 时速率为 v，应用 $\sum F = \dfrac{dp}{dt}$ 有

$$mg - F_N = \frac{d}{dt}\left[\frac{m}{L}(L-x)v - \frac{m}{L}x \cdot 0\right]$$

等式右边括号中第一项为空中部分的动量，第二项为落地部分的动量（为零）。求导并注意到 $\dfrac{dx}{dt} = v$，$\dfrac{dv}{dt} = g$，$v^2 - 0^2 = 2gx$，得 $F_N = \dfrac{3mg}{L}x = \dfrac{3mg}{L}h$。

又下落高度与时间的关系为 $L = \dfrac{1}{2}g(\Delta t)^2$，$\Delta t = \sqrt{\dfrac{2L}{g}}$；而 $dt = \dfrac{dx}{v} = \dfrac{dx}{\sqrt{2gx}}$，则平均值为

$$\overline{F_N} = \frac{1}{\Delta t}\int_0^{\Delta t} F_N dt = \sqrt{\frac{g}{2L}}\int_0^L \frac{3mgx}{L}\frac{dx}{\sqrt{2gx}} = mg$$

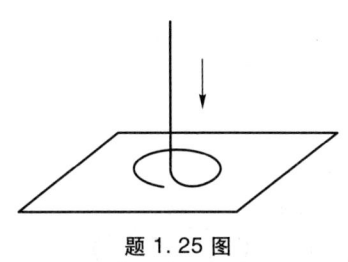

题 1.25 图

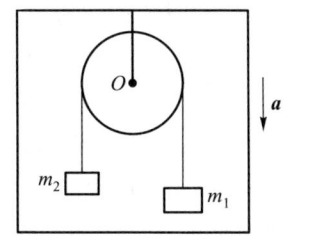 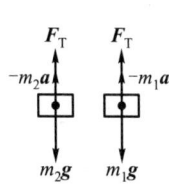

题 1.26 图

1.26 升降机内有一装置如图所示，定滑轮两边悬挂的两个物体质量关系为 $m_1 > m_2$。设绳与滑轮质量可不计，滑轮轴处摩擦可忽略，绳不可伸长，滑轮与绳之间无相对滑动。当升降机向下以加速度 a 运动时，以升降机为参考系求绳子的张力及两物体的加速度。

解： 升降机为非惯性系，应考虑惯性力。由题意绳中张力处处相等。以右侧物体下落方向为正向，其相对升降机的加速度为 a'，动力学方程为

$$m_1 g - F_T - m_1 a = m_1 a'$$
$$F_T + m_2 a - m_2 g = m_2 a'$$

两式联立，解得

$$a' = \frac{(m_1 - m_2)(g - a)}{m_1 + m_2}$$

$$F_T = \frac{2m_1 m_2(g - a)}{m_1 + m_2}$$

1.27 如图所示，在加速行驶的火车上，有一倾角为 30° 的斜面，一物体置于此斜面上，物与斜面间静摩擦因数为 0.2，欲使物体相对斜面静止，火车加速度应有怎样的限制？

解： 本题是静摩擦问题，临界情况下有 $F_f = \mu_s F_N$，而 $F_惯 = ma$，方向如图（b）所示。

（1）当加速度较小时，物体欲下滑，摩擦力沿斜面向上，如图（a）所示，则平衡方程为

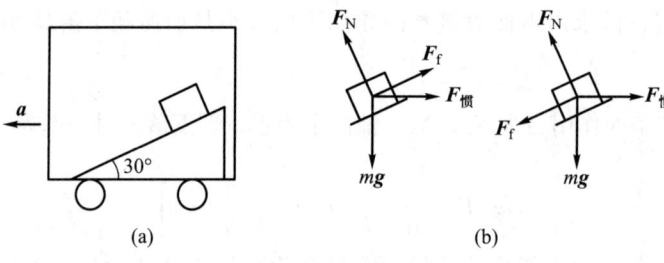

题 1.27 图

$$\begin{cases} F_N\cos\theta + \mu_s F_N\sin\theta = mg \\ F_N\sin\theta = \mu_s F_N\cos\theta + ma_1 \end{cases}$$

相除得 $$a_1 = \frac{\sin\theta - \mu_s\cos\theta}{\cos\theta + \mu_s\sin\theta}g = 3.32 \text{ m·s}^{-2}$$

(2) 当加速度较大时，物体欲上滑，摩擦力沿斜面向下（图 b），则平衡方程为

$$\begin{cases} F_N\cos\theta = \mu_s F_N\sin\theta + mg \\ F_N\sin\theta + \mu_s F_N\cos\theta = ma_2 \end{cases}$$

相除得 $$a_2 = \frac{\sin\theta + \mu_s\cos\theta}{\cos\theta - \mu_s\sin\theta}g = 8.61 \text{ m·s}^{-2}$$

综上所述，a_1、a_2 各为临界值，欲使物体静止，必须

$$a_1 = 3.32 \text{ m·s}^{-2} \leqslant a \leqslant 8.61 \text{ m·s}^{-2} = a_2$$

1.28 在光滑的圆锥体内壁上有一小球，圆锥体绕其对称轴 z 做角速度为 ω 的匀角速转动，如图所示。已知圆锥体的锥角为 θ，求 ω 取何值时，可使小球在距离圆锥体顶点为 l 处相对于圆锥体静止？

解：以圆锥体为参考系，由于其转动，故为非惯性系。惯性力的大小为

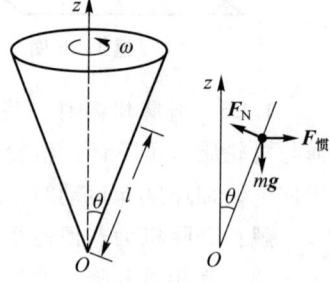

题 1.28 图

$$F_{惯} = mR\omega^2 = ml\sin\theta\omega^2$$

惯性力的方向垂直 z 轴向外。由于小球相对于圆锥体静止，有

$$m\boldsymbol{g} + \boldsymbol{F}_N + \boldsymbol{F}_{惯} = 0$$

将其沿 z 轴及垂直 z 轴方向投影，得

$$F_N\sin\theta - mg = 0$$

$$ml\sin\theta\omega^2 - F_N\cos\theta = 0$$

两式联立，消去 F_N 得

$$\omega = \frac{1}{\sin\theta}\sqrt{\frac{g\cos\theta}{l}}$$

1.29 一质点在几个力作用下的位移 $\Delta\boldsymbol{r} = (3\boldsymbol{i} + 8\boldsymbol{j} + 5\boldsymbol{k})$ m，其中有一恒力 $\boldsymbol{F} = (12\boldsymbol{i} - 3\boldsymbol{j} + 4\boldsymbol{k})$ N，求该力做的功。

解：$W = \boldsymbol{F} \cdot \Delta\boldsymbol{r} = (12\boldsymbol{i} - 3\boldsymbol{j} + 4\boldsymbol{k}) \cdot (3\boldsymbol{i} + 8\boldsymbol{j} + 5\boldsymbol{k})$ J $= 32$ J

1.30 如图所示，物体 A、B 的质量 $m_A = m_B = 0.01$ kg，物体 B 与桌面间的动摩擦因数 $\mu_k = 0.10$，滑轮及连接 A、B 的绳子质量可以忽略，且绳子不可伸长，滑轮轴处的摩擦不计。求物体 A 自静止下降 $s = 1.0$ m 时的速度大小。

解：设绳中张力为 F_T，分别以 A、B 为研究对象，应用质点动能定理有

$$(m_A g - F_T)s = \frac{1}{2}m_A v^2 - 0$$

$$(F_T - \mu_k m_B g)s = \frac{1}{2}m_B v^2 - 0$$

两式联立，解出

$$v = \sqrt{(1-\mu_k)gs} = 2.97 \text{ m} \cdot \text{s}^{-1}$$

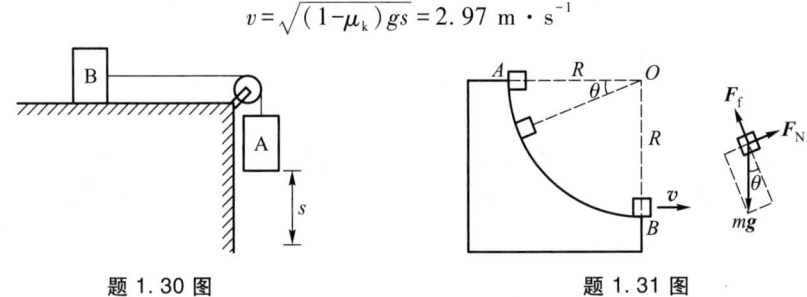

题 1.30 图   题 1.31 图

1.31 如图所示，质量 $m = 2$ kg 的物体，从静止开始沿着固定于地面的 1/4 圆弧从 A 滑到 B，到达 B 处时的速度为 $v = 6$ m·s^{-1}，已知圆弧的半径 $R = 4$ m。求物体从 A 滑到 B 过程中摩擦力所做的功。

解：物体从 A 滑到 B 过程中重力所做的功为

$$W_g = \int mg\cos\theta \mathrm{d}s = \int_0^{\pi/2} mg\cos\theta R \mathrm{d}\theta = mgR$$

设摩擦力所做功为 W_f，根据质点动能定理有

$$W_g + W_f = \frac{1}{2}mv^2 - 0$$

解得

$$W_f = \frac{1}{2}mv^2 - W_g = \frac{1}{2}mv^2 - mgR = -42.4 \text{ J}$$

1.32 如图所示，变力 F 沿着半径为 a 的光滑圆柱面的切向方向，在准平衡态的情况下向上拉一木块。木块质量为 m，下系一劲度系数为 k 的轻弹簧，弹簧的原长为 l。求力 F 从弹簧位置 1 拉到位置 2 的过程中所做的功（1 和 2 之间的圆弧所对应的圆心角为 θ_0）。

解：两种解法：(1) 力与位移的积分；(2) 能量守恒。
(1) 准平衡态时力平衡，沿圆弧切向位移 $s = a\theta$，

$$F = ka\theta + mg\cos\theta$$

$$W = \int \boldsymbol{F} \cdot \mathrm{d}\boldsymbol{s} = \int_0^{\theta_0} (ka\theta + mg\cos\theta)a\mathrm{d}\theta$$

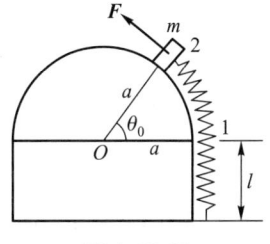

题 1.32 图

$$= \frac{1}{2}ka^2\theta_0^2 + mga\sin\theta_0$$

（2）准平衡态时速度为 0，只考虑弹力与重力势能。外力做功等于势能增加：

$$W = \frac{1}{2}ks^2 + mgh = \frac{1}{2}ka^2\theta_0^2 + mga\sin\theta_0$$

1.33 在光滑桌面上，一质量 $m = 2$ kg 的质点在力 $F = 26.4x + 19.2x^2$（N）作用下由静止出发沿 x 轴从 $x_1 = 0.50$ m 处运动到 $x_2 = 1.00$ m 处，若力 F 的方向始终与质点运动方向相同，求该力所做功及质点在 x_2 处的速率。

解：
$$W = \int F\,\mathrm{d}x = \int_{x_1}^{x_2}(26.4x + 19.2x^2)\,\mathrm{d}x = 15.5 \text{ J}$$

$$W = \frac{1}{2}mv_2^2 - \frac{1}{2}mv_1^2, \quad v_1 = 0, \quad v_2 = \sqrt{\frac{2W}{m}} = 3.94 \text{ m}\cdot\text{s}^{-1}$$

1.34 在光滑的水平面上，平放着如图所示的固定半圆形屏障。质量为 m 的滑块以初速度 v_0 沿切线方向进入屏障内，滑块与屏障间的动摩擦因数为 μ_k，试证明当滑块从屏障另一端滑出时，摩擦力所做的功为

$$W = \frac{1}{2}mv_0^2(\mathrm{e}^{-2\pi\mu_k} - 1)$$

提示：利用动能定理。

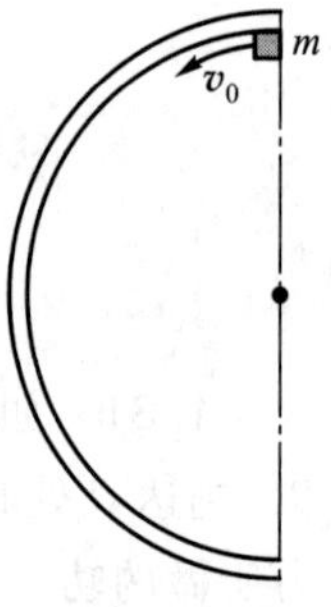

证明：（1）先求 v 的表达式：向心力的反作用力为正压力，产生摩擦，沿切向应用牛顿第二定律有 $-\mu_k\dfrac{mv^2}{R} = m\dfrac{\mathrm{d}v}{\mathrm{d}t}$，积分有

题 1.34 图

$$\int_{v_0}^{v} -\frac{\mathrm{d}v}{v^2} = \int_0^t \frac{\mu_k}{R}\mathrm{d}t, \quad 得\ v = \frac{v_0 R}{R + v_0\mu_k t}$$

（2）再求末态速率：$v = \dfrac{\mathrm{d}s}{\mathrm{d}t}$，积分有

$$\int_0^{\pi R}\mathrm{d}s = \int v\,\mathrm{d}t = \int_0^T \frac{v_0 R}{R + v_0\mu_k t}\mathrm{d}t$$

得 $R + v_0\mu_k T = R\mathrm{e}^{\pi\mu_k}$。

当 $t = T$ 时，$v = v_T$（末态速率），联立上述两式得

$$v_T = \frac{v_0 R}{R + v_0\mu_k T} = \frac{v_0}{\mathrm{e}^{\pi\mu_k}}$$

（3）应用动能定理，摩擦力（外力）做的功等于动能的增加：

$$W = \frac{1}{2}mv_T^2 - \frac{1}{2}mv_0^2 = \frac{1}{2}mv_0^2(\mathrm{e}^{-2\pi\mu_k} - 1)$$

1.35 力 F 作用在质量 $m = 2$ kg 的质点上，使之沿 x 轴运动。已知在此力作用下质点的运动方程为 $x = 3 + 5t + 6t^2 - t^3$，其中时间 t 的单位为 s，x 的单位为 m。求该力在 $t = 0$ 至 $t = 4$ s 内的冲量。

解：
$$v = \frac{dx}{dt} = 5 + 12t - 3t^2$$
$$I = \int F dt = \int m \frac{d^2x}{dt^2} dt = \int m \frac{dv}{dt} dt = \int_{v_0}^{v_4} m dv = m\ (v|_{t=4} - v|_{t=0})$$
$$= 2 \times (5-5)\ \text{N} \cdot \text{s}^{-1} = 0\ \text{N} \cdot \text{s}^{-1}$$

1.36 一质量 $m = 3$ kg 的质点在力 $F = 75 - 30t$（N）作用下，从 $t = 0$ 时刻由静止出发做直线运动，当 $t = 4$ s 时，该力的冲量是多少？质点的速率是多少？

解：
$$I = \int F dt = \int_0^4 (75 - 30t) dt = 60\ \text{N} \cdot \text{s}$$
$$I = mv_4 - mv_0 = mv_4 - 0,\qquad v_4 = I/m = 20\ \text{m} \cdot \text{s}^{-1}$$

1.37 如图所示为一锻压机，质量 $m = 2\ 000$ kg 的重锤从高度 $h = 1.5$ m 处自然落到工件上，如果作用时间 $\Delta t = 0.01$ s，试求重锤对工件的平均冲力。

解： 重锤与工件接触时的速度 $v_1 = \sqrt{2gh}$，方向向下；重锤落到工件上不再弹起，末态速度 $v_2 = 0$。设重锤所受平均冲力为 $\overline{F}_N$，取垂直向上为 z 轴，对重锤应用质点动量定理有

$$(\overline{F}_N - mg)\Delta t = 0 - (-mv_1)$$

得
$$\overline{F}_N = mg + \frac{mv_1}{\Delta t} = mg + \frac{m\sqrt{2gh}}{\Delta t} = (1.96 + 108.44) \times 10^4\ \text{N} = 1.10 \times 10^6\ \text{N}$$

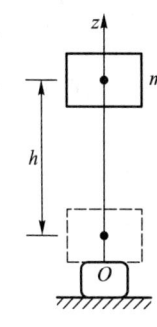

题 1.37 图

重锤对工件的平均冲力大小等于 $\overline{F}_N$，方向竖直向下。

从以上结果可见，重锤所受重力对冲力贡献很小，因此一般情况下可忽略重力的影响。

1.38 质量 $m = 50$ kg 的人站在一条小船的尾部，船静止于湖面上。小船长度 $l = 4$ m，质量 $m' = 150$ kg。求当人从船尾走到船头的过程中，人相对湖岸的位移。水对船的摩擦力可忽略。

解： 选湖岸为参考系，设人相对湖岸的速度为 v，船相对湖岸的速度为 v'。开始时人与船静止，总动量为零；忽略水对船的摩擦力，则系统总动量守恒，有
$$mv + m'v' = 0$$
如设人相对船的速度为 u，则由速度合成，有 $v = u + v'$，代入上式，消去 v' 得
$$v = \frac{m'}{m + m'} u$$
若人从船尾走到船头耗时为 t，则 $l = \int_0^t u dt$，而人相对湖岸的位移为
$$s = \int_0^t v dt = \frac{m'}{m + m'} \int_0^t u dt = \frac{m'}{m + m'} l = 3\ \text{m}$$

1.39 一个质量为 $m = 3.0$ kg 的质点位于 $\boldsymbol{r} = (3\boldsymbol{i} + 8\boldsymbol{j})$ m 处时的速度为 $\boldsymbol{v} = (5\boldsymbol{i} - 6\boldsymbol{j})$ m·s^{-1}，

此刻一力 $F = -7i$ N 作用在该质点上,求:

(1) 质点的角动量;

(2) 质点所受的力矩;

(3) 质点角动量的时间变化率。

解:(1) $L = r \times mv = 3(3i+8j) \times (5i-6j)$ kg·m²·s⁻¹ $= -174k$ kg·m²·s⁻¹

(2) $M = r \times F = (3i+8j) \times (-7i)$ m·N $= 56k$ m·N

(3) $\dfrac{dL}{dt} = M = 56k$ kg·m²·s⁻²

1.40 一颗人造卫星绕地球做椭圆轨道运动,在近地点的速度为 8.1 km·s⁻¹,距离地面的高度为 439 km;在远地点时,距离地面的高度为 2 384 km。地球半径 $R = 6\,371$ km,求卫星在远地点时的速度为多少?

解:卫星受地球的万有引力始终指向地心,所以相对地心卫星所受力矩为零,卫星角动量守恒,即

$$r_{近} \times mv_{近} = r_{远} \times mv_{远}$$

由于在近地点和远地点处,径矢与速度相互垂直,故有

$$r_{近} v_{近} = r_{远} v_{远}$$

根据题意,$r_{近} = (6\,371+439)$ km $= 6\,810$ km, $r_{远} = (6\,371+2\,384)$ km $= 8\,755$ km, $v_{近} = 8.1$ km·s⁻¹,得

$$v_{远} = \dfrac{r_{近} v_{近}}{r_{远}} = \dfrac{6\,810 \times 8.1 \text{ km·s}^{-1}}{8\,755} = 6.3 \text{ km·s}^{-1}$$

1.41 如图所示,在光滑桌面上,静止滑块 m_1 位于距 O 点 r 处,m_1 与 O 点间用不可伸长的轻绳相连,绳长 $l > r$。现有一质量 $m_2 = m_1$ 的子弹以速度 v_0 射入滑块并嵌入其中,v_0 的方向与 O 点的垂直距离为 a。求:

(1) 滑块与子弹以绳长为半径绕 O 做圆周运动时的速率;

(2) 此时的动能与初态子弹的动能之比。

解:(1) 由角动量守恒有 $am_2 v_0 = l(m_1 + m_2)v$,将 $m_2 = m_1$ 代入得

$$v = \dfrac{av_0}{2l}$$

(2) $\dfrac{E_k}{E_{k0}} = \dfrac{(m_1+m_2)v^2/2}{m_2 v_0^2/2} = \dfrac{a^2}{2l^2}$

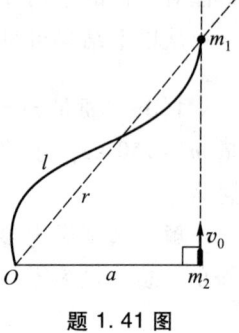

题 1.41 图

1.42 如图所示,在光滑水平面上有一轻弹簧,它的一端固定于 O 点,另一端系一质量为 $m = 1$ kg 的滑块,弹簧原长 $l_0 = 0.2$ m,劲度系数 $k = 100$ N·m⁻¹。开始时滑块在弹簧原长 l_0 处,速度 $v_0 = 5$ m·s⁻¹,速度方向与弹簧垂直。求此后某一时刻当弹簧长度 $l = 0.5$ m 时,滑块速度 v 的大小及与弹簧长度方向的夹角 θ。

解:弹簧力为有心力,由角动量守恒有

$$mv_0l_0 = mvl\sin\theta$$

由机械能守恒有

$$\frac{1}{2}mv_0^2 = \frac{1}{2}mv^2 + \frac{1}{2}k(l-l_0)^2$$

解得

$$v = \sqrt{v_0^2 - \frac{k(l-l_0)^2}{m}} = 4 \text{ m·s}^{-1}$$

代入角动量守恒式得

$$\theta = \arcsin\left(\frac{v_0 l_0}{vl}\right) = 30°$$

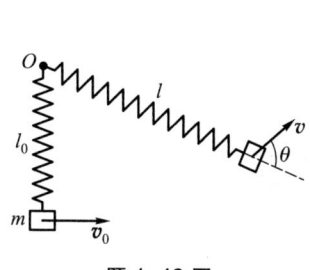
题 1.42 图

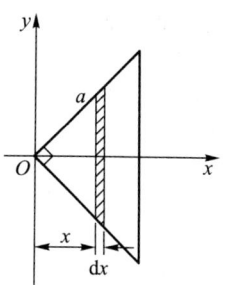
题 1.43 图

1.43 求腰长为 a 的等腰直角三角形均匀薄板的质心位置。

解：设薄板质量面密度为 σ。如图选取直角坐标系，使 x 轴平分三角形的直角，根据对称性显然有 $y_C = 0$；x_C 则要通过积分求得。在离原点 x 处，取宽度为 dx 的面积元，其面积为 $dS = 2ydx = 2xdx$，其中 $y = x$ 是由于直角三角形的腰与 x 轴夹角为 45°，于是有

$$x_C = \frac{\int x\,dm}{\int dm} = \frac{\int x\sigma\,dS}{\int \sigma\,dS} = \frac{\int x\,dS}{\int dS} = \frac{\int_0^{a\cos 45°} 2x^2\,dx}{a^2/2} = \frac{\sqrt{2}}{3}a$$

1.44 在摩天楼顶相隔 1 s 先后释放了两枚石子使它们自由下落，第一粒石子质量为 20 g，第二粒石子质量为 50 g。求：在第二粒石子释放 3 s 后，两石子系统质心的速度和加速度的大小。

解：竖直自由下落，以第二粒石子释放时为计时零点，则 $x_2 = \frac{1}{2}gt^2$，$x_1 = \frac{1}{2}g(t+1)^2$。质心坐标为

$$x_C = \frac{m_1 x_1 + m_2 x_2}{m_1 + m_2}$$

质心速度为

$$v_C = \frac{dx_C}{dt} = \frac{1}{m_1+m_2}\left(m_1\frac{dx_1}{dt} + m_2\frac{dx_2}{dt}\right) = \frac{m_1 g(t+1) + m_2 gt}{m_1+m_2}$$

质心加速度为

$$a_C = \frac{dv_C}{dt} = \frac{m_1 g + m_2 g}{m_1 + m_2} = g$$

代入 $t = 3$ s，得 $v_C = 32.2$ m·s^{-1}，$a_C = 9.81$ m·s^{-2}（常量）。

1.45 一条质量均匀分布的细绳，质量线密度为 λ，开始时盘绕在光滑的水平桌面上。现有一力垂直向上提起绳的一端，分别按下列两种情况求当提起高度为 x（x 小于绳长）时作用于绳端力的大小。(1) 以恒定速度 v 向上提绳；(2) 以恒定加速度 a 向上提绳。（提示：利用质心运动定理。）

解：设绳子质量为 m，全长为 l，则 $\lambda = m/l$。以桌面为 x 轴 O 点，垂直向上为 x 轴正向。当提起 x 长度时，绳子的质心坐标为 $x_C = \left[\lambda x \cdot \frac{x}{2} + \lambda(l-x) \cdot 0\right]/m = \frac{\lambda x^2}{2m}$。绳子共受三个力：拉力 F 向上，重力 mg 向下，桌面支持力 $\lambda(l-x)g$ 向上。

(1) 匀速 v 提升：

$$F + \lambda(l-x)g - mg = m\frac{d^2 x_C}{dt^2} = \lambda v^2$$

其中 $\frac{dx}{dt} = v$，$\frac{dv}{dt} = 0$，解得

$$F = \lambda(v^2 + gx)$$

(2) 匀加速 a 提升：

$$F + \lambda(l-x)g - mg = m\frac{d^2 x_C}{dt^2} = \lambda(v^2 + ax)$$

其中 $\frac{dx}{dt} = v$，$\frac{dv}{dt} = a$，$v^2 = 2ax$，解得

$$F = \lambda(v^2 + gx + ax) = \lambda x(g + 3a)$$

第 2 章 刚体力学基础

2.1 刚体在某一力矩的作用下绕定轴转动，当力矩增加时，角速度和角加速度的大小怎样变化？当力矩减小时，角速度和角加速度的大小又怎样变化？

解：当力矩增加时，角速度和角加速度随之增加；当力矩减小时，角速度仍然增加，但角加速度减小。

2.2 将细棒的一端连接到水平光滑固定轴上，使其能在竖直面内自由转动。第一次将其拉开与竖直方向成某一 θ 角（$0 < \theta < \pi/2$）；第二次将其拉到水平位置（$\theta = \pi/2$）。在这两种情况中，(1) 放手的那一瞬间，棒的角加速度是否相同？(2) 棒转动的过程中，角加速度是否恒定？

解：(1) 不同。水平位置角加速度较大。(2) 因为力矩随角度变化，所以角加速度不是恒定的。

2.3 计算一个刚体对某转轴的转动惯量时,一般能不能把它的质量集中于其质心,然后算这个质点对转轴的转动惯量?举例说明。

解:不能。例如密度均匀的圆板,对于通过质心且与圆面垂直的轴的转动惯量为 $mR^2/2$。但如果把质量集中于质心时,对该轴的转动惯量为零。

2.4 有一圆柱体在水平地面上做纯滚动,下面用三种方法来计算它的总动能:(1)$E_k = \frac{1}{2}I_P\omega^2$;(2)$E_k = \frac{1}{2}mv_C^2 + \frac{1}{2}I_C\omega^2$;(3)$E_k = \frac{1}{2}I_C\omega^2$。其中 I_P 是通过瞬时轴的转动惯量,I_C 是通过质心对称轴的转动惯量,v_C 是质心的平动速度。问哪些方法是正确的?

解:(1)、(2)是正确的;(3)是错误的。

2.5 一个水平圆盘以一定的角速度绕过圆心的竖直轴转动。今在其上放置另一个原来不动的圆盘,使两盘的平面平行,圆心共轴,由于接触面之间有摩擦力使两盘以相同的角速度转动。问放置前后两盘的总动能是否相同?总角动量是否相同?为什么?

解:总动能不相同,能量有损失;总角动量相同,因无外力矩作用,总角动量守恒。

2.6 一匀质细棒可绕过其质心的竖直光滑固定轴在水平面内自由转动。一颗子弹沿水平方向飞来射入棒中,使原来静止的棒开始转动,如果将子弹与棒组成系统,这个系统在子弹射入棒之前似乎没有转动状态,子弹对棒作用的力矩属于系统内力矩。这样,似乎与角动量守恒定律相矛盾,如何解释?

解:子弹虽然是做直线运动,但对于转动轴线来说,子弹的角动量在射入前不等于零。

2.7 一匀质细棒两端各用一绳将其水平悬挂于天花板上,如果一绳突然断掉,在断掉后的瞬间,另一绳受力多大?

解:竖直方向的质心平动 $mg - F_T = ma_y$;绕质心的转动 $F_T \frac{l}{2} = I_0 \beta = \frac{1}{12}ml^2\beta$;平动加速度与角加速度的关系 $a_y = \frac{l}{2}\beta$;三式联立,解得 $F_T = \frac{1}{4}mg$。

2.8 如图所示,圆柱体在水平力 F 的作用下,在水平面上沿力的方向做纯滚动。当力的作用线与水平面之间的距离 x 与圆柱体半径 R 之间分别满足什么条件时,可以使圆柱体与水平面之间的静摩擦力的方向向前?向后?等于零?

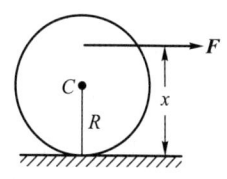

题2.8图

解:设摩擦力 F_f 向后为正。质心平动 $F - F_f = ma_C$;绕质心的转动 $F(x-R) + F_f R = I_C \beta = \frac{1}{2}mR^2\beta$;平动加速度与角加速度的关系 $a_C = R\beta$。三式联立,解出 $F_f = \left(1 - \frac{2x}{3R}\right)F$。

讨论:(1)当 $1 - \frac{2x}{3R} < 0$ 即 $2R \geq x > \frac{3R}{2}$ 时,$F_f < 0$,摩擦力向前;(2)当 $1 - \frac{2x}{3R} > 0$ 即 $\frac{3R}{2} > x \geq 0$ 时,

$F_f>0$，摩擦力向后；(3) 当 $1-\dfrac{2x}{3R}=0$ 即 $x=\dfrac{3R}{2}$ 时，$F_f=0$，摩擦力等于零。

2.9 一汽车发动机以 $500\ \text{r}\cdot\text{min}^{-1}$ 的初角速度转动，加速后在 5 s 内角速度增大到 $3\,000\ \text{r}\cdot\text{min}^{-1}$，设角加速度恒定。问：

(1) 角加速度是多少？

(2) 在加速时间内发动机转了多少转？

(3) 发动机飞轮的直径是 0.5 m，当角速度为 $1\,500\ \text{r}\cdot\text{min}^{-1}$ 时，飞轮边沿上一点的线速度是多少？切向加速度是多少？法向加速度是多少？

解： (1) 初角速度为

$$\omega_0=2\pi n_0=\dfrac{2\pi\times 500}{60}\ \text{rad}\cdot\text{s}^{-1}=52.4\ \text{rad}\cdot\text{s}^{-1}$$

$t=5$ s 时，末角速度为

$$\omega_t=2\pi n_t=\dfrac{2\pi\times 3\,000}{60}\ \text{rad}\cdot\text{s}^{-1}=314.2\ \text{rad}\cdot\text{s}^{-1}$$

因角加速度恒定，所以

$$\beta=\dfrac{\omega_t-\omega_0}{t}=\dfrac{314.2-52.4}{5}\ \text{rad}\cdot\text{s}^{-2}=52.4\ \text{rad}\cdot\text{s}^{-2}$$

(2) 5 s 内角位移为

$$\Delta\theta=\omega_0 t+\dfrac{1}{2}\beta t^2=52.4\times 5\ \text{rad}+\dfrac{1}{2}\times 52.4\times 5^2\ \text{rad}=917\ \text{rad}$$

发动机转数为 $N=\dfrac{\Delta\theta}{2\pi}=146$。

(3) 飞轮半径 $r=0.25$ m，当角速度 $\omega=2\pi n=\dfrac{2\pi\times 1\,500}{60}\ \text{rad}\cdot\text{s}^{-1}=157.1\ \text{rad}\cdot\text{s}^{-1}$ 时，飞轮边沿上一点的线速度为

$$v=r\omega=0.25\times 157.1\ \text{m}\cdot\text{s}^{-1}=39.3\ \text{m}\cdot\text{s}^{-1}$$

切向加速度为

$$a_t=r\beta=0.25\times 52.4\ \text{m}\cdot\text{s}^{-2}=13.1\ \text{m}\cdot\text{s}^{-2}$$

法向加速度为

$$a_n=r\omega^2=0.25\times 157.1^2\ \text{m}\cdot\text{s}^{-2}=6.17\times 10^3\ \text{m}\cdot\text{s}^{-2}$$

2.10 汽车以 $60\ \text{km}\cdot\text{h}^{-1}$ 的速度行驶，其车轮直径为 0.5 m，试求：

(1) 车轮绕轴转动的角速度；

(2) 若汽车匀减速停止用时 10 s，其角加速度是多少？

(3) 在刹车期间，车前进了多远？

解： (1) $\omega_0=\dfrac{v}{r}=66.7\ \text{rad}\cdot\text{s}^{-1}$

(2) $\omega=\omega_0+\beta t,\ \beta=-\dfrac{\omega_0}{t}=-6.67\ \text{rad}\cdot\text{s}^{-2}$

(3) $\omega^2 - \omega_0^2 = 2\beta\theta$, $\theta = -\dfrac{\omega_0^2}{2\beta} = 334 \text{ rad}$, $s = r\theta = 83.5 \text{ m}$

2.11 一质量分布均匀的盘状飞轮质量为 50 kg、半径为 1.0 m，转速为 300 r·min⁻¹，在一恒定的阻力矩 M_r 作用下，50 s 后停止。求飞轮角加速度 β 和阻力矩 M_r。

解：由 $\omega = \omega_0 + \beta t$，有

$$\beta = \frac{\omega - \omega_0}{t} = -\frac{\omega_0}{t} = -0.628 \text{ rad}\cdot\text{s}^{-2}$$

$$M_r = I\beta = \frac{1}{2}mr^2\beta = -15.7 \text{ N}\cdot\text{m}$$

2.12 如图所示，一细棒与一圆盘固定连接，细棒长为 l、质量为 m；圆盘半径为 R、质量为 m'。求细棒与圆盘整体绕过 O 点、垂直图面的轴的转动惯量。

解：细棒绕 O 的转动惯量为

$$I_1 = \frac{1}{3}ml^2$$

圆盘绕 O 的转动惯量为

$$I_2 = \frac{1}{2}m'R^2 + m'(l+R)^2$$

整体绕 O 的转动惯量为

$$I = I_1 + I_2 = \frac{1}{3}ml^2 + \frac{1}{2}m'R^2 + m'(l+R)^2$$

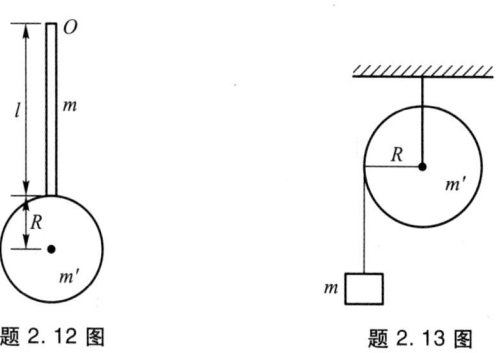

题 2.12 图   题 2.13 图

2.13 如图所示，一轻质不可伸长的绳子缠绕在质量为 m'、半径为 R 的定滑轮上，绳子下端与一质量为 m 的物体相连。设滑轮轴承光滑，绳与滑轮之间无相对滑动，滑轮初态静止。
（1）求滑轮的角加速度以及物体速度与时间的关系；
（2）若去掉物体 m，换成一向下的拉力 F，大小为 mg。求滑轮的角加速度并与上面结果比较。

解：（1）设绳中张力为 F_T，列方程有

$$mg - F_T = ma, \quad F_T R = I\beta, \quad a = R\beta, \quad I = \frac{1}{2}m'R^2$$

解得
$$\beta = \frac{2mg}{(m'+2m)R}, \qquad a = R\beta = \frac{2mg}{m'+2m}$$

a 为定值，初态静止，所以 $v = at = \dfrac{2mgt}{m'+2m}$。

(2) 方程只有 $FR = mgR = I\beta$，$I = \dfrac{1}{2}m'R^2$；解得 $\beta' = \dfrac{2mg}{m'R}$。与（1）比较，有 $\beta' > \beta$。

2.14 如图所示，在倾角 $\theta = 30°$ 的固定斜面顶端有一质量 $m = 20$ kg、半径 $R = 0.2$ m 的定滑轮，滑轮绕其中心转轴的转动惯量为 $mR^2/2$，斜面上有一质量 $m_1 = 5$ kg 的物体经一不可伸长的轻绳连接跨过滑轮与另一质量 $m_2 = 10$ kg 的物体相连。设斜面与 m_1 之间的动摩擦因数 $\mu_k = 0.25$，滑轮轴上摩擦可忽略，绳与滑轮之间无相对滑动。求物体运动的加速度 a 及绳中的张力 F_{T1} 与 F_{T2}。

解：
$$m_2 g - F_{T2} = m_2 a, \qquad F_{T1} - m_1 g\sin\theta - \mu m_1 g\cos\theta = m_1 a$$
$$F_{T2}R - F_{T1}R = I\beta = \frac{1}{2}mR^2\beta, \qquad a = R\beta$$

联立解得
$$a = \frac{(m_2 - m_1\sin\theta - \mu_k m_1\cos\theta)g}{m_1 + m_2 + m/2} = 2.52 \text{ m}\cdot\text{s}^{-2}$$
$$F_{T1} = m_1 g\sin\theta + \mu_k m_1 g\cos\theta + m_1 a = 47.7 \text{ N}, \qquad F_{T2} = m_2 g - m_2 a = 72.8 \text{ N}$$

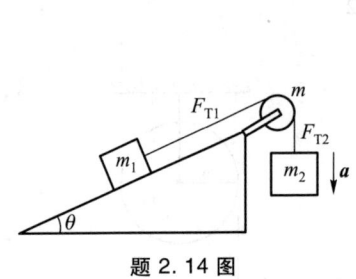

题 2.14 图

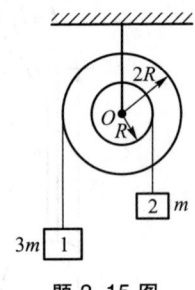

题 2.15 图

2.15 如图所示，安装在固定光滑水平轴上的鼓轮由大小两个圆盘固连组成，两个圆盘上各自绕有绳索，绳端分别挂有一物体。挂在小圆盘上的物体质量 $m = 2$ kg，挂在大圆盘上的物体质量为 $3m$；小圆盘半径 $R = 0.05$ m、质量为 m；大圆盘半径为 $2R$、质量为 $2m$。求鼓轮的角加速度与每根绳中的张力。

解：取逆时针为转动正方向，列方程有
$$3mg - F_{T1} = 3ma_1$$
$$F_{T2} - mg = ma_2$$
$$F_{T1}\cdot 2R - F_{T2}\cdot R = I\beta$$
$$a_1 = 2R\beta, \quad a_2 = R\beta, \quad I = \frac{1}{2}mR^2 + \frac{1}{2}(2m)(2R)^2 = \frac{9}{2}mR^2$$

解得 $\beta = \dfrac{2g}{7R} = 56 \text{ rad} \cdot \text{s}^{-2}$, $F_{T1} = F_{T2} = \dfrac{9}{7}mg = 25.2 \text{ N}$

2.16 一质量为 m、半径为 R 的匀质薄圆盘，在水平平面上绕通过其圆心且垂直于盘面的轴转动。圆盘与平面间的动摩擦因数为 μ_k。试求：

（1）平面对圆盘的摩擦力矩；

（2）从角速度为 ω_0 开始计时，圆盘经过多长时间停止转动？

解：（1）在圆盘上取半径为 r、宽为 $\mathrm{d}r$ 的圆环，设圆盘质量面密度 $\sigma = m/\pi R^2$，则圆环上的摩擦力矩为

$$\mathrm{d}M = \mu_k (\sigma 2\pi r \mathrm{d}r)g \cdot r$$

平面对整个圆盘的力矩为

$$M = \int_0^R \mathrm{d}M = \int_0^R 2\mu_k g \sigma \pi \cdot r^2 \mathrm{d}r = \dfrac{2}{3}\mu_k mgR$$

（2）$M = I\beta = \dfrac{1}{2}mR^2 \beta$，代入 M 结果，得 $\beta = \dfrac{4\mu_k g}{3R}$。又 $\omega = \omega_0 - \beta t$，$\omega = 0$，则

$$t = \dfrac{\omega_0}{\beta} = \dfrac{3R\omega_0}{4\mu_k g}$$

2.17 如图（a）所示，一根均匀的细木棒 AB 放在光滑的圆柱形玻璃杯中，杯的直径为 0.1 m，棒长 0.15 m，棒的质量 0.050 kg，求杯壁对木棒的作用力 $\boldsymbol{F}_1$ 和 $\boldsymbol{F}_2$。

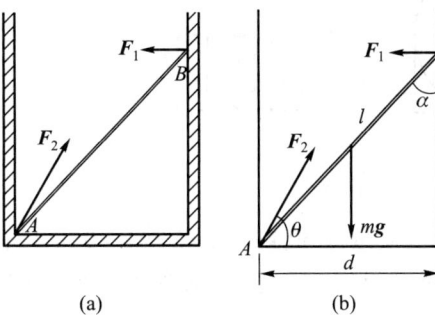

题 2.17 图

解：如图（b）所示，设 $\boldsymbol{F}_2$ 与杯底的夹角为 θ，由 $\sum \boldsymbol{F} = 0$ 有

$$\begin{cases} F_2 \cos\theta - F_1 = 0 \\ F_2 \sin\theta - mg = 0 \end{cases}$$

再由 $\sum \boldsymbol{M} = 0$，相对于过 A 点且垂直图面的轴有

$$mg \dfrac{l}{2}\sin\alpha - F_1 l\cos\alpha = 0$$

由最后一式解出

$$F_1 = \frac{1}{2}mg\tan\alpha = \frac{mg}{2}\frac{d}{\sqrt{l^2-d^2}} = 0.219 \text{ N}$$

由前两式有

$$\left(\frac{F_1}{F_2}\right)^2 + \left(\frac{mg}{F_2}\right)^2 = 1, \quad F_2 = \sqrt{F_1^2 + (mg)^2} = 0.537 \text{ N}$$

再由第一式有 $\theta = \arccos(F_1/F_2) = 65.9°$。

2.18 如图（a）所示，在墙角放有一半径为 R 的圆柱体，它与所有接触壁面间的静摩因数均为 $1/3$。若施加一外力 F 于圆柱体，此力的大小恰等于圆柱体重量的 3 倍，则沿竖直方向此外力的作用线与该圆柱体轴线间的距离 d 至少为多大，才能使圆柱体开始顺时针方向旋转？

解： 参见图（b），由合外力为零有

$$F_{fx} - F_{N1} = 0, \quad F_{fy} + F_{N2} - mg - F = 0$$

其中 $F = 3mg$，$F_{fx} = \mu_s F_{N2}$，$F_{fy} = \mu_s F_{N1}$。

又由顺时针合外力矩大于等于零，有

$$Fd \geq (F_{fx} + F_{fy})R$$

则有 F_{N1}、F_{N2}、F_{fx}、F_{fy}、d 共 5 个未知量，且有 5 个方程，可解得 $d \geq \frac{8}{15}R$。

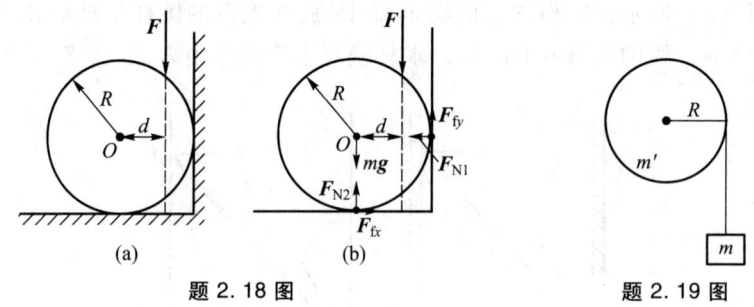

题 2.18 图　　　　题 2.19 图

2.19 如图所示，一圆盘的质量为 50 kg，半径为 1.80 m，可绕通过圆心垂直盘面的水平光滑轴旋转。一根不可伸长的轻绳一端缠绕在圆盘上，另一端悬挂一个质量为 2 kg 的物体。求：

（1）绳中张力多大？

（2）从静止开始转动 5 s 后，张力的力矩对圆盘做了多少功？这时圆盘的动能多大？

解：（1）设绳中张力为 F_T，列方程有

$$mg - F_T = ma, \quad F_T R = I\beta, \quad a = R\beta, \quad I = \frac{1}{2}m'R^2$$

解得

$$a = R\beta = \frac{2mg}{m'+2m}, \quad F_T = mg - ma = \frac{m'mg}{m'+2m} = 18.1 \text{ N}$$

（2）物体下落距离 $h = \frac{1}{2}at^2$，张力力矩的功 $W = F_T h = \frac{m'm^2g^2t^2}{(m'+2m)^2} = 165$ J，根据定轴转动动

能定理，$W = \Delta E_k = E_k - E_{k0} = E_k = 165$ J

2.20 如图所示，轻弹簧的劲度系数 $k = 2$ N·m^{-1}，不可伸长的轻绳一端与弹簧相连，另一端跨过定滑轮与质量 $m = 1$ kg 的物体相连。滑轮半径 $R = 0.10$ m，绕其转轴的转动惯量 $I = 0.01$ kg·m^2。设绳与滑轮之间无相对滑动，空气及滑轮轴上的阻力可忽略。初态弹簧无形变且物体静止。求物体下落 1 m 时的速度大小。

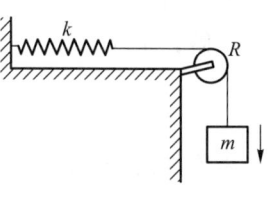

题 2.20 图

解：取图中物体及地球为系统，只有弹簧力及重力两个保守力，系统机械能守恒。取弹簧原长为弹性势能零点，物体初态高度为重力势能零点。物体下落 h 高度后，有

$$mgh = \frac{1}{2}kh^2 + \frac{1}{2}I\omega^2 + \frac{1}{2}mv^2, \quad v = R\omega$$

解出

$$v = \sqrt{\frac{(2mg - kh)h}{I/R^2 + m}} = 2.97 \text{ m·s}^{-1}$$

2.21 一圆盘的质量为 50 kg，半径为 1.80 m，能绕它的中垂轴旋转。有一个 19.6 N 的恒力施于圆盘的边缘上，恒力平行盘面且始终与圆盘半径垂直。试求圆盘转动的角加速度、从静止开始转动后 5 s 内的角位移以及这时圆盘相对轴的角动量。

解：转动惯量为 $I = \frac{1}{2}mR^2 = 81$ kg·m^2，则

$$\beta = \frac{M}{I} = \frac{FR}{I} = 0.436 \text{ rad·s}^{-2}$$

$$\theta = \frac{1}{2}\beta t^2 = 5.45 \text{ rad}, \quad \omega = \beta t = 2.18 \text{ rad·s}^{-1}$$

$$L = I\omega = 177 \text{ kg·m}^2\text{·s}^{-1}$$

2.22 如图所示，长为 $2l$、质量为 m' 的均匀细棒放置在光滑水平面上，可绕过棒的质心并与水平面垂直的轴转动，轴承光滑。现有一质量为 m 的子弹以速度 v_0 沿水平面垂直入射至棒的端点。求：

（1）若子弹穿出棒端后的速度为 $v_0/3$，棒的角速度？
（2）若子弹嵌入棒端不穿出，棒与子弹的共同角速度？

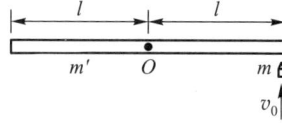

题 2.22 图

解：无论子弹是否穿出，均有角动量守恒：

（1）$mv_0 l = \frac{mv_0 l}{3} + \frac{1}{12}m'(2l)^2 \omega$，解出 $\omega = \frac{2mv_0}{m'l}$。

（2）$mv_0 l = \left[\frac{1}{12}m'(2l)^2 + ml^2\right]\omega$，解出 $\omega = \frac{mv_0}{(m'/3 + m)l}$。

2.23 如图所示，转台绕中心竖直轴以角速度 ω_0 匀速转动，转台对该转轴的转动惯量 $I_0 = 5 \times 10^{-5}$ kg·m^2。今有沙粒以 $q = 1$ g·s^{-1} 的速度落入转台，沙粒黏附在转台面上形成一半径

$r = 0.1$ m 的圆形。当沙粒落到转台上后，转台的角速度要变慢，试求当角速度减到 $\omega_0/2$ 时所需的时间。

解：系统无外力矩，由角动量守恒有

$$I_0\omega_0 = I\omega = \left(I_0 + \int r^2 dm\right)\left(\frac{1}{2}\omega_0\right)$$

沙粒附加的转动惯量为

$$\int r^2 dm = r^2 \int dm = r^2 \int_0^t q \cdot dt = r^2 qt$$

其中 $q = dm/dt$，解得 $t = \dfrac{I_0}{r^2 q} = 5.0$ s。

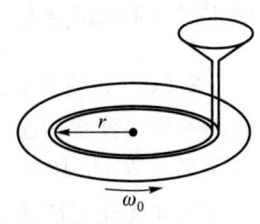

题 2.23 图

2.24 光滑的匀质细杆长为 $2l$、质量为 m'。杆上穿有两个质量都是 m 的小球，小球由细绳连接并位于杆的中央。将细杆以角速度 ω 绕过其中心的竖直轴在水平面内旋转。突然将连接小球的细绳弄断，小球会分开分别滑到杆的两端。这时细杆转动的角速度变成多大？整个系统的动能减少了多少？这是否违反了机械能守恒定律？计算时不计摩擦阻力和其他附属机构的转动惯量。

解：根据角动量守恒，有 $I\omega = (I+2ml^2)\omega'$，$I = \dfrac{1}{12}m'(2l)^2 = \dfrac{1}{3}m'l^2$，则

$$\omega' = \frac{m'\omega}{m'+6m}$$

初态动能为

$$E_k = \frac{1}{2}I\omega^2 = \frac{1}{6}m'l^2\omega^2$$

末态动能为

$$E_k' = \frac{1}{2}(I+2ml^2)\omega'^2 = \frac{1}{6}\frac{m'^2l^2\omega^2}{(m'+6m)}$$

$\dfrac{E_k'}{E_k} = \dfrac{m'}{m'+6m} < 1$，转动能减少；$\Delta E_k = E_k - E_k' = \dfrac{m'ml^2\omega^2}{m'+6m}$；机械能守恒条件不满足，因 $W_{\text{非保内}} \neq 0$。

2.25 如图所示，质量为 m_0、边长为 l 的匀质正方形薄板，可自由地绕一竖直边 OO' 转动，初态静止。今有一质量为 m、速度为 v 的小球垂直于板面撞在薄板的另一竖直边边缘上，设碰撞为完全弹性的，转轴光滑。求碰撞后薄板的角速度以及小球的速度。方板绕其一边的转动惯量 $I = ml^2/3$。

解：设小球碰后速度为 v'，方向以初始 v 的方向为正向，则相对转轴角动量守恒有

$$mvl = I\omega + mv'l$$

题 2.25 图

根据能量（动能）守恒有

$$\frac{1}{2}mv^2 = \frac{1}{2}I\omega^2 + \frac{1}{2}mv'^2$$

联立解得
$$\omega = \frac{6mv}{(3m+m_0)l}, \qquad v' = \frac{3m-m_0}{3m+m_0}v$$

2.26 一个质量为 m、半径为 R 的圆柱体，静止地放在一辆平板车上，使其轴线水平且与平板车的前进方向垂直。设圆柱体与平板车之间的静摩擦因数为 μ，当平板车以匀加速度 a 开动时，求：

（1）圆柱体做纯滚动的条件；

（2）圆柱体做纯滚动时，其质心相对于平板车的加速度。

解： 以加速平板车为参考系，圆柱体受反向惯性力 $-ma$，列方程如下：

质心平动： $ma - F_f = ma_C$，a_C 为质心相对平板车的加速度

绕质心轴的转动： $RF_f = I\beta = \frac{1}{2}mR^2\beta$

纯滚动运动学公式： $a_C = R\beta$

联立解得
$$F_f = \frac{1}{3}ma, \qquad a_C = \frac{2}{3}a$$

（1）纯滚动应满足 $F_f \leq \mu_k F_N = \mu_k mg$，将上面 F_f 值代入，得 $a \leq 3\mu_k g$。

（2）考虑到 a_C 与 a 方向相反，有 $a_C = -\frac{2}{3}a$。

2.27 一质量为 m、半径为 r 的匀质实心球体沿倾角为 θ 的固定斜面向下做纯滚动，斜面与球体间的静摩擦因数为 μ_k。求球体质心的加速度，并找出只滚不滑的条件。（球体绕过直径轴的转动惯量为 $I_C = 2mr^2/5$。）

解： 选取斜面方向为 x 轴，垂直斜面方向为 y 轴。质心加速度沿斜面方向分量为 a_C，垂直斜面方向受力平衡，质心加速度为零，根据质心运动定理有
$$\begin{cases} mg\sin\theta - F_f = ma_C \\ F_N - mg\cos\theta = 0 \end{cases}$$

对过质心的转轴应用转动定律，只有摩擦力提供外力矩，所以
$$F_f r = I_C\beta = \frac{2}{5}mr^2\beta$$

此外，纯滚动满足运动学公式：
$$a_C = r\beta$$

将以上四式联立求解，得
$$a_C = \frac{5}{7}g\sin\theta, \qquad F_f = \frac{2}{7}mg\sin\theta, \qquad F_N = mg\cos\theta$$

当摩擦力 F_{fs} 不超过最大静摩擦 $\mu_s F_N$ 时，圆柱体只滚不滑，即
$$F_{fs} = \frac{2}{7}mg\sin\theta \leq \mu_s F_N = \mu_s mg\cos\theta$$

于是得出只滚不滑的条件：

$$\mu_s \geq \frac{2}{7}\tan\theta$$

2.28 斜面的倾角为 $10°$，匀质圆柱体和实心球体从同一条起滚线出发由静止开始往下做纯滚动。当圆柱体前进了 0.1 m 时，球体才开始滚动。求在离起滚线多远的地方，球体赶上了圆柱体？提示：圆柱体和球体平行下滑，当两者质心坐标相同时，球体赶上圆柱体。

解：（1）先按瞬时轴方法求出两者的质心加速度。

圆柱体：
$$I_{P1} = \frac{1}{2}mr^2 + mr^2 = \frac{3}{2}mr^2$$

由 $M_P = I_P\beta$，有 $rmg\sin\theta = \frac{3}{2}mr^2\beta = \frac{3}{2}mra_{C1}$，得 $a_{C1} = \frac{2}{3}g\sin\theta$。

球体：
$$I_{P2} = \frac{2}{5}m'R^2 + m'R^2 = \frac{7}{5}m'R^2$$

由 $M_P = I_P\beta$，有 $Rm'g\sin\theta = \frac{7}{5}m'R^2\beta = \frac{7}{5}m'Ra_{C2}$，得 $a_{C2} = \frac{5}{7}g\sin\theta$。

（2）可见，两者质心都是做匀加速运动。设圆柱体 t_0 时间下滑 $x_0 = 0.1$ m，被赶上时下滑距离 x，共用时 t_1，则有 $x_0 = \frac{1}{2}a_{C1}t_0^2$，$x = \frac{1}{2}a_{C1}t_1^2$；对球体则有 $x = \frac{1}{2}a_{C2}(t_1-t_0)^2$；三式联立解得 $t_1 = 12.4$ s，$x = 87.2$ m。

第二篇 热 学

一、学习指导

热学问题 1 热是什么？

热学可以理解为研究"热"的学问，因此应该首先明白"热"是什么。我们知道，每个物体都有自己的冷热程度，天气也有冷热变化，这些特点可以用"**温度**"这个物理量来描述。而**温度**反映了物体内部分子热运动的剧烈程度，代表了物体的**内能**。内能变化可以以热量的形式放出，所以热量是能量，单位用焦耳表示。

因此，"热"本质上是能量，冷热程度代表了物体的内能，吸收和放出热量表示了物体内能的变化。吸收热量而又不对外做功，系统的内能会增加。如果是理想气体，内能增加会导致温度升高；如果是生物体，在温度不变的情况下内能增加会使质量增加。

温度和内能与体系的某个状态相联系，是**状态量**，而热量与某个过程相联系，是**过程量**。我们可以说高温物体的内能大，而不能说高温物体的热量多，因为热量反映了内能的变化，而与某一个状态的内能多少无关。

如果一个系统各处的性质不随时间变化，则称系统处于**平衡态**，或者**热平衡态**。如果系统的性质，如压强、温度、密度等各处都相同，则称系统是**均匀的**。

热学问题 2 热学和力学有什么关系？理想气体的性质

力学研究一个或者几个物体的运动，而热学讨论大量质点或者刚体的运动，典型的数目是阿伏伽德罗常量。对于这么大量的客体运动，不可能像力学那样去列出每一个客体的运动方程，然后去求解这样的运动方程。退一步讲，即使得到了每一个客体的运动方程，也不一定能够给出多体系统的新的规律。所以在热学中采用统计的方法研究问题。

热学的研究对象尽管从少体系统到了多体系统，但是用到的概念仍然以力学为基础，如力、速度、能量等。为了体会这一结果，下面列出热学中与理想气体相关的性质（理想气体的质量、摩尔质量、分子质量分别为 m'、M、m）。

理想气体物态方程为

$$pV = \frac{m'}{M}RT, \quad \frac{m'}{M} = \frac{Nm}{N_A m} = \frac{N}{N_A} \tag{2.1}$$

$$p = nkT, \quad n = \frac{N}{V} \tag{2.2}$$

理想气体物态方程反映了大量分子集体运动的规律。

能量均分定理给出了温度与分子平均动能的关系。**对于每一个自由度，分子的平均动能是 $\frac{1}{2}kT$**。理想气体的内能是

$$E = \frac{m'}{M} C_{V,m} T = N \frac{i}{2} kT, \quad C_{V,m} = \frac{i}{2} R \tag{2.3}$$

在热平衡情况下，理想气体分子运动的快慢用以下三个特征速率描述：

$$\bar{v} = \sqrt{\frac{8kT}{\pi m}}, \quad \sqrt{\overline{v^2}} = \sqrt{\frac{3kT}{m}}, \quad v_p = \sqrt{\frac{2kT}{m}} \tag{2.4}$$

这些速率的特点是均正比于 $\sqrt{T/m}$，即温度越高，分子的质量越小，分子的运动速率越大。三种速率的大小关系是：方均根速率最大，最概然速率最小，平均速率介于二者之间。

热学问题 3　分子运动的等概率原理

在热平衡情况下，分子向各个方向运动的概率相同。由此有以下结论：

$$\overline{v_x} = \overline{v_y} = \overline{v_z} = 0$$

$$\overline{v_x^2} = \overline{v_y^2} = \overline{v_z^2} = \frac{1}{3}\overline{v^2} \tag{2.5}$$

上式的第二个式子给出，在三个相互垂直方向上，分子的平均平动动能相等：

$$\frac{1}{2} m \overline{v_x^2} = \frac{1}{2} m \overline{v_y^2} = \frac{1}{2} m \overline{v_z^2} = \frac{1}{2} kT = \frac{1}{3} \cdot \frac{1}{2} m \overline{v^2} \tag{2.6}$$

这也是能量均分定理的重要根据之一。

热学问题 4　理想气体物态方程的微观推导　温度和压强的统计意义

一个容器内有大量的理想气体分子，这些分子对器壁的持续撞击产生压强，而压强的大小与分子的运动快慢即平均动能有关。对于一个分子，可以应用动量定理计算平均冲力，然后对所有分子求和，得到整个系统的平均冲力。压强与平均平动动能 $\overline{\varepsilon}_{kt}$ 的关系为

$$p = nkT = \frac{2}{3} n \overline{\varepsilon}_{kt} \tag{2.7}$$

温度与平均平动动能 $\overline{\varepsilon}_{kt}$ 的关系为

$$\overline{\varepsilon}_{kt} = \frac{3}{2} kT \tag{2.8}$$

压强和温度都是宏观量，但是它们都反映了系统内部分子运动的情况，体现了分子热运动的剧烈程度。式（2.7）和式（2.8）把宏观量压强、温度与微观量分子的平均平动动能联系在了一起。

热学问题 5　麦克斯韦速率分布　等温气压公式

由于容器内的分子数巨大，认为各种速率的分子都有。也就是说分子的速率在零到无限大的范围内连续变化。麦克斯韦速率分布告诉我们，以什么样的速率运动的分子数目比较多或者比较少。由下式定义麦克斯韦速率分布函数 $f(v)$：

$$dN = f(v)Ndv \tag{2.9}$$

这一式子表明，处于速率区间 $v \sim v+dv$ 的分子数正比于总分子数和速率区间的宽度。速率分布函数的归一化条件为

$$\int_0^\infty f(v)dv = \frac{1}{N}\int dN = 1 \tag{2.10}$$

对于速率处在一定区间内的气体分子，物理量的平均值为

$$\overline{\Omega} = \frac{\sum_{v=v_1}^{v_2}\Omega(v)}{\Delta N} = \frac{\int_{v_1}^{v_2}\Omega Nf(v)dv}{\int_{v_1}^{v_2}Nf(v)dv} = \frac{\int_{v_1}^{v_2}\Omega f(v)dv}{\int_{v_1}^{v_2}f(v)dv} \tag{2.11}$$

物理量可以是速率、速率的二次方、动能、速率的倒数等各种物理量。求物理量平均值的根据是处于速率区间 $v \sim v+dv$ 的分子，其速率无限接近，我们认为这些分子的速率相同，其他相关的物理量也相同。如果令 $v_1 = 0$，$v_2 \to \infty$，利用归一化条件式（2.10）得到系统物理量的平均值为

$$\overline{\Omega} = \frac{\int_0^\infty \Omega f(v)dv}{\int_0^\infty f(v)dv} = \int_0^\infty \Omega f(v)dv \tag{2.12}$$

平均速率、方均速率等都可以由该式求出。

麦克斯韦速率分布只涉及气体分子按速率的分布，如果气体处于保守力场中，往往还要考虑分子随位置的分布，这就是玻耳兹曼能量分布律。由玻耳兹曼能量分布律可得出重力场中气体分子数密度 n 随高度 h 的分布，设分子质量为 m，则有

$$n = n_0 e^{-\frac{mgh}{kT}} \tag{2.13}$$

假设气体温度随高度不发生变化，利用上式可得到压强随高度的变化：

$$p = p_0 e^{-\frac{mgh}{kT}} \tag{2.14}$$

这就是等温气压公式。

热学问题 6　碰撞频率和平均自由程

气体处于热平衡时，一个分子与其他分子平均每秒碰撞的次数称为碰撞频率。碰撞频率正比于分子的截面积 σ、分子数密度 n 和平均速率 $\overline{v}$：

$$\overline{Z} \propto \sigma n \overline{v} \tag{2.15}$$

平均自由程是相继的两次碰撞之间分子自由运动距离的平均值：

$$\overline{\lambda} = \frac{\overline{v}}{\overline{Z}} \propto \frac{1}{\sigma n} \tag{2.16}$$

对于等体过程，分子数密度不变，因此平均自由程不变；温度升高时，平均速率增加，因此碰撞频率会增加。对于等压膨胀或者等温膨胀过程，分子数密度减小，平均自由程增加。将 $n=p/(kT)$ 以及平均速率的形式代入式（2.15），碰撞频率可以进一步写为

$$\bar{Z} \propto \sigma \frac{p}{\sqrt{mT}} \tag{2.17}$$

这里 m 为气体分子质量。对于等压过程，温度升高时碰撞频率会减小；对于等温过程，压强增加时，碰撞频率会加大。膨胀或者压缩过程中，压强和温度的变化趋势可以由理想气体物态方程判定。

热学问题 7　热力学第一定律

热力学第一定律是能量守恒定律，其数学形式为

$$Q = \Delta E + W, \quad \mathrm{d}Q = \mathrm{d}E + \mathrm{d}W \tag{2.18}$$

前一等式描述有限过程，后一等式描述无限小过程。由于热力学第一定律要求能量守恒，所以只做功不消耗能量的机器，即第一类永动机是不存在的。对于一般的热力学过程，热量、做功不易计算。因此重点讨论准静态过程。**准静态过程是指过程进行得无限缓慢，过程进行的每一阶段系统都近似处于平衡态**。对于准静态过程，热量、内能变化和功的计算方式如下（m' 和 M 分别为理想气体的质量和摩尔质量）：

$$\mathrm{d}Q = \frac{m'}{M} C_\mathrm{m} \mathrm{d}T, \quad \mathrm{d}E = \frac{m'}{M} C_{V,\mathrm{m}} \mathrm{d}T, \quad \mathrm{d}W = p\mathrm{d}V$$

$$C_{V,\mathrm{m}} = \frac{i}{2} R, \quad C_{p,\mathrm{m}} = C_{V,\mathrm{m}} + R \tag{2.19}$$

要熟练掌握理想气体在等体、等压、等温以及绝热过程中的热量、内能变化和功的计算。

绝热过程是指过程进行中系统与外界没有热量交换，即 $\mathrm{d}Q = 0$。准静态绝热过程除了满足理想气体的物态方程外，还要符合以下方程：

$$pV^\gamma = C_1, \quad TV^{\gamma-1} = C_2, \quad T^{-\gamma}p^{\gamma-1} = C_3, \quad \gamma = C_{p,\mathrm{m}}/C_{V,\mathrm{m}} \tag{2.20}$$

这里参量 $\gamma = C_{p,\mathrm{m}}/C_{V,\mathrm{m}} > 1$，是等压过程和等体过程的摩尔热容之比。

p-V 图（或者其他的状态图）上的一个闭合曲线代表一个循环过程。**在整个循环过程（当作一个整体过程）中，系统内能的改变量等于零。顺时针的循环代表热机循环，此时，系统从外界净吸收的热量等于系统对外界净做的功**。将热量分为实际吸热和实际放热两部分，净吸热 $Q_\text{净} = Q_1 - |Q_2|$，这里 Q_1 是实际吸热，$-Q_2 = |Q_2|$ 是实际放热。热机的效率定义为

$$\eta = \frac{W_\text{净}}{Q_1} = 1 - \frac{|Q_2|}{Q_1} \tag{2.21}$$

卡诺热机由两个绝热过程和两个等温过程组成，两个等温过程涉及一个高温热源和一个低温热源。卡诺热机的效率由高温热源和低温热源的温度决定，其结果为

$$\eta_\text{卡} = 1 - \frac{T_2}{T_1} \tag{2.22}$$

对于许多实际的热机，如汽车中的热机，高温热源是汽油燃烧的温度，而低温热源是大气环境的温度。汽油燃烧的温度确定后，寒冷天气比炎热天气热机的效率高。

p-V 图上的逆时针循环过程代表制冷机的循环，外界对系统做的功等于系统向外界放出的热量。制冷系数的定义为

$$\varepsilon = \frac{Q_2}{W} = \frac{Q_2}{|Q_1| - Q_2} \tag{2.23}$$

卡诺制冷机的制冷系数也仅与两恒温热源的热力学温度有关：

$$\varepsilon_卡 = \frac{T_2}{T_1 - T_2} \tag{2.24}$$

热学问题 8 用热力学第一定律求解问题

求某一热力学过程的物理量或者循环过程效率的基本步骤是：(1) 先用理想气体物态方程以及过程方程将过程交叉点对应状态的压强、体积和温度联系起来。(2) 根据需要，计算每一个过程的热量、功或者内能变化，注意功、热量和内能变化满足热力学第一定律，只要知道两个量，第三个量就可以用热力学第一定律得到；知道了某一过程的热量和温度变化，还可以根据热容的定义求出该过程的热容。(3) 根据效率的定义求出效率，或者根据题意解决要求解的问题。可以看出，热力学过程涉及理想气体物态方程、过程方程、热力学第一定律、热容、效率等众多热力学物理量。

热学问题 9 热力学第二定律

开尔文表述：

不可能从单一热源吸热，使之完全转化为功而不引起其他变化。等效的说法是：热量不能自动地转化为功。这一说法指出功转化为热的过程不可逆。

克劳修斯表述：

不可能把热量从低温物体传向高温物体而不引起其他变化。等效的说法是：热量不能自动地由低温物体传到高温物体。这一说法指出热传导的过程不可逆。

对热力学第二定律的几点说明：

(1) 热力学第二定律的开尔文表述不允许一个循环过程只存在一个热源，即热机的效率不可能是 100%。这样，两条绝热线和一条等温线不可能形成一个循环。同样，一条绝热线和一条等温线也不可能有两个交点。

(2) 热力学第二定律也可以表述为：**第二类永动机是不可能造成的**。人们曾设想制造一种能从单一热源吸热，使之完全变为有用功而不产生其他影响的机器，这种空想出来的热机叫第二类永动机。它并不违反热力学第一定律，但却违反热力学第二定律。有人曾计算过，地球表面有 10 亿立方千米的海水，以海水作单一热源，若把海水的温度哪怕只降低 0.25 ℃，所放出的热量就能变成一千万亿千瓦时的电能，足够全世界使用 1 000 年。但只用海洋作为单一热源的热机是违反上述热力学第二定律的。

(3) 对于宏观过程，总有一个方向可以自动地发生，相反的方向却不能自动进行，这意味着：**一切实际的宏观过程都是不可逆的**。开尔文表述和克劳修斯表述分别选择了一个实际的宏观过程。因此，**热力学第二定律是关于宏观过程进行方向的定律**。

(4) 用概率的语言，在孤立系统内部发生的过程，总是由热力学概率小的宏观状态向热

力学概率大的状态进行。亦即在孤立系统内部所发生的过程总是沿着无序性增大的方向进行。

热学问题 10　熵与熵增原理

熵的引入：

热力学中的熵与力学中的势能一样，是体系的状态函数，其值与达到状态的过程无关。熵的定义式是：$dS = dQ/T$（可逆过程），因此计算某一过程的熵变时，必须用与这个过程的始态和终态相同的可逆过程的热效应 dQ 来计算。像势能一样，要引入熵，需要寻找一个环路积分为零的量。这里的环路积分是 p-V 图上的一个环路，对应一个循环过程。由卡诺定理知，对于可逆热机：

$$\eta = 1 - \frac{|Q_2|}{Q_1} = 1 + \frac{Q_2}{Q_1} = 1 - \frac{T_2}{T_1}, \quad \frac{Q_1}{T_1} + \frac{Q_2}{T_2} = 0 \tag{2.25}$$

上式表明，在可逆循环过程中，从每一热源吸收的热量除以该热源的热力学温度，该比值对整个可逆循环过程求和等于零。如果有多个热源乃至无穷多个热源，可以推广为

$$\oint_L \frac{dQ}{T} = 0 \tag{2.26}$$

式中，dQ/T 沿环路 L 的积分为零。dQ/T 可以写成 $dQ/T = dS$，这里的 S 就是熵。对于一个有限的可逆过程，熵的改变为

$$\Delta S = S_2 - S_1 = \int_{(1)}^{(2)} \frac{dQ}{T} \tag{2.27}$$

质量为 m' 的热力学系统，在可逆绝热过程中有 $dQ = 0$，$\Delta S = 0$；在可逆等温过程中有 $\Delta S = \frac{Q}{T} = \frac{m'}{M} R \ln \frac{V_2}{V_1}$；在可逆等体过程中有 $dQ = \frac{m'}{M} C_{V,m} dT$，$\Delta S = \frac{m'}{M} C_{V,m} \ln \frac{T_2}{T_1}$；在可逆等压过程中有 $\Delta S = \frac{m'}{M} C_{p,m} \ln \frac{T_2}{T_1}$。

不可逆过程熵增的计算，一般要寻找与该不可逆过程的始态和终态相同的可逆过程，通过计算该可逆过程前后的熵增，从而得到所要求的不可逆过程的熵增。

熵增加原理：

熵增加原理是指孤立系统的熵永不减少。熵与体系微观状态数 Ω 的关系是 $S = k \ln \Omega$。熵增加原理表明，孤立系统趋向于微观状态数增加，变得越来越混乱。

[例题 2.1] 容器中装有一定量的理想气体（摩尔质量为 M，摩尔定容热容为 $C_{V,m}$），容器在以速度 v 高速运动过程中突然停下来。假设气体的全部定向运动的动能都转化为内能，那么气体的温度将发生怎样的变化？

解： 当容器在高速运动时，容器中的气体分子除了热运动外，还有随容器一起的定向运动，因此气体分子除了热运动动能外，还具有定向运动的能量。质量为 m' 的气体在以速度 v 运动时的机械能为 $\frac{1}{2}m'v^2$。当容器突然停下来后，定向运动消失，定向运动的机械能转化为气体的内能，使其内能增加，温度升高。设容器停止前后气体的温度分别为 T_1 和 T_2，则有

$$\frac{1}{2}m'v^2 = \Delta E = \frac{m'}{M}C_{V,\text{m}}(T_2 - T_1)$$

所以，气体温度的增加量为

$$\Delta T = T_2 - T_1 = \frac{Mv^2}{2C_{V,\text{m}}}$$

[例题 2.2] 1 mol 的单原子分子理想气体的循环过程如图 2.1 所示，其中 c 点的温度为 600 K。试求：

（1） ab、bc、ca 各个过程吸收的热量；

（2） 整个循环过程系统做的净功；

（3） 循环的效率。（取 $\ln 2 = 0.693$。）

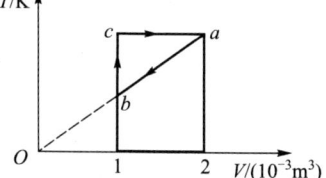

图 2.1　例题 2.2 图

解：首先用理想气体物态方程或者过程方程讨论各个连接点的温度、压强和体积等相关物理量。从图上可知 ab 是等压过程，有

$$\frac{V_a}{T_a} = \frac{V_b}{T_b}, \quad T_a = T_c = 600 \text{ K}, \quad T_b = 300 \text{ K}$$

然后求解每一个过程的相关量。对于单原子分子理想气体，自由度 $i=3$，摩尔定容热容 $C_{V,\text{m}} = \frac{3}{2}R$，摩尔定压热容 $C_{p,\text{m}} = \frac{5}{2}R$。

（1） $Q_{ab} = C_{p,\text{m}}(T_b - T_a) = \frac{5}{2}R(T_b - T_a) = \frac{5}{2} \times 8.314 \times (300-600) \text{ J} = -6\,235.5 \text{ J}$，是放热过程；

$Q_{bc} = C_{V,\text{m}}(T_c - T_b) = \frac{3}{2}R(T_c - T_b) = \frac{3}{2} \times 8.314 \times (600-300) \text{ J} = 3\,741.3 \text{ J}$，是吸热过程；

$Q_{ca} = RT_c \ln\frac{V_a}{V_c} = 8.314 \times 600 \times \ln 2 \text{ J} = 3\,457.0 \text{ J}$，是吸热过程。

根据求出的每一过程的物理量，可以进一步得出其他相关物理量。

（2） 整个循环过程中，气体做的净功等于其净吸热，即 $W = Q_{ab} + Q_{bc} + Q_{ca} = 962.8 \text{ J}$。

（3） 循环的效率是净功除以总吸热，即

$$\eta = \frac{W}{Q_1} = \frac{W}{Q_{bc} + Q_{ca}} = 13.4\%$$

[例题 2.3] 一定量的理想气体（比热容比为 γ）经历如图 2.2 所示循环过程，其中 $1 \to 2$ 为等压过程，$3 \to 4$ 为等体过程，$2 \to 3$ 和 $4 \to 1$ 为绝热过程。设 $r = \frac{V_3}{V_1}$（绝热压缩比），$\rho = \frac{V_2}{V_1}$（定压膨胀比），试证明该循环的效率为 $\eta = 1 - \frac{1}{\gamma} \cdot \frac{1}{r^{\gamma-1}} \cdot \frac{\rho^\gamma - 1}{\rho - 1}$。

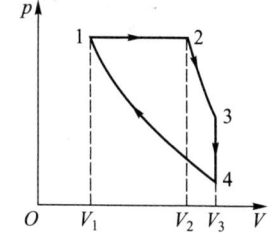

图 2.2　例题 2.3 图

证明：在 $1 \to 2$ 过程中系统吸热量为

$$Q_{12} = \frac{m'}{M}C_{p,\text{m}}(T_2 - T_1)$$

在 3→4 过程中系统放热量为

$$Q_{34} = \frac{m'}{M} C_{V,m}(T_3 - T_4)$$

2→3 和 4→1 为绝热过程，吸收热量为零。循环的效率为

$$\eta = 1 - \frac{|Q_2|}{Q_1} = 1 - \frac{|Q_{34}|}{Q_{12}} = 1 - \frac{C_{V,m}}{C_{p,m}} \cdot \frac{T_3 - T_4}{T_2 - T_1} = 1 - \frac{1}{\gamma} \cdot \frac{T_3 - T_4}{T_2 - T_1}$$

在 1→2 过程中有

$$T_2 = \frac{V_2}{V_1} T_1 = \rho T_1$$

在 2→3 绝热过程中有

$$V_2^{\gamma-1} T_2 = V_3^{\gamma-1} T_3$$

所以

$$T_3 = \left(\frac{V_2}{V_3}\right)^{\gamma-1} T_2 = \left(\frac{V_2}{V_1} \cdot \frac{V_1}{V_3}\right)^{\gamma-1} \rho T_1 = \frac{\rho^\gamma}{r^{\gamma-1}} T_1$$

在 4→1 绝热过程中有

$$V_1^{\gamma-1} T_1 = V_4^{\gamma-1} T_4$$

所以

$$T_4 = \left(\frac{V_1}{V_4}\right)^{\gamma-1} T_1 = \left(\frac{V_1}{V_3}\right)^{\gamma-1} T_1 = \frac{1}{r^{\gamma-1}} T_1$$

所以有

$$\frac{T_3 - T_4}{T_2 - T_1} = \frac{\rho^\gamma / r^{\gamma-1} - 1/r^{\gamma-1}}{\rho - 1} = \frac{1}{r^{\gamma-1}} \cdot \frac{\rho^\gamma - 1}{\rho - 1}$$

故该循环的效率为

$$\eta = 1 - \frac{1}{\gamma} \cdot \frac{1}{r^{\gamma-1}} \cdot \frac{\rho^\gamma - 1}{\rho - 1}$$

二、综合练习

1. 一定量的理想气体储于某一容器中，温度为 T，气体分子的质量为 m。根据理想气体的分子模型和统计假设，分子速度在 x 方向的分量的二次方的平均值为

(A) $\overline{v_x^2} = \sqrt{\dfrac{3kT}{m}}$ 　　　　　　　(B) $\overline{v_x^2} = \dfrac{1}{3}\sqrt{\dfrac{3kT}{m}}$

(C) $\overline{v_x^2} = \dfrac{3kT}{m}$ 　　　　　　　　(D) $\overline{v_x^2} = \dfrac{kT}{m}$

2. 一定量的理想气体贮于某一容器中，温度为 T，气体分子的质量为 m。根据理想气体的分子模型和统计假设，分子速度在 x 方向的分量的平均值为

(A) $\dfrac{kT}{m}$ (B) $\dfrac{1}{3}\sqrt{\dfrac{3kT}{m}}$

(C) $\dfrac{3kT}{m}$ (D) 0

3. a、b、c 三个容器皆装有理想气体，它们的分子数密度之比为 $n_a : n_b : n_c = 1 : 2 : 3$，分子的平均平动动能之比为 $(\bar{\varepsilon}_{kt})_a : (\bar{\varepsilon}_{kt})_b : (\bar{\varepsilon}_{kt})_c = 1 : 2 : 3$，则它们的压强之比 $p_a : p_b : p_c$ 为

(A) 1 : 2 : 3 (B) 1 : 1 : 1
(C) 3 : 2 : 1 (D) 1 : 4 : 9

4. 下列各式表示气体分子的平均平动动能的是（式中 m' 为气体的质量，m 为气体分子的质量，M 为气体摩尔质量，n 为气体分子数密度，N_A 为阿伏伽德罗常量）

(A) $\dfrac{3m}{2m'}pV$ (B) $\dfrac{3m'}{2M}pV$

(C) $\dfrac{3}{2}npV$ (D) $\dfrac{3M}{2m'}N_A pV$

5. 已知 $f(v)$ 为麦克斯韦速率分布函数，N 为总分子数，则速率大于 v_0 的分子数的表达式为

(A) $\int_{v_0}^{\infty} f(v)\mathrm{d}v$ (B) $\int_0^{\infty} f(v)\mathrm{d}v$

(C) $\int_{v_0}^{\infty} Nf(v)\mathrm{d}v$ (D) $\int_0^{\infty} Nf(v)\mathrm{d}v$

6. 在相同温度下，氧气和氢气分子的最概然速率之比 $(v_p)_{O_2} : (v_p)_{H_2}$ 为

(A) 1 : 4 (B) 1 : 16
(C) 4 : 1 (D) 16 : 1

7. 氧气的速率分布曲线如图所示，则氦气在该温度下的方均根速率为

(A) 1 732 m·s^{-1} (B) 1 414 m·s^{-1}
(C) 1 596 m·s^{-1} (D) 不能确定

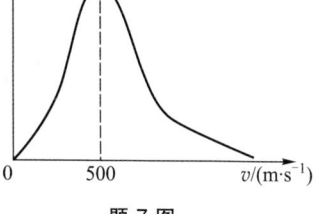

题 7 图

8. 设某种气体分子的速率分布函数为 $f(v)$，则速率在 $v_1 \sim v_2$ 区间内的分子的平均速率为

(A) $\int_{v_1}^{v_2} vf(v)\mathrm{d}v$ (B) $N\int_{v_1}^{v_2} vf(v)\mathrm{d}v$

(C) $\int_{v_1}^{v_2} vf(v)\mathrm{d}v \Big/ \int_{v_1}^{v_2} f(v)\mathrm{d}v$ (D) $N\int_{v_1}^{v_2} vf(v)\mathrm{d}v \Big/ \int_0^{\infty} f(v)\mathrm{d}v$

9. 在一个容积不变的容器中，储有一定量的理想气体，温度为 T_0 时，气体分子的平均速率为 $\bar{v}_0$，分子平均碰撞频率为 $\bar{Z}_0$，平均自由程为 $\bar{\lambda}_0$。当气体温度升高至 $4T_0$ 时，气体分子的平均速率 $\bar{v}$、平均碰撞频率 $\bar{Z}$ 和平均自由程 $\bar{\lambda}$ 分别为

(A) $\bar{v}=4\bar{v}_0$，$\bar{Z}=4\bar{Z}_0$，$\bar{\lambda}=4\bar{\lambda}_0$ (B) $\bar{v}=2\bar{v}_0$，$\bar{Z}=2\bar{Z}_0$，$\bar{\lambda}=\bar{\lambda}_0$

(C) $\bar{v}=2\bar{v}_0$，$\bar{Z}=2\bar{Z}_0$，$\bar{\lambda}=4\bar{\lambda}_0$ (D) $\bar{v}=4\bar{v}_0$，$\bar{Z}=2\bar{Z}_0$，$\bar{\lambda}=\bar{\lambda}_0$

10. 一容器储有某种理想气体，其分子平均自由程为 $\bar{\lambda}_0$，若气体的热力学温度降到原来的一半，但体积不变，分子作用球半径不变，则此时平均自由程为

(A) $\sqrt{2}\bar{\lambda}_0$ (B) $\bar{\lambda}_0$

(C) $\bar{\lambda}_0/\sqrt{2}$ (D) $\bar{\lambda}_0/2$

11. 一定量的理想气体，经历某过程后，温度升高了。则根据热力学定律可以断定：

(1) 在此过程中，该理想气体系统吸了热

(2) 在此过程中，外界对该理想气体系统做了正功

(3) 在此过程中，该理想气体系统既从外界吸了热，又对外做了正功

(4) 该理想气体系统的内能增加了

以上正确的断言是

(A) (1)、(3) (B) (2)、(3)

(C) (4) (D) (3)、(4)

(E) (3)

12. 对于理想气体系统来说，在下列过程中，哪个过程系统所吸收的热量、内能的增量和对外做的功三者均为负值？

(A) 等体降压过程 (B) 等温膨胀过程

(C) 绝热膨胀过程 (D) 等压压缩过程

13. 一定量的理想气体经历 acb 过程时吸热 500 J，则经历 $acbda$ 过程时，吸热为

(A) −1 200 J (B) −700 J

(C) −400 J (D) 700 J

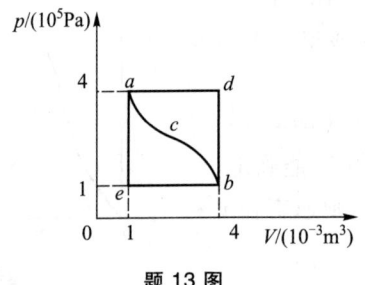

题 13 图

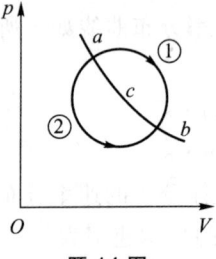

题 14 图

14. 一定量的理想气体，从 a 态出发分别经历①、②过程到达 b 态，图中 acb 为等温线，若①、②两过程中外界对系统传递的热量分别为 Q_1、Q_2，则

(A) $Q_1>0$，$Q_2>0$ (B) $Q_1<0$，$Q_2<0$

(C) $Q_1>0$，$Q_2<0$ (D) $Q_1<0$，$Q_2>0$

15. 如图所示为理想气体的四个假想的循环过程，其中在物理上可能实现的是

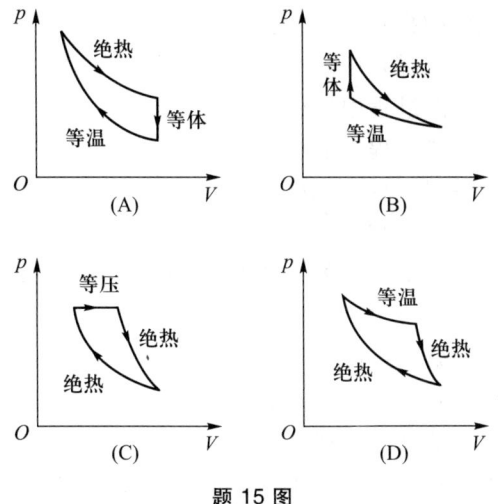

题 15 图

16. 一绝热密闭容器用隔板分成体积相等的两部分，一部分盛有一定量的理想气体（绝热指数为 γ），压强为 p_0，另一部分为真空。如将隔板抽去，气体自由膨胀，则达到平衡时气体的压强为

(A) p_0　　　　　　　　　　(B) $p_0/2$
(C) $2^\gamma p_0$　　　　　　　　　(D) $p_0/2^\gamma$

17. 对于常温下的双原子分子理想气体，在等压膨胀的情况下，系统对外所做的功与从外界吸收的热量之比 W/Q 等于

(A) 2/3　　　　　　　　　　(B) 1/2
(C) 2/5　　　　　　　　　　(D) 2/7

18. 一定量的理想气体，分别经历如图(a)所示的 abc 过程（图中虚线 ac 为等温线）和图(b)所示的 def 过程（图中虚线 df 为绝热线），则两过程吸放热情况为

(A) abc 过程吸热，def 过程放热　　(B) abc 过程放热，def 过程吸热
(C) abc 过程和 def 过程都吸热　　(D) abc 过程和 def 过程都放热

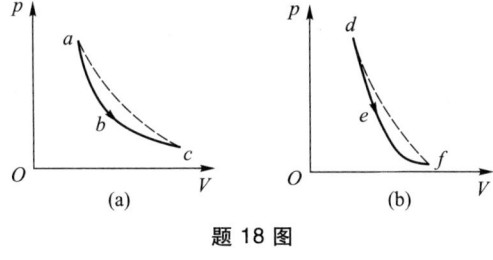

题 18 图

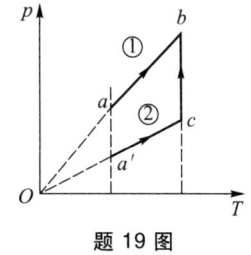

题 19 图

19. 一定量的理想气体分别由初态 a 经①过程 ab 和由初态 a' 经②过程 $a'cb$ 到达相同的终态 b，如图所示，设两个过程中气体从外界吸收的热量分别为 Q_1 和 Q_2，则有

(A) $Q_1<0$，$Q_1>Q_2$　　　　(B) $Q_1>0$，$Q_1>Q_2$
(C) $Q_1<0$，$Q_1<Q_2$　　　　(D) $Q_1>0$，$Q_1<Q_2$

20. 质量一定的理想气体，从相同状态出发，分别经历等压过程、等温过程和绝热过程，

使其体积增加一倍。那么气体温度的改变（绝对值）在

（A）绝热过程中最大，等压过程中最小

（B）绝热过程中最大，等温过程中最小

（C）等压过程中最大，绝热过程中最小

（D）等压过程中最大，等温过程中最小

21. 有人设计一台卡诺热机（可逆的）。每循环一次可从 400 K 的高温热源吸热 1 800 J，向 300 K 的低温热源放热 800 J，同时对外做功 1 000 J，这样的设计是

（A）可以的，符合热力学第一定律。

（B）可以的，符合热力学第二定律。

（C）不行的，卡诺循环所做的功不能大于向低温热源放出的热量。

（D）不行的，这个热机的效率超过理论值。

22. 一定量的理想气体，做如图所示的循环过程 $acba$，其中 acb 为半圆弧，ba 为等压线，$p_c = 2p_a$。若气体进行 $a \to b$ 等压过程吸热 Q_{ab}，则在图示循环过程中气体净吸的热量 Q 与 Q_{ab} 间的关系为

（A）$Q > Q_{ab}$ （B）$Q < Q_{ab}$

（C）$Q = Q_{ab}$ （D）不能确定

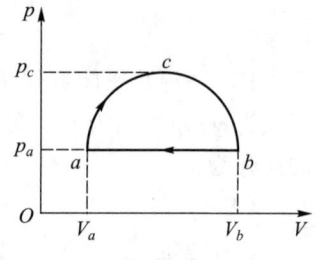

题 22 图

23. 如图所示，理想气体从状态 A 出发经 $ABCDA$ 循环过程，回到初态 A 点，则循环过程中气体净吸收热量为

（A）2 400 J （B）1 600 J

（C）800 J （D）-800 J

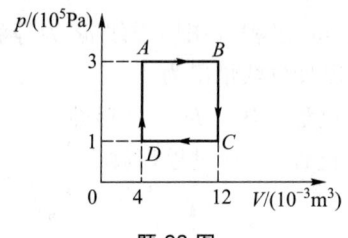

题 23 图

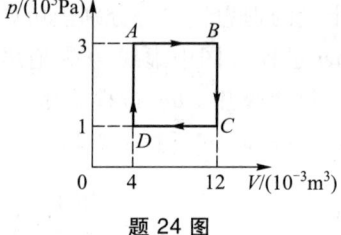

题 24 图

24. 10 mol 水蒸气（看作刚性分子理想气体）做如图所示 $ABCDA$ 循环过程，循环过程效率为

（A）13.3% （B）16.7%

（C）33.3% （D）15.7%

25. 一可逆卡诺热机，其效率为 η，它逆向运转时便成为一台制冷机，该制冷机的制冷系数为 ε，则 η 与 ε 的关系为

（A）$\varepsilon = \dfrac{1}{\eta + 1}$ （B）$\varepsilon = \dfrac{1}{\eta} + 1$

（C）$\eta = \dfrac{1}{\varepsilon}$ （D）$\eta = \dfrac{1}{\varepsilon + 1}$

26. 某理想气体分别进行了如图所示的两个卡诺循环：Ⅰ（abcda）和Ⅱ（a'b'c'd'a'），且两个循环曲线所围面积相等，设循环Ⅰ的效率为 η，每次循环在高温热源处吸收的热量为 Q，循环Ⅱ的效率为 η'，每次循环在高温热源处吸收的热量为 Q'，则

(A) $\eta<\eta'$，$Q<Q'$
(B) $\eta<\eta'$，$Q>Q'$
(C) $\eta>\eta'$，$Q<Q'$
(D) $\eta>\eta'$，$Q>Q'$

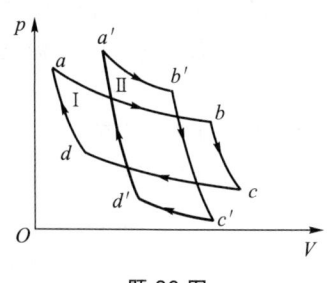

题 26 图

27. 关于可逆过程和不可逆过程的判断：
(1) 可逆热力学过程一定是准静态过程。
(2) 准静态过程一定是可逆过程。
(3) 不可逆过程就是不能向相反方向进行的过程。
(4) 凡有摩擦的过程，一定是不可逆过程。

以上四种判断，其中正确的是
(A)（1）、（2）、（3）   (B)（1）、（2）、（4）
(C)（2）、（4）   (D)（1）、（4）

28. 关于功热转化和能量传递过程，有下面一些叙述：
(1) 功可以完全转化为热，而热量不能完全转化为功。
(2) 一切热机的效率只能小于 1。
(3) 热量不能由低温物体向高温物体传递。
(4) 热量由高温物体向低温物体传递是不可逆的。

以上这些叙述
(A) 全部正确   (B) 只有（2）、（3）、（4）正确
(C) 只有（1）、（3）、（4）正确 (D) 只有（2）、（4）正确

29. 以下说法正确的是
(A) 不可逆过程是不可能实现的过程。
(B) 热量不能全部转化为功。
(C) 内能和熵是两个态函数。
(D) 经过一个热力学过程，若内能不变，则熵也不变。

30. 1 mol 理想气体经过一等压过程，温度变为原来的两倍，设该气体的摩尔定压热容为 $C_{p,m}$，则此过程中气体熵的增量为

(A) $\dfrac{1}{2}C_{p,m}$ (B) $2C_{p,m}$

(C) $C_{p,m}\ln\dfrac{1}{2}$ (D) $C_{p,m}\ln 2$

31. 某理想气体处于平衡态下，已知分子数密度为 n，每个分子的质量为 m，气体分子的方均根速率为 $\sqrt{\overline{v^2}}$，则该气体的压强 $p=$ _____；若该气体的温度为 T，玻耳兹曼常量为 k，

则气体压强又可写成 p=_____。

32. 两瓶不同种类的理想气体，分子平均平动动能相等，但分子数密度不同，则：（1）温度和压强都相同；（2）温度相同，压强不等；（3）温度和压强都不同，（4）温度相同，内能也一定相等。其中正确的论述是_____。

33. 有 2 g 氢气（看作双原子分子理想气体）与 2 g 氦气分别装在两个容积相同的封闭容器内，温度也相同。氢气分子与氦气分子的平均平动动能之比为_____，氢气与氦气的压强之比为_____。

34. 有人说：（1）物体的温度越高其热量越多；（2）物体的温度越高，其分子热运动的平均动能越大；（3）物体的温度越高，对外做功一定越多。上述说法中正确的是_____。

35. 在相同的温度和压强下，各为单位体积的氧气（视为刚性双原子分子理想气体）与氦气的内能之比为_____，各为单位质量的氧气与氦气的内能之比为_____。

36. 容积不同的 A、B 两个容器，A 中装有单原子分子理想气体，B 中装有刚性双原子分子理想气体，已知两种气体的压强相同。那么，这两种气体的单位体积的内能间的关系为 $(E/V)_A$ _____ $(E/B)_B$（填"大于""小于"或"等于"）。

37. 如图所示是某理想气体的速率分布函数与速率的关系曲线，则 $\int_0^{v_2} f(v)\,dv =$ _____，$\int_0^{v_1} f(v)\,dv$ 的意义是_____。

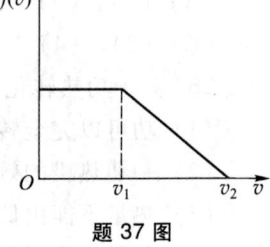

题 37 图

38. 在平衡状态下，已知理想气体分子的麦克斯韦速率分布函数为 $f(v)$、分子质量为 m、最概然速率为 v_p，试说明下列各式的物理意义：

（1）$\int_{v_p}^{\infty} f(v)\,dv$ 表示_____；　（2）$\int_0^{\infty} \frac{1}{2}mv^2 f(v)\,dv$ 表示_____。

39. 已知大气中分子数密度 n 随高度 h 的变化规律为 $n = n_0 e^{-(Mgh)/(RT)}$，其中 n_0 为 $h=0$ 处的分子数密度。若大气中空气的摩尔质量 M 和温度 T 均处处相同，并设重力场是均匀的，则空气分子数密度减小到 n_0 的一半时的高度为_____。

40. 气缸内有一定量的氢气（可视为理想气体），当温度不变而压强增大一倍时，氢气分子的平均碰撞频率和平均自由程如何变化_____。

41. 如图所示，2 mol 某刚性双原子分子理想气体由状态 a 出发，沿如图曲线变化到状态 b。已知状态 a 的温度为 $T_a = 400$ K，状态 b 的温度为 $T_b = 380$ K，ab 曲线下阴影部分的面积对应的数值为 4 050 J，则 ab 过程气体吸收的热量为_____ J。

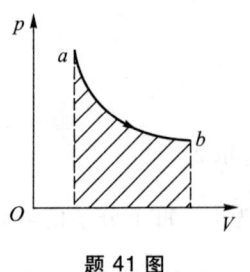

题 41 图

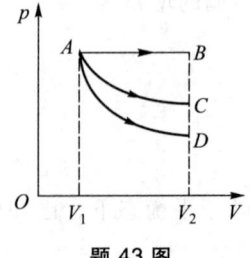

题 43 图

42. 有两个相同的容器，容积固定不变，一个盛有氦气，另一个盛有氢气（均看成刚性分子的理想气体），它们的压强和温度都相等。现将 5 J 的热量传给氢气，使氢气温度升高，如果使氦气也升高同样的温度，则应向氦气传递热量为_____。

43. 如图所示，一定量的理想气体从体积 V_1 膨胀到体积 V_2，分别经历等压过程 $A\to B$，等温过程 $A\to C$，绝热过程 $A\to D$，其中吸热最多的过程是_____。

44. 1 mol 氦气在等压膨胀过程中对外做功 W_p，则其温度变化 $\Delta T=$_____；从外界吸取的热量 Q_p_____。

45. 一定量的理想气体经过一准静态过程后，内能增加，并且对外做正功。有人认为该过程为：（1）绝热膨胀过程；（2）绝热压缩过程；（3）等压膨胀过程；（4）等压压缩过程。其中不可能的过程是_____。

46. 某理想气体，从 p-V 图上的初态 a 经历Ⅰ或Ⅱ过程到末态 b，其中虚线是绝热线，则Ⅰ、Ⅱ过程中吸热的是_____。

47. 给定的理想气体（比热容比 γ 为已知），从标准状态（p_0、V_0、T_0）开始做准静态绝热膨胀，体积增大到原来的 4 倍，则膨胀后的温度 $T=$ _____，压强 $p=$ _____。

48. 气缸中一定量的氮气（视为刚性分子理想气体），经准静态绝热压缩，体积变为原来的一半，则分子的平均速率变为原来的_____倍。

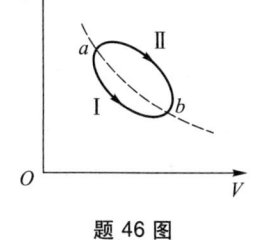

题 46 图

49. 下图为一理想气体几种状态变化过程的 p-V 图，其中 MT 为等温线，MQ 为绝热线，在 AM、BM、CM 三种准静态过程中：

（1）温度降低的是_____过程；
（2）气体放热的是_____过程。

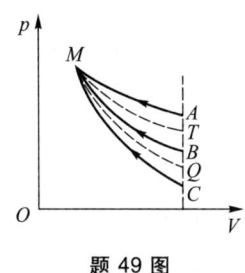

题 49 图

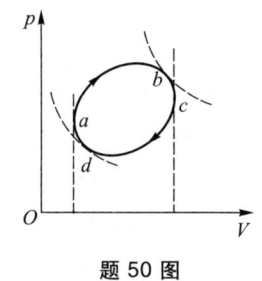

题 50 图

50. 理想气体经历如图中实线所示的循环过程，两条等体线分别和该循环过程曲线相切于 a、c 点，两条等温线分别和该循环过程曲线相切于 b、d 点，a、b、c、d 将该循环过程分成了 ab、bc、cd、da 四个阶段，则该四个阶段中从图上可肯定为放热的阶段为_____。

51. 一热机从温度为 727 ℃ 的高温热源吸热，向温度为 527 ℃ 的低温热源放热。若热机在最大效率下工作，且每一循环吸热 2 000 J，则此热机每一循环做功_____J。

52. 一定量理想气体经历的循环过程用 V-T 曲线表示如图。在此循环过程中，气体从外界吸热的过程是_____。

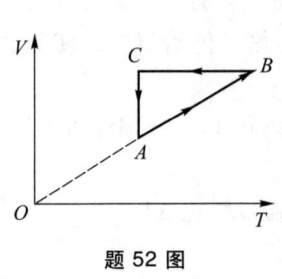

题 52 图

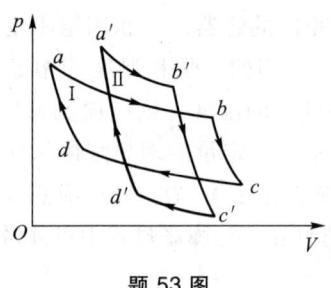

题 53 图

53. 某理想气体分别进行了如图所示的两个卡诺循环：Ⅰ（abcda）和 Ⅱ（a'b'c'd'a'），且两个循环曲线所围面积相等。设循环 Ⅰ 的效率为 η，每次循环在高温热源处吸收的热量为 Q；循环 Ⅱ 的效率为 η'，每次循环在高温热源处吸收的热量为 Q'。则有 η _____ η'，Q _____ Q'（填"大于""等于"或"小于"）。

54. 理想气体卡诺循环过程的两条绝热线下的面积大小（图中阴影部分）分别为 S_1 和 S_2，则二者的大小关系是 S_1 _____ S_2（填"大于""等于"或"小于"）。

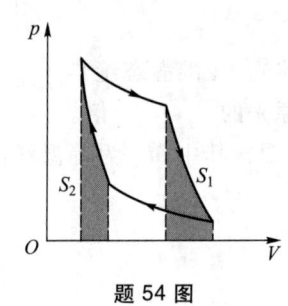

题 54 图

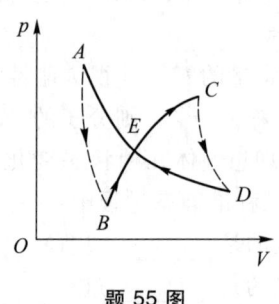

题 55 图

55. 如图所示，绝热过程 AB、CD，等温过程 DEA，和任意过程 BEC，组成一循环过程。若图中 ECD 所包围的面积为 70 J，EAB 所包围的面积为 30 J，DEA 过程中系统放热 100 J，则：

（1）整个循环过程（ABCDEA）系统对外做功为 _____。

（2）BEC 过程中系统从外界吸热为 _____。

56. 一卡诺热机工作在高温热源 T_1 和低温热源 T_2 间，已知高温热源温度为 400 K。每一循环热机从高温热源吸热 1.0 kJ，向低温热源放热 750 J。则低温热源温度为 _____，该热机效率为 _____。

57. 设高温热源的热力学温度是低温热源热力学温度的 n 倍，则理想气体在一次卡诺循环中，传给低温热源的热量是从高温热源吸取热量的 _____ 倍。

58. 一摩尔单原子分子理想气体在一刚性容器中进行一可逆等体过程，其压强由 $p_1 = 1.0 \times 10^5$ Pa 升高到 $p_2 = 1.4 \times 10^5$ Pa，摩尔气体常量 $R = 8.314$ J·mol^{-1}·K^{-1}，则经此过程该理想气体熵的增量 $\Delta S =$ _____。

59. 1 mol 理想气体在气缸中进行一可逆等温膨胀过程，其体积由 V_1 变到 V_2，则该理想气体系统熵的增量 $\Delta S =$ _____。

60. 一绝热容器被隔板分成体积相等的两部分，一部分为真空，另一部分盛有理想气体。若把隔板抽出，气体将进行自由膨胀，达到平衡后系统的温度 _____（填"升高"

"降低"或"不变"），熵_____（填"增加""减小"或"不变"）。

综合练习答案：

1. （D）

解：方均根速率为
$$\sqrt{\overline{v^2}} = \sqrt{\frac{3kT}{m}}$$

等概率统计假设有
$$\overline{v_x^2} = \frac{1}{3}\overline{v^2} = \frac{1}{3}\frac{3kT}{m} = \frac{kT}{m}$$

2. （D）

解：任意时刻沿任意方向运动的分子数均等，速度大小均等。

3. （D）

解：$p = \frac{2}{3}n\overline{\varepsilon_{kt}}$，设分子数密度 n_a、n_b、n_c 分别为 n_0、$2n_0$、$3n_0$，平均平动动能 $(\overline{\varepsilon_{kt}})_a$、$(\overline{\varepsilon_{kt}})_b$、$(\overline{\varepsilon_{kt}})_c$ 分别为 q、$2q$、$3q$，则 $p_a : p_b : p_c = 1 : 4 : 9$。

4. （A）

解：
$$pV = \frac{m'}{M}RT = \frac{m'}{N_A m} \cdot (N_A k)T = \frac{m'}{m}kT$$

分子的平均平动动能：$\overline{\varepsilon_{kt}} = \frac{3}{2}kT = \frac{3}{2}\frac{mpV}{m'}$。

5. （C）

6. （A）

解：$v_p = \sqrt{\frac{2RT}{M}}$，所以 $(v_p)_{O_2} : (v_p)_{H_2} = \sqrt{\frac{M_{H_2}}{M_{O_2}}} = \sqrt{\frac{2}{32}} = 1 : 4$。

7. （A）

解：$v_p = \sqrt{\frac{2RT}{M}}$，所以 $RT = v_p^2 \frac{M}{2}$。所以

$$(\overline{v^2})_{He} = \frac{3RT}{M_{He}} = \frac{3}{2}\frac{M_{O_2}}{M_{He}}(v_p^2)_{O_2} = \frac{3}{2} \times \frac{32}{4} \times 500^2, \quad \sqrt{(\overline{v^2})_{He}} = 1\,732 \text{ m} \cdot \text{s}^{-1}$$

8. （C）

解：设分子总数为 N，$v_1 \sim v_2$ 区间内的分子数为 N_p，则 $N_p = \int_{v_1}^{v_2} Nf(v)\mathrm{d}v$；$v_1 \sim v_2$ 区间内所有分子的速率之和为 $\int_{v_1}^{v_2} vNf(v)\mathrm{d}v$，所以 $v_1 \sim v_2$ 区间内分子的平均速率为

$$\overline{v}' = \frac{\int_{v_1}^{v_2} vNf(v)\mathrm{d}v}{\int_{v_1}^{v_2} Nf(v)\mathrm{d}v} = \frac{\int_{v_1}^{v_2} vf(v)\mathrm{d}v}{\int_{v_1}^{v_2} f(v)\mathrm{d}v}$$

[注] $0 \sim \infty$ 区间内分子的平均速率为

$$\bar{v} = \frac{\int_0^\infty vNf(v)\,dv}{\int_0^\infty Nf(v)\,dv} = \frac{\int_0^\infty vNf(v)\,dv}{N} = \int_0^\infty vf(v)\,dv$$

9. (B)

解：设气体分子质量为 m，则

$$\bar{v} = \sqrt{\frac{8kT}{\pi m}} = \sqrt{\frac{8k \cdot 4T_0}{\pi m}} = 2\bar{v}_0, \quad \bar{Z} = \sqrt{2}\pi d^2 \bar{v} n = \sqrt{2}\pi d^2 \cdot 2\bar{v}_0 \cdot \frac{N}{V} = 2\bar{Z}_0$$

$$\bar{\lambda} = \frac{1}{\sqrt{2}\pi d^2 n} = \frac{V}{\sqrt{2}\pi d^2 N} = \bar{\lambda}_0$$

10. (B)

解：$\bar{\lambda} = \dfrac{1}{\sqrt{2}\pi d^2 n} = \dfrac{V}{\sqrt{2}\pi d^2 N} = \bar{\lambda}_0$，气体的量不变，即 N 不变，V、d 也不变。

11. (C)

解：在热量、功和内能三个物理量中，只有理想气体的内能仅与温度有关，温度越高，理想气体的内能越大。

12. (D)

解：在等体过程中，气体做功为零。在膨胀过程中，气体对外做正功。在压缩过程中，外界对气体做正功，即气体对外做负功；压强不变、体积减小，则气体温度降低，内能降低；在等压过程中温度降低，气体吸热为负。

13. (B)

解：由图可知 $T_a = T_b$，所以 $\Delta E_{abc} = 0$。

$$Q_{acb} = W_{acb} = 500\text{ J}, \quad W_{bd} = 0, \quad W_{da} = -1\,200\text{ J}$$

$$W_{acbda} = W_{acb} + W_{bd} + W_{da} = -700\text{ J} = Q_{acbda}$$

14. (A)

解：因为 acb 为等温线，所以 $T_a = T_b$，对于①②过程均有 $\Delta E = 0$，$Q = W$。

① 过程：W 对应左图中阴影区域面积，为正。

② 过程：W 对应右图中浅色阴影区域面积减去深色阴影区域面积，为正。

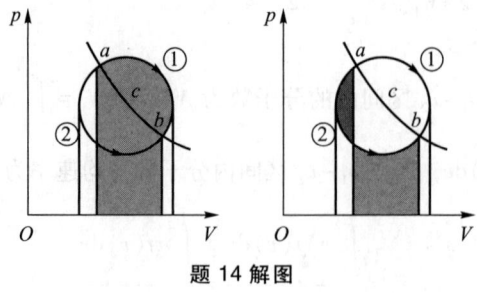

题 14 解图

15. (B)

解：绝热线比等温线陡，所以（A）错。气体一定，γ 一定，绝热线不能相交，所以（C）、（D）错。只有（B）满足要求。

16. （B）

解：过程发生时，系统绝热，而且是自由膨胀，对外界做功为零，因此内能不变，体积变为原来的 2 倍，则压强减为原来的一半。（注意：该过程不是准静态过程。）

17. （D）

解：设气体质量及摩尔质量分别为 m' 和 M，则

$$W = p(V_2 - V_1) = \frac{m'}{M} R(T_2 - T_1), \quad Q = \frac{m'}{M} C_{p,m}(T_2 - T_1) = \frac{m'}{M} \frac{7}{2} R(T_2 - T_1)$$

所以
$$\frac{W}{Q} = \frac{2}{7}$$

18. （A）

解：abc 过程：$\Delta E_{abc} = 0$，$W > 0$，所以吸热。df 绝热过程：$Q_{df} = \Delta E_{df} + W_{df} = 0$；$def$ 过程：$\Delta E_{def} = \Delta E_{df}$，而 $W_{def} < W_{df}$，所以 $Q_{def} < 0$。

19. （B）

解：① 过程：$T_b > T_a$，故 $\Delta E_{ab} > 0$，而 $p_a/T_a = p_b/T_b$，所以 $V_a = V_b$，$W_{ab} = 0$，所以 $Q_1 > 0$。
② 过程：$\Delta E_{a'cb} = \Delta E_{ab}$，而 $V_{a'} = V_c$，$W_{a'c} = 0$，但 $T_b = T_c$、$p_b > p_c$，所以 $W_{cb} < 0$，$W_{a'cb} < 0$，所以 $Q_1 > Q_2$。

20. （D）

解：在等压过程中，温度的改变量为 $\Delta T = T_2 - T_1 = \left(\frac{V_2}{V_1} - 1\right) T_1 = T_1$；

在等温过程中，$\Delta T = 0$；

在绝热过程中，$|\Delta T| = |T_2 - T_1| = \left|\left(\frac{V_1}{V_2}\right)^{\gamma-1} - 1\right| T_1 = \left[1 - \left(\frac{1}{2}\right)^{\gamma-1}\right] T_1 < T_1$。

21. （D）

解：题中 $W = Q_1 - Q_2 = 1\,800\text{ J} - 800\text{ J} = 1\,000\text{ J}$ 符合热力学第一定律，且有吸热、有放热，符合热力学第二定律，而（C）无依据。可逆卡诺热机效率 $\eta_\text{卡} = 1 - \frac{T_2}{T_1} = 1 - \frac{300}{400} = 25\%$，但据题设 $\eta = \frac{W}{Q_1} = \frac{1\,000}{1\,800} = 55.5\%$，大于 $\eta_\text{卡}$，这与卡诺定理中"可逆机效率最大"不符。故不行！

22. （B）

解：设气体质量及摩尔质量分别为 m' 和 M，则

$$Q_{ab} = \frac{m'}{M} C_{p,m}(T_b - T_a) = \frac{m'}{M} \frac{i+2}{2} R(T_b - T_a) = \frac{i+2}{2} p_a(V_b - V_a)$$

$$Q = W_{abc} = S_{abc} < p_a(V_b - V_a)$$

式中，S_{abc} 为循环曲线所围的半圆区域的面积，它小于 ab 线段与横轴所夹的面积。

23. （B）

解：循环过程中系统净吸收热量等于系统对外所做净功，等于循环过程曲线所包围的

面积。

24. (D)

解：设气体质量及摩尔质量分别为 m' 和 M。$D \to A$ 及 $A \to B$ 均为吸热过程，总吸热为

$$Q_1 = Q_{DA} + Q_{AB} = \frac{m'}{M} C_{V,m}(T_A - T_D) + \frac{m'}{M} C_{p,m}(T_B - T_A)$$

$$= \frac{6}{2}(p_A V_A - p_D V_D) + 4(p_B V_B - p_A V_A) = 1.02 \times 10^4 \text{ J}$$

循环过程中系统所做净功为

$$W = (p_B - p_A)(V_B - V_A) = 1\,600 \text{ J}$$

循环过程效率为

$$\eta = \frac{W}{Q_1} = \frac{1\,600}{10\,200} = 15.7\%$$

25. (D)

解：$\eta = 1 - \dfrac{T_2}{T_1}$，$\varepsilon = \dfrac{T_2}{T_1 - T_2}$，所以 $\dfrac{1}{\varepsilon} = \dfrac{T_1}{T_2} - 1$，所以 $\dfrac{\varepsilon}{1+\varepsilon} = \dfrac{T_2}{T_1}$，所以 $\eta = \dfrac{1}{\varepsilon + 1}$。

26. (B)

解：$\eta_卡 = 1 - \dfrac{T_2}{T_1}$，$\eta < \eta'$；循环面积相等说明净功相等，$\eta = \dfrac{W_净}{Q_吸}$，吸热越小，效率越大，所以 $Q > Q'$。

27. (D)

28. (D)

29. (C)

30. (D)

解：$\Delta S = \int \dfrac{\mathrm{d}Q}{T} = \int_{T_1}^{T_2} \dfrac{C_{p,m} \mathrm{d}T}{T} = C_{p,m} \ln 2$。

31. $\dfrac{1}{3} n m \overline{v^2}$，$nkT$

32. (2)

解：平均平动动能 $\overline{\varepsilon}_{kt}$ 只与温度有关，压强 $p = \dfrac{2}{3} n \overline{\varepsilon}_{kt}$ 与分子数密度 n 及平均平动动能 $\overline{\varepsilon}_{kt}$ 都有关，内能与温度、分子的自由度及物质的量都有关。

33. $1:1$，$2:1$

解：设气体质量及摩尔质量分别为 m' 和 M。

(1) 平均平动动能只与温度有关，与分子种类无关；

(2) 由 $pV = \dfrac{m'}{M} RT$，本题 m'、V、T 均相同，所以 $\dfrac{p_{H_2}}{p_{He}} = \dfrac{M_{He}}{M_{H_2}} = \dfrac{4}{2} = 2$。

34. (2)

35. $5:3$、$5:24$

解：设气体质量及摩尔质量分别为 m' 和 M，由 $E=\dfrac{m'}{M}\dfrac{i}{2}RT$，得 $\dfrac{E}{V}=\dfrac{i}{2}\dfrac{m'}{M}\dfrac{RT}{V}=\dfrac{i}{2}p$，所以

$$\dfrac{E_{O_2}/V}{E_{He}/V}=\dfrac{i_{O_2}}{i_{He}}=\dfrac{5}{3}$$

$$\dfrac{E_{O_2}/m'}{E_{He}/m'}=\dfrac{i_{O_2}}{i_{He}}\cdot\dfrac{M_{He}}{M_{O_2}}=\dfrac{5}{3}\cdot\dfrac{4}{32}=\dfrac{5}{24}$$

36. 小于

解：$\dfrac{E}{V}=\dfrac{1}{V}N\dfrac{i}{2}kT=\dfrac{i}{2}p$，$\dfrac{(E/V)_A}{(E/V)_B}=\dfrac{i_A}{i_B}=\dfrac{3}{5}$

37. 1，速率在 $0\sim v_1$ 区间的分子数占总分子数的百分比

38. （1）速率处在 $v_p\sim\infty$ 之间的分子数占总分子数的百分比；（2）分子平均平动动能

解：$\displaystyle\int_0^{\infty}\dfrac{1}{2}mv^2f(v)\mathrm{d}v=\dfrac{1}{2}m\int_0^{\infty}v^2f(v)\mathrm{d}v=\dfrac{1}{2}m\overline{v^2}=\overline{\varepsilon}_k$

39. $\ln 2\,\dfrac{RT}{Mg}$

40. 平均碰撞频率增大一倍而平均自由程减为原来的一半

解：$\overline{Z}=\sqrt{2}\pi d^2\overline{v}n=\dfrac{\sqrt{2}\pi d^2\overline{v}p}{kT}=\dfrac{\sqrt{2}\pi d^2\overline{v}2p_0}{kT}=2\overline{Z}_0$

$\overline{\lambda}=\dfrac{1}{\sqrt{2}\pi d^2 n}=\dfrac{kT}{\sqrt{2}\pi d^2 p}=\dfrac{kT}{\sqrt{2}\pi d^2 2p_0}=\dfrac{\overline{\lambda}_0}{2}$

41. 3 219 J

解：设气体质量及摩尔质量分别为 m' 和 M，则

$$Q=\Delta E+W=\dfrac{m'}{M}\dfrac{i}{2}R\Delta T+W=\left[2\times\dfrac{5}{2}\times 8.314\times(380-400)+4\,050\right]\text{J}=3\,219\text{ J}$$

42. 6 J

解：设 m' 和 M 分别表示气体的质量及摩尔质量。开始时，氢气和氦气的体积、压强、温度均相同，则二者物质的量相同。过程中二者体积不变，吸收的热量均全部用来使内能增加，即 $Q=\dfrac{m'}{M}\dfrac{i}{2}R\Delta T$。对氢气有 $5=\dfrac{m'}{M}\dfrac{5}{2}R\Delta T$，所以 $\dfrac{m'}{M}R\Delta T=2$。所以向氦气传递热量为 $Q_{NH_3}=\dfrac{m'}{M}\dfrac{6}{2}R\Delta T=6$ J。

43. $A\to B$

解：$Q=\Delta E+W$，$W_{AB}>W_{AC}>0$，$\Delta E_{AB}>0$ 而 $\Delta E_{AC}=0$，所以 $Q_{AB}>Q_{AC}>0$，而 $W_{AD}=0$。

44. $\dfrac{W_p}{R}$，$\dfrac{5}{2}W_p$

解：$W_p=p\Delta V$，由理想气体物态方程可得 $\Delta T=\dfrac{p\Delta V}{R}=\dfrac{W_p}{R}$；$Q=C_{p,m}\Delta T=\dfrac{5}{2}R\Delta T=\dfrac{5}{2}W_p$。

45. (1)、(2)、(4)

解：对外做正功，体积必增加，所以（2）和（4）不可能；内能增加，并且对外做正功，吸热必为正，（1）不可能；等压膨胀时，温度升高，内能增加，且对外做正功。

46. II

解：虚线过程绝热，所以对于此绝热过程有 $Q_{ab} = \Delta E_{ab} + W_{ab} = 0$。对于过程 II，$Q_{a\text{II}b} = \Delta E_{ab} + W_{a\text{II}b} = \Delta E_{ab} + W_{ab} + W_{a\text{II}b} - W_{ab} = W_{a\text{II}b} - W_{ab} > 0$，所以吸热。同样的推论，可以知道过程 I 放热。

47. $T = \left(\dfrac{1}{4}\right)^{\gamma-1} T_0$，$p = \left(\dfrac{1}{4}\right)^{\gamma} p_0$

48. $2^{1/5}$

解：$V_0^{\gamma-1} T_0 = V^{\gamma-1} T$，带入 $\gamma = 7/5$，$V = V_0/2$，可得 $T = 2^{2/5} T_0$，所以

$$\dfrac{\bar{v}}{\bar{v}_0} = \left(\dfrac{T}{T_0}\right)^{1/2} = 2^{1/5}$$

49. AM；AM 和 BM

解：设气体质量及摩尔质量分别为 m' 和 M。

（1）以 MT 等温线为界，AM 降温，BM 和 CM 升温（可通过图中竖直虚线上各点温度判定）；

（2）热量判断一般是利用绝热线借助循环和热力学第一定律来进行。

① 做 $AMQA$ 逆循环：

$Q_{总} = Q_{AM} + Q_{MQ} + Q_{QA} = W_{净} < 0$，其中 $Q_{MQ} = 0$，而 $Q_{QA} = \dfrac{m'}{M} C_{V,m}(T_A - T_Q) > 0$，所以 $Q_{AM} = Q_{总} - Q_{QA} < 0$，即 AM 是**放热**过程。同理可证 $Q_{BM} < 0$，即 BM 也是**放热**过程。

② 再做 $CMQC$ 正循环：

$Q_{总} = Q_{CM} + Q_{MQ} + Q_{QC} = W_{净} > 0$，其中 $Q_{MQ} = 0$，而 $Q_{QC} = \dfrac{m'}{M} C_{V,m}(T_C - T_Q) < 0$，所以 $Q_{CM} = Q_{总} - Q_{QC} > 0$，即 CM 是**吸热**过程。

50. cd 段

解：由热力学第一定律 $Q = \Delta E + W$ 知：

ab 阶段，$\Delta E > 0$，$W > 0$，所以 $Q > 0$，即吸热；

bc 阶段，$\Delta E < 0$，$W > 0$，所以 Q 的正负不能肯定；

cd 阶段，$\Delta E < 0$，$W < 0$，所以 $Q < 0$，即放热；

da 阶段，$\Delta E > 0$，$W < 0$，所以 Q 的正负不能肯定。

故答案应为 cd 阶段。

51. $W = 400$ J

解：热机在最大效率下工作，所以效率为 $\eta = 1 - \dfrac{T_2}{T_1} = 1 - \dfrac{527+273}{727+273} = 0.2$，而 $\eta = \dfrac{W}{Q_1}$，所以 $W = \eta Q_1 = 2\,000 \times 0.2 = 400$ J。

52. $A \rightarrow B$

53. 小于，大于

解：$\eta_\text{卡} = 1 - \dfrac{T_2}{T_1}$，$\eta < \eta'$；循环面积相等说明净功相等，$\eta = \dfrac{W_\text{净}}{Q_\text{吸}}$，吸热越小，效率越大，所以 $Q > Q'$。

54. 等于

解：绝热过程中对外做的功等于系统内能的减小量，对于确定的系统，内能的改变量仅与温度的变化量有关，而卡诺循环中的两条绝热线始末两态的温度变化量相等。

55. 40 J，140 J

解：（1）$W_\text{净}$ = 正循环循环−逆循环循环 = 70 J−30 J = 40 J。

（2）因为 AB、CD 绝热，所以

$$W_\text{净} = Q_{BEC} + Q_{DEA}$$

由题意，DEA 过程中系统**放热** 100 J，即 $Q_{DEA} = -100$ J 有 $Q_{BEC} = W_\text{净} - Q_{DEA} = [40-(-100)]$ J = 140 J，吸热。

56. 300 K，25%

解：$\eta = \dfrac{W_\text{净}}{Q_\text{吸}} = 1 - \dfrac{|Q_2|}{Q_1} = 1 - \dfrac{750}{1\,000} = 25\% = 1 - \dfrac{T_2}{T_1}$，$T_2 = T_1(1-\eta) = 300$ K。

57. $\dfrac{1}{n}$

解：$\eta = 1 - \dfrac{|Q_2|}{Q_1} = 1 - \dfrac{T_2}{T_1}$，所以 $\dfrac{|Q_2|}{Q_1} = \dfrac{T_2}{T_1} = \dfrac{1}{n}$。

58. 4.19 J·K^{-1}

解：$\Delta S = \int \dfrac{\mathrm{d}Q}{T} = \int_{T_1}^{T_2} C_{V,\text{m}} \dfrac{\mathrm{d}T}{T} = C_{V,\text{m}} \ln \dfrac{T_2}{T_1} = C_{V,\text{m}} \dfrac{p_2}{p_1} = 4.19$ J·K^{-1}。

59. $R\ln\dfrac{V_2}{V_1}$

解：因为等温过程，所以 $\Delta S = \int_{V_1}^{V_2} \dfrac{\mathrm{d}Q}{T} = \dfrac{Q}{T} = R\ln\dfrac{V_2}{V_1}$。

60. 不变，增加

解：过程中绝热，而且自由膨胀不做功，所以内能不变，温度不变。该孤立系经历的过程是不可逆过程，熵增加。

三、解题参考

第 3 章 气体动理论

3.1 推导理想气体压强公式时，何处用到理想气体的假设？何处用到平衡态的条件？何处用到统计平均的概念?

解：(1) 在推导理想气体压强公式时，只分析单个气体分子的运动对器壁的碰撞，而未考虑气体分子间的相互作用力，也未考虑气体分子本身的体积对分子运动空间的影响，并且认为气体分子间及分子和器壁间的碰撞是完全弹性的。

气体分子间所表现出的引力作用减小了分子对器壁的冲力，从而减小了对器壁的压强。我们称这个减小的压强为内压强。而理想气体并未考虑上述因素的影响。

(2) 在推导理想气体压强公式时，假定容器中各处压强、温度、密度都相等。

(3) 在推导理想气体压强公式时，运用了等概率原理，并且 $\overline{v_x^2} = \overline{v_y^2} = \overline{v_z^2}$，认为压强是大量气体分子对器壁的平均冲力造成的，理想气体压强的微观意义是大量气体分子平均平动动能密度的量度，这里的"大量"、"平均"表现了统计平均概念。

3.2 当气体的温度为 0 ℃时，能否说气体中每个分子的温度也是 0 ℃？气体中有的分子运动速度快，有的速度慢，能否说速度快的分子温度高，速度慢的分子温度低？

解：温度是大量气体分子平均平动动能或热运动强度的量度。这里的"大量""平均"表明温度具有统计意义，对于个别分子，谈它的温度是没有意义的。而对于大量气体分子统计平均来看，其热运动速度快，温度也高。

3.3 气体处于平衡态时，分子的平均速度为多大？平均速率为多大？

解：气体处于平衡态时，因气体分子沿各个方向运动的机会均等，而且沿任一方向运动的速度大小均不占优势，因此分子的平均速度为零。但分子的平均速率很大，如 300 K 时，氧气分子的平均速率约为 500 m·s^{-1}。

3.4 两瓶不同种类的理想气体，如压强和温度都相同，但体积不同，问：
(1) 单位体积内的分子数是否相同？
(2) 单位体积内的气体质量是否相同？
(3) 单位体积内气体分子的总平动动能是否相同？

解：两瓶不同种类的理想气体，如压强和温度都相同，但体积不同，则：(1) 由公式 $p = nkT$ 知，单位体积内的分子数 n 相同；(2) 由理想气体物态方程可得 $p = \rho \dfrac{RT}{M}$，因此单位体积内的气体质量 ρ 不同；(3) 由公式 $p = \dfrac{2}{3} n \overline{\varepsilon_{kt}}$ 知，单位体积内气体分子的总平动动能相同。

3.5 容器中装有一定量的某种理想气体，当气体处于某一状态时，如果气体内：
(1) 各部分的压强相等，此状态是否一定是平衡态？
(2) 各部分的温度相等，此状态是否一定是平衡态？
(3) 各部分的压强相等，密度相同，此状态是否一定是平衡态？

解：容器中装一定量的某种理想气体，气体处于某一状态下，如果：(1) 各部分的压强相等，这状态不一定是平衡态；(2) 各部分的温度相等，这状态不一定是平衡态；(3) 各部分的压强相等，且各部分的密度相同，则各处温度相等，这状态正是平衡态。

3.6 一定量理想气体，当温度保持恒定时，其压强随体积的减小而增大；当体积保持恒定时，其压强随温度的升高而增大。这两种使气体压强增大的过程，从分子动理论的微观观点分析有何区别？

解：一定量理想气体温度恒定时，当体积减小，各处分子数密度增大，则在单位时间内，撞击单位面积器壁的分子数增多，从而撞击的次数增加，使压强增大。而当体积恒定、温度增加时，每一分子在单位时间内撞击器壁的平均次数增加（单位时间内撞击单位面积器壁的分子个数不变），从而使单位面积的器壁在单位时间内所受撞击次数增加，而且温度增加时，气体分子的平均速率增加，每次撞击器壁的力量增加，使压强增大。两者有根本区别。

3.7 某种刚性双原子分子理想气体处于温度为 T 的平衡状态，分别写出下列各量的表达式：

（1）分子的平均平动动能；
（2）分子的平均总动能；
（3）分子的平均总能量；
（4）1 mol 气体分子的总转动动能；
（5）1 mol 气体的内能。
若为非刚性分子呢？

解：刚性分子：（1）$\frac{t}{2}kT = \frac{3}{2}kT$；（2）$\frac{t+r}{2}kT = \frac{3+2}{2}kT = \frac{5}{2}kT$；（3）$\frac{t+r}{2}kT = \frac{3+2}{2}kT = \frac{5}{2}kT$；（4）$N_A \frac{r}{2}kT = N_A \frac{2}{2}kT = RT$；（5）$N_A \frac{5}{2}kT = \frac{5}{2}RT$。

非刚性分子：（1）$\frac{t}{2}kT = \frac{3}{2}kT$；（2）$\frac{t+r+s}{2}kT = \frac{3+2+1}{2}kT = 3kT$；（3）$\frac{t+r+2s}{2}kT = \frac{3+2+2\times1}{2}kT = \frac{7}{2}kT$；（4）$N_A \frac{r}{2}kT = N_A \frac{2}{2}kT = RT$；（5）$N_A \frac{7}{2}kT = \frac{7}{2}RT$。

3.8 分子的每一个振动自由度的平均能量是多少？

解：每一个振动自由度的平均能量包括等量的振动动能和振动势能，因此为 kT。

3.9 气体分子速率分布函数 $f(v)$ 的物理意义是什么？下列各表示什么（其中 N 为气体分子总数）？

（1）$f(v)\mathrm{d}v$；（2）$Nf(v)\mathrm{d}v$；（3）$\int_{v_1}^{v_2} f(v)\mathrm{d}v$；（4）$\int_{v_1}^{v_2} Nf(v)\mathrm{d}v$；（5）$\int_{v_p}^{\infty} f(v)\mathrm{d}v$

解：$f(v)$ 表示平衡态下，分布在速率 v 附近的单位速率间隔内的分子数占总分子数的百分比。对一个分子而言，$f(v)$ 表示平衡态下，分子速率在 v 附近单位速率间隔内的概率（又叫概率密度）。

（1）$f(v)\mathrm{d}v$ 表示平衡态下，处在速率间隔 $v \sim v+\mathrm{d}v$ 内的分子数占总分子数的百分比；

（2）$Nf(v)\mathrm{d}v$ 表示平衡态下，处在速率间隔 $v \sim v+\mathrm{d}v$ 内的分子数；

(3) $\int_{v_1}^{v_2} f(v)\mathrm{d}v$ 表示平衡态下,速率间隔 $v_1 \sim v_2$ 内的分子数占总分子数的百分比;

(4) $\int_{v_1}^{v_2} Nf(v)\mathrm{d}v$ 表示在平衡态下,速率间隔 $v_1 \sim v_2$ 内的分子数;

(5) $\int_{v_p}^{\infty} f(v)\mathrm{d}v$ 表示在平衡态下,速率大于 v_p 的分子数占总分子数的百分比。

3.10 试在同一图中画出同种理想气体处于不同温度的速率分布曲线和处于相同温度的不同理想气体的速率分布曲线。

解:

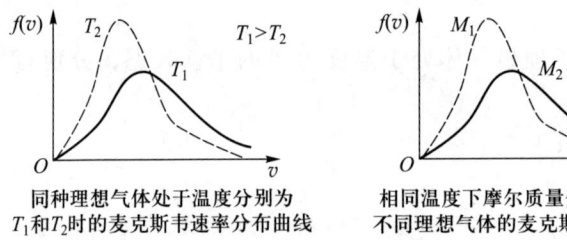

同种理想气体处于温度分别为 相同温度下摩尔质量分别为M_1和M_2的
T_1和T_2时的麦克斯韦速率分布曲线 不同理想气体的麦克斯韦速率分布曲线

题 3.10 解图

3.11 有人认为气体分子的最概然速率就是速率分布中的最大速率值,对不对?

解: 不对。最概然速率是速率分布曲线峰值所对应的速率,若将分子速率平均分成很多相等的小区间,则最概然速率所在的小区间所对应的分子数百分比最大。

3.12 装有理想气体的容器上有一小孔,气体不断从小孔泻出(假设小孔很小,分子的泻出不影响容器内的平衡态),那么泻出的分子速率是否满足麦克斯韦速率分布?其平均速率是否与容器内分子的平均速率相同?

解: 泻出的分子其速率分布不满足麦克斯韦速率分布,其平均速率也与容器内分子的平均速率不相同。可以想见,速率越大,分子同器壁碰撞的概率也就越大,凡是能碰到器壁上小孔处的分子都能逃逸出容器,因此从器壁上小孔中逃逸出的分子的平均速率就比留在容器内的分子的平均速率大,其速率分布也不同于麦克斯韦速率分布。在统计物理中,题目所述现象称为泻流,由统计物理理论可得,单位时间内从小孔单位面积出射的、速率介于 v 与 $v+\mathrm{d}v$ 之间的、质量为 m 的分子的数目为 $\mathrm{d}\Gamma = \pi n \left(\dfrac{m}{2\pi kT}\right)^{3/2} e^{-\frac{m}{2kT}v^2} v^3 \mathrm{d}v$,从小孔射出的分子的平均速率为 $\bar{v} = \sqrt{\dfrac{9\pi kT}{8m}}$。

3.13 一定量的理想气体,保持体积不变,当温度增加时,分子的平均碰撞频率和平均自由程各如何变化?

解: 平均碰撞频率增加,平均自由程不变。由平均碰撞频率 $\bar{Z} = \sqrt{2}\pi d^2 \bar{v} n = \sqrt{2}\pi d^2 n \sqrt{\dfrac{8RT}{\pi M}}$

可知,温度增加,$\overline{Z}$增加。由平均自由程$\overline{\lambda}=\dfrac{\overline{v}}{\overline{Z}}=\dfrac{\overline{v}}{\sqrt{2}\pi d^2\overline{v}n}=\dfrac{1}{\sqrt{2}\pi d^2 n}$可知,体积不变时,$\overline{\lambda}$不变。

3.14 理想气体等压膨胀时,分子的平均自由程和平均碰撞频率与温度的关系如何?

解:理想气体等压膨胀时,由$\overline{\lambda}=\dfrac{kT}{\sqrt{2}\pi d^2 p}$知,分子的平均自由程随着温度的增加而增加,

由$\overline{Z}=\sqrt{2}\pi d^2\overline{v}n=\sqrt{2}\pi d^2\dfrac{p}{kT}\sqrt{\dfrac{8RT}{\pi M}}$知,平均碰撞频率随着温度的增加而减小。

3.15 理想气体等温压缩时,分子的平均自由程和平均碰撞频率与压强的关系如何?

解:理想气体等温压缩时,由$\overline{\lambda}=\dfrac{kT}{\sqrt{2}\pi d^2 p}$知,分子的平均自由程随压强的增加而减少,由

$\overline{Z}=\sqrt{2}\pi d^2\overline{v}n=\sqrt{2}\pi d^2\dfrac{p}{kT}\sqrt{\dfrac{8RT}{\pi M}}$知,平均碰撞频率随压强的增加而增加。

3.16 在一定温度和体积下,由理想气体物态方程和范德瓦耳斯方程算出的压强哪个大?

解:一般情况下,由理想气体物态方程算出的压强比由范德瓦耳斯方程算出的压强大。

3.17 如果每秒有10^{23}个氧气分子沿着与容器器壁的法线成$45°$角的方向,以$500\ \text{m}\cdot\text{s}^{-1}$的速率撞击在面积为$2.0\ \text{cm}^2$的器壁上,若碰撞是弹性的,求氧气的压强。

解:设分子数为N,分子质量为m,面积为S,则氧气的压强为

$$p=\dfrac{N\cdot 2mv\cos 45°}{S}=\dfrac{N\cdot 2Mv\cos 45°}{N_A S}$$

$$=\dfrac{10^{23}\times 2\times 32\times 10^{-3}\times 500\times\sqrt{2}/2}{6.022\times 10^{23}\times 2.0\times 10^{-4}}\ \text{Pa}=1.88\times 10^4\ \text{Pa}$$

题3.17解图

3.18 一容器贮有氧气,其压强$p=1.0\ \text{atm}$,温度为$t=27\ ℃$。求:

(1)单位体积内的分子数;
(2)氧气分子的质量;
(3)氧气的质量密度ρ;
(4)氧气分子的平均平动动能。

解:(1)由$p=nkT$,得

$$n=\dfrac{p}{kT}=\dfrac{1.013\times 10^5}{1.381\times 10^{-23}\times(27+273)}\ \text{m}^{-3}=2.45\times 10^{25}\ \text{m}^{-3}$$

(2)氧气分子的质量为

$$m=\dfrac{M}{N_A}=\dfrac{32\times 10^{-3}}{6.022\times 10^{23}}\ \text{kg}=5.31\times 10^{-26}\ \text{kg}$$

(3)氧气的质量密度为

$$\rho = nm = 2.45\times10^{25}\times5.31\times10^{-26} \text{ kg}\cdot\text{m}^{-3} = 1.30 \text{ kg}\cdot\text{m}^{-3}$$

(4) 氧气分子的平均平动动能为

$$\overline{\varepsilon}_{kt} = \frac{3}{2}kT = \frac{3}{2}\times1.381\times10^{-23}\times(27+273) \text{ J} = 6.21\times10^{-21} \text{ J}$$

3.19 某气体的压强为 $p = 1.0\times10^{-2}$ atm，密度为 $\rho = 1.24\times10^{-2}$ kg·m^{-3}，导出该气体分子的方均根速率与压强、密度之间的关系并计算其数值。

解：设气体分子的质量为 m，分子数密度为 n，则

$$\sqrt{\overline{v^2}} = \sqrt{\frac{3kT}{m}} = \sqrt{\frac{3nkT}{nm}} = \sqrt{\frac{3p}{\rho}} = \sqrt{\frac{3\times1.013\times10^5\times10^{-2}}{1.24\times10^{-2}}} \text{ m}\cdot\text{s}^{-1} = 4.95\times10^2 \text{ m}\cdot\text{s}^{-1}$$

3.20 若某种刚性双原子分子理想气体处于温度为 300 K 的平衡态，求下列各量：
(1) 分子的平均平动动能；
(2) 分子的平均总动能；
(3) 分子的平均总能量；
(4) 1 mol 气体分子的总转动动能；
(5) 1 mol 气体的内能。

解：(1) 分子的平均平动动能为 $\frac{3}{2}kT = 6.21\times10^{-21}$ J；

(2) 分子的平均总动能为 $\frac{5}{2}kT = 1.04\times10^{-20}$ J；

(3) 分子的平均总能量为 $\frac{5}{2}kT = 1.04\times10^{-20}$ J；

(4) 1 mol 气体分子的总转动动能为 1 mol·$RT = 2.49\times10^3$ J；

(5) 1 mol 气体的内能为 1 mol·$\frac{5}{2}RT = 6.24\times10^3$ J。

3.21 在某一温度下，将体积和压强都相同的氦气和氢气（均视为刚性分子理想气体）混合，求所有氢气分子所具有的能量在混合气体系统总能量中所占的百分比。

解：在确定温度下，体积和压强都相同时气体的物质的量相同，设氦气和氢气均为 1 mol，则其中氢气分子的能量百分比为

$$\left(\frac{5}{2}RT\right)\bigg/\left(\frac{5}{2}RT + \frac{3}{2}RT\right) = \frac{5}{8} = 62.5\%$$

3.22 计算在 300 K 温度下，氢气分子的方均根速率、平均速率、最概然速率及其平均平动动能。

解：设气体分子的质量为 m，摩尔质量为 M，则方均根速率为

$$\sqrt{\overline{v^2}} = \sqrt{\frac{3kT}{m}} = \sqrt{\frac{3RT}{M}} = \sqrt{\frac{3\times8.314\times300}{2\times10^{-3}}} \text{ m}\cdot\text{s}^{-1} = 1.93\times10^3 \text{ m}\cdot\text{s}^{-1}$$

平均速率为

$$\bar{v} = \sqrt{\frac{8kT}{\pi m}} = \sqrt{\frac{8RT}{\pi M}} = 1.78\times 10^3 \text{ m}\cdot\text{s}^{-1}$$

最概然速率为

$$v_p = \sqrt{\frac{2kT}{m}} = \sqrt{\frac{2RT}{M}} = 1.58\times 10^3 \text{ m}\cdot\text{s}^{-1}$$

平均平动动能为

$$\bar{\varepsilon}_{kt} = \frac{3}{2}kT = 6.21\times 10^{-21} \text{ J}$$

3.23 分别计算氧气处于温度为 300 ℃时，速率在 3 000～3 010 m·s^{-1} 和 $v_p \sim v_p+10$ m·s^{-1} 间的分子数的百分比，并计算 300 ℃和 500 ℃两种温度下速率在 $v_p \sim v_p+10$ m·s^{-1} 区间的分子百分数的比。（可将 dv 近似地以 $\Delta v = 10$ m·s^{-1} 取代。）

解：设气体分子的质量为 m，摩尔质量为 M，分子总数为 N，则速率处于 $v \sim v+\Delta v$ 内的分子百分数为

$$\frac{\Delta N}{N} = f(v)\cdot\Delta v = 4\pi\left(\frac{m}{2\pi kT}\right)^{3/2} e^{-\frac{mv^2}{2kT}}\cdot v^2 \Delta v$$

令 $x = \dfrac{v}{v_p}$，$\Delta v = v_p \Delta x$，$v_p = \sqrt{\dfrac{2kT}{m}} = \sqrt{\dfrac{2RT}{M}}$，所以

$$\frac{\Delta N}{N} = \frac{4}{\sqrt{\pi}} x^2 e^{-x^2} \Delta x$$

（1）速率在 3 000～3 010 m·s^{-1} 范围分子数的百分比：

已知 $\Delta v = 10$ m·s^{-1}，当 $t = 300$ ℃即 $T = 573$ K 时，有

$$v_p = \sqrt{\frac{2RT}{M}} = \sqrt{\frac{2\times 8.314\times 573}{0.032}} \text{ m}\cdot\text{s}^{-1} = 546 \text{ m}\cdot\text{s}^{-1}$$

$$\frac{\Delta N}{N} = \frac{4}{\sqrt{\pi}}\left(\frac{3\,000}{546}\right)^2 e^{-\left(\frac{3\,000}{546}\right)^2}\cdot\left(\frac{10}{546}\right) = 9.66\times 10^{-14}$$

速率在 $v_p \sim v_p+10$ m·s^{-1} 区间分子数的百分比：

$$x = \frac{v}{v_p} = 1$$

$$\frac{\Delta N}{N} = \frac{4}{\sqrt{\pi}}\cdot 1\cdot e^{-1}\cdot\left(\frac{10}{546}\right) = 1.52\times 10^{-2}$$

（2）当 $t = 500$ ℃即 $T = 773$ K 时，

$$v_p = \sqrt{\frac{2RT}{M}} = \sqrt{\frac{2\times 8.314\times 773}{0.032}} \text{ m}\cdot\text{s}^{-1} = 634 \text{ m}\cdot\text{s}^{-1}$$

所以，在 300 ℃和 500 ℃时速率在 $v_p \sim v_p+10$ m·s^{-1} 之间的分子百分数的比为

$$\frac{(4/\sqrt{\pi})\cdot 1\cdot e^{-1}\cdot(10/546)}{(4/\sqrt{\pi})\cdot 1\cdot e^{-1}\cdot(10/634)} = \frac{634}{546} = 1.16$$

3.24 拉萨海拔约 3 600 m，设大气温度 $t = 27\ ℃$，而且处处相同，求拉萨的大气压。（空气的摩尔质量 $M = 2.9×10^{-2}\ \text{kg·mol}^{-1}$，海平面处的大气压 $p_0 = 1\ \text{atm}$。）

解：设空气分子的质量为 m，海拔高度为 z，则
$$p = p_0 e^{-\frac{mgz}{kT}} = p_0 e^{-\frac{Mgz}{RT}} = 1 \cdot e^{-\frac{2.9×10^{-2}×9.8×3\,600}{8.314×(27+273)}}\ \text{atm} = 0.66\ \text{atm} = 0.67×10^5\ \text{Pa}$$

3.25 氮气分子的平均有效直径为 $3.8×10^{-10}\ \text{m}$。

（1）求在标准状态下，氮气分子的平均碰撞频率和平均自由程；

（2）若压强降到无线电所用的电子管内真空度所要求的压强 $1.33×10^{-3}\ \text{Pa}$ 时，温度仍为 $0\ ℃$，求此时分子的平均自由程和平均碰撞频率。

解：（1）在标准状态下
$$n_0 = \frac{p_0}{kT_0} = \frac{1.013×10^5}{1.381×10^{-23}×273}\ \text{m}^{-3} = 2.69×10^{25}\ \text{m}^{-3}$$

所以
$$\bar{\lambda} = \frac{1}{\sqrt{2}\pi d^2 n_0} = \frac{1}{\sqrt{2}×3.14×(3.8×10^{-10})^2×2.69×10^{25}}\ \text{m} = 5.80×10^{-8}\ \text{m}$$

（2） $p = 1.33×10^{-3}\ \text{Pa}$，$T = 273\ \text{K}$，$d = 3.8×10^{-10}\ \text{m}$

$$n = \frac{p}{kT} = \frac{1.33×10^{-3}}{1.381×10^{-23}×273}\ \text{m}^{-3} = 3.53×10^{17}\ \text{m}^{-3}$$

$$\bar{\lambda} = \frac{1}{\sqrt{2}\pi d^2 n} = \frac{1}{\sqrt{2}×3.14×(3.8×10^{-10})^2×3.53×10^{17}}\ \text{m} = 4.42\ \text{m}$$

平均碰撞频率为
$$\bar{Z} = \frac{\bar{v}}{\bar{\lambda}}$$

因为在标准状态下
$$\bar{v} = \sqrt{\frac{8RT}{\pi M}} = \sqrt{\frac{8×8.314×273}{3.14×0.028}}\ \text{m·s}^{-1} = 454\ \text{m·s}^{-1}$$

所以
$$\bar{Z} = \frac{\bar{v}}{\bar{\lambda}} = \frac{454}{5.80×10^{-8}}\ \text{s}^{-1} = 7.83×10^9\ \text{s}^{-1}$$

当 $p = 1.33×10^{-3}\ \text{Pa}$ 时，因为 $\bar{Z} = \frac{\sqrt{2}\pi d^2 \bar{v} p}{kT}$，所以 $\frac{\bar{Z}'}{\bar{Z}} = \frac{p'}{p}$，则

$$\bar{Z}' = \frac{p'}{p}\bar{Z} = \frac{1.33×10^{-3}}{1.013×10^5}×7.83×10^9\ \text{s}^{-1} = 103\ \text{s}^{-1}$$

3.26 气缸内盛有一定量的氢气（可视为理想气体），当温度不变而压强增大一倍时，氢气分子的平均碰撞频率和平均自由程的变化情况怎样？

解：平均碰撞频率为
$$\bar{Z} = \sqrt{2}\pi d^2 n \bar{v} = \sqrt{2}\pi d^2 \frac{p}{kT}\sqrt{\frac{8RT}{\pi M}}$$

平均自由程为
$$\bar{\lambda} = \frac{1}{\sqrt{2}\pi d^2 n} = \frac{kT}{\sqrt{2}\pi d^2 p}$$

在温度不变时，分子的平均碰撞频率 $\bar{Z}$ 与压强成正比，所以 $\bar{Z}$ 将增大到原来的 2 倍；在温度不变时，分子的平均自由程 $\bar{\lambda}$ 与压强成反比，所以 $\bar{\lambda}$ 减小为原来的 1/2。

3.27 今测得氮气在标准状态时的黏度为 16.6×10^{-6} N·s·m^{-2}，试计算氮气分子的平均有效直径和碰撞截面面积。

解： 设气体分子的质量为 m，摩尔质量为 M。黏度为
$$\eta = \frac{1}{3}\rho \bar{v} \bar{\lambda}$$

其中
$$\bar{v} = \sqrt{\frac{8RT}{\pi M}} = \sqrt{\frac{8 \times 8.314 \times 273}{3.14 \times 0.028}} \text{ m·s}^{-1} = 454 \text{ m·s}^{-1}$$

因为 $\bar{\lambda} = \dfrac{1}{\sqrt{2}\pi d^2 n} = \dfrac{mN_A}{\sqrt{2}\pi d^2 n m N_A} = \dfrac{M}{\sqrt{2}\pi d^2 \rho N_A}$，又因为 $\eta = \dfrac{1}{3}\rho \bar{v} \bar{\lambda}$，$\bar{\lambda} = \dfrac{3\eta}{\rho \bar{v}}$，联立有

$$\frac{3\eta}{\rho \bar{v}} = \frac{M}{\sqrt{2}\pi d^2 \rho N_A}$$

所以
$$d^2 = \frac{M \bar{v}}{3\sqrt{2}\eta \pi N_A}$$

平均有效直径为
$$d = \sqrt{\frac{M \bar{v}}{3\sqrt{2}\eta \pi N_A}} = \sqrt{\frac{28 \times 10^{-3} \times 454}{3 \times \sqrt{2} \times 16.6 \times 10^{-6} \times 3.14 \times 6.022 \times 10^{23}}} \text{ m} = 3.09 \times 10^{-10} \text{ m}$$

碰撞截面面积为
$$\sigma = \pi \left(\frac{d}{2}\right)^2 = 3.14 \times \left(\frac{3.09 \times 10^{-10}}{2}\right)^2 \text{ m}^2 = 7.50 \times 10^{-20} \text{ m}^2$$

3.28 热水瓶胆两层玻璃间距为 3.00 mm，求在 17 ℃下使玻璃间隔内的空气压强降到多少时，才能使空气的导热系数等于大气压下导热系数的 1%，从而使热水瓶起保温作用（已知空气分子的有效直径为 3.0×10^{-10} m）。

解：（1）在 17 ℃时，大气压下空气导热系数为
$$\kappa = \frac{1}{3}\frac{C_{V,m}}{M}\rho \bar{v} \bar{\lambda}$$

式中，$\bar{\lambda} = \dfrac{1}{\sqrt{2}\pi d^2 n} = \dfrac{kT}{\sqrt{2}\pi d^2 p}$。由理想气体物态方程可得空气密度 $\rho = \dfrac{pM}{RT}$，所以

$$\kappa = \frac{1}{3}\frac{C_{V,m}}{M}\frac{pM}{RT}\bar{v}\frac{kT}{\sqrt{2}\pi d^2 p} = \frac{1}{3}\frac{C_{V,m}}{N_A}\bar{v}\frac{1}{\sqrt{2}\pi d^2}$$

（2）设在 17 ℃空气压强降到 p' 时，空气的导热系数等于 $\dfrac{\kappa}{100}$，则

$$\frac{\kappa}{100} = \frac{1}{3}\frac{C_{V,m}}{M}\frac{p'M}{RT}\bar{v}l = \frac{1}{3}\frac{C_{V,m}p'\bar{v}l}{RT}$$

联立上述两式得

$$p' = \frac{1}{100}\frac{kT}{\sqrt{2}\pi d^2 l} = \frac{1}{100}\frac{1.381\times10^{-23}\times(273+17)}{\sqrt{2}\times3.14\times(3.00\times10^{-10})^2\times3\times10^{-3}}\text{ Pa} = 3.34\times10^{-2}\text{ Pa}$$

3.29 氧气在标准状态下的扩散系数为 1.0×10^{-5} m²·s⁻¹，求氧气分子的平均自由程。

解：扩散系数为

$$D = \frac{1}{3}\bar{v}\bar{\lambda}$$

式中，$\bar{v} = \sqrt{\dfrac{8RT}{\pi M}} = \sqrt{\dfrac{8\times8.314\times273}{3.14\times0.032}}$ m·s⁻¹ = 425 m·s⁻¹。所以，平均自由程为

$$\bar{\lambda} = \frac{3D}{\bar{v}} = \frac{3\times1.0\times10^{-5}}{425}\text{ m} = 7.06\times10^{-8}\text{ m}$$

3.30 求气体分子的平均速率：

(1) 在 $0\sim v_p$ 之间；

(2) 大于 v_p。

(可利用积分公式：$\dfrac{2}{\sqrt{\pi}}\displaystyle\int_0^1 e^{-x^2}dx = 0.8427$；$\dfrac{2}{\sqrt{\pi}}\displaystyle\int_0^\infty e^{-x^2}dx = 1$；并令 $x = \dfrac{v}{v_p}$ 计算。)

解：(1) 在 0 与 v_p 之间气体分子的平均速率为

$$\bar{v} = \frac{\displaystyle\int_0^{v_p} v\,dN}{\displaystyle\int_0^{v_p} dN}$$

由题 3.23 知，$dN = N\dfrac{4}{\sqrt{\pi}}x^2 e^{-x^2}dx$，式中 $x = \dfrac{v}{v_p}$，$dv = v_p dx$，则

$$\bar{v} = \frac{\displaystyle\int_0^{v_p} v\,dN}{\displaystyle\int_0^{v_p} dN} = \frac{v_p\displaystyle\int_0^1 x^3 e^{-x^2}dx}{\displaystyle\int_0^1 x^2 e^{-x^2}dx} = \frac{v_p\displaystyle\int_0^1 x^2 de^{-x^2}}{\displaystyle\int_0^1 x\,de^{-x^2}}$$

$$= v_p\frac{e^{-1} + \displaystyle\int_0^1 de^{-x^2}}{e^{-1} - 0.8427\sqrt{\pi}/2} = v_p\frac{e^{-1} + e^{-1} - 1}{e^{-1} - 0.8427\sqrt{\pi}/2} = 0.70v_p$$

(2) 大于 v_p 的气体分子的平均速率为

$$\bar{v} = \frac{\displaystyle\int_{v_p}^\infty v\,dN}{\displaystyle\int_{v_p}^\infty dN} = \frac{v_p\displaystyle\int_1^\infty x^3 e^{-x^2}dx}{\displaystyle\int_1^\infty x^2 e^{-x^2}dx} = \frac{v_p\displaystyle\int_1^\infty x^2 de^{-x^2}}{\displaystyle\int_1^\infty x\,de^{-x^2}}$$

$$= v_p \frac{0 - e^{-1} - e^{-1}}{0 - e^{-1} - \sqrt{\pi}/2 + 0.8427\sqrt{\pi}/2} = 1.5 v_p$$

3.31 试从玻耳兹曼能量分布函数，求证自由粒子的能量 ε 的平均值为 $\frac{3}{2}kT$（可利用积分公式 $\int_0^\infty x^{3/2} e^{-\alpha x} dx = \frac{3}{4\alpha^2}\sqrt{\frac{\pi}{\alpha}}$ 计算）。

解：麦克斯韦速率分布律为

$$f(v)dv = 4\pi \left(\frac{m}{2\pi kT}\right)^{\frac{3}{2}} e^{-\frac{mv^2}{2kT}} v^2 dv \quad \text{（式中 } m \text{ 为气体分子质量）}$$

自由粒子的能量 ε 与速率 v 间满足关系 $\varepsilon = \frac{1}{2}mv^2$，由此得 $v^2 = \frac{2\varepsilon}{m}$ 及 $v = \sqrt{\frac{2\varepsilon}{m}}$，代入上式得

$$f(\varepsilon)d\varepsilon = 4\sqrt{2}\pi \left(\frac{1}{2\pi kT}\right)^{\frac{3}{2}} \varepsilon^{\frac{1}{2}} e^{-\frac{\varepsilon}{kT}} d\varepsilon$$

所以能量 ε 的平均值为

$$\bar{\varepsilon} = \frac{\int_0^\infty \varepsilon N f(\varepsilon) d\varepsilon}{N} = 4\sqrt{2}\pi \left(\frac{1}{2\pi kT}\right)^{\frac{3}{2}} \int_0^\infty \varepsilon \cdot \varepsilon^{\frac{1}{2}} e^{-\frac{\varepsilon}{kT}} d\varepsilon$$

令 $4\sqrt{2}\pi \left(\frac{1}{2\pi kT}\right)^{\frac{3}{2}} = I$，则

$$\bar{\varepsilon} = I \int_0^\infty \varepsilon^{3/2} e^{-\frac{\varepsilon}{kT}} d\varepsilon = I \int_0^\infty (-kT) \varepsilon^{3/2} de^{-\frac{\varepsilon}{kT}} = -IkT \left(\varepsilon^{3/2} e^{-\frac{\varepsilon}{kT}} \bigg|_0^\infty - \int_0^\infty e^{-\frac{\varepsilon}{kT}} d\varepsilon^{3/2} \right)$$

$$= IkT \int_0^\infty e^{-\frac{\varepsilon}{kT}} \cdot \frac{3}{2} \varepsilon^{1/2} d\varepsilon = IkT \cdot \frac{3}{2} \int_0^\infty (-kT) \varepsilon^{1/2} de^{-\frac{\varepsilon}{kT}}$$

$$= -I(kT)^2 \cdot \frac{3}{2} \left(\varepsilon^{1/2} e^{-\frac{\varepsilon}{kT}} \bigg|_0^\infty - \int_0^\infty e^{-\frac{\varepsilon}{kT}} d\varepsilon^{1/2} \right)$$

$$= I(kT)^2 \cdot \frac{3}{2} \cdot \frac{1}{2} \int_0^\infty e^{-\frac{\varepsilon}{kT}} \cdot \varepsilon^{-1/2} d\varepsilon = I(kT)^2 \cdot \frac{3}{4} \cdot \sqrt{\pi kT}$$

$$= 4\sqrt{2}\pi \left(\frac{1}{2\pi kT}\right)^{\frac{3}{2}} (kT)^2 \cdot \frac{3}{4} \cdot \sqrt{\pi kT} = \frac{3}{2} kT$$

第 4 章 热力学基础

4.1 下述说法是否正确
（1）理想气体吸收热量时，温度必然升高，而放出热量时，温度一定降低。
（2）只要过程的初、末状态相同，无论经历什么样的准静态过程，一定有 $Q-W$ 保持不变。

解：（1）不正确；（2）正确。

4.2 理想气体由平衡态 A 出发，经历某热力学过程到达另一平衡态 B，若经历的分别是：准静态过程 I 和非准静态过程 II。则二过程中气体所做的功、吸收的热量和内能变化是否均

相同?

解：因做功与吸热均与过程有关，所以气体所做的功不一定相同，吸收的热量不一定相同；而内能是状态量，只要状态确定，内能就完全确定，所以内能变化相同。

4.3 下述为热力学第一定律的两种表述：
$$Q = \Delta E + W$$
及
$$\int \frac{m}{M} C_m dT = \frac{m}{M} C_{V,m}(T_2 - T_1) + \int p dV$$

二者的适用条件有何不同？

解：前者适用于任意过程，后者仅适用于准静态过程。

4.4 一定量的理想气体由平衡态 A 出发，经历三个不同的准静态过程到达另一个平衡态 B，如图所示。若要求过程中气体做功：(1) 为正；(2) 为负；(3) 为零。在图上画出三个相应的过程曲线。

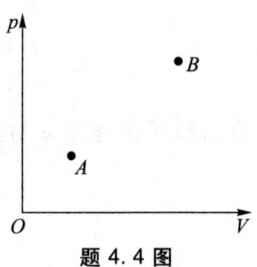

题 4.4 图

解：

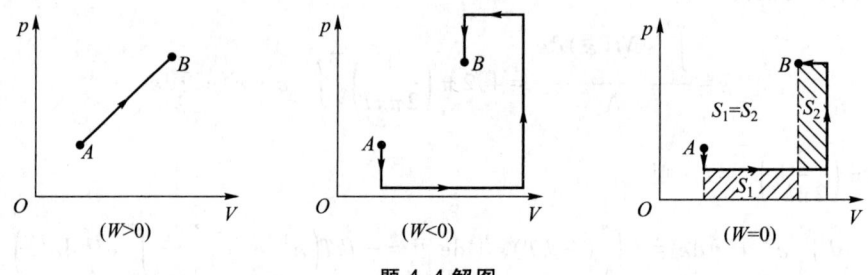

题 4.4 解图

4.5 一定量的理想气体由平衡态 $A(p_1, V_1, T)$ 经过一准静态过程达到另一平衡态 $B(p_2, V_2, T)$，能说该热力学过程是等温过程吗？请举例说明。

解：不能。图示的热力学过程尽管始末态温度相同，但不是等温过程。

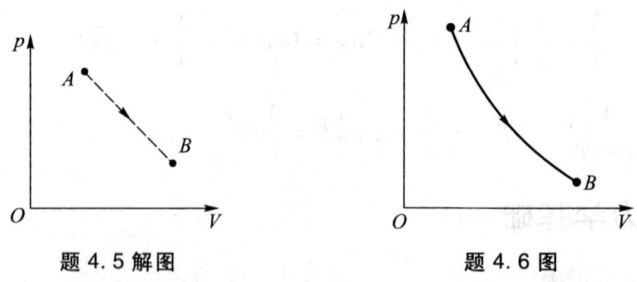

题 4.5 解图　　　　题 4.6 图

4.6 如图所示为一理想气体的准静态过程曲线，从图中可断定系统做功大于零、吸收热量及内能增加，这种论断有无错误？

解：错误。只能断定系统做功大于零。

4.7 一定量的理想气体经历如图所示的三个不同过程，哪一个是吸热过程？哪一个是放热过程？其中 1→2 为绝热线。

解:因 1→2 为绝热线,所以对 1→2 过程有
$$Q_{1\to 2} = \Delta E + W_{1\to 2} = 0$$

在 1'→2 过程和 1″→2 过程外界均对系统做正功,即 $W_{1'\to 2}$ 和 $W_{1''\to 2}$ 均为负值,但在 1'→2 过程中外界对系统做功更多,所以 $W_{1'\to 2} < W_{1\to 2}$,而两过程中内能变化相等,所以 $Q_{1'\to 2} = \Delta E + W_{1'\to 2} < 0$,即 1'→2 为放热过程。

相似的分析得出,1″→2 为吸热过程。

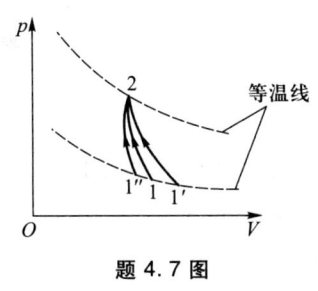

题 4.7 图

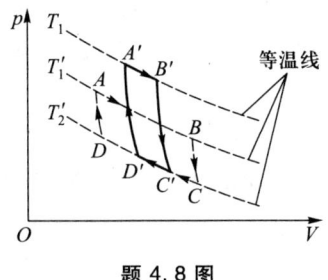

题 4.8 图

4.8 如图所示,一定量的某理想气体所做的两个卡诺循环在不同的高温线上,但循环曲线 ABCDA 和 A'B'C'D'A' 所围面积相同,则两循环中,系统对外所做净功是否相同?效率是否相同?吸收热量和放出热量是否相同?

解:系统在循环过程中所做的净功等于循环曲线所包围的面积值,因此两循环过程中,系统对外所做净功相同。

卡诺循环效率为 $\eta = 1 - \dfrac{T_2}{T_1}$,与两热源温度有关,因此两循环效率不同。

由循环效率的定义 $\eta = \dfrac{W}{Q_1}$,在两循环过程中系统对外所做净功 W 相同,但二者效率不等,所以过程中吸收的热量不相等。

由循环过程中的能量转化关系知,两循环过程放出热量不相同。

4.9 两条绝热线和一条等温线能否构成一个循环过程?为什么?

解:不能。违背热力学第二定律。

4.10 下列叙述是否正确:
(1) 不可逆过程是不能实现的过程;
(2) 热量不能全部转化为功;
(3) 内能和熵是两个态函数;
(4) 经过一个热力学过程,若内能不变,则熵也不变。

解:(1) 不正确;(2) 不正确;(3) 正确;(4) 不正确。

4.11 一热力学系统由初态 a 出发沿如图所示 acb 过程到达末态 b,吸收热量 330 J,对外做功 126 J。
(1) 若它沿 adb 过程到达状态 b,对外做功 42 J,系统吸收多少热量?

（2）当系统由状态 b 沿曲线 ba 返回状态 a，外界对系统做功为 84 J，此时系统是吸热还是放热？传递的热量是多少？

（3）若 $E_d - E_a = 170$ J，试求沿 ad 和 db 过程各吸收多少热量？

解：（1）根据热力学第一定律 $Q_{acb} = \Delta E_{ab} + W_{acb}$，则有
$$330 \text{ J} = \Delta E_{ab} + 126 \text{ J}$$
所以
$$\Delta E_{ab} = 204 \text{ J}$$
而
$$Q_{adb} = \Delta E_{ab} + W_{adb} = 204 \text{ J} + 42 \text{ J} = 246 \text{ J}$$

（2）$Q_{ba} = \Delta E_{ba} + W_{ba} = -\Delta E_{ab} + W_{ba} = -204 \text{ J} + (-84) \text{ J} = -288 \text{ J}$，负号表示系统放热。

题 4.11 图

（3）因 $W_{adb} = W_{ad}$，故
$$Q_{ad} = W_{ad} + (E_d - E_a) = W_{adb} + (E_d - E_a) = 42 \text{ J} + 170 \text{ J} = 212 \text{ J}$$
$$\Delta E_{db} = \Delta E_{ab} - \Delta E_{ad} = 204 \text{ J} - 170 \text{ J} = 34 \text{ J}$$
$$Q_{db} = \Delta E_{db} = 34 \text{ J}$$

4.12 如图所示，氧气从状态 a 沿 ab 过程到达状态 b，求该过程中氧气对外做的功、内能增量和吸收的热量。

解： 内能变化为
$$\Delta E = 0 \quad （因为 p_a V_a = p_b V_b，所以 T_a = T_b）$$
热量和功为
$$Q = W = \frac{1}{2}(2+4)(4-2) \times 1.013 \times 10^5 \times 10^{-3} \text{ J} = 608 \text{ J}$$

4.13 一气缸内盛有 1 mol 温度为 27 ℃，压强为 1 atm 的氮气（视为刚性双原子分子理想气体），先使其等压膨胀到原来体积的 2 倍，再等体升压使其压强变为 2 atm，最后使其等温膨胀到压强为 1 atm。求氮气在全过程中对外做的功、内能的变化及吸收的热量。（注：1 atm = 101 325 Pa，现已不推荐使用。）

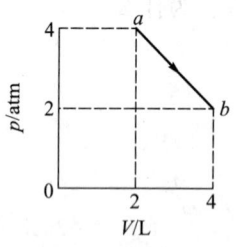

题 4.12 图

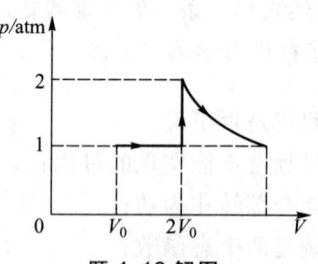

题 4.13 解图

解： 由题意知气体状态变化过程（如图所示）为

初态 $(p_0, V_0, T_0) \xrightarrow{（等压）} (p_0, 2V_0, 2T_0) \xrightarrow{（等体）}$
$(2p_0, 2V_0, 4T_0) \xrightarrow{（等温）} (p_0, 4V_0, 4T_0)$ 末态

（1）对外做功包括等压过程（W_p）和等温过程（W_T）：

$$W_p = p_0(2V_0 - V_0) = p_0V_0 = RT_0$$

$$W_T = R4T_0 \ln \frac{2p_0}{p_0} = 4RT_0 \ln 2$$

所以
$$W = W_p + W_T = RT_0 + 4RT_0 \ln 2 = 0.94 \times 10^4 \text{ J}$$

(2) $$\Delta E = \frac{5}{2}R(4T_0 - T_0) = \frac{15}{2}RT_0 = 1.87 \times 10^4 \text{ J}$$

(3) $$Q = \Delta E + W = 2.81 \times 10^4 \text{ J}$$

4.14 如图所示，1 mol 氧气，(1) 由状态 A 经历一等温过程变到状态 B；(2) 由状态 A 先经一等体过程变到状态 C，再经一等压过程变到状态 B；(3) 由状态 A 先经一等压过程变到状态 D，再经一等体过程变到状态 B。试分别计算以上三种情况下氧气的内能增量、所做的功及吸收的热量。

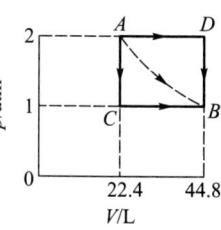

题 4.14 图

解：(1) 在等温过程中，内能的变化为
$$\Delta E = 0$$
$$Q_1 = W_1 = RT_B \ln \frac{V_B}{V_A} = p_B V_B \ln \frac{V_B}{V_A}$$
$$= 1 \times 1.013 \times 10^5 \times 44.8 \times 10^{-3} \ln \frac{44.8}{22.4} \text{ J} = 3\ 145 \text{ J}$$

(2) 在 $A \to C \to B$ 过程中，内能的变化为
$$\Delta E = 0$$
$$Q_2 = W_2 = p_B(V_B - V_C) = 1 \times 1.013 \times 10^5 \times (44.8 - 22.4) \times 10^{-3} \text{ J} = 2\ 269 \text{ J}$$

(3) 在 $A \to D \to B$ 过程中，内能变化为 $\Delta E = 0$，因 $p_A V_A = p_B V_B$，故 $p_A = \frac{p_B V_B}{V_A}$，因而得
$$Q_3 = W_3 = p_A(V_D - V_A) = \frac{p_B V_B}{V_A}(V_D - V_A)$$
$$= \frac{1 \times 1.013 \times 10^5 \times 44.8}{22.4}(44.8 - 22.4) \times 10^{-3} \text{ J} = 4\ 538 \text{ J}$$

4.15 质量为 6.4×10^{-2} kg 的氧气，温度 $t_1 = 27$ ℃，体积 $V_1 = 3$ L，试计算下列两种情况下气体所做的功，并解释两种情况下做功不同的原因。

(1) 气体经绝热膨胀，体积变为 $V_2 = 15$ L；

(2) 气体经等温膨胀，体积变为 $V_2 = 15$ L，然后再经等体冷却，直到温度等于绝热膨胀最后所达到的温度为止。

解：设气体质量为 m'，摩尔质量为 M。

(1) 绝热过程

由 $p_1 V_1 = \frac{m'}{M} RT_1$ 得

$$p_1 = \frac{m'}{M} \frac{RT_1}{V_1}$$

又由 $p_1 V_1^\gamma = p_2 V_2^\gamma$ 得

$$p_2 = p_1 \left(\frac{V_1}{V_2}\right)^\gamma$$

因此做的功为

$$W_1 = \frac{p_1 V_1 - p_2 V_2}{\gamma - 1} = \frac{p_1 V_1 - p_1 \left(\frac{V_1}{V_2}\right)^\gamma V_2}{\gamma - 1} = \frac{p_1 V_1 \left[1 - (V_1/V_2)^{\gamma-1}\right]}{\gamma - 1}$$

$$= \frac{\frac{m'}{M} RT_1 \left[1 - \left(\frac{V_1}{V_2}\right)^{\gamma-1}\right]}{\gamma - 1} = \frac{6.4 \times 10^{-2}}{32 \times 10^{-3}} \times 8.314 \times (27 + 273) \times \frac{1 - \left(\frac{3}{15}\right)^{0.4}}{1.4 - 1} \text{ J}$$

$$= 5.92 \times 10^3 \text{ J}$$

（2）等温过程

$$W_2 = \frac{m'}{M} RT_1 \ln \frac{V_2}{V_1} = \frac{6.4 \times 10^{-2}}{32 \times 10^{-3}} \times 8.314 \times (27 + 273) \times \ln \frac{15}{3} \text{ J} = 8.03 \times 10^3 \text{ J}$$

原因：（略）。

4.16 气缸中一定量的氦气，经过绝热压缩，体积变为原来的一半，问气体分子的平均速率变为原来的几倍？

解：由 $V_0^{\gamma-1} T_0 = V^{\gamma-1} T$，得

$$T = \left(\frac{V_0}{V_1}\right)^{\gamma-1} T_0 = 2^{\gamma-1} T_0$$

而

$$\bar{v} = \sqrt{\frac{8RT}{\pi M}} = 2^{\frac{\gamma-1}{2}} \sqrt{\frac{8RT_0}{\pi M}} = 2^{\frac{1}{3}} \bar{v}_0$$

所以平均速率变为原来的 $2^{\frac{1}{3}}$ 倍。

4.17 一定量的理想气体，其压强和体积依照 $V = ap^{-1/2}$ 的规律变化，其中 a 为已知常量。试求：

（1）气体从体积 V_1 膨胀到 V_2 所做的功；

（2）体积为 V_1 时的温度 T_1 与体积为 V_2 时的温度 T_2 之比。

解：（1）由所给体积压强关系得 $p = a^2/V^2$，所以做功为

$$W = \int_{V_1}^{V_2} p \, dV = \int_{V_1}^{V_2} \frac{a^2}{V^2} dV = a^2 \left(\frac{1}{V_1} - \frac{1}{V_2}\right)$$

（2）由 $\dfrac{p_1 V_1}{T_1} = \dfrac{p_2 V_2}{T_2}$，得

$$\frac{T_1}{T_2} = \frac{p_1 V_1}{p_2 V_2} = \frac{V_2}{V_1}$$

4.18 一个可以自由滑动的、不漏气的绝热活塞把绝热容器分成两部分Ⅰ和Ⅱ，Ⅰ、Ⅱ中各装有物质的量为 ν 的同种刚性分子理想气体（分子的自由度为 i）。开始时，Ⅰ、Ⅱ中气体的体积相等，温度均为 T_0。今用外力作用在活塞上，使其缓慢地将Ⅰ中气体的体积压缩为原来的一半，求外力做的功。

解法 1：把Ⅰ、Ⅱ中的气体作为一个热力学系统，该系统所进行的过程是绝热过程，因此 $Q=0$。根据热力学第一定律有 $\Delta E+W=0$，外界对系统做的功与系统内能改变量相等，该系统内能改变量包括两部分，即Ⅰ中气体内能的改变量 $\Delta E_{\text{Ⅰ}}$ 和Ⅱ中气体内能的改变量 $\Delta E_{\text{Ⅱ}}$，它们分别为

$$\Delta E_{\text{Ⅰ}}=\nu C_{V,m}(T_{\text{Ⅰ}}-T_0) \quad \text{和} \quad \Delta E_{\text{Ⅱ}}=\nu C_{V,m}(T_{\text{Ⅱ}}-T_0)$$

式中，ν 为系统的物质的量，$C_{V,m}=\dfrac{i}{2}R$ 为该气体的摩尔定容热容，$T_{\text{Ⅰ}}$ 和 $T_{\text{Ⅱ}}$ 分别为Ⅰ、Ⅱ中气体的末态温度。设二者初态体积为 V_0，则末态体积分别为 $\dfrac{V_0}{2}$ 和 $\dfrac{3}{2}V_0$。活塞运动较为缓慢，可认为Ⅰ、Ⅱ中的气体经历的是准静态过程，由理想气体准静态绝热过程方程，对Ⅰ、Ⅱ中气体分别有

$$V_0^{\gamma-1}T_0=\left(\frac{V_0}{2}\right)^{\gamma-1}T_{\text{Ⅰ}} \quad \text{和} \quad V_0^{\gamma-1}T_0=\left(\frac{3}{2}V_0\right)^{\gamma-1}T_{\text{Ⅱ}}$$

所以有
$$T_{\text{Ⅰ}}=2^{\gamma-1}T_0, \quad T_{\text{Ⅱ}}=\left(\frac{2}{3}\right)^{\gamma-1}T_0$$

而
$$\gamma=\frac{C_{p,m}}{C_{V,m}}=\frac{i+2}{i}$$

所以，过程前后系统内能改变量为

$$\Delta E=\Delta E_{\text{Ⅰ}}+\Delta E_{\text{Ⅱ}}=\nu C_{V,m}(T_{\text{Ⅰ}}+T_{\text{Ⅱ}}-2T_0)$$
$$=\frac{i}{2}\nu R T_0\left[2^{\frac{2}{i}}+\left(\frac{2}{3}\right)^{\frac{2}{i}}-2\right]$$

所以，外力做的功为

$$W=\frac{i}{2}\nu R T_0\left[2^{\frac{2}{i}}+\left(\frac{2}{3}\right)^{\frac{2}{i}}-2\right]$$

解法 2：活塞运动较为缓慢，可认为Ⅰ、Ⅱ中的气体经历的是准静态过程，在准静态绝热过程中，气体做功为 $W=\dfrac{p_1V_1-p_2V_2}{\gamma-1}$，所以Ⅰ、Ⅱ中气体做的功分别为

$$W_{\text{Ⅰ}}=\frac{p_0V_0-p_{\text{Ⅰ}}V_{\text{Ⅰ}}}{\gamma-1}=\frac{\nu R(T_0-T_{\text{Ⅰ}})}{\gamma-1} \quad \text{和} \quad W_{\text{Ⅱ}}=\frac{p_0V_0-p_{\text{Ⅱ}}V_{\text{Ⅱ}}}{\gamma-1}=\frac{\nu R(T_0-T_{\text{Ⅱ}})}{\gamma-1}$$

式中，p_0 为气体初始的压强，$p_{\text{Ⅰ}}$ 和 $p_{\text{Ⅱ}}$ 分别为Ⅰ、Ⅱ中气体末态的压强。将解法 1 中所得的 $T_{\text{Ⅰ}}$ 和 $T_{\text{Ⅱ}}$ 分别代入上述关系式，经整理最终得外力做的功为

$$W=W_{\text{Ⅰ}}+W_{\text{Ⅱ}}=\frac{i}{2}\nu R T_0\left[2^{\frac{2}{i}}+\left(\frac{2}{3}\right)^{\frac{2}{i}}-2\right]$$

4.19 1 mol 理想气体在 $T_1 = 400$ K 的高温热源与 $T_2 = 300$ K 的低温热源间做卡诺循环。已知在 400 K 的等温线上起始体积 $V_1 = 0.001$ m^3，终止体积 $V_2 = 0.005$ m^3，试求此气体在每一循环中：

(1) 从高温热源吸收的热量 Q_1；

(2) 气体做的净功；

(3) 气体传给低温热源的热量 $|Q_2|$。

解：(1)
$$Q_1 = 1 \text{ mol} \cdot RT_1 \ln \frac{V_2}{V_1} = 5.35 \times 10^3 \text{ J}$$

(2)
$$\eta = 1 - \frac{T_2}{T_1} = \frac{W_{净}}{Q_1}, \quad W_{净} = \frac{T_1 - T_2}{T_1} Q_1 = 1.34 \times 10^3 \text{ J}$$

(3)
$$|Q_2| = Q_1 - W_{净} = 4.01 \times 10^3 \text{ J}$$

4.20 一空气系统进行下述的循环：开始时压强是 1 atm，体积为 22.4 L；保持体积不变，加热使压强增加到 2 atm；然后等压膨胀使体积变到 33.6 L，再等体冷却到压强为 1 atm；最后经等压压缩，使气体返回到初始状态。

(1) 在 p-V 图上表示出该循环过程；

(2) 求循环效率。（注：1 atm = 101 325 Pa，现已不推荐使用。）

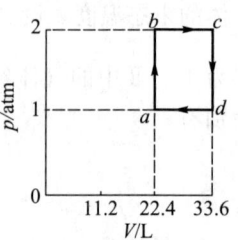

题 4.20 解图

解：(1) 循环过程曲线如图所示。

(2)
$$\eta = \frac{W_{净}}{Q_{吸}} = \frac{W_{净}}{Q_{ab} + Q_{bc}}$$

$$= \frac{W_{净}}{\frac{m}{M}C_{V,m}(T_b - T_a) + \frac{m}{M}C_{p,m}(T_c - T_b)}$$

$$= \frac{(p_b - p_a)(V_d - V_a)}{\frac{5}{2}(p_b V_b - p_a V_a) + \frac{7}{2}(p_c V_c - p_b V_b)}$$

$$= \frac{(2-1) \times (33.6 - 22.4) \times 1.013 \times 10^5 \times 10^{-3}}{\left[\frac{5}{2} \times (2 \times 22.4 - 1 \times 22.4) + \frac{7}{2} \times (2 \times 33.6 - 2 \times 22.4)\right] \times 1.013 \times 10^5 \times 10^{-3}}$$

$$= 8.3\%$$

4.21 1 mol 氧气，经历如图所示的循环，其中 $a \to b$ 为等体过程，$b \to c$ 为等温过程，$c \to a$ 为等压过程。求循环过程中：

(1) 净功；

(2) 吸收的热量；

(3) 循环效率。

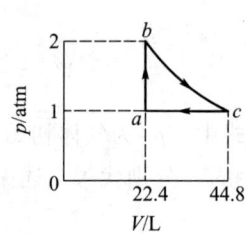

题 4.21 图

解：(1) 净功为

$$W = W_{bc} + W_{ca} = p_c V_c \ln \frac{V_c}{V_b} + p_c(V_a - V_c)$$

$$= \left[1 \times 44.8 \times 1.013 \times 10^5 \times 10^{-3} \times \ln \frac{44.8}{22.4} + 1.013 \times 10^5 \times (22.4 - 44.8) \times 10^{-3}\right] \text{J}$$

$$= 876 \text{ J}$$

（2）吸收的热量为

$$Q = Q_{ab} + Q_{bc} = 1 \text{ mol} \cdot C_{V,m}(T_b - T_a) + p_c V_c \ln \frac{V_c}{V_b}$$

$$= \frac{5}{2}(p_b V_b - p_a V_a) + p_c V_c \ln \frac{V_c}{V_b} = \frac{5}{2}(p_c V_c - p_a V_a) + p_c V_c \ln \frac{V_c}{V_b} = 8.82 \times 10^3 \text{ J}$$

（3）循环效率为

$$\eta = \frac{W}{Q} = 9.9\%$$

4.22 某种理想气体经历如图所示的循环过程，其中 $a \to b$ 和 $c \to d$ 为绝热过程，$b \to c$ 为等体过程，$d \to a$ 为等压过程，证明该循环的效率 $\eta = 1 - \gamma \dfrac{T_d - T_a}{T_c - T_b}$，其中 $\gamma = \dfrac{C_{p,m}}{C_{V,m}}$。

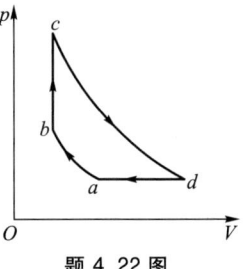

题 4.22 图

证明： 设气体的质量为 m'，摩尔质量为 M。

$$\eta = 1 - \frac{|Q_{放}|}{Q_{吸}} = 1 - \frac{|Q_{da}|}{Q_{bc}} = 1 - \frac{\dfrac{m'}{M} C_{p,m}(T_d - T_a)}{\dfrac{m'}{M} C_{V,m}(T_c - T_b)}$$

$$= 1 - \frac{C_{p,m}}{C_{V,m}} \frac{T_d - T_a}{T_c - T_b} = 1 - \gamma \frac{T_d - T_a}{T_c - T_b}$$

4.23 一卡诺制冷机工作时，低温热源温度为 263 K，高温热源温度为 284 K，在一次循环中，外界对系统做功 1 000 J，此时，制冷机从低温热源吸收多少热量？

解： 由制冷机制冷系数的定义及卡诺制冷机特点得

$$\frac{Q_2}{W} = \frac{T_2}{T_1 - T_2}$$

解得 $Q_2 = 1.25 \times 10^4 \text{ J}$

4.24 理想气体做卡诺循环，高温热源温度为 400 K，低温热源温度为 300 K，每次循环中，气体从高温热源吸收热量 2 500 J。求：

（1）每一次循环中气体对外做的功；

（2）每一次循环中向低温热源放出的热量。

解：（1）由热机及卡诺热机效率的表达式得

$$\eta = 1 - \frac{T_2}{T_1} = \frac{W}{Q_1}$$

有
$$1-\frac{300}{400}=\frac{W}{2\,500\text{ J}}$$

解得
$$W = 625 \text{ J}$$

（2）
$$Q_2 = Q_1 - W = 2\,500 \text{ J} - 625 \text{ J} = 1\,875 \text{ J}$$

4.25 一卡诺热机的低温热源温度为 7 ℃，效率为 40%，在保持低温热源温度不变的情况下，如果使效率提高到 50%，那么高温热源的温度要提高多少？

解：设温度提高前后高温热源的温度分别为 T'_1 和 T''_1，则有

$$1-\frac{T_2}{T'_1}=40\%, \quad 1-\frac{T_2}{T''_1}=50\%$$

解得

$$\Delta T = T''_1 - T'_1 = 93 \text{ K}$$

第三篇 电 磁 学

一、学习指导

电磁学问题 1 真空中的静电场
库仑定律和电场：
    库仑定律是实验定律，用来阐述电荷之间的相互作用力及影响这个力的因素。库仑定律指出：两个点电荷之间的作用力 F 的大小，是与两个点电荷的电荷量的乘积 q_0Q 成正比的；是与两个点电荷之间的距离 r^2 成反比的，即

$$F \propto \frac{q_0 Q}{r^2}$$

在国际单位制下，比例系数 $k = 1/(4\pi\varepsilon_0)$，知道了比例系数 k，就能得到库仑定律数学表达式：

$$F = \frac{q_0 Q}{4\pi\varepsilon_0 r^2} e_r \tag{3.1}$$

此式给出了真空中两个点电荷之间相互作用力的大小和方向。
    电场的性质用电场强度和电势进行描述。关于电场强度，有以下定义和性质：

$$E = \frac{F}{q_0}$$

对于点电荷 Q 所产生的电场强度有

$$E = \frac{Q e_r}{4\pi\varepsilon_0 r^2} \tag{3.2}$$

规定电场强度是作用在单位正电荷上的力。电场强度像力一样符合矢量的**叠加原理**。
典型电荷分布的电场：
    在本节中，最重要的一个方法是**电场强度的叠加原理**。利用这个原理，原则上可以求出任何点电荷构成的系统（特别是偶极子和等量同号电荷系统）及电荷连续分布的物体在空间某点处产生的场强，如一段带电直线在中垂面上和延长线上、带电圆弧在圆弧中心处及带电圆周在轴线上的电场（具体形式见问题2）。还可进一步得到无限长带电直线和无限大带电平板在空间某点产生的电场。

无限长均匀带电直线在附近一点产生的场强的大小：

$$E = \frac{\lambda}{2\pi\varepsilon_0 r}$$

式中，λ 是带电直线的电荷线密度，r 为场点与带电直线的距离。

无穷大带电平板在附近产生的场强的大小：

$$E = \frac{\sigma}{2\varepsilon_0}$$

式中，σ 为带电板的电荷面密度。

高斯定理和环路定理：

分析一个矢量场的性质，需要研究该场的通量与该场的环路定理。电场强度是一种矢量场，研究电场强度通量问题的相应定理称为高斯定理；研究电场环路定理，称为静电场的环路定理。

高斯定理：

$$\oint_S \boldsymbol{E} \cdot \mathrm{d}\boldsymbol{S} = \frac{Q}{\varepsilon_0}$$

环路定理：

$$\oint_L \boldsymbol{E} \cdot \mathrm{d}\boldsymbol{l} = 0 \tag{3.3}$$

高斯定理中电场强度与面积元的点积是电场强度通量，即 $\mathrm{d}\Phi_e = \boldsymbol{E} \cdot \mathrm{d}\boldsymbol{S}$。电场强度通量也可以形象地理解为穿过某个曲面电场线的条数。

电场强度对一个闭合面的积分为零，即电场强度通量为零，有以下几种可能：

（1）高斯面内外都没有电荷，空间的电场是零；

（2）高斯面内无电荷，高斯面外有电荷，空间各点处场强不一定为零，高斯面处的场强也可以不为零，此时仅仅是电场强度通量为零；

（3）高斯面内有电荷，只是电荷的代数和是零，如高斯面内可以有偶极子，或者包围了电容器的两个极板等。

高斯定理表明，静电场是有源场，即静电场都是由电荷或带电体激发出来的；环路定理表明静电场是无旋场，是保守场。因此静电场是有源无旋场。

电势与电场的关系：

对于保守力，可以引入势能；对于保守场可以引入势。对于静电场，可以引入电势：

$$V_a = V_b + \int_a^b \boldsymbol{E} \cdot \mathrm{d}\boldsymbol{l} \tag{3.4}$$

式中，V_a、V_b 分布代表空间 a 和 b 两点的电势。P 点的电势 V_P 与 P 点电势能 W_P 的关系是 $V_P = W_P/q_0$。需要注意的是：**电场强度和电势描述的是电场本身的性质，而静电力和电势能描述的是外部电荷与电场的相互作用。**

电磁学问题 2 利用叠加原理计算连续分布电荷的电场（包括无限大平板、无限长圆柱和球面）

利用叠加原理计算连续电荷分布的电场，要用积分计算。用到积分时，一般要分三步进行：

第一步，首先要搞清楚研究的对象，设置适当的坐标系。

第二步，选择合适的积分微元，也就是电荷元。对于线电荷分布，选择线元作为电荷元即积分微元，写出电荷元在场点处的电场强度或者电势；对于面电荷分布或者体电荷分布，积分微元的选择会更加依赖经验一些。

第三步，对于求场强，要考虑其矢量性，要将电荷元在场点处的场强在各个坐标轴上取分量；对于求电势，由于是标量叠加，就无须考虑方向了。

对于电场的叠加，要对所有积分微元即电荷元在各个坐标轴上的分量电场逐一叠加；对于电势叠加，直接将所有积分微元相加即可。由于相加是连续的，所以实际上是利用积分求出总电场或者电势。

对于线电荷分布，能够用积分求出精确解析形式的有三种类型：① 一段带电直线的电场；② 一段带电圆弧在圆弧中心处的电场；③ 带电圆环在轴线上一点的电场。这三种情况的电场强度如下：

一段带电直线的电场：

$$E_r = \frac{\lambda}{4\pi\varepsilon_0 r}(\cos\theta_1 - \cos\theta_2), \quad E_z = \frac{\lambda}{4\pi\varepsilon_0 r}(\sin\theta_1 - \sin\theta_2)$$

式中，r 表示场点与直线的距离，E_r 表示垂直带电直线方向的场强，E_z 表示平行带电直线方向的场强。

一段带电圆弧在圆弧圆心处的电场大小为

$$E = \frac{q}{2\pi\varepsilon_0 \alpha R^2}\sin\frac{\alpha}{2}$$

式中，α 表示圆心角，R 表示圆弧的半径。

带电圆环在轴线上一点的电场为

$$E_x = \frac{qx}{4\pi\varepsilon_0(x^2+R^2)^{3/2}}$$

式中，x 表示圆环轴线上某点的位置，E_x 表示沿着轴线方向的电场强度。

各量都是标准形式，不再重新解释。带电直线和圆环的情况在教科书中会有详细讨论，这里不再详细列出推导过程。下面给出带电圆弧在圆心处电场的计算过程。然后，利用这些结果对于更复杂的情况进行讨论，主要是对高斯定理能够求解的系统利用叠加原理进行精确计算。

[例题 3.1] 一段带电圆弧在圆心处的电场。设圆弧的半径、圆心角和电荷线密度分别为 R、α、λ。计算连续分布电荷的电场，一般要分三步进行。

第一步，弄清楚算研究的问题，设置合适的坐标系。由于是二维问题，所以选择平面直角坐标系，并选 y 轴为对称轴，如图 3.1 所示。在 y 轴上角度 θ 是零，左边大于零，右边小于零，从最右边的 $(-\alpha/2)$ 变到最左边的 $\alpha/2$。

第二步，选择电荷元，并且写出电荷元的电场强度大小以及分量。电荷元是圆弧上的一个线元，弧长可以用角度表示 $ds = Rd\theta$，所带的电荷量是 $dq = \lambda ds = \lambda R d\theta$，在圆心处产生的电场，场强的大小为

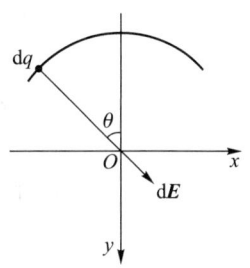

图 3.1 例题 3.1 图

$$dE = \frac{dq}{4\pi\varepsilon_0 R^2} = \frac{\lambda R d\theta}{4\pi\varepsilon_0 R^2} = \frac{\lambda d\theta}{4\pi\varepsilon_0 R} \tag{3.5}$$

方向如图所示，x 和 y 两个方向的分量是

$$dE_x = dE\sin\theta = \frac{\lambda d\theta}{4\pi\varepsilon_0 R}\sin\theta$$

$$dE_y = dE\cos\theta = \frac{\lambda d\theta}{4\pi\varepsilon_0 R}\cos\theta \tag{3.6}$$

第三步，根据给出的电荷分布，这里是电荷线密度，通过积分算出总电场。如果电荷线密度是常量，即电荷在弧线上均匀分布，有

$$E_x = \int_{-\alpha/2}^{\alpha/2} \frac{\lambda d\theta}{4\pi\varepsilon_0 R}\sin\theta = 0$$

$$E_y = \int_{-\alpha/2}^{\alpha/2} \frac{\lambda d\theta}{4\pi\varepsilon_0 R}\cos\theta = \frac{\lambda}{2\pi\varepsilon_0 R}\sin\frac{\alpha}{2} \tag{3.7}$$

电场强度的矢量形式 $\boldsymbol{E} = E_y\boldsymbol{j}$。无论问题复杂还是简单，都可以按照以上过程进行。

[例题 3.2] 半径为 R_0 带电圆盘电场。求解问题也分三步进行：

第一步，设置合适的坐标系，如图 3.2 所示。

第二步，选择电荷元，并写出相应的电场。电荷元应该选择为圆盘的一个环形部分，半径从 R 到 $R+dR$，该环形区域所携带的电荷量为

$$dq = 2\sigma\pi R dR \tag{3.8}$$

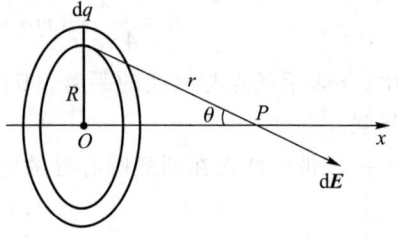

图 3.2 例题 3.2 图

利用带电圆环的电场，写出该环形电荷在 P 点产生的电场：

$$dE_x = \frac{x dq}{4\pi\varepsilon_0(x^2+R^2)^{3/2}} = \frac{2x\sigma\pi R dR}{4\pi\varepsilon_0(x^2+R^2)^{3/2}}$$

$$= \frac{x\sigma R dR}{2\varepsilon_0(x^2+R^2)^{3/2}} \tag{3.9}$$

第三步，根据给定的电荷密度积分求出总电场。如果电荷分布是均匀的，则总电场强度为

$$E_x = \int_0^{R_0} \frac{x\sigma R dR}{2\varepsilon_0(x^2+R^2)^{3/2}} = \frac{\sigma}{2\varepsilon_0} - \frac{x\sigma}{2\varepsilon_0\sqrt{x^2+R_0^2}} \tag{3.10}$$

电场强度的矢量形式是 $\boldsymbol{E} = E_x\boldsymbol{i}$。

如果 $R_0 \to \infty$，那么电场式（3.10）成为 $E_x = \sigma/(2\varepsilon_0)$。这是无限大均匀带电平板的电场，也可以利用高斯定理求出。

[例题 3.3] 带电圆筒在空间一点的电场。解题也分三个步骤：

第一步，设置合理的坐标系。如图 3.3 所示是圆筒的某横截面，圆筒在垂直于纸面的方向上下无限延伸。

第二步，选择合适的电荷元。设圆筒的电荷面密度是

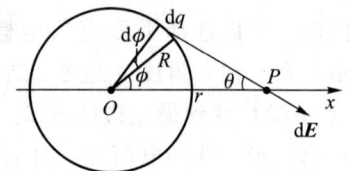

图 3.3 例题 3.3 图

σ，将圆筒表面看成是无限多条直线电荷的组合。与方位角 $\mathrm{d}\phi$ 对应的一条沿筒壁无限长直线单位长度上所对应的电荷元为 $\sigma R\mathrm{d}\phi$。该条无限长直线电荷在 P 点产生的电场强度大小为

$$\mathrm{d}E = \frac{\sigma R\mathrm{d}\phi}{2\pi\varepsilon_0\sqrt{R^2+r^2-2rR\cos\phi}} \tag{3.11}$$

方向如图所示。场强沿径向方向的分量为

$$\begin{aligned}\mathrm{d}E_r &= \frac{\sigma R\mathrm{d}\phi}{2\pi\varepsilon_0\sqrt{R^2+r^2-2rR\cos\phi}}\cos\theta \\ &= \frac{\sigma R\mathrm{d}\phi}{2\pi\varepsilon_0\sqrt{R^2+r^2-2rR\cos\phi}}\frac{r-R\cos\phi}{\sqrt{R^2+r^2-2rR\cos\phi}} \\ &= \frac{\sigma R}{2\pi\varepsilon_0}\frac{(r-R\cos\phi)\mathrm{d}\phi}{R^2+r^2-2rR\cos\phi}\end{aligned} \tag{3.12}$$

第三步，求和或者积分算出总电场。对上式积分，得到总电场强度为

$$\begin{aligned}E_r &= \frac{\sigma R}{2\pi\varepsilon_0}\int_0^{2\pi}\frac{(r-R\cos\phi)\mathrm{d}\phi}{R^2+r^2-2rR\cos\phi} \\ &= 2\frac{\sigma R}{2\pi\varepsilon_0}\int_0^{\pi}\frac{(r-R\cos\phi)\mathrm{d}\phi}{R^2+r^2-2rR\cos\phi}\end{aligned} \tag{3.13}$$

对方位角的积分部分作如下处理：

$$\begin{aligned}\int_0^{\pi}\frac{(r-R\cos\phi)\mathrm{d}\phi}{R^2+r^2-2rR\cos\phi} &= \int_0^{\pi}\left[\frac{\mathrm{d}\phi}{2r}+\frac{(r^2-R^2)\mathrm{d}\phi}{2r(R^2+r^2-2rR\cos\phi)}\right] \\ &= \frac{\pi}{2r}+\frac{r^2-R^2}{2r}\int_0^{\pi}\frac{\mathrm{d}\phi}{R^2+r^2-2rR\cos\phi}\end{aligned} \tag{3.14}$$

利用积分公式，有

$$\int\frac{\mathrm{d}u}{a-b\cos u}=\frac{2}{\sqrt{a^2-b^2}}\arctan\left(\sqrt{\frac{a+b}{a-b}}\tan\frac{u}{2}\right)+C \tag{3.15}$$

得到

$$\int_0^{\pi}\frac{\mathrm{d}u}{a-b\cos u}=\frac{\pi}{\sqrt{a^2-b^2}} \tag{3.16}$$

对方位角的积分部分式 (3.14)，因此变成

$$\begin{aligned}\int_0^{\pi}\frac{(r-R\cos\phi)\mathrm{d}\phi}{R^2+r^2-2rR\cos\phi} &= \frac{\pi}{2r}+\frac{r^2-R^2}{2r}\frac{\pi}{\sqrt{(R^2+r^2)^2-(2rR)^2}} \\ &= \frac{\pi}{2r}+\frac{r^2-R^2}{2r}\frac{\pi}{|r^2-R^2|} \\ &= \begin{cases}0, & r<R \\ \dfrac{\pi}{r}, & r>R\end{cases}\end{aligned} \tag{3.17}$$

电场强度式 (3.10) 最后的结果为：圆筒内电场强度为零；圆筒外则为

$$E_r = 2\pi \frac{\sigma R}{2\pi\varepsilon_0 r} = \frac{\lambda}{2\pi\varepsilon_0 r} \quad (3.18)$$

式中，$\lambda = \sigma 2\pi R$ 是圆筒单位长度的电荷密度。圆筒外的电场与无限长直线的电场相同。这样的电场分布与高斯定理算出的结果一致。

[**例题 3.4**] 半径为 R，电荷面密度为 σ 的均匀带电球面在空间的电势和电场。

解：计算过程同样分成三个阶段。

第一步，设置坐标系。如图 3.4 所示是球的截面。

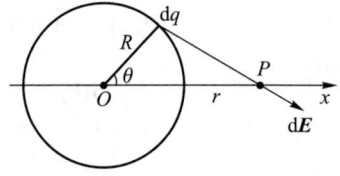

图 3.4　例题 3.4 图

第二步，选择电荷元。选择半径为 $R\sin\theta$、宽为 $Rd\theta$ 的圆环为电荷元，带电荷量为 $dq = \sigma(2\pi R\sin\theta)Rd\theta$，在 P 点产生的电势为

$$\begin{aligned} dV &= \frac{\sigma 2\pi R^2 \sin\theta d\theta}{4\pi\varepsilon_0 \sqrt{R^2+r^2-2rR\cos\theta}} \\ &= \frac{Q\sin\theta d\theta}{8\pi\varepsilon_0 \sqrt{R^2+r^2-2rR\cos\theta}} \end{aligned} \quad (3.19)$$

式中，$Q = \sigma 4\pi R^2$ 是球面所带的总电荷量。

第三步，积分求出总电势：

$$\begin{aligned} V &= \int_0^\pi \frac{Q\sin\theta d\theta}{8\pi\varepsilon_0 \sqrt{R^2+r^2-2rR\cos\theta}} \\ &= \int_0^\pi \frac{Qd(-\cos\theta)}{8\pi\varepsilon_0 \sqrt{R^2+r^2-2rR\cos\theta}} \\ &= \begin{cases} Q/(4\pi\varepsilon_0 R), & r<R \\ Q/(4\pi\varepsilon_0 r), & r>R \end{cases} \end{aligned} \quad (3.20)$$

利用带电圆环的电场也可以求出电场强度。总电场只有径向分量：

$$E = \int_0^\pi \frac{Q(r-R\cos\theta)\sin\theta d\theta}{8\pi\varepsilon_0 (R^2+r^2-2rR\cos\theta)^{3/2}} = \begin{cases} 0, & r<R \\ Q/(4\pi\varepsilon_0 r^2), & r>R \end{cases} \quad (3.21)$$

电场强度的矢量形式是 $\boldsymbol{E} = E\boldsymbol{e}_r$。电场的这一结果同样可由高斯定理算出。对于高斯定理能够求解的问题，这里用电场强度的叠加原理同样得到了精确解。

电磁学问题 3　用高斯定理计算电场强度

用高斯定理计算电场强度时，需要电场具有高度对称性。因为电场出现在被积函数中，要求出电场强度，就要求高斯面上各处电场强度都相同，或者高斯面可以划分成几个部分，而对于每一个部分电场强度的大小都相同，这样电场强度的面积分可以写成乘法：

$$\begin{aligned} &\oint_S \boldsymbol{E} \cdot d\boldsymbol{S} = ES, \quad E_1 S_1 + E_2 S_2 + \cdots \\ &\oint_S \boldsymbol{D} \cdot d\boldsymbol{S} = DS, \quad D_1 S_1 + D_2 S_2 + \cdots \end{aligned} \quad (3.22)$$

写出上式时，已经假设电场强度沿着高斯面的法向。如果最后算出的电场强度是正的，那么电场确实与高斯面的法向方向一致；如果最终的电场强度是负的，那么说明电场强度沿高斯面法向的反方向。

用高斯定理计算电场要考虑高斯面的选取和高斯面内的电荷两个因素，而高斯面的选取最为关键。由于对称性的要求，能够用高斯定理求解的问题实际上只有三种类型，相应的高斯面也有三种：

（1）若电荷的分布具有球对称性，电场自然也具有球对称性，**取高斯面为球面**，如图 3.5 所示。对于此高斯面，有

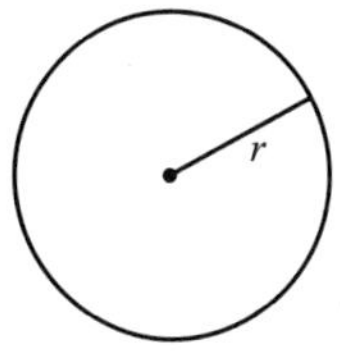

$$\oint_S \boldsymbol{E} \cdot \mathrm{d}\boldsymbol{S} = ES = 4\pi r^2 E$$

$$\oint_S \boldsymbol{D} \cdot \mathrm{d}\boldsymbol{S} = DS = 4\pi r^2 D$$

（3.23）

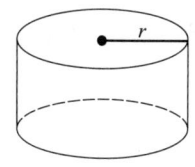

图 3.5

接下来，算出高斯面内所包含的总电荷 Q_t 或者全部自由电荷 Q_f 就可以由高斯定理求出电场强度或者电位移矢量：

$$\oint_S \boldsymbol{E} \cdot \mathrm{d}\boldsymbol{S} = ES = 4\pi r^2 E = Q_t/\varepsilon_0$$

$$\oint_S \boldsymbol{D} \cdot \mathrm{d}\boldsymbol{S} = DS = 4\pi r^2 D = Q_f$$

（3.24）

（2）电荷分布具有柱对称性，电场的分布也具有柱对称性，**取高斯面为圆筒**，如图 3.6 所示。高斯面的对称轴和电荷的对称轴相同。电场线只穿过高斯面的侧面，不穿过两个底面，因此电场强度或者电位移矢量对高斯面的积分为

$$\oint_S \boldsymbol{E} \cdot \mathrm{d}\boldsymbol{S} = ES = 2\pi r h E = Q_t/\varepsilon_0$$

$$\oint_S \boldsymbol{D} \cdot \mathrm{d}\boldsymbol{S} = DS = 2\pi r h D = Q_f$$

（3.25）

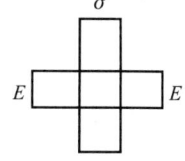

图 3.6

假设电荷密度是 $\rho(r)$，只与垂直于轴线的径向坐标有关，那么圆筒所包围的电荷量是

$$Q_t = \int_0^r \rho(r)\mathrm{d}V = \int_0^r \rho(r) 2\pi r \mathrm{d}r h$$

（3.26）

式中，h 为所取圆筒高斯面的高度，代入式（3.25）会得到电场强度。如果有介质存在，并且给出了自由电荷密度，那么将式（3.26）中的电荷密度换成自由电荷密度就得到了高斯面圆筒内的自由电荷量，代入式（3.25）的第二式就会得到电位移矢量。进一步利用下面电磁学问题 5 中的式（3.33）的关系可以得到电场强度、极化强度矢量等相关物理量。

（3）电荷在平面上或者平板内分布。这种电荷分布的电场线垂直于平板，并且到平板距离相同的地方，电场强度相同。高斯面也是柱面，电场线只穿过高斯面的两个底面，不穿过侧面，因此对于图 3.7 的高斯面，电场强度对高斯面的积分为

$$\oint_S \boldsymbol{E} \cdot \mathrm{d}\boldsymbol{S} = E\Delta S + E\Delta S = Q_t/\varepsilon_0$$

$$\oint_S \boldsymbol{D} \cdot \mathrm{d}\boldsymbol{S} = D\Delta S + D\Delta S = Q_f$$

（3.27）

图 3.7

高斯面内所包含的自由电荷量是 $Q_f = \sigma_f \Delta S$，代入上式得到电位移矢量的大小 $D = \sigma_f/2$。进一步利用下面电磁学问题 5 中的（3.33）的关系可以得到电场强度、极化强度矢量等相关物理量。

如果电荷分布于有厚度的平板内，求平板内一点的电场时，选择图 3.8 所示的高斯面，电场强度对高斯面的积分为

$$\oint_S \boldsymbol{E} \cdot \mathrm{d}\boldsymbol{S} = E\Delta S + E_1\Delta S = Q_t/\varepsilon_0 \tag{3.28}$$

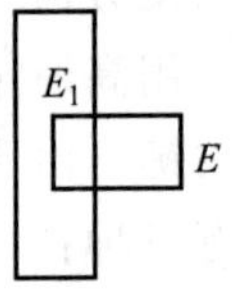

将式（3.27）算出的电场强度代入式（3.28），就会得到平板内一点的电场。计算板内的电场时，也是先假设电场的方向与高斯面的法向一致。如果算出的电场是正的，则实际的电场真的沿高斯面的法向；如果算出的电场是负的，则说明实际的电场与高斯面的法向方向相反。

图 3.8

问题讨论：为什么利用高斯定理不能算出任何情况的电场？

利用高斯定理计算电场时，要求问题具有高度的对称性，具体地讲就是上面提到的三种情况。为什么不具有对称性或者对称性不高的系统无法用高斯定理算出电场呢？原因是，分析电场的手段是高斯定理和环路定理。单有高斯定理无法决定电场的全面性质。

高斯定理的作用在于，能够判断有没有场线从一个地方发出或者向一个地方会聚。如果有，说明场是有源的；如果没有，场就是无源的（磁场就是无源的）。

环路定理的作用在于，能够判断场线有没有闭合的。若场强的环路积分为零，说明场线没有闭合的，是无旋场；反之，如果场强的环路积分不是零，说明场线有闭合的，该场就是有旋场（磁场就是有旋场）。

下面看几个纯粹用**高斯定理和环路定理共同决定电场**的例子：

（1）如果空间的电场线是相互平行的，试证明电场是均匀的，即电场是匀强电场。

证明过程：先用高斯定理证明一条电场线上的电场强度相同，再用环路定理证明不同电场线上的电场强度也相同。

（2）在求解球形电荷分布的电场时，我们需要知道电场只有径向分量，前面曾用叠加原理得到过这一结果。实际上也可以用环路定理说明，电场的纬度分量和经度分量都是零，$2\pi r E_\varphi = 0$，$2\pi r E_\theta = 0$。这样仅仅凭借环路定理和高斯定理就可以得到电场的形式，而不用借助其他因素。

（3）对于柱形的电荷分布，我们需要知道电场只有垂直于轴向的分量。用环路定理可以简单地说明，方位角方向的分量为零，$2\pi r E_\varphi = 0$。关于轴向的分量，可以用环路定理说明各处是相等的。无限远处是零，所以各处的轴向分量都是零。

电磁学问题 4　静电感应

为什么会有静电感应？静电感应为什么会在瞬间完成？

将导体放入电场中，会出现静电感应现象，出现这一现象的原因是导体中有自由电子。电子的质量极小 $m_e = 9.11 \times 10^{-31}$ kg，稍微受到一点力就会运动或者改变运动状态。而电子是带电的，电荷量 $-e = -1.6 \times 10^{-19}$ C，只要加上微小电场，电子就会获得极大的加速度，即电子的状态会迅速改变，静电感应会在瞬间完成，达到静电平衡。

静电平衡条件：

达到静电平衡即电子没有定向移动时，**导体内部电场为零，导体表面处的电场垂直导体表**

面。用高斯定理可以证明，**导体内部电荷为零，电荷只分布于导体表面**。曲率大的地方（即尖锐的地方），电荷面密度大。导体表面的电荷面密度 σ 与电场强度的关系是 $E=\sigma/\varepsilon_0$。根据电场与电势的关系也可以知道**整个导体是等势体，表面是等势面**。

静电屏蔽：

达到静电平衡后，导体内部的电场是零。如果导体内部有空腔，那么空腔内的物体不会受到外界电场的影响，这是一种静电屏蔽。如果腔内有电荷，会在周围导体上感应出电荷，进而会在外界空间产生电场。如果外导体接地，那么外空间的电场消失，这是第二种静电屏蔽，如图 3.9 所示。

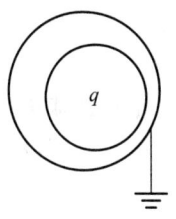

图 3.9

电磁学问题 5　电介质

介质的电偶极子模型：

将每一个原子或者分子当作一个电偶极子，电偶极矩为

$$\boldsymbol{p}_{ei}=q\boldsymbol{l} \tag{3.29}$$

如果分子的正负电中心重合，电偶极矩是零，则称该分子是无极性分子，如惰性气体原子、氢分子、氧分子等；如果分子的电偶极矩不是零，则称该分子是极性分子，如水分子等。对于大块物质，其中包含众多分子，没有加外场时，各个分子的电偶极矩或者是零或者随机排列，分子的电偶极矩之和为零。物质处于没有极化的状态。加上外场后，介质被极化。

极化强度和有介质时的高斯定理：

$$\boldsymbol{P}=\frac{\sum_i \boldsymbol{p}_{ei}}{\Delta V} \tag{3.30}$$

介质极化后，出现极化电荷或者束缚电荷，同时产生极化电场或者说是束缚电场。极化强度 $\boldsymbol{P}$ 与极化电荷 σ' 的关系为

$$\oint_S \boldsymbol{P}\cdot\mathrm{d}\boldsymbol{S}=-Q',\qquad \sigma'=\boldsymbol{P}\cdot\boldsymbol{e}_n=P_n \tag{3.31}$$

有介质存在时，总电场是自由电荷 Q_f 产生的自由电场与极化电荷产生的极化电场的叠加 $\boldsymbol{E}$。定义电位移矢量后，高斯定理成为

$$\boldsymbol{D}=\varepsilon_0\boldsymbol{E}+\boldsymbol{P},\qquad \oint_S \boldsymbol{D}\cdot\mathrm{d}\boldsymbol{S}=Q_f \tag{3.32}$$

均匀、线性、各向同性介质：

$$\boldsymbol{P}=\chi_e\varepsilon_0\boldsymbol{E},\qquad \boldsymbol{D}=\varepsilon_0\varepsilon_r\boldsymbol{E},\qquad \varepsilon_r=1+\chi_e \tag{3.33}$$

极化强度 $\boldsymbol{P}$、电场强度 $\boldsymbol{E}$ 和电位移 $\boldsymbol{D}$ 密切联系在了一起。计算有介质存在系统的电场时，先用式（3.32）的高斯定理求解电位移 $\boldsymbol{D}$，再用式（3.33）以及式（3.31）中的关系求解其他相关物理量。

电磁学问题 6　电容器与电容

基本概念：

电容器是能够容纳电荷或者电场的容器。电容器的电容定义式、储存的能量和平板电容器

的电容分别是

$$C = \frac{Q}{U}, \quad W_e = \frac{Q^2}{2C} = \frac{CU^2}{2}, \quad C = \frac{\varepsilon_0 \varepsilon_r S}{d} \tag{3.34}$$

电容器的储能公式适用于任何形式的电容器。电容器的电容只与电容器的几何尺寸、介质分布有关，与其带不带电、接不接电源无关。电容器中充入介质或者导体，电容器的电容都会增加。

电场的能量：

电容器可以把电场局限于电容器内部，电容器的能量实际上存在于电场中。电场的能量密度是

$$w_e = \frac{\boldsymbol{D} \cdot \boldsymbol{E}}{2} = \frac{1}{2}\varepsilon_0 \varepsilon_r E^2 \tag{3.35}$$

电场具有能量说明了电场的物质性。力学中把质量当作物质量的多少。狭义相对论的质能关系告诉我们有质量就有能量，反之亦然，由此可以看出能量的基本性。

电磁学问题 7　电荷、电流和电动势

电流和电流密度：

电流 I 是标量、电流密度是矢量 $\boldsymbol{J}$，相关定义和关系为

$$I = \frac{\mathrm{d}q}{\mathrm{d}t}, \quad \mathrm{d}I = \boldsymbol{J} \cdot \mathrm{d}\boldsymbol{S}, \quad \boldsymbol{J} = -en\boldsymbol{u} \tag{3.36}$$

式中，e 为电子电荷量，n 自由电子的数密度，u 为自由电子定向漂移速度。由最后一个式子可知，**电流密度矢量与电子的运动方向相反**。通常所说的电流方向实际上是电流密度的方向。电荷做圆周运动的电流是 $I = qf$，其中 $f = \omega/(2\pi)$ 是旋转的频率，电荷可以是一个点电荷，也可以连续地分布在圆弧上、球面上等；连续电荷分布运动产生的电流为 $I = \lambda u$，其中 u 是运动的速率，λ 是连续电荷分布的线密度。

电源及其电动势：

要在电路中产生持续电流需要电源，电源内部依靠非静电力将通过外电路移到电源负极上的正电荷，再移动到电源正极。非静电力的效果由电源的电动势描述：

$$\mathscr{E} = \int_{(-)}^{(+)} \boldsymbol{E}_k \cdot \mathrm{d}\boldsymbol{l} \tag{3.37}$$

式中，$\boldsymbol{E}_k$ 是作用于单位电荷上的非静电力，积分在电源的内部由负极到正极。**电动势的方向是非静电力的方向**，由负极指向正极，或者从电势低处指向电势高处。

欧姆定律的微分形式：

$$\boldsymbol{J} = \sigma \boldsymbol{E}, \quad \sigma = 1/\rho \tag{3.38}$$

式中，σ 为电导率，ρ 为电阻率。此式表明电流的产生是由于存在电场。

电磁学问题 8　真空中的恒定磁场

毕奥-萨伐尔定律：

与库仑定律类似，毕奥-萨伐尔定律仿佛是一个实验定律，但是，由于电流源 $I\mathrm{d}\boldsymbol{l}$ 是无法

孤立存在的，所以它实际上是一个假想的实验定律，是描述恒定电流产生磁感应场的定律：

$$d\boldsymbol{B} = \frac{\mu_0 I d\boldsymbol{l} \times \boldsymbol{e}_r}{4\pi r^2} \tag{3.39}$$

单位矢量 $\boldsymbol{e}_r$ 是由电流源 $Id\boldsymbol{l}$ 指向场点的方向。磁感应场 $d\boldsymbol{B}$ 的方向由右手螺旋定则根据该定律决定。

典型电流分布的磁场：

根据毕奥-萨伐尔定律可以求出一段直线电流在其附近、圆弧电流在其圆心处或圆环电流在其轴线上一点的磁场，形式如下：

一段有限长的载流直导线在空间产生的磁感应强度大小为

$$B = \frac{\mu_0 I}{4\pi r}(\cos\theta_1 - \cos\theta_2) \tag{3.40}$$

式中，r 为直线与场点的距离，θ_1、θ_2 分别表示 $\boldsymbol{e}_r$ 与电流元 $Id\boldsymbol{l}$ 在始末两个位置处的夹角。用右手螺旋定则判断出场点处 $\boldsymbol{B}$ 的方向后，只要求出上式的数值即可，所以括弧里两量相减的次序就无关紧要了，这样一来，可以减少记忆的难度。

圆弧电流在圆心处产生的磁感应强度大小为

$$B = \frac{\mu_0 I \phi}{4\pi R} \tag{3.41}$$

式中，ϕ 表示圆弧所对应的弧心角，以弧度为单位。

半径为 R 的圆环电流在轴线上一点的磁感应强度大小为

$$B_x = \frac{\mu_0 I R^2}{2(x^2 + R^2)^{3/2}} \tag{3.42}$$

式中，x 为轴线上的场点与圆环中心的距离。

其他形式的电流可以在此基础上去计算。无限长直线电流的磁感应强度大小为

$$\boldsymbol{B} = \frac{\mu_0 I}{2\pi r}\boldsymbol{e}_\phi \tag{3.43}$$

已设长直线电流方向是 z 轴方向，得到的磁场方向是方位角方向。r 是场点与无限长载流直导线间的距离。以上各种情况下，场点处磁感应强度 $\boldsymbol{B}$ 的方向均可由毕奥-萨伐尔定律决定。

基本定理：

磁感应场也是矢量场，其性质也应该由高斯定理和环路定理来进行分析，即

高斯定理：

$$\oint_S \boldsymbol{B} \cdot d\boldsymbol{S} = 0$$

环路定理：

$$\oint_l \boldsymbol{B} \cdot d\boldsymbol{l} = \mu_0 \sum_i I_i \tag{3.44}$$

高斯定理中磁感应强度与面积元的点积是磁通量，即 $d\Phi = \boldsymbol{B} \cdot d\boldsymbol{S}$。磁通量也可以理解为穿过某个面磁感应线的条数。高斯定理的意义是任何一条磁场线都是闭合的，磁场是无源场。

磁场的环路定理又叫作安培环路定理，反映了回路上磁感应强度的环量与穿过回路的电流之间的关系。由于磁场的环路积分不是零，所以磁场不是保守场，而是非保守场或者有旋场。**安培环路定理与电场的高斯定理将边界上的量与区域内部的量联系了起来。**

磁感应强度的环量为零可能有以下两种情况：① 没有电流穿过回路，或者说环路不包含电流；② 有电流穿过回路，只是电流的代数和是零，或者说环路所包含电流的代数和为零。回路外的电流可以任意分布，与磁感应强度的环量无关。

电磁学问题 9　叠加原理计算磁场（包括柱形电流和无限长螺线管）

叠加原理计算需要用到积分，用积分计算时要有三个步骤：

第一步，首先弄明白要求解的问题，设置合理的坐标系。

第二步，对于线电流分布，用毕奥-萨伐尔定律写出电流元的磁场。对于面电流或者体电流分布，需要选择合适的积分微元，并且写出相应的磁场。

第三步，积分求出总磁场。对于线电流分布，能够精确算出的问题有：一段直线电流的磁场；一段圆弧电流在圆心处的磁场；一个电流圆环在轴线上一点的磁场。

但是，利用积分法从头进行计算比较麻烦，笔者主张，对于在一个平面中由不同线段和圆弧构成的载流系统，可以直接应用式（3.41）、式（3.42）先分别求出各线段或圆弧在场点的磁感应强度 B_i，然后直接进行叠加即可。

下面以这三种情况为基础，计算更复杂系统的磁场。

[**例题 3.5**] 如图 3.10 所示，电流 I 从直线导线 A_1A_2 流进来，从直线导线 A_3A_4 流出去，直导线的延长线都通过圆心，求圆心处的磁场。

解： 由于两段直线电流 A_1A_2 和 A_3A_4 的延长线都通过圆心，所以这两段直线电流在圆心处产生的磁场为零。电流到达 A_2 点后会发生分流。对于流经两段圆弧的电流，电流分别设为 I_1、I_2，则两段圆弧电流在圆心处产生的磁场方向相反，大小分别为

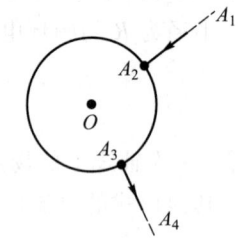

图 3.10　例题 3.5 图

$$B_1 = \frac{\mu_0 I_1 L_1}{4\pi R^2}, \quad B_2 = \frac{\mu_0 I_2 L_2}{4\pi R^2} \quad (3.45)$$

由于两段弧线是并联关系，所以电压相等，因此有 $I_1L_1 = I_2L_2$。可以看出，两段圆弧在圆心处的磁场大小相同。由于二者的方向相反，所以和磁场为零。综上，圆心处的总磁场为零。

[**例题 3.6**] 如图 3.11 所示，导线折成两个半径为 R_1、R_2 的圆弧（$R_1<R_2$）以及线段 AB 和 CD。AB、CD 的延长线通过两个弧线的圆心 O。小半径圆弧的圆心角为 α，电荷线密度为 λ。如果整体绕着圆心 O 点以角速度 ω 旋转，求圆心处的磁感应强度。

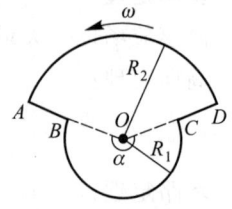

图 3.11　例题 3.6 图

解： 总磁场可以分为三个部分，半径为 R_1 的小圆弧，半径为 R_2 的大圆弧和两段直线。整个系统做圆周运动后形成圆形电流，可以应用圆形电流在圆心磁场的结果。

应用式 (3.41) 有 $B=\dfrac{\mu_0 I\phi}{4\pi R}$，并考虑到式中的 $\phi=2\pi$，大圆弧所产生的电流为

$$I_2=\int_0^{2\pi-\alpha}\dfrac{\omega\lambda R_2 \mathrm{d}\phi}{2\pi}=\dfrac{\omega\lambda R_2(2\pi-\alpha)}{2\pi}$$

因此得到

$$B_2=\dfrac{\mu_0\omega\lambda(2\pi-\alpha)}{4\pi}$$

同理得到

$$I_1=\int_0^{\alpha}\dfrac{\omega\lambda R_1 \mathrm{d}\phi}{2\pi}=\dfrac{\omega\lambda R_1\alpha}{2\pi} \quad 及 \quad B_1=\dfrac{\mu_0\omega\lambda\alpha}{4\pi}$$

旋转后的带电线段 AB 和 CD 在圆心 O 处产生的磁感应强度是相同的，因此先算出其中一个，再加倍即可。

在线段 AB 上任一电荷元 dq 旋转后产生的电流为

$$\mathrm{d}i=\dfrac{\mathrm{d}q}{T}=\dfrac{\omega\lambda \mathrm{d}r}{2\pi}$$

该电流元在圆心产生的磁感应强度大小为

$$\mathrm{d}B=\dfrac{\mu_0\phi\mathrm{d}i}{4\pi r}=\dfrac{\mu_0\omega\lambda}{4\pi}\dfrac{\mathrm{d}r}{r}$$

线段 AB 在圆心 O 产生的磁感应强度大小为

$$B_{AB}=\int_{R_1}^{R_2}\dfrac{\mu_0\omega\lambda}{4\pi}\dfrac{\mathrm{d}r}{r}=\dfrac{\mu_0\omega\lambda}{4\pi}\ln\dfrac{R_2}{R_1}$$

线段 AB 和 CD 在圆心 O 处产生的磁感应强度大小为

$$B_3=2B_{AB}=\dfrac{\mu_0\omega\lambda}{2\pi}\ln\dfrac{R_2}{R_1}$$

所有部分在 O 点产生的磁感应强度的方向均相同，垂直纸面向外。故该系统旋转后在圆心 O 产生的磁感应强度大小为

$$B=B_1+B_2+B_3=\dfrac{\mu_0\omega\lambda}{2\pi}\left(\pi+\ln\dfrac{R_2}{R_1}\right)$$

[**例题 3.7**] 无限长圆筒形电流的磁场。

电流在半径为 R 的柱面沿轴向均匀流动（设电流方向垂直纸面向内）。求空间任意一点的磁场。

解：第一步，设置坐标框架如图 3.12 所示。圆环代表圆筒的截面。

第二步，选择合适的积分微元，写出相应的场强。将面电流分为无限多个无限长直线电流。方位角 dϕ 内流过的表面电流为

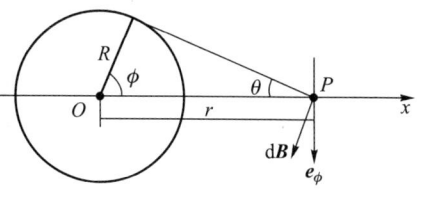

图 3.12　例题 3.7 图

$$dI = \frac{I}{2\pi R}Rd\phi = I\frac{d\phi}{2\pi} \tag{3.46}$$

该无限长直线电流在 P 点产生的磁感应强度大小为

$$dB = \frac{\mu_0 I d\phi}{4\pi^2 \sqrt{R^2+r^2-2rR\cos\phi}} \tag{3.47}$$

其方向如图 3.12 所示。该磁感应强度在方位角方向的分量为

$$\begin{aligned}dB_\phi &= \frac{\mu_0 I d\phi}{4\pi^2 \sqrt{R^2+r^2-2rR\cos\phi}}\cos\theta \\ &= \frac{\mu_0 I d\phi}{4\pi^2 \sqrt{R^2+r^2-2rR\cos\phi}} \frac{r-R\cos\phi}{\sqrt{R^2+r^2-2rR\cos\phi}} \\ &= \frac{\mu_0 I(r-R\cos\phi)d\phi}{4\pi^2 (R^2+r^2-2rR\cos\phi)}\end{aligned} \tag{3.48}$$

第三步，积分求出总场强。上式对方位角的积分可以参照［例题 3.3］，对方位角积分后得到

$$B_\phi = \begin{cases} 0, & r<R \\ \dfrac{\mu I}{2\pi r}, & r>R \end{cases} \tag{3.49}$$

电流圆筒内的磁场为零，筒外是无限长直线电流的磁场。

电磁学问题 10 利用安培环路定理计算磁感应场

利用安培环路定理也可以计算磁感应场，但是要求问题应具有高度的对称性，首先应该知道磁感应场线的形状。利用安培环路定理能够计算的问题主要是轴对称的情况，如直导线电流、同轴电缆、平面电流、无限长直螺线管和螺绕环等。这里主要计算无限长直螺线管的磁感应场。

问题讨论：高斯定理和环路定理共同描绘一个矢量场的性质。在用环路定理计算磁场时，需要事先知道磁场的形状，而这只靠环路定理是不行的，须用高斯定理来帮助。对于柱形电流（即电流线平行于轴线）分布所产生的磁感应场和载流无限长直螺线管内外磁感应场，都可以用高斯定理证明磁场没有径向分量。对于前者，可以用安培环路定理进一步证明，磁感应场的轴向分量处处相等。由于无限远处磁感应场为零，所以轴向分量各处为零。最后再用环路定理计算出方位角方向的分量。对于后者，可以进一步用环路定理证明没有方位角方向的分量。至于螺线管外的轴向分量，可以用环路定理证明处处相等。由于无限远处为零，所以轴向分量处处为零。这样只用高斯定理和环路定理就可以确定磁场的分布，而不需要其他因素。

电磁学问题 11 静电场与恒定磁场的关系
运动电荷产生的磁场：
将电流元的电流 $I = nqu\Delta S$ 代入到毕奥-萨伐尔定律中，得到

$$dB = \frac{\mu_0 nqu\Delta Sdl \times e_r}{4\pi r^2} = n\Delta Sdl \frac{\mu_0 \varepsilon_0 u \times qe_r}{4\pi \varepsilon_0 r^2} \tag{3.50}$$

电流元的磁场可以看成是 $n\Delta Sdl$ 个粒子产生的磁场。每一个运动的带电粒子的磁感应强度为

$$B = \mu_0 \varepsilon_0 u \times E \tag{3.51}$$

式中，$E = \frac{qe_r}{4\pi \varepsilon_0 r^2}$。式（3.51）给出了一个运动带电粒子与其所具有的电场之间的关系。

相对于磁场运动产生的电场：

一个带电粒子在磁场中运动会受到洛伦兹力，站在粒子上看会受到一个电场的力。此电场强度为

$$E = u \times B \tag{3.52}$$

该电场是非静电场，是产生动生电动势的根源。

电磁学问题 12 电磁力

洛伦兹力和安培力：

当一个电荷处于电场中时会受到静电力，而当一个电荷在磁场中运动时就会受到磁场的作用力。这与静止的电荷就可以产生电场，而只有运动的电荷或者电流才能产生磁场有关。一个电荷受到的洛伦兹力和电流元受到的安培力形式如下：

$$F = qv \times B, \quad dF = Idl \times B \tag{3.53}$$

关于安培力，有以下结论：① 闭合载流线圈在均匀磁场中的受力为零，不会移动，但会转动；② 闭合线圈在非均匀磁场中的受力不为零，位置会发生变化。安培力能够精确算出的非均匀磁场主要是无限长直线电流的磁场。

线圈的磁矩和受到的力矩：

$$m = IS, \quad M = m \times B \tag{3.54}$$

载流线圈的磁矩也叫作磁偶极矩，方向是线圈平面右手螺旋的法向。当线圈平面与磁场线平行时受到的力矩最大，而当线圈平面与磁场垂直时力矩为零。载流线圈也可以产生磁场。也就是说**磁矩也可以产生磁场**。许多微观粒子，如电子、质子以及中子等都具有磁矩，因此即使这些粒子静止也会产生磁场。

霍尔效应：

将一个导体板放入垂直于它的磁场中，当导体板上通有电流时，载流子会受到洛伦兹力而偏转，进而在垂直于磁场和电流方向产生一个电场（霍尔电场）。霍尔电场对电荷的偏转有抑制作用。当载流子所受的静电力和洛伦兹力相等时，电荷不再偏转。此时

$$qE = qvB \tag{3.55}$$

霍尔电场会产生霍尔电压。霍尔电压的正负与载流子电荷的正负有关。可以通过霍尔电压判断是什么类型的载流子在导电。霍尔电压与电流和磁感应强度的关系为

$$U = K\frac{IB}{d}, \quad K = \frac{1}{nq} \tag{3.56}$$

式中，d 是电流板的厚度，K 叫作霍尔系数。

电磁学问题 13　磁介质

介质的磁偶极子模型：

将每一个分子当作一个磁偶极子或者线圈，其磁矩为

$$m = iS \tag{3.57}$$

式中，i 表示分子电流，S 表示电流所围的面积大小。对于宏观物质，每一个分子的磁矩随机排列，总的磁矩为零。加上外场后，总的磁偶极矩不再是零。

磁化强度和有介质时的安培环路定律：

用磁化强度矢量 M 描述磁介质的磁化情况，其定义为

$$M = \frac{\sum_i m_i}{\Delta V} \tag{3.58}$$

其意义是单位体积内的磁矩。介质磁化后，会出现磁化电流。磁化强度的大小 M 与磁化电流 I_s 的关系为

$$\oint_l M \cdot dl = I_s, \quad M = e_n \times i_s, \quad M = i_s \tag{3.59}$$

式中，I_s、i_s 分别是磁化电流和磁化电流面密度。有介质存在后，安培环路定理为

$$\oint_l H \cdot dl = I_f, \quad B = \mu_0 H + \mu_0 M$$

$$\oint_l B \cdot dl = \mu_0(I_f + I_s) \tag{3.60}$$

式中，I_f 表示传导电流或自由电流。这里 H 叫作磁场强度，其环路积分只与穿过该环路的自由电流有关。而磁感应强度的环路积分不仅与自由电流有关，而且还与磁化电流有关。**自由电流和磁化电流都会产生磁场。**

线性、均匀、各向同性介质：

磁化规律为

$$M = \chi_m H, \quad B = \mu_0 \mu_r H, \quad \mu_r = 1 + \chi_m \tag{3.61}$$

式中，χ_m、μ_r 分别称为磁化率和相对磁导率。对于一种介质，知道了磁场强度、磁感应强度和磁化强度中的任何一个就可以知道其他两个。

磁介质的分类：

磁介质有三类：顺磁质（分子的磁偶极矩不是零），抗磁质（分子的磁偶极矩是零）和铁磁质（铁磁质包括软磁材料和硬磁材料，铁磁质内部有自发磁化现象，造成磁化率非常大的结果）。

电磁学问题 14　法拉第电磁感应定律

$$\mathscr{E}_i = -\frac{d\Phi}{dt}, \quad \Phi = \int_S B \cdot dS \tag{3.62}$$

一个回路中的感应电动势等于穿过回路的磁通量变化率的负值。第一个式子中的负号代表楞次定律：感应电动势或者感应电流 $i = \mathscr{E}_i/R = dq/dt$ 的效果总是与磁通量变化的趋势相反。无限小时间通过回路的电荷量 $dq = idt$，积分得到一个时间段内通过某截面的电荷。

应用法拉第电磁感应定律处理问题时，要先选定感应电动势 $\mathscr{E}_i$ 的方向，可以通过选择面积和回路的方向来确定。规定面积的正法线方向：当弯曲的右手四指代表面积边缘的环绕方向时，伸出的拇指就是面积的正法线方向。当面积的正法线方向与磁感应强度的方向相同，这样 $d\varPhi = \boldsymbol{B} \cdot d\boldsymbol{S} = BdS$ 会给计算带来一些方便。此时如果磁通量是增加的，即 $d\varPhi > 0$ 时，则感应电动势 $\mathscr{E}_i$ 的方向就与面积的环绕方向相反，当 $d\varPhi < 0$ 时，则感应电动势 $\mathscr{E}_i$ 就与面积的环绕方向相同。

电动势是非静电力对回路的积分，电动势的方向也是非静电力的方向。

计算磁通量时主要会遇到两种磁场：一个是均匀磁场，另一个是无限长直线电流产生的非均匀磁场。

电磁学问题 15　动生电动势和感生电动势

动生电动势：

磁通量的变化由两种因素引起：一种是面积或者说是边界的变化；另一种是场强的变化。边界变化引起的电动势称为动生电动势。动生电动势的数学表示形式为

$$\mathscr{E}_i = \int_l (\boldsymbol{v} \times \boldsymbol{B}) \cdot d\boldsymbol{l} \tag{3.63}$$

式中，$\boldsymbol{v}$ 是某个边相对磁感应场运动的速度。产生动生电动势的非静电力是洛伦兹力，电动势的方向就是洛伦兹力的方向。一段长为 l 的导体棒在均匀磁场 $\boldsymbol{B}$ 中平动和转动的电动势分别为 Blv 和 $\frac{1}{2}\omega Bl^2$。v 和 ω 分别为导体棒的平动速率和转动速率。将这段导体棒接入一个电路中可以形成一个闭合电路，这是一个直流电路，导体棒是电源。棒两端的电势差在数值上等于电动势。电动势或者非静电力的方向在导体棒内由负极指向正极，由电势低处指向电势高处。导体棒在非均匀磁场中运动当然也会产生动生电动势，不过能够精确算出的也主要是无限长直线电流产生的非均匀磁场。

感生电动势：

麦克斯韦认为感生电动势来自于感生电场 E_k，有

$$\mathscr{E}_i = \oint_l \boldsymbol{E}_k \cdot d\boldsymbol{l} = -\frac{d\varPhi}{dt} \tag{3.64}$$

感生电场存在于整个回路中，其环路积分不是零，因此不再是保守场。对于感生电场，不能引入电势的概念。与磁场一样，感生电场是有旋场，描写感生电场的电场线是闭合的曲线。

电磁学问题 16　电感和磁场能量

自感：

电感分为自感和互感。对于自感，有以下相关公式（自感磁通量、自感电动势和自感中储存的能量）：

$$\varPhi = iL, \quad \mathscr{E}_L = -L\frac{di}{dt}, \quad W_m = \frac{1}{2}Li^2 \tag{3.65}$$

它们分别是自感中的磁通量、电动势和能量。无限长螺线管的自感系数可以计算如下：

$$\Phi = iL = B\Delta SN = \mu_0 ni\Delta SN$$
$$L = \mu_0 n\Delta SN = \mu_0 n^2 (l\Delta S) \tag{3.66}$$

这里 n、l、N 分别是螺线管单位长度的匝数、长度和总匝数，ΔS 是截面面积。**自感系数同电容器的电容一样，只与器件的几何尺寸、介质分布有关**。自感中的储能简单推导如下：在一个含有自感的电路中要建立起电流，需要抵抗自感做功，dq 的电荷量通过自感，外界做的功是 $dW = (dq)|\mathscr{E}_L| = (dq)Ldi/dt = Lidi$，当电流从零增加到 I 时，外界做的总功是

$$W = \int_0^I Lidi = \frac{1}{2}LI^2$$

这些功转化为磁能储存于电感中。从推导过程看，**自感的磁能公式适用于任何形式的自感**。

磁场的能量：

与电容器中的能量储存于电场中一样，自感的能量储存于磁场中。磁场能量密度为

$$w_m = \frac{1}{2}\boldsymbol{B} \cdot \boldsymbol{H} \tag{3.67}$$

电场和磁场具有能量说明了电场和磁场的物质性。

互感：

如果有两个自感存在，它们会相互感应形成互感。磁通量和电动势如下：

$$\Phi_{21} = i_1 M, \quad \mathscr{E}_{21} = -M\frac{di_1}{dt}$$
$$\Phi_{12} = i_2 M, \quad \mathscr{E}_{12} = -M\frac{di_2}{dt} \tag{3.68}$$

式中，M 是两个线圈之间的互感系数。典型的互感有：① 两个嵌套的螺线管；② 无限长直线电流（曲率半径为无限大的圆周）与边上的一个闭合回路线圈。这两种情况的互感系数都可以算出。

电磁学问题 17 位移电流和麦克斯韦方程组

麦克斯韦方程组：

描述电磁场的四个方程即麦克斯韦方程组为

$$\oint_l \boldsymbol{E} \cdot d\boldsymbol{l} = -\frac{d}{dt}\int_S \boldsymbol{B} \cdot d\boldsymbol{S}$$
$$\int_S \boldsymbol{D} \cdot d\boldsymbol{S} = Q_f$$
$$\oint_l \boldsymbol{H} \cdot d\boldsymbol{l} = I_f + \frac{d}{dt}\int_S \boldsymbol{D} \cdot d\boldsymbol{S} \tag{3.69}$$
$$\oint_S \boldsymbol{B} \cdot d\boldsymbol{S} = 0$$

第一式是法拉第电磁感应定律，表明变化的磁场可以产生电场；第二式是电场的高斯定理，表明电场是有源场；第三式是磁场的环路定理，表明传导电流和位移电流都可以产生磁场；第四式是磁场的高斯定理，表明磁场是无源场。

位移电流：

$$I_d = \frac{d}{dt}\int_S \boldsymbol{D} \cdot d\boldsymbol{S} \tag{3.70}$$

位移电流是电位移通量的时间变化率，不是真实的电荷流动。对于平行板电容器，电位移的大小等于该极板上电荷面密度，$D=\sigma_f$ 是一个板上的自由电荷面密度。穿过两个板之间一个面的电位移通量为 $DS=\sigma_f S=Q_f$，因此两个板之间的位移电流是 $I_d=dQ_f/dt$，该位移电流也等于连接两个极板导线中的传导电流。知道了极板上自由电荷的时间变化函数，就可以得到位移电流以及传导电流。

电磁学问题 18   电磁学的三个实验定律和一个假说

电磁学是在三个实验定律：库仑定律、毕奥-萨伐尔定律和法拉第电磁感应定律基础上发展起来的；麦克斯韦引入位移电流后，得到了电磁场的普遍规律——麦克斯韦方程组。

二、综合练习

1. 一均匀电场 $\boldsymbol{E}$ 的方向沿 x 轴正方向，如图所示。则通过图中半径为 R 的半球面的电场强度通量为

  (A) 0   (B) $\pi R^2 E/2$

  (C) $2\pi R^2 E$ (D) $\pi R^2 E$

2. 如图所示，无限长直载流导线与矩形载流线框在同一平面内，若长直导线固定不动，则载流矩形线框将

  (A) 向着长直导线平移   (B) 离开长直导线平移

  (C) 转动   (D) 不动

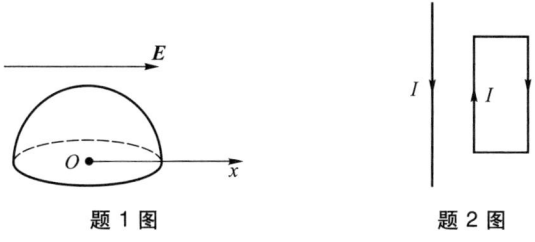

题 1 图　　　　　　　题 2 图

3. 对于单匝线圈取自感系数的定义式为 $L=\varPhi/I$。当线圈的几何形状、大小及周围磁介质分布不变，且无铁磁性物质时，若线圈中的电流变大，则线圈的自感系数 L

  (A) 变大，与电流成正比关系   (B) 变大，但与电流不成反比关系

  (C) 变小，与电流成反比关系   (D) 不变

4. 在边长为 b 的立方体中心处放置一电荷量为 Q 的点电荷，则通过立方体的每一个面的电场强度通量为

(A) $\dfrac{Q}{4\varepsilon_0}$ (B) $\dfrac{Q}{2\varepsilon_0}$ (C) $\dfrac{Q}{3\varepsilon_0}$ (D) $\dfrac{Q}{6\varepsilon_0}$

5. 一均匀磁场 B 的方向与 y 轴同方向，如图所示。则通过图中半径为 R 的半球面的磁通量为

(A) 0   (B) $\pi R^2 B/2$ (C) $2\pi R^2 B$ (D) $\pi R^2 B$

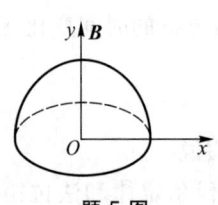

题 5 图

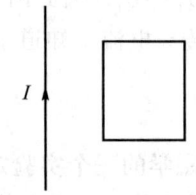

题 7 图

6. 磁感应强度对一个闭合回路的积分是零，则说明
(A) 一定没有电流穿过回路
(B) 回路处一定没有磁场
(C) 回路内可能有方向相反的电流
(D) 回路外部没有电流

7. 如图所示无限长直导线中电流恒定，在导线的右侧有一个矩形金属线圈，以一定速度向导线运动，则线圈中
(A) 无感应电流   (B) 感应电流沿逆时针方向
(C) 感应电流的方向不能确定   (D) 感应电流沿顺时针方向

8. 如图所示，在 x 轴上有正、负两个点电荷，两电荷相距 O 点均为 a，若 O 点电场强度的大小记为 E，电势记为 V，并选无限远处为电势零点，则下面各组结果正确的是

(A) $E=\dfrac{Q}{2\pi\varepsilon_0 a^2}$, $V=\dfrac{Q}{2\pi\varepsilon_0 a}$ (B) $E=\dfrac{Q}{2\pi\varepsilon_0 a^2}$, $V=0$

(C) $E=0$, $V=\dfrac{Q}{2\pi\varepsilon_0 a}$ (D) $E=0$, $V=0$

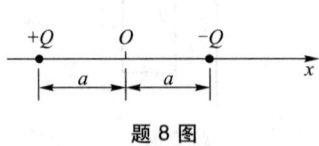

题 8 图

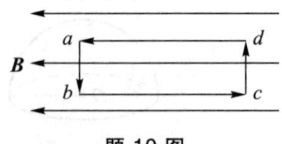

题 10 图

9. 一横截面积 $S=2.5\times 10^{-3}\ \text{m}^2$ 的载流长直螺线管，单匝电流 $I=2$ A，管内磁感应强度 $B=0.02$ T，绕线总匝数 $N=2\,000$ 匝，则穿过螺线管的磁链 Ψ 与螺线管的自感系数 L 应为
(A) $\Psi=0.1$ Wb, $L=0.05$ H   (B) $\Psi=8.0$ Wb, $L=4.0$ H
(C) $\Psi=40$ Wb, $L=20$ H   (D) $\Psi=0.1$ Wb, $L=20$ H

10. 如图所示，匀强磁场中有一矩形通电线圈，线圈平面与磁场平行，在磁场作用下，线圈发生转动，在线圈的四条边中，整体转出纸外的边应为_____.

11. 以下各量的意义是什么：$\boldsymbol{E}\cdot\mathrm{d}\boldsymbol{l}$；$\int_a^b \boldsymbol{E}\cdot\mathrm{d}\boldsymbol{l}$；$\oint_l \boldsymbol{E}\cdot\mathrm{d}\boldsymbol{l}=0$；$\boldsymbol{E}\cdot\mathrm{d}\boldsymbol{S}$；$\oint_S \boldsymbol{E}\cdot\mathrm{d}\boldsymbol{S}$。

12. 真空中有一均匀带电球体和一均匀带电球面，如果它们的半径和所带的电荷量都相同，则它们的静电能大小关系是_____。

13. 一平行板电容器与一个电压一定的电源相连，当电容器中是真空时，电场强度和电位移矢量分别是 $\boldsymbol{E}_0$、$\boldsymbol{D}_0$。现在让电容器充满相对介电常量是 ε_r 的介质，并设此时的电场和电位移矢量分别为 $\boldsymbol{E}$、$\boldsymbol{D}$，则两种情况下电场强度、电位移矢量有关系_____。

14. 分子的正负电荷中心重合的介质叫作_____，在外电场作用下，分子的正负电荷中心发生相对位移，形成_____。

15. 在两板间距为 d 的平行板电容器中，平行地插入一块厚度为 $d/2$ 的金属大板，则电容变为原来的多少倍？

16. 如图所示是一个具有球对称分布的静电场的电场强度随径向坐标的变化曲线，请指出是下列哪种带电体产生的电场：（A）半径为 R 的均匀带电球体；（B）半径为 R 的均匀带电球面；（C）半径为 R，电荷体密度为 $\rho=Ar$ 的非均匀带电球体；（D）半径为 R，电荷体密度为 $\rho=A/r$ 的非均匀带电球体。

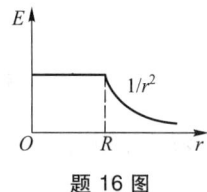

题 16 图

17. 一导体球外充满相对介电常量为 ε_r 的均匀电介质，若测得导体表面附近的场强为 E，则导体球面上的自由电荷密度为_____，总电荷密度为_____，极化电荷密度为_____。

18. 如图所示，在内外半径分别为 R_1 和 R_2 的导体球壳内有一个点电荷 q，该点电荷到球心的距离是 d。球壳内外表面的感应电荷分别是_____，球心的电势是（设无限远处的电势为零）_____，球壳外一点的电势是_____。如果球壳外表面接地后再断开，以上结果如何？

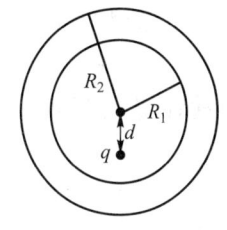

题 18 图

19. 无限长直圆柱体导线，半径为 R，沿轴向均匀流过电流，则导线内外的磁场与径向坐标的关系是_____和_____。

20. 由两个圆形金属板组成的平行板电容器，将该电容器连接于交流电源时，极板上的电荷随时间的变化规律是 $q=10\sin(5t)$（C），则电容器内的位移电流是_____。

21. 如图所示，电流从左向右流过一个半导体，半导体中可以是负电荷导电，称为 n 型半导体，也可以是正电荷导电，称为 p 型半导体。当加上垂直纸面向里的磁场后，半导体的下部出现正电荷，上部出现负电荷，这是什么类型的半导体？

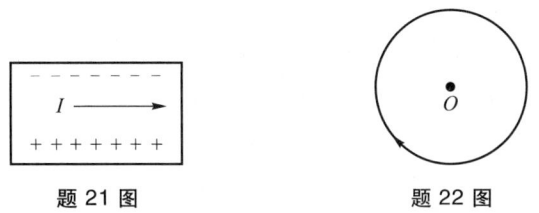

题 21 图　　　　　题 22 图

22. 按玻尔的氢原子理论，电子以质子为中心做圆周运动。如果外加一个磁场，并且磁场的方向垂直直面向里,在电子旋转半径不变的情况下,电子的旋转角速度如何变化:(A) 增加,(B) 减小,(C) 不变,(D) 改变方向。

23. 半径为 R 的球面上有一小孔,小孔的面积为 ΔS,ΔS 与球面的面积相比很小,若球面的其余部分均匀分布着正电荷 q,则球心 O 点场强的大小 $E =$ _____,方向 _____,电势 _____。

24. 如图所示表示一种轴对称的静电场的场强分布,r 表示场点到对称轴的距离,这是 _____ 的电场。

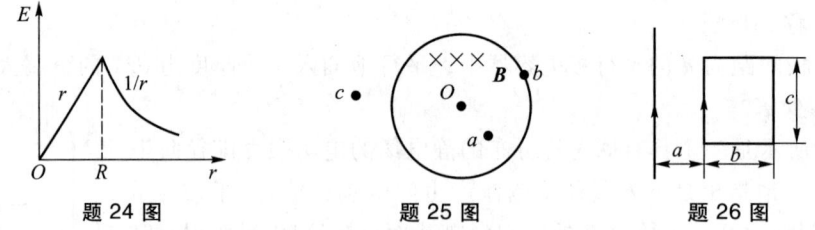

题 24 图   题 25 图   题 26 图

25. 如图所示,均匀磁场垂直穿过一个圆形区域,O 点感生电场的大小是多少 _____,a、b、c 各点感生电场的大小关系是什么 _____;如果磁场是随着时间增加的,各点的感生电场沿什么方向 _____。

26. 如图所示,在无限长直线电流的旁边有一个矩形线圈,矩形线圈的长和宽分别为 c 和 b,矩形线圈的左边到直线的距离是 a,则系统的互感系数是 _____;如果矩形线圈中有随时间变化的电流 $I(t) = 10\sin(5t)$(A),则直线上的感生电动势是 _____。

综合练习答案:

1. (A)
2. (B)
3. (D)
4. (D)
5. (D)
6. (C)
7. (B)
8. (B)
9. (A)
10. cd 边。该边受的安培力向外。
11. 这五个式子的意义分别是相邻两点的电势差;a、b 两点间的电势差;静电场的环路定理;穿过微元的电场强度通量和穿过闭合面的电场强度通量。
12. 带电球体的静电能大于带电球面的静电能。
13. $E = E_0$,$D = \varepsilon_r D_0$。由于电容器一直与电源相接,电压不变,因此电场强度不变。
14. 无极性介质,有极性介质。
15. 2 倍。

16.（D）。四种分布在半径 R 的外边都产生一个点电荷的电场。在径向坐标小于半径 R 的内部，只有第四种情况可以产生一个均匀电场，这由高斯定理容易得到。

17. 三种电荷密度分别为 $\varepsilon_0\varepsilon_r E$、$\varepsilon_0 E$、$\varepsilon_0 E - \varepsilon_0\varepsilon_r E$。

18. 球壳内表面的感应电荷是 $-q$，在内表面分布不均匀，电荷 q 和内表面的感应电荷不在导体壳外产生电场；外表面的感应电荷是 q，在外表面均匀分布；球心的电势为

$$\frac{q}{4\pi\varepsilon_0 d} - \frac{q}{4\pi\varepsilon_0 R_1} + \frac{q}{4\pi\varepsilon_0 R_2}$$

球壳外一点的电势为 $q/(4\pi\varepsilon_0 r)$。导体壳外表面接地后，外表面的电荷消失，球壳外的电场和电势都是零，球心的电势为 $q/(4\pi\varepsilon_0 d) - q/(4\pi\varepsilon_0 R_1)$。

19. 导线内外的磁场分别正比于径向坐标和反比于径向坐标。由安培环路定理得到相关结论。

20. 这种情况下位移电流与传导电流相等 $I_d = dq/dt = 50\cos(5t)$。位移电流密度则是该电流除以板的面积。

21. n 型半导体。用洛伦兹力判断电荷受力方向，可得这一结论。

22. 增大。由于电子带负电，所以电子顺时针旋转时，产生逆时针的电流，在圆环内产生的磁场垂直纸面向外。当外磁场垂直纸面向里时，根据楞次定律，电子会加快旋转，抵消这种增加。这也是磁介质抗磁性的起源。

23. 电场 $E = \dfrac{\sigma\Delta S}{4\pi\varepsilon_0 R^2}$，$\sigma = \dfrac{q}{4\pi R^2}$；与小孔电荷的电场方向相反；电势 $V = \dfrac{q}{4\pi\varepsilon_0 R}$。

24. 这是均匀带电柱体的电场，由高斯定理可以直接求出。在柱体内部 $2\pi rhE = \rho\pi r^2 h/\varepsilon_0$，所以 $E = \rho r/2\varepsilon_0$。柱体外是无限长带电直线的电场。

25. O 点的感生电场是零；a 点的感生电场小于 b 点的，b 点的大于 c 点的，a 点和 c 点大小关系不能确定，需要知道到中心的具体距离。如果磁场增加，感生电场沿逆时针方向，感生电动势和感生电流也是这一方向，感生电流的磁场在圆形区域与原来的磁场相反，阻止原磁通量的增加。

26. $M = \dfrac{\mu_0 c}{2\pi}\ln\dfrac{a+b}{a}$；直线上的电动势是互感电动势 $\mathscr{E}_M = -M\dfrac{dI}{dt}$。

三、解题参考

第 5 章　静电场

5.1 在一个带正电的大导体附近 A 点，放置一检验电荷 q_0，若 q_0 大于零，电荷量也不是足够小，则 q_0 所受力 F 与 q_0 的比值（即 F/q_0）比没放 q_0 之前 A 点的场强大还是小？如果大导体带负电情况又将如何？

解：当 q_0 不是足够小时，将影响大导体球上电荷的分布，表现在靠近 q_0 的地方正电荷的密度将减小，甚至会感应出负电荷。所以 F/q_0 比 A 点处的场强 E 要小。若大导体带负电，情况刚好相反，F/q_0 的数值要大于 A 点处场强的数值。

5.2 已知两电荷连线的中点处场强为零，试问这两个电荷的电荷量和符号如何？

解：这两个点电荷的电荷量相等，符号相同。

5.3 试讨论下列问题：

(1) 当闭合曲面内的电荷的代数和等于零时，是不是闭合曲面上任一点的场强一定为零？为什么（用电偶极子来说明）？

(2) 在应用高斯定理求场强时，应该怎样选择高斯面。

解：(1) 不为零，如电偶极子在闭合曲面处都有电场线通过。

(2) 应用高斯定理求场强时，要注意场强或带电体上的电荷量分布要具有某种几何对称性。

5.4 如图所示，在一个均匀分布着正电荷的球面外，放置了一个电偶极子，其电矩 $\boldsymbol{p}_e$ 方向如图，问：当将它释放后，它将如何运动？

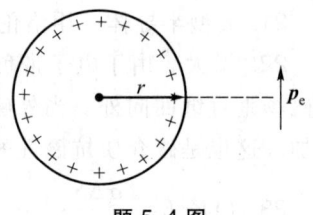

题 5.4 图

解：在电场力的力矩作用下，电偶极子将转动，最终电偶极矩的方向与电场强度方向一致。在电场力的合力作用下，电偶极子还将向着带电球面的方向运动。

5.5 在一个等边三角形的三个顶角处各放置一个电荷，电荷的大小性质都相同，如果以这三角形的中心为球心，作一个包围这三个电荷的球形高斯面，问：

(1) 能否利用高斯定理求出它们所产生的场强？

(2) 高斯定理是否仍然成立？

解：(1) 不能。利用高斯定理可以很简便地求出电荷或电场具有某种几何对称分布情况下的场强，但对于本题却无能为力。(2) 仍然成立。

5.6 举例说明以下问题：

(1) 场强大的地方，电势是否一定高？电势高的地方是否场强大？

(2) 场强为零的地方电势是否一定为零？电势为零的地方，场强是否一定为零？

(3) 场强大小相等的地方，电势是否相等？等势面上的场强大小是否相等？

解：(1) 场强大的地方电势不一定高，电势高的地方场强也不一定大。例如，半径为 R、电荷体密度为 ρ 的均匀带电球体，其内部的场强为 $E_内=\dfrac{\rho r}{3\varepsilon_0}$，其表面上的场强为 $E_{表面}=\dfrac{\rho R}{3\varepsilon_0}$。可知 $E_内<E_{表面}$。但是球内的电势为 $V_内=\dfrac{\rho}{6\varepsilon_0}(3R^2-r^2)$，表面处电势为 $V_{表面}=\dfrac{\rho R^2}{3\varepsilon_0}$，即 $V_内>V_{表面}$。

(2) 场强为零处电势不一定为零，如电荷量为 Q、半径为 R 的孤立导体球，达到静电平衡后其内部场强为零，但是它的电势为 $V=\dfrac{Q}{4\pi\varepsilon_0 R}$。电势为零的地方场强未必为零，如在两个电荷量相同、符号相反的点电荷连线的中点处，电势为零，场强却不为零。

（3）场强大小相等的地方电势不一定相等。例如，处于静电平衡状态的导体内部和距离它为无限远处场强相等，都为零，但是这两处的电势却不同样为零。

等势面上的场强的大小不一定相等，如达到静电平衡的导体的表面是一等势面，而该等势面上的场强大小是和电荷分布的面密度有关。

5.7　（1）若已知某点的电势，可以确定该点的电场强度吗？

（2）若某两点有相同的电势，则介于它们间的各处的电场强度必为零吗？

解：（1）若仅仅已知某点的电势，不能确定该点的电场强度。（2）不一定为零。

5.8　带有相同正电荷的两个相邻导体之间可否有电势差？

解：可以。

5.9　当一带电物体移近一个导体壳时，带电体本身在导体壳内产生的电场是否为零？而静电屏蔽的效应是如何发生的？

解：带电体本身在导体壳内产生的电场不为零。根据电场叠加原理，在静电平衡时，由带电体本身在导体壳内产生的电场与导体壳的感应电荷所产生的电场的矢量和为零，因而有静电屏蔽效应。

5.10　一个孤立导体球带电荷量为 Q，其表面场强沿什么方向？Q 在其表面上的分布是否均匀？其表面是否等电势？导体内任意点 P 的场强是多少？

解：若 $Q>0$，则其表面附近电场垂直导体表面向外，呈辐射状；若 $Q<0$，则其表面附近电场垂直导体球表面向内，指向球心。Q 在导体球表面均匀分布，导体球表面是等势面，导体内任意点 P 的场强为零。

5.11　如图所示，一半径为 R 不带电导体球 A，球中有两个球形空腔，假设在各空腔中心分别放置点电荷 q_1 和 q_2，在距导体球心 r 处（$r \gg R$）再放置一点电荷 q。问作用在 A、q_1、q_2、q 四个物体上的静电力各是多少？

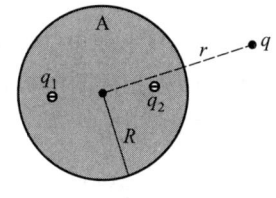

题 5.11 图

解：由于静电感应，导体球 A 的外表面带有电荷（q_1+q_2），考虑到 $r \gg R$，作用在 A 上的静电力大小为 $F_A = \dfrac{q(q_1+q_2)}{4\pi\varepsilon_0 r^2}$；由于静电屏蔽，作用在 q_1 和 q_2 上的静电力均为零。

5.12　（1）电位移 D 是否只与自由电荷 q_0 的分布有关，而与束缚电荷 q' 无关？

（2）若高斯面上电位移 D 的通量为零，是否面上 E 一定为零？

解：（1）不是；（2）不一定。

5.13　电介质的电极化与导体的静电感应，两者的微观过程有何不同？

解：电介质是绝缘物质，内部没有可以自由移动的电荷，在外电场作用下，可以产生位移极化和取向极化；而导体内部存在着大量可以自由移动的电子，在外电场作用下，电子逆着外电场方向定向运动。

5.14 如图所示，在一个有限大的均匀电介质球的球心处，有一点电荷$+q$。试问：（1）球内某点A处的场强E_A是大于、小于还是等于$\dfrac{q}{4\pi\varepsilon_0\varepsilon_r r_1^2}$？（2）球外某点$B$处的场强$E_B$是大于、小于还是等于$\dfrac{q}{4\pi\varepsilon_0\varepsilon_r r_2^2}$？

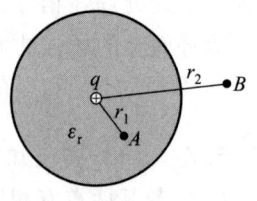

题 5.14 图

解：（1）等于；（2）大于。

5.15 在由一定电荷分布形成的均匀电场E_0，与E_0垂直地放入一个无限大的相对介电常量为ε_r的电介质平板。试问这时电场E_0是否变化？电介质内部电场E与E_0之比为多少？

解：变化；$E/E_0 = 1/\varepsilon_r$。

5.16 两个孤立导体，当带有相同电荷量时，具有不同电势，问哪一个具有较大的电容？

解：电势小的电容大。

5.17 将一个接地的导体球A移近一个孤立导体B，B的电势升高还是降低？

解：B带正电时降低；B带负电时升高。

5.18 如图所示，用电源给平行板电容器充电后，再将开关S断开，然后准静态地移近两极板，在此过程中外力做正功还是负功？外力的方向与静电力的方向是相同还是相反？电容器贮能增加还是减少？

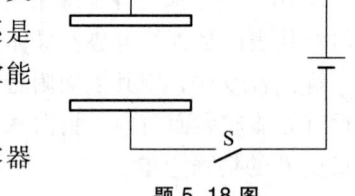

题 5.18 图

解：外力做负功；外力的方向与静电力的方向相反；电容器储能减少。

5.19 在上题中，如果充电后不切断S，而移近两极，情况如何？

解：两极板间的电势差不变，极板上电荷量增加，电场强度变大，电容增加，电容器贮存的能量增加。

5.20 两绝缘导体A、B带等量异号电荷，现将一块电介质板C插入A、B之间（不与它们接触），U_{AB}增大还是减少（从能量来考虑）。

解：减少。

5.21 依玻尔氢原子模型，计算电子在半径为5.3×10^{-11} m 的基态轨道运动的角动量、速度、能量和电子在圆轨道中心处产生的电场强度的数值。

解：氢原子核（质子）对电子的吸引力提供向心力，有

$$F = \dfrac{e^2}{4\pi\varepsilon_0 r^2} = m\dfrac{v^2}{r}$$

则速度为

$$v = \dfrac{e}{(4\pi\varepsilon_0 rm)^{1/2}} = 2.2\times10^6 \text{ m}\cdot\text{s}^{-1}$$

角动量为
$$L = mvr = 1.06\times 10^{-34}\ \text{kg}\cdot\text{m}^2\cdot\text{s}^{-1}$$

动能为
$$E_k = \frac{1}{2}mv^2 = 2.17\times 10^{-18}\ \text{J}$$

势能为
$$E_p = \frac{-e^2}{4\pi\varepsilon_0 r} = -2E_k = -4.34\times 10^{-18}\ \text{J}$$

总能量为
$$E = E_p + E_k = -E_k = -2.17\times 10^{-18}\ \text{J} = -13.6\ \text{eV}$$

电子在圆轨道中心处产生的电场强度大小为
$$E = \frac{e}{4\pi\varepsilon_0 r^2} = 5.13\times 10^{21}\ \text{N}\cdot\text{C}^{-1}$$

5.22 如图所示，两个质量都是 m 的相同的小球，带等量同号电荷 q，各用长为 l 的丝线悬挂于同一点，由于库仑斥力，两悬线夹角为 θ。θ 很小，可以用 $\sin\theta$ 代替 $\tan\theta$。试求：

（1）两球距离 x 与 q、l、m 的关系；

（2）若两个球上的电荷以 $\dfrac{\mathrm{d}q}{\mathrm{d}t}$ 的速率减少，确定两球趋近的速度。

解：（1）依题意画出如图所示的示意图。每个小球各受三个力作用：重力 mg、悬线拉力 F_T 和电荷间的斥力 F。小球处于平衡状态，故有

$$F = \frac{q^2}{4\pi\varepsilon_0 x^2} = mg\tan(\theta/2)$$

由于 θ 甚小，$\tan(\theta/2)\approx\sin(\theta/2) = \dfrac{x}{2l}$，代入上式得

$$x = \left(\frac{q^2 l}{2\pi\varepsilon_0 mg}\right)^{1/3}$$

（2）
$$v = \frac{\mathrm{d}x}{\mathrm{d}t} = \frac{2}{3}\left(\frac{l}{2\pi\varepsilon_0 mgq}\right)^{1/3}\frac{\mathrm{d}q}{\mathrm{d}t} = \frac{2}{3}\frac{x}{q}\frac{\mathrm{d}q}{\mathrm{d}t}$$

5.23 如图所示，一电荷 $q_1 = 1.0\times 10^{-6}$ C，另一电荷 $q_2 = 2.0\times 10^{-6}$ C，两电荷相距 $d = 10$ cm。试求两电荷连线上电场强度为零的点 P 的位置。

解：q_1、q_2 在场点 P 的电场强度为 $\mathbf{E}_1$、$\mathbf{E}_2$ 的大小分别为

$$E_1 = \frac{q_1}{4\pi\varepsilon_0 x^2},\qquad E_2 = \frac{q_2}{4\pi\varepsilon_0(d-x)^2}$$

当 $E_1 = E_2$ 时 P 点的场强为零，

$$\frac{q_1}{x^2} = \frac{q_2}{(d-x)^2},\qquad \frac{q_1}{q_2} = \frac{1}{2}$$

所以
$$\frac{x^2}{(d-x)^2} = \frac{1}{2}$$

x 应为正值，即

$$x = \frac{d}{(\sqrt{2}+1)} = 4.1 \times 10^{-2} \text{ m}$$

5.24 如图所示，两个正的点电荷，电荷量相等，相距为 $2a$，通过两电荷连线作一中垂面，试求此面上场强最大点的轨迹。

解：依题意画出如图所示的示意图，则在中垂面上坐标为 y 的 P 点的场强大小为

$$E = 2E_1 \sin\theta = 2\frac{qy}{4\pi\varepsilon_0(a^2+y^2)^{3/2}}$$

令 $\dfrac{\mathrm{d}E}{\mathrm{d}y} = 0$，解得

$$y = \pm\frac{\sqrt{2}}{2}a$$

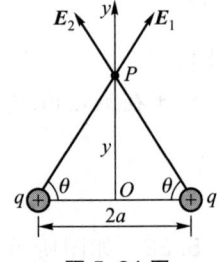

题 5.24 图

以上结果说明，在中垂面上场强最大点的轨迹是以两点电荷连线的中点为圆心，以 $\dfrac{\sqrt{2}}{2}a$ 为半径的圆。

5.25 如图所示，有半径为 R 的半圆形线，分别求在下列情况下，圆心处的电场强度为 E：（1）半圆线均匀带电荷量 Q；（2）电荷线密度 $\lambda = \lambda_0 \cos\theta$，$\lambda_0$ 为常量。坐标原点在圆心处，x 轴沿半圆直径方向，θ 是 Ox 轴与表示圆弧微元 $\mathrm{d}l$ 位置的位矢之间的夹角。

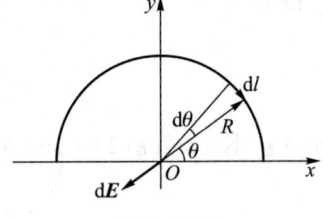

题 5.25 图

解：（1）依题意画出如图所示的示意图。

$$\mathrm{d}E = \frac{\mathrm{d}Q}{4\pi\varepsilon_0 R^2} = \frac{\frac{Q}{\pi R}R\mathrm{d}\theta}{4\pi\varepsilon_0 R^2} = \frac{Q\mathrm{d}\theta}{4\pi^2\varepsilon_0 R^2}$$

$$\mathrm{d}E_x = -\mathrm{d}E\cos\theta = -\frac{Q\cos\theta\mathrm{d}\theta}{4\pi^2\varepsilon_0 R^2}, \quad \mathrm{d}E_y = -\mathrm{d}E\sin\theta = -\frac{Q\sin\theta\mathrm{d}\theta}{4\pi^2\varepsilon_0 R^2}$$

$$E_x = -\frac{Q}{4\pi^2\varepsilon_0 R^2}\int_0^\pi \cos\theta\mathrm{d}\theta = 0, \quad E_y = -\frac{Q}{4\pi^2\varepsilon_0 R^2}\int_0^\pi \sin\theta\mathrm{d}\theta = -\frac{Q}{2\pi^2\varepsilon_0 R^2}$$

所以

$$\boldsymbol{E} = E_y \boldsymbol{j} = -\frac{Q}{2\pi^2\varepsilon_0 R^2}\boldsymbol{j}$$

（2）

$$\mathrm{d}E = \frac{\mathrm{d}Q}{4\pi\varepsilon_0 R^2} = \frac{\lambda_0 \cos\theta R\mathrm{d}\theta}{4\pi\varepsilon_0 R^2} = \frac{\lambda_0\cos\theta\mathrm{d}\theta}{4\pi\varepsilon_0 R}$$

$$\mathrm{d}E_x = -\frac{\lambda_0\cos^2\theta\mathrm{d}\theta}{4\pi\varepsilon_0 R}, \quad \mathrm{d}E_y = -\frac{\lambda_0\cos\theta\sin\theta\mathrm{d}\theta}{4\pi\varepsilon_0 R}$$

$$E_y = \int_0^\pi \frac{\lambda_0 \cos\theta \sin\theta \, d\theta}{4\pi\varepsilon_0 R} = 0; \quad E_x = \frac{-\lambda_0}{4\pi\varepsilon_0 R} \int_0^\pi \cos^2\theta \, d\theta = -\frac{\lambda_0}{8\varepsilon_0 R}$$

所以
$$\boldsymbol{E} = E_x \boldsymbol{i} = -\frac{\lambda_0}{8\varepsilon_0 R} \boldsymbol{i}$$

5.26 长 $l = 15$ cm 的带电线 AB，如图所示均匀分布着线密度 $\lambda = 5 \times 10^{-6}$ C·m^{-1} 的电荷。试求：

（1）在带电线的延长线上与 B 端相距 $R = 5$ cm 处 P 点的场强；

（2）在 AB 线垂直平分线上与 AB 线中点相距 $R = 5$ cm 处 Q 点的场强。

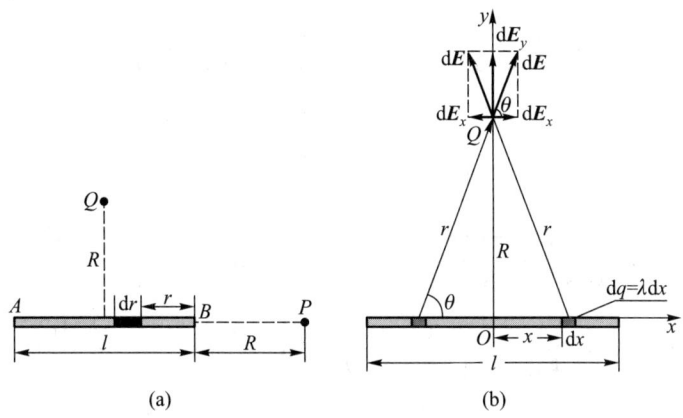

题 5.26 图

解：（1）取电荷元 $dq = \lambda dr$，dq 在 P 点产生的场强大小为

$$dE = \frac{1}{4\pi\varepsilon_0} \frac{dq}{(R+r)^2} = \frac{1}{4\pi\varepsilon_0} \frac{\lambda dr}{(R+r)^2}$$

所以
$$E_P = \int dE = \int_0^l \frac{\lambda}{4\pi\varepsilon_0} \frac{dr}{(R+r)^2} = 6.75 \times 10^5 \text{ N·C}^{-1}$$

（2）由于带电线对垂直平分线对称，各 dq 在 Q 点的场强水平分量相互抵消，只剩下垂直方向的分量。

$$dE = \frac{1}{4\pi\varepsilon_0} \frac{dq}{r^2} = \frac{1}{4\pi\varepsilon_0} \frac{\lambda dx}{x^2 + y^2} = \frac{1}{4\pi\varepsilon_0} \frac{\lambda dx}{R^2 + x^2}$$

所以
$$dE_y = \frac{1}{4\pi\varepsilon_0} \frac{\lambda dx}{R^2 + x^2} \sin\theta = \frac{1}{4\pi\varepsilon_0} \frac{R\lambda dx}{(R^2 + x^2)^{3/2}}$$

故
$$E_Q = \int dE = \int_{-l/2}^{l/2} \frac{1}{4\pi\varepsilon_0} \frac{R\lambda dx}{(R^2 + x^2)^{3/2}} = \frac{1}{4\pi\varepsilon_0} \frac{\lambda l}{R\sqrt{R^2 + (l/2)^2}} = 1.5 \times 10^6 \text{ N·C}^{-1}$$

5.27 如图所示，一长为 L 的带电细棒，沿 $+x$ 轴放置，其一端位于原点，电荷线密度 $\lambda = \lambda_0 x$（λ_0 为常量）。试求：

（1）在 x 轴上，$x = L + a$（a 为不为零的常量）处的场强；

(2) 坐标为 (L, b) 的场强(b 为大于零的常量)。

解:(1) 依题意画出如图所示的示意图,在带电细棒上,选电荷元为

$$dq = \lambda dx = \lambda_0 x dx$$

该电荷元在 P 点产生的电场强度大小为

$$dE = \frac{\lambda_0 x dx}{4\pi\varepsilon_0 (L+a-x)^2}$$

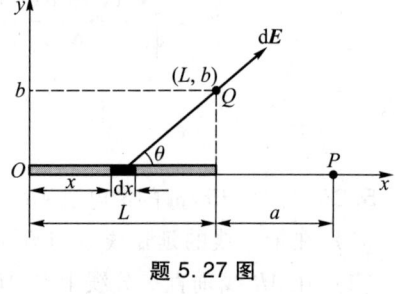

题 5.27 图

总电场强度大小为

$$E = \int_0^L \frac{\lambda_0 x dx}{4\pi\varepsilon_0 (L+a-x)^2} = \frac{\lambda_0 L}{4\pi\varepsilon_0 a} + \frac{\lambda_0}{4\pi\varepsilon_0} \ln \frac{a}{L+a}$$

方向沿 x 轴。

(2)
$$dE = \frac{\lambda_0 x dx}{4\pi\varepsilon_0 [(L-x)^2+b^2]}$$

$$dE_x = dE\cos\theta = \frac{\lambda_0 (L-x) x dx}{4\pi\varepsilon_0 [(L-x)^2+b^2]^{3/2}} ; \quad dE_y = dE\sin\theta = \frac{\lambda_0 b x dx}{4\pi\varepsilon_0 [(L-x)^2+b^2]^{3/2}}$$

$$\mathbf{E} = E_x \mathbf{i} + E_y \mathbf{j} = \frac{\lambda_0}{4\pi\varepsilon_0} \int_0^L \frac{(L-x) x dx}{[(L-x)^2+b^2]^{3/2}} \mathbf{i} + \frac{\lambda_0}{4\pi\varepsilon_0} \int_0^L \frac{b x dx}{[(L-x)^2+b^2]^{3/2}} \mathbf{j}$$

$$= \frac{\lambda_0}{4\pi\varepsilon_0} \left[\ln \frac{b}{L+\sqrt{b^2+L^2}} + \frac{L}{b} \right] \mathbf{i} + \frac{\lambda_0}{4\pi\varepsilon_0} \left[\frac{L^2+b^2}{b\sqrt{b^2+L^2}} - 1 \right] \mathbf{j}$$

5.28 一根无限长均匀带电线,被弯曲成如图所示的两种形状。如果该线的电荷线密度为 λ,弧形曲率半径为 R,分别求出两种情况下 O 点处的场强。

解:在如图(a)所示的情况下,O 点处的场强应是两根半无限长带电直线与带电半圆弧所产生的电场强度的矢量和。两个半无限长带电直线在 O 点产生的电场强度的 x 轴分量是有效的,其大小为

$$E_{1x} = E_{2x} = \frac{\lambda}{4\pi\varepsilon_0 R}$$

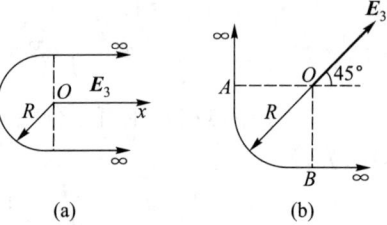

题 5.28 图

带电半圆弧在 O 点产生的电场强度为

$$E_3 = E_{3x} = \frac{\lambda}{2\pi\varepsilon_0 R}$$

方向如图(a)所示。

总电场强度为

$$E = E_3 - 2E_{2x} = 0$$

在如图(b)所示的情况下,根据同样的分析可知,总电场强度就是 E_3。计算结果为

$$E_3 = \frac{\sqrt{2}\lambda}{4\pi\varepsilon_0 R}$$

方向如图（b）所示。

5.29 如图所示，一根无限长带电圆柱面处于柱坐标系中，z 轴沿圆柱面轴向，电荷面密度 $\sigma = \sigma_0 \cos\varphi$（$\sigma_0$ 为常量），求圆柱面轴线上的电场强度。

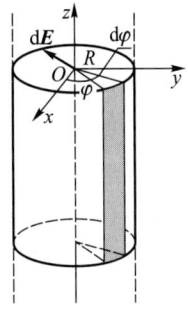

题 5.29 图

解： 如图所示，该圆柱的半径 R，在方位角 φ 处取 $d\varphi$，在圆柱面上分割出宽度为 $Rd\varphi$ 的无限长窄条带，将此窄条带看成是无限长带电直线，其在圆柱面轴线 O 处产生的电场强度的大小为

$$dE = \frac{\lambda}{2\pi\varepsilon_0 R} = \frac{\sigma R d\varphi}{2\pi\varepsilon_0 R} = \frac{\sigma_0 \cos\varphi d\varphi}{2\pi\varepsilon_0}$$

把 dE 分解成 dE_x 和 dE_y 两分量，有

$$dE_x = -dE\cos\varphi = -\frac{\sigma_0}{2\pi\varepsilon_0}\cos^2\varphi d\varphi; \quad dE_y = -dE\sin\varphi = -\frac{\sigma_0}{2\pi\varepsilon_0}\cos\varphi\sin\varphi d\varphi$$

积分两分量，得

$$E = E_x = -\frac{\sigma_0}{2\pi\varepsilon_0}\int_0^{2\pi}\cos^2\varphi d\varphi = -\frac{\sigma}{2\varepsilon_0}$$

5.30 如图所示，电场强度 $|\boldsymbol{E}| = |E_x \boldsymbol{i}| = Ax^{\frac{1}{2}}$，其中 $A = 800$ N·C^{-1}。试求：

（1）通过图中正方体表面的电场强度通量；

（2）若正方体的边长为 10 cm，它的表面所包围的总电荷量为多少（图中 a 点坐标为 100 cm）；

（3）确定电荷体密度。

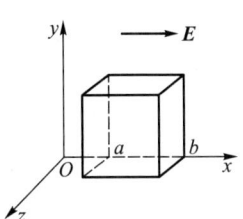

题 5.30 图

解：（1）由题意知，电场强度 $\boldsymbol{E} = E_x \boldsymbol{i}$，只有通过 a、b 两点且与 x 轴垂直的两个面才有电场强度通量。于是有

$$\Phi_e = -0.1\times0.1\boldsymbol{E}_a\cdot\boldsymbol{i} + 0.01\boldsymbol{E}_b\cdot\boldsymbol{i}$$
$$= -0.01\times800\times1^{\frac{1}{2}} + 0.01\times800\times1.1^{\frac{1}{2}} \text{ N}\cdot\text{m}^2\cdot\text{C}^{-1}$$
$$= 0.39 \text{ N}\cdot\text{m}^2\cdot\text{C}^{-1}$$

（2）由高斯定理有 $\Phi_e = \dfrac{q}{\varepsilon_0}$，所以

$$q = \varepsilon_0 \Phi_e = 3.45\times10^{-12} \text{ C}$$

（3）由高斯定理的微分形式，设 $P(x, y, z)$ 为正方体内任意一点，有

$$\nabla\cdot\boldsymbol{E} = \left(\frac{\partial}{\partial x}\boldsymbol{i} + \frac{\partial}{\partial y}\boldsymbol{j} + \frac{\partial}{\partial z}\boldsymbol{k}\right)\cdot(E_x\boldsymbol{i} + E_y\boldsymbol{j} + E_z\boldsymbol{k})$$
$$= \frac{\partial E_x}{\partial x} = \frac{1}{2}Ax^{-\frac{1}{2}} = \frac{\rho}{\varepsilon_0}$$

所以

$$\rho = \frac{1}{2}\varepsilon_0 A x^{-\frac{1}{2}} = 3.54\times10^{-9}x^{\frac{1}{2}} \text{ (C·m}^{-3}\text{)}$$

5.31 一半径为 R 的带电球体，电荷体密度 $\rho = \rho_0\left(1 - \dfrac{r}{R}\right)$，其中 ρ_0 为一常量，r 为球内某点到球心的距离，试求：

（1）球内、外的电场分布；

（2）电场强度的最大值及其所对应的位置。

解：（1）由题意可知，电荷分布尽管不均匀，但是具有球对称性，可知电场强度也是球对称分布的。带电球体所带总电荷量为

$$Q = \int_0^R \rho 4\pi r^2 \mathrm{d}r = \int_0^R \rho_0\left(1 - \dfrac{r}{R}\right)4\pi r^2 \mathrm{d}r = \dfrac{4\pi \rho_0 R^3}{12}$$

由高斯定理，当 $r > R$ 时，有

$$\Phi_e = \oint_S \boldsymbol{E} \cdot \mathrm{d}\boldsymbol{S} = E \times 4\pi r^2 = \dfrac{Q}{\varepsilon_0} = \dfrac{4\pi \rho_0 R^3}{12\varepsilon_0}$$

所以

$$E = \dfrac{\rho_0 R^3}{12\varepsilon_0 r^2}$$

当 $r < R$ 时，有

$$\Phi_e = \oint_S \boldsymbol{E} \cdot \mathrm{d}\boldsymbol{S} = E \times 4\pi r^2 = \dfrac{\int_0^r \rho 4\pi r^2 \mathrm{d}r}{\varepsilon_0} = \dfrac{\int_0^r \rho_0\left(1 - \dfrac{r}{R}\right)4\pi r^2 \mathrm{d}r}{\varepsilon_0}$$

$$= \dfrac{\pi \rho_0 (4Rr^3 - 3r^4)}{3\varepsilon_0 R}$$

所以

$$E = \dfrac{\rho_0 r}{\varepsilon_0}\left(\dfrac{1}{3} - \dfrac{r}{4R}\right)$$

（2）从电场强度的表达式可以看出，带电球体内某点可具有最大值，即

$$\dfrac{\mathrm{d}E}{\mathrm{d}r} = \dfrac{\rho_0(4R - 6r)}{12\varepsilon_0 R} = 0$$

由此得到当 $r = \dfrac{2}{3}R$ 时，电场强度具有最大值，其值为

$$E = \dfrac{\rho_0 R}{9\varepsilon_0}$$

5.32 如图所示，半径分别为 R_1、R_2 的同轴无限长圆筒，筒面均匀带电，沿轴线单位长度电荷线密度分别为 λ_1、λ_2。求：

（1）各区域内场强分布；

（2）若 $\lambda_1 = -\lambda_2$，情况又如何？画出 $E - r$ 曲线。

解：（1）依题意画出如图（a）所示的示意图，选如图（a）所示的闭合曲面，由高斯定

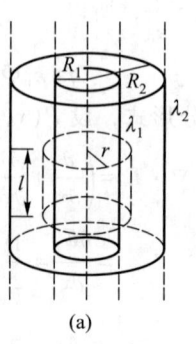
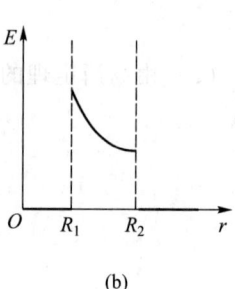

题 5.32 图

理得

$$r<R_1, E=0; \quad R_1 \leq r \leq R_2,$$
$$E=\frac{\lambda_1}{2\pi\varepsilon_0 r}; \quad r>R_2, \quad E=\frac{\lambda_1+\lambda_2}{2\pi\varepsilon_0 r}$$

（2）当 $\lambda_1 = -\lambda_2$ 时，由上面结果可知，在 $r>R_2$ 的区域，$E=0$。E-r 曲线如图（b）所示。

5.33 在电荷体密度为 ρ，半径为 R 的球体内挖出半径为 r 的小球，如图所示。O、O' 为球心，$OO'=OB=AB=d$，$2d>R$。试求：

（1）O、O'、A、B 点的场强；

（2）证明小球内是均匀场。

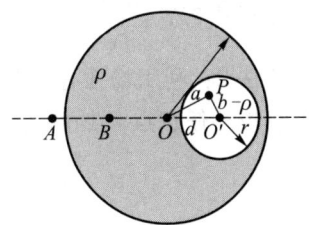

题 5.33 图

解：设想小球内同时充满 ρ 和 $-\rho$ 的异号电荷，则空间各点的电场强度由电荷体密度为 ρ、半径为 R 的均匀带电球体和电荷体密度为 $-\rho$、半径为 r 的均匀带电球体共同产生。由高斯定理和叠加原理可较容易地确定空间各点的电场强度。

（1）O 点：
$$E_O = \frac{-\rho \times \frac{4}{3}\pi r^3}{4\pi\varepsilon_0 d^2} = \frac{-\rho r^3}{3\varepsilon_0 d^2}$$

O' 点：
$$E_{O'} = \frac{\rho \times \frac{4}{3}\pi d^3}{4\pi\varepsilon_0 d^2} = \frac{\rho d}{3\varepsilon_0}$$

A 点：
$$E_A = \frac{\rho \times \frac{4}{3}\pi R^3}{4\pi\varepsilon_0 (2d)^2} - \frac{\rho \times \frac{4}{3}\pi r^3}{4\pi\varepsilon_0 (3d)^2} = \frac{\rho}{\varepsilon_0}\left(\frac{R^3}{12d^2} - \frac{r^3}{27d^2}\right)$$

B 点：
$$E_B = \frac{\rho \times \frac{4}{3}\pi d^3}{4\pi\varepsilon_0 d^2} - \frac{\rho \times \frac{4}{3}\pi r^3}{4\pi\varepsilon_0 (2d)^2} = \frac{\rho}{\varepsilon_0}\left(\frac{d}{3} - \frac{r^3}{12d^2}\right)$$

（2）设 P 为小球内任意一点，如图所示。OP 的长度为 a，$O'P$ 的长度为 b。则由电荷体密度为 ρ 的球体在 P 点产生的电场强度为

$$\boldsymbol{E}_a = \frac{\rho \times \frac{4}{3}\pi a^3}{4\pi\varepsilon_0 a^2}\boldsymbol{a}_0 = \frac{\rho \boldsymbol{a}}{3\varepsilon_0}$$

式中，$\boldsymbol{a}$ 的方向由 O 指向 P。同理由电荷体密度 $-\rho$ 的球体在 P 点产生的电场强度为

$$\boldsymbol{E}_b = \frac{\rho \boldsymbol{b}}{3\varepsilon_0}$$

式中，$\boldsymbol{b}$ 的方向由 O' 指向 P。由叠加原理，有

$$\boldsymbol{E}_P = \boldsymbol{E}_a + \boldsymbol{E}_b = \frac{\rho(\boldsymbol{a}+\boldsymbol{b})}{3\varepsilon_0} = \frac{\rho \boldsymbol{d}}{3\varepsilon_0}$$

式中，$\boldsymbol{d}$ 的方向为由 O 指向 O'。由此可知，小球内是匀强电场。

5.34 求一厚度为 b 的无限大均匀带电平板,平板内均匀带电,电荷体密度为 ρ。求板内、外场强分布。

解法 1:由于本题具有平面对称性,所以可以通过高斯定理来求出空间各点处的场强。分析电荷分布,可知该带电板场强垂直于板面,故作一垂直并包含板的柱形高斯面,高斯面的两底面到板面的距离相等,底面积为 S。

在板外 $2ES = \dfrac{\rho b S}{\varepsilon_0}$,所以 $E = \dfrac{\rho b}{2\varepsilon_0}$;在板内 $2ES = \dfrac{\rho 2rS}{\varepsilon_0}$,所以 $E = \dfrac{\rho r}{\varepsilon_0}$。

解法 2:利用场强叠加法。将该板分割成若干片厚度为 dx 的"无限大"平行平板,每片平板在板外任意点 P 处的场强大小为

$$dE = \frac{\rho dx}{2\varepsilon_0}$$

式中,ρdx 为每片薄板所带电荷的面密度,对整个带电板积分有

$$E = \int_{-\frac{b}{2}}^{\frac{b}{2}} \frac{\rho dx}{2\varepsilon_0} = \frac{\rho b}{2\varepsilon_0}$$

当 $\rho > 0$ 时,在 $x > \dfrac{b}{2}$ 范围内,场强沿坐标方向;在 $x < -\dfrac{b}{2}$ 范围内,场强逆坐标方向。当所选取的场点位于带电板内部时,设其位置为 $x\left(0 < x < \dfrac{b}{2}\right)$,则

$$E_{内} = \int_{-\frac{b}{2}}^{x} \frac{\rho dx}{2\varepsilon_0} - \int_{x}^{\frac{b}{2}} \frac{\rho dx}{2\varepsilon_0} = \frac{\rho x}{\varepsilon_0}$$

当 $\rho > 0$ 时,若在 $0 < x < \dfrac{b}{2}$ 范围内,场强沿坐标轴方向;若在 $-\dfrac{b}{2} < x < 0$ 范围内,场强逆坐标轴方向。

5.35 据量子力学的理论,氢原子中心是一个带正电荷 q_e 的原子核(相当于一个正的点电荷),外面是带负电的电子云,在正常状态下电子云的电荷体密度分布为 $\rho = -\dfrac{q_e}{\pi a_0^3} e^{-\frac{2r}{a_0}}$,并呈球对称性,式中 a_0 相当于经典模型中 s 态电子的轨道半径,为一常量,r 为距原子中心的距离。试求氢原子内场强分布。

解:依题意知,氢原子内的电场分布具有球对称性,设 P 为氢原子内某点,距原子核的距离为 r,以 r 为半径,以原子核所在处为球心构造球面,则在此球面内电荷的代数和为

$$\sum q = q_e + \int_0^r \rho 4\pi r^2 dr = q_e \left(\frac{2r^2}{a_0^2} + \frac{2r}{a_0} + 1\right) e^{-\frac{2r}{a_0}}$$

由高斯定理知

$$\oint_S \boldsymbol{E} \cdot d\boldsymbol{S} = \frac{\sum q}{\varepsilon_0}, \qquad 4\pi r^2 \cdot E = \frac{q_e}{\varepsilon_0}\left(\frac{2r^2}{a_0^2} + \frac{2r}{a_0} + 1\right) e^{-\frac{2r}{a_0}}$$

即

$$E = \frac{q_e}{4\pi\varepsilon_0}\left(\frac{2}{a_0^2} + \frac{2}{a_0 r} + \frac{1}{r^2}\right) e^{-\frac{2r}{a_0}}$$

5.36 如图所示，一个 $q = 5.0 \times 10^{-7}$ C 的点电荷，位于 Oxy 平面之上 0.40 m 处，求通过 Oxy 平面的电场强度通量。

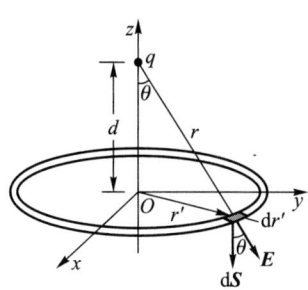

题 5.36 图

解： 建立如图所示的直角坐标系，点电荷位于 z 轴上。以坐标原点为中心，取一环状面元 $dS = 2\pi r' dr'$，通过该面元的电场强度通量为

$$d\Phi_e = \boldsymbol{E} \cdot d\boldsymbol{S} = E\cos\theta dS$$

式中

$$\cos\theta = \frac{d}{r} = \frac{d}{\sqrt{d^2 + r'^2}}, \quad E = \frac{q}{4\pi\varepsilon_0 r^2} = \frac{q}{4\pi\varepsilon_0(d^2 + r'^2)}$$

则

$$d\Phi_e = \frac{qdr'dr'}{2\varepsilon_0(d^2 + r'^2)^{3/2}}$$

当 Oxy 平面取无限大时，有

$$\Phi_e = \frac{qd}{2\varepsilon_0}\int_0^\infty \frac{r'dr'}{(d^2+r'^2)^{3/2}} = \frac{qd}{2\varepsilon_0}\left[\frac{-1}{\sqrt{d^2+r'^2}}\right]\Big|_0^\infty = \frac{q}{2\varepsilon_0}$$

从该题可以看出。当 Oxy 为一无限大平面且点电荷与平面的距离为有限大时，点电荷通过 Oxy 平面的电场强度通量应等于其通过一个闭合曲面电场强度通量的一半。

5.37 有一均匀电场，场强方向自左向右。把一个带电荷量为 $q = 3\times 10^{-9}$ C 的电荷自右向左移动 5 cm，已知外力做功为 6×10^{-5} J，而且质点的动能增大 4.5×10^{-5} J。求：

（1）电场力所做的功；
（2）场强的数值。

解：（1）根据动能定理有

$$W_\text{外} + W_\text{电场力} = \Delta E_k, \quad W_\text{电场力} = \Delta E_k - W_\text{外} = -1.5\times 10^{-5} \text{ J}$$

电场力做负功。

（2）$W_\text{电场力} = q\Delta V$，$\Delta V = \dfrac{W_\text{电场力}}{q}$，所以电场强度大小为

$$E = \frac{\Delta V}{d} = \frac{W_\text{电场力}}{qd} = 10^5 \text{ N} \cdot \text{C}^{-1}$$

5.38 如图所示，$AB = 2l$，OCD 是以 B 为中心，l 为半径的半圆，A 点有正电荷 q，B 点有负电荷 $-q$。求：

（1）把单位正电荷从 O 点沿 OCD 移到 D 点，电场力对它做了多少功？
（2）把单位负电荷从 D 点沿 AB 的延长线移到无穷远处，电场力对它做了多少功。

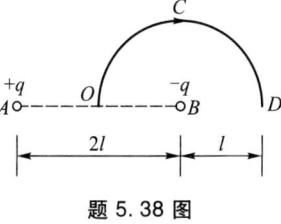

题 5.38 图

解： 根据电势叠加原理，有

$$V_O = \frac{1}{4\pi\varepsilon_0}\left(\frac{q}{l} + \frac{-q}{l}\right) = 0, \quad V_D = \frac{1}{4\pi\varepsilon_0}\left(\frac{q}{3l} + \frac{-q}{l}\right) = \frac{-q}{6\pi\varepsilon_0 l}$$

(1) 电场力对单位正电荷 q_0 做的功为

$$\frac{W_{OCD}}{q_0} = V_O - V_D = 0 - \frac{-q}{6\pi\varepsilon_0 l} = \frac{q}{6\pi\varepsilon_0 l}$$

(2) 电场力对单位负电荷做的功为

$$\frac{W_{D\infty}}{-q_0} = V_D - V_\infty = \frac{-q}{6\pi\varepsilon_0 l} - 0 = \frac{q}{6\pi\varepsilon_0 l}$$

5.39 氢原子的质子处于坐标原点，将电子从点 (0.05, 0, 0) 移到点 (0.5, 0.3, 0)，电场力做功多少？(坐标单位为 nm，分别依功的定义和电势差概念计算。)

解： 由于 z 坐标为零，可在 xy 平面内求解。质子在 (x, y) 处的电场强度为

$$\boldsymbol{E} = \frac{e}{4\pi\varepsilon_0(x^2+y^2)^{3/2}}(x\boldsymbol{i}+y\boldsymbol{j})$$

电子的位移为

$$d\boldsymbol{r} = dx\boldsymbol{i}+dy\boldsymbol{j}$$

依照功的定义，电场力做的功为

$$W = \int_{(0.05,0)}^{(0.5,0.3)} \frac{-e^2(x\boldsymbol{i}+y\boldsymbol{j})\cdot(dx\boldsymbol{i}+dy\boldsymbol{j})}{4\pi\varepsilon_0(x^2+y^2)^{3/2}} = -4.21\times10^{-18}\ \text{J}$$

由电势差的概念，此功又可表示为

$$W = -e(V_1 - V_2)$$

$$= -e\left[\frac{e}{4\pi\varepsilon_0\times 0.05\times 10^{-9}} - \frac{e}{4\pi\varepsilon_0(0.5^2+0.3^2)^{1/2}\times 10^{-9}}\right] = -4.21\times 10^{-18}\ \text{J}$$

5.40 如图所示，有一长为 l、带电荷量为 Q 的均匀带电杆，将它水平放置，求：

(1) 离杆右端 x_0 处 A 点电势是多少？
(2) 若在该处放一点电荷 q，电势能是多少？
(3) 杆的中垂面上距杆为 a 的 B 点的电势。

解： (1) 建立如图所示的坐标系。

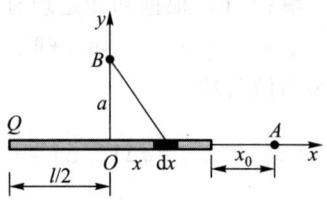

题 5.40 图

$$V_A = \int dV = \int_{-\frac{l}{2}}^{\frac{l}{2}} \frac{dQ}{4\pi\varepsilon_0\left(\frac{l}{2}+x_0-x\right)}$$

$$= \frac{Q}{4\pi\varepsilon_0 l}\int_{-\frac{l}{2}}^{\frac{l}{2}} \frac{dx}{\left(\frac{l}{2}+x_0-x\right)} = \frac{Q}{4\pi\varepsilon_0 l}\ln\left(\frac{l+x_0}{x_0}\right)$$

(2) 电势能为

$$E_p = qV_A = \frac{Qq}{4\pi\varepsilon_0 l}\ln\left(\frac{l+x_0}{x_0}\right)$$

(3) B 点的电势为

$$V_B = \int dV = \frac{Q}{4\pi\varepsilon_0 l}\int_{-\frac{l}{2}}^{\frac{l}{2}} \frac{dx}{(x^2+a^2)^{1/2}} = \frac{Q}{4\pi\varepsilon_0 l}\ln\left(\frac{\sqrt{(l/2)^2+a^2}+(l/2)}{\sqrt{(l/2)^2+a^2}-(l/2)}\right)$$

5.41 空间有球对称的无限电荷分布，电荷体密度 $\rho = kr^{-\frac{5}{2}}$，k 是常量。设 $r\to\infty$ 时，电势 $V=0$，试求电势函数。

解：依照题意可知，电场强度按球对称分布。在半径 r 的球体内，所含电荷代数和为
$$q = \int_0^r \rho 4\pi r^2 dr = \int_0^r kr^{-5/2} 4\pi r^2 dr = 8\pi kr^{1/2}$$
由高斯定理可求出 r 处电场强度大小为
$$E4\pi r^2 = \frac{q}{\varepsilon_0} = \frac{8\pi kr^{1/2}}{\varepsilon_0}, \quad E = \frac{8\pi kr^{1/2}}{4\pi\varepsilon_0 r^2} = \frac{2kr^{-3/2}}{\varepsilon_0}$$
所以 r 处的电势为
$$V = \int_r^\infty E dr\cos\theta = \int_r^\infty \frac{2kr^{-3/2}}{\varepsilon_0} dr = \frac{4k}{\varepsilon_0 r^{1/2}}$$

5.42 用积分法求均匀带电球壳的电场中任意一点的电势（壳内、壳上、壳外）。

解：设球壳半径为 a，球壳带电荷量为 Q，电荷面密度为 σ。

（1）球壳外一点的电势（$x>a$）

设球心 O 到 P 点的距离为 x，球壳上介于 θ 与 $\theta+d\theta$ 之间的环带上所带的电荷量为
$$dQ = \sigma 2\pi a\sin\theta(ad\theta)$$
根据圆环电势公式，此电荷元在 P 点的电势为
$$dV = \frac{2\pi\sigma a^2\sin\theta d\theta}{4\pi\varepsilon_0 r} \qquad ①$$
式中，r 为环带上任意一点到 P 点的距离，由图（a）可知 $r^2 = a^2+x^2-2ax\cos\theta$。$r$ 变化时，θ 随之而变，但是 a 和 x 不变，对上式微分得
$$rdr = ax\sin\theta d\theta$$
将其代入式①得
$$dV = \frac{\sigma a}{2\varepsilon_0 x} dr \qquad ②$$
于是带电球壳在 P 点的电势为
$$V_{外} = \frac{\sigma a}{2\varepsilon_0 x}\int_{x-a}^{x+a} dr = \frac{\sigma a^2}{\varepsilon_0 x}$$
将 $\sigma = \frac{Q}{4\pi a^2}$ 代入上式得

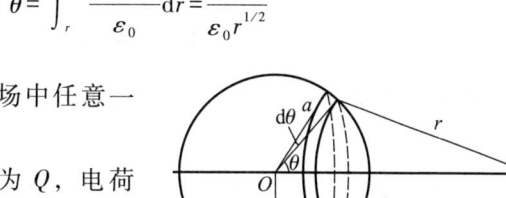
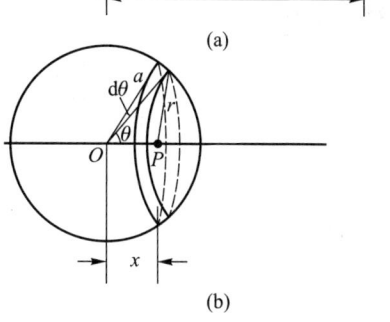

题 5.42 图

$$V_{外} = \frac{Q}{4\pi\varepsilon_0 x}$$

从上式可以看出,带电球壳外一点处的电势,相当于将球壳所带全部电荷量集中于球心而形成的点电荷在同一点处的电势。

(2) 球壳内一点的电势 ($x<a$)

当 P 点在球壳内时[图(b)],采用与解(1)相同的方法,先将球壳划分成若干个带电环带,求出其中任意带电环带在 P 点处的电势,该式与式②相同,然后将从 $a+x$ 到 $a-x$ 范围内全部带电环在 P 点处的电势相加,即

$$V_{内} = \frac{\sigma a}{2\varepsilon_0 x} \int_{a-x}^{a+x} dr = \frac{\sigma a}{\varepsilon_0} = \frac{Q}{4\pi\varepsilon_0 a} = 常量$$

(3) 球壳上一点的电势

由球壳外一点的电势 $V_{外} = \frac{Q}{4\pi\varepsilon_0 x}$ 可知,当 x 趋近于 a 时有

$$V_{球壳上} = \lim_{x \to a} \frac{Q}{4\pi\varepsilon_0 x} = \frac{Q}{4\pi\varepsilon_0 a}$$

由上式可以看出,球壳上一点的电势与球壳内一点的电势相同。

5.43 由半径为 a 的均匀带电球壳的电势 $V = \frac{Q}{4\pi\varepsilon_0 r}$ ($r \geq a$),利用场强和电势的关系,导出球壳内、外任意点的场强。

解:球外:

$$E = -\frac{\partial V}{\partial r} = -\frac{\partial}{\partial r}\left(\frac{Q}{4\pi\varepsilon_0 r}\right) = -\frac{Q}{4\pi\varepsilon_0}\left(-\frac{1}{r^2}\right) = \frac{Q}{4\pi\varepsilon_0 r^2}$$

所以

$$E_{外} = \frac{Q}{4\pi\varepsilon_0 r^2}$$

球内:

$$V_{内} = \frac{Q}{4\pi\varepsilon_0 a} = 常量$$

所以

$$E_{内} = -\frac{\partial V_{内}}{\partial r} = -\frac{\partial}{\partial r}\left(\frac{Q}{4\pi\varepsilon_0 a}\right) = 0$$

5.44 已知某空间区域的电势函数 $V = x^2 + 2xy$,求:
(1) 电场强度函数;
(2) 坐标点 (2, 2, 3) 的电势及其与原点的电势差。

解:(1)
$$\boldsymbol{E} = -\nabla V = -\frac{\partial V}{\partial x}\boldsymbol{i} - \frac{\partial V}{\partial y}\boldsymbol{j} - \frac{\partial V}{\partial z}\boldsymbol{k} = -(2x+2y)\boldsymbol{i} - 2x\boldsymbol{j}$$

(2) 坐标点 (2, 2, 3) 的电势为

$$V = (2^2 + 2\times 2\times 2) \quad V = 12 \text{ V}$$

由于坐标原点的电势为零,所以此点与原点的电势差也是 12 V。

5.45 一对无限长共轴直圆筒，半径分别为 R_1 和 R_2，筒面上均匀带电，内外筒面单位长度上分别带电荷量为 $+\lambda$ 和 $-\lambda$。求圆筒面间的电势分布及两筒间的电势差。

解： 利用高斯定理可以确定两筒间的电场强度大小为

$$E = \frac{\lambda}{2\pi\varepsilon_0 r} \quad (R_1 < r < R_2)$$

选外筒面为电势零点，则两筒间任意点的电势为

$$V_P = \int_r^{R_2} E\,\mathrm{d}r = \int_r^{R_2} \frac{\lambda}{2\pi\varepsilon_0 r}\mathrm{d}r = \frac{\lambda}{2\pi\varepsilon_0}\ln\frac{R_2}{r}$$

两筒间的电势差为

$$V_1 - V_2 = \int_{R_1}^{R_2} E\,\mathrm{d}r = \int_{R_1}^{R_2} \frac{\lambda}{2\pi\varepsilon_0 r}\mathrm{d}r = \frac{\lambda}{2\pi\varepsilon_0}\ln\frac{R_2}{R_1}$$

5.46 如图所示，两块不带电的导体板 B、C 平行放置，其间距为 d（d 较小），板的面积为 S。现将一块带电荷量为 Q，厚度可以忽略，面积也为 S 的导体板 A 插入 B、C 之间，它与 B 板的距离为 x。当 B、C 板接地后，试求：

（1）B、C 板上的感应电荷；
（2）空间各区间场强及电势分布。

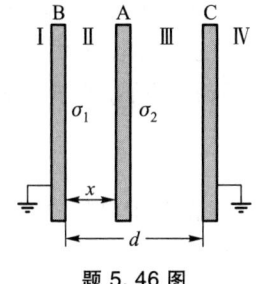

题 5.46 图

解：（1）设导体板上电荷密度分布如图所示，忽略边缘效应，则有

$$(\sigma_1 + \sigma_2)S = Q, \quad \frac{\sigma_1}{\varepsilon_0}x = \frac{\sigma_2}{\varepsilon_0}(d-x)$$

解得

$$-\sigma_1 = -\frac{Q(d-x)}{dS}, \quad -\sigma_2 = -\frac{Qx}{dS}$$

B 板的感应电荷量为 $Q_1 = -\dfrac{Q(d-x)}{d}$；C 板得感应电荷量为 $Q_2 = -\dfrac{Qx}{d}$。

（2）由叠加原理，在 I、IV 两区间电场强度和电势均为零。在 II、III 两区间为匀强电场，大小分别为

$$\frac{\sigma_1}{\varepsilon_0} = \frac{Q(d-x)}{\varepsilon_0 dS}, \quad \frac{\sigma_2}{\varepsilon_0} = \frac{Qx}{\varepsilon_0 dS}$$

在 A、B 之间距 B 板为 a 的某点，其电势为

$$\frac{\sigma_1}{\varepsilon_0}a = \frac{Q(d-x)\,a}{\varepsilon_0 dS} \quad (0 \leq a \leq x)$$

在 A、C 之间距 C 板为 b 的某点，其电势为

$$\frac{\sigma_2}{\varepsilon_0}b = \frac{Qxb}{\varepsilon_0 dS} \quad [0 \leq b \leq (d-x)]$$

5.47 一半径为 R 的金属球壳在离球心为 $r(r>R)$ 处放一点电荷，电荷量为 q。求：

（1）球壳的电势为多少？

（2）现将球壳接地，试确定其上的感应电荷为多少？

解：（1）由于金属球壳为等势体，可按球心计算电势为

$$V = \frac{q}{4\pi\varepsilon_0 r}$$

（2）设球壳上感应电荷为 Q，由叠加原理得

$$\frac{q}{4\pi\varepsilon_0 r} + \frac{Q}{4\pi\varepsilon_0 R} = 0$$

解得

$$Q = -\frac{R}{r}q$$

5.48 两个极薄的同心导体球壳 A、B 半径分别为 R_A、R_B（$R_A<R_B$），若 A 壳带电荷量为 q，要使 A 壳电势为零，外壳 B 应带多少电荷量？

解：电荷 q 在 A 球壳上产生的电势为

$$V_1 = \frac{q}{4\pi\varepsilon_0 R_A}$$

设外球壳 B 带电量为 Q，电荷 Q 在 A 球壳上产生的电势为

$$V_2 = \frac{Q}{4\pi\varepsilon_0 R_B}$$

根据题意，有

$$V = V_1 + V_2 = \frac{q}{4\pi\varepsilon_0 R_A} + \frac{Q}{4\pi\varepsilon_0 R_B}$$

所以

$$Q = -\frac{R_B}{R_A}q$$

5.49 如图所示，有一很大的带电金属薄板，另外有一小球，质量 $m = 1.0\times 10^{-3}$ g，带有电荷 $q = 2.0\times 10^{-8}$ C，此球悬于丝线下端，线与金属板成 30°角，试求带电板表面的电荷面密度 σ。

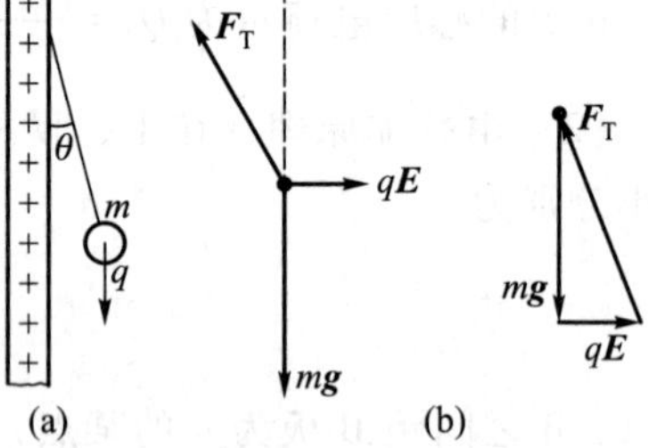

解：由小球 m 的受力图可见 $\tan\theta = \dfrac{qE}{mg}$，而导体附近的场强为 $E = \dfrac{\sigma}{\varepsilon_0}$，所以有

$$\sigma = \frac{\varepsilon_0 mg\tan\theta}{q} = 2.5\times 10^{-9} \text{ C}\cdot\text{m}^{-2}$$

题 5.49 图

5.50 如图所示，平行板电容器两极板相距 d，在正中对称处放一相对介电常量为 ε_r、厚度为 $d/3$，表面积与极板一样的介质板，极板与介质板平行，已知极板上电荷面密度为 σ，忽略边缘效应，求：

（1）极板各处的 **P**、**E**、**D**；
（2）极板间各处电势分布（设一极板接地）；
（3）若极板面积为 S，电容为多少？
（4）束缚电荷面密度为多少？
（5）若介质板换成同样尺寸的金属板，电容为多少？并与无介质或金属板时的电容作一比较。

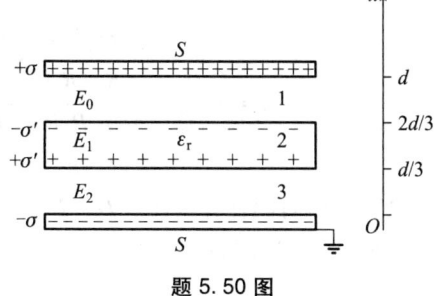

题 5.50 图

解：（1）如图所示，在电容器两极板之间，无论介质中还是介质外，$D=\sigma$，方向向下。

在介质外，$E=\dfrac{D}{\varepsilon_0}=\dfrac{\sigma}{\varepsilon_0}$，方向向下，$P=0$。

在介质中，$E=\dfrac{D}{\varepsilon_r\varepsilon_0}=\dfrac{\sigma}{\varepsilon_r\varepsilon_0}$，方向向下；$P=D-\varepsilon_0 E=\left(1-\dfrac{1}{\varepsilon_r}\right)\sigma$，方向向下。

（2）建立如图所示的坐标系，由电势定义知，当 $x\leq\dfrac{d}{3}$ 时，$V=Ex=\dfrac{\sigma}{\varepsilon_0}x$；当 $\dfrac{d}{3}\leq x\leq\dfrac{2d}{3}$ 时，
$V=\left(x-\dfrac{d}{3}\right)\dfrac{\sigma}{\varepsilon_0\varepsilon_r}+\dfrac{d\sigma}{3\varepsilon_0}$；当 $\dfrac{2d}{3}\leq x\leq d$ 时，$V=\left(x-\dfrac{d}{3}\right)\dfrac{\sigma}{\varepsilon_0}+\dfrac{d\sigma}{3\varepsilon_r\varepsilon_0}$。

（3）根据电容定义可以求得

$$C=\dfrac{Q}{V}=\dfrac{\sigma S}{\dfrac{2d\sigma}{3\varepsilon_0}+\dfrac{d\sigma}{3\varepsilon_r\varepsilon_0}}=\dfrac{3\varepsilon_0\varepsilon_r S}{d(2\varepsilon_r+1)}$$

（4）束缚电荷面密度符号如图所示，大小为

$$\sigma'=P=\left(1-\dfrac{1}{\varepsilon_r}\right)\sigma$$

（5）金属内部无电场，故电容为

$$C=\dfrac{\sigma S}{\dfrac{2d\sigma}{3\varepsilon_0}}=\dfrac{3\varepsilon_0 S}{2d}$$

比无介质或金属板时电容增大了。

5.51 如图所示，一球形电容器由半径为 R_1 的导体球及一半径为 R_3 的同心导体球壳构成，其间充满介电常量分别为 ε_1 和 ε_2 的同心球壳介质层，两介质层的分界面在 R_2 处，介电常量为 ε_1 的介质层靠里，求：
（1）电容器的电容；
（2）当内球带电 $-Q$ 时，各界面处束缚电荷的面密度 σ'。

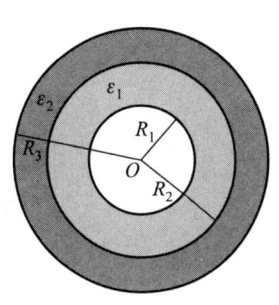

题 5.51 图

解：（1）如图所示，整个系统的电容可以看成由两个球形电容器串联构成。由球形电容器的表达式 $C=\dfrac{4\pi\varepsilon_0\varepsilon_r R_1 R_2}{R_2-R_1}$，可得总电

容为

$$C = \frac{C_1 C_2}{C_1 + C_2} = \frac{\dfrac{4\pi\varepsilon_1 R_1 R_2}{R_2 - R_1} \times \dfrac{4\pi\varepsilon_2 R_2 R_3}{R_3 - R_2}}{\dfrac{4\pi\varepsilon_1 R_1 R_2}{R_2 - R_1} + \dfrac{4\pi\varepsilon_2 R_2 R_3}{R_3 - R_2}} = \frac{4\pi\varepsilon_1\varepsilon_2 R_1 R_2 R_3}{\varepsilon_1 R_1 (R_3 - R_2) + \varepsilon_2 R_3 (R_2 - R_1)}$$

（2）在各向同性介质中，D、E、P 的方向相同。由高斯定理可得：

在 $R_1 \leqslant r \leqslant R_3$ 区域，

$$D = -\frac{Q}{4\pi r^2}$$

在 $R_1 \leqslant r \leqslant R_2$ 区域，

$$E_1 = \frac{D}{\varepsilon_1} = -\frac{Q}{4\pi\varepsilon_1 r^2}, \quad P_1 = D - \varepsilon_0 E_1 = -\frac{Q}{4\pi r^2} + \frac{\varepsilon_0 Q}{4\pi\varepsilon_1 r^2} = -\frac{Q}{4\pi r^2}\left(1 - \frac{\varepsilon_0}{\varepsilon_1}\right)$$

在 $R_2 \leqslant r \leqslant R_3$ 的区域，

$$E_2 = \frac{D}{\varepsilon_2} = -\frac{Q}{4\pi\varepsilon_2 r^2}, \quad P_2 = D - \varepsilon_0 E_2 = -\frac{Q}{4\pi r^2} + \frac{\varepsilon_0 Q}{4\pi\varepsilon_2 r^2} = -\frac{Q}{4\pi r^2}\left(1 - \frac{\varepsilon_0}{\varepsilon_2}\right)$$

由 $\sigma' = \boldsymbol{P} \cdot \boldsymbol{e}_n$ 可得各界面处束缚电荷面密度：

在 R_1 处，

$$\sigma' = \frac{Q}{4\pi R_1^2}\left(1 - \frac{\varepsilon_0}{\varepsilon_1}\right)$$

在 R_2 的界面处，

$$\sigma' = \frac{Q}{4\pi R_2^2}\left(1 - \frac{\varepsilon_0}{\varepsilon_2}\right) - \frac{Q}{4\pi R_1^2}\left(1 - \frac{\varepsilon_0}{\varepsilon_1}\right)$$

在 R_3 的内表面，

$$\sigma' = \frac{-Q}{4\pi R_3^2}\left(1 - \frac{\varepsilon_0}{\varepsilon_2}\right)$$

5.52 如图所示，两块边长为 a 的正方形导体板构成电容器，相互间倾角为 θ，求证当 θ 很小时，其电容为 $C = \dfrac{\varepsilon_0 a^2}{d}\left(1 - \dfrac{a\theta}{2d}\right)$。

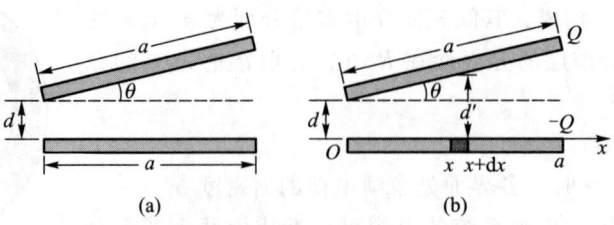

题 5.52 图

证明： 将该电容器看成无限多个极板为窄条的小电容器并联而成，每个小电容器的电容为

$$dC = \frac{\varepsilon_0 dS}{d'} = \frac{\varepsilon_0 a dx}{d+\theta x}$$

总电容为

$$\int dC = \int_0^a \frac{\varepsilon_0 a dx}{d+x\theta} = \frac{\varepsilon_0 a}{\theta} \ln\left(1+\frac{\theta a}{d}\right)$$

由于 θ 很小，将上式按泰勒级数展开得

$$C = \frac{\varepsilon_0 a^2}{d}\left(1 - \frac{a\theta}{2d}\right)$$

5.53 半径为 R，带电荷量为 Q 的导体球，周围充满相对介电常量为 ε_r 的电介质，求电场中贮存的能量。

解：由高斯定理可知，半径为 r 处的介质中的电场强度为

$$E = \frac{Q}{4\pi\varepsilon_0\varepsilon_r r^2}$$

所以，电场中贮存的电能为

$$W_e = \int_R^\infty \frac{1}{2}\varepsilon_0\varepsilon_r E^2 dV = \frac{Q^2}{8\pi\varepsilon_0\varepsilon_r R}$$

5.54 如图所示，一电容器极板是边长为 a 的正方形，间距为 d，带电荷量为 $\pm Q$。把一块厚度为 d、相对介电常量为 ε_r 的电介质板插入一半，那么它受的力为多少？方向如何？

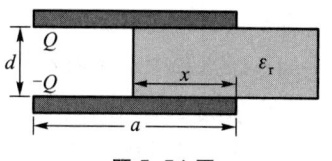

题 5.54 图

解：如图所示，因为

$$F = -\frac{\partial W_e}{\partial x}, \quad W_e = \frac{Q^2}{2C}$$

$$C = C_1 + C_2 = \frac{\varepsilon_0 a(a-x)}{d} + \frac{\varepsilon_0 \varepsilon_r a x}{d} = \frac{\varepsilon_0 a}{d}[a+x(\varepsilon_r-1)]$$

所以

$$W_e = \frac{Q^2 d}{2\varepsilon_0 a[a+x(\varepsilon_r-1)]}, \quad \frac{\partial W_e}{\partial x} = -\frac{Q^2(\varepsilon_r-1)d}{2\varepsilon_0 a[a+x(\varepsilon_r-1)]^2}$$

故

$$F = \frac{Q^2 d(\varepsilon_r-1)}{2\varepsilon_0 a[a+x(\varepsilon_r-1)]^2}$$

当 $x = a/2$ 时，有

$$F = \frac{2Q^2 d(\varepsilon_r-1)}{\varepsilon_0 a^3(\varepsilon_r+1)^2}$$

力的方向指向 x 增大的方向，即指向有利于电介质进入电容器的方向。

第 6 章 恒定磁场

6.1 电流与电流密度有何不同，又有何联系？

解：电流定义为：单位时间通过导体横截面的电荷，即 $I = \dfrac{\mathrm{d}q}{\mathrm{d}t}$；而电流密度的大小定义为：通过垂直电流线的单位面积的电流，即 $|\boldsymbol{J}| = \dfrac{\mathrm{d}I}{\mathrm{d}S_\perp}$。电流密度是一个矢量，其方向是导体内某点处电场强度的方向（对各向同性物质）。二者的联系是 $\mathrm{d}I = \boldsymbol{J} \cdot \mathrm{d}\boldsymbol{S}$ 或 $I = \displaystyle\int_S \boldsymbol{J} \cdot \mathrm{d}\boldsymbol{S}$。

6.2 电动势与电势差有何不同？

解：电动势的定义为：$\mathscr{E} = \displaystyle\int_-^+ \boldsymbol{E}_k \cdot \mathrm{d}\boldsymbol{l}$ 或 $\varepsilon = \displaystyle\oint_l \boldsymbol{E}_k \cdot \mathrm{d}\boldsymbol{l}$，式中 $\boldsymbol{E}_k = \dfrac{\boldsymbol{F}_{\text{非静电}}}{q_0}$ 称为非静电场场强。电势差与电场强度的关系为：$U_{ab} = V_a - V_b = \displaystyle\int_a^b \boldsymbol{E} \cdot \mathrm{d}\boldsymbol{l}$。电动势体现了电源中非静电力的做功能力；电势差表现静电场力的做功能力。二者单位相同，都是从做功的角度来度量力做功的能力。但非静电力做功仅限于电源的内部使其他形式的能量转化为电能，而电场力做功是将电能转化为其他形式的能量。

6.3 试猜测地球磁场形成的原因，用什么方法确定地球的磁偶极矩？

解：目前的看法是：在离地心 1 200 km 的外地核温度高达约 6 000 K，压强高达 10^{11} Pa，这里有大量熔融的液态铁和镍，在液态的铁和镍中存在有带电的亚原子粒子，在地球绕轴自西向东的自转过程中，含电荷的液态铁和镍也随之自西向东流动，因此形成自西向东的环状电流，从而形成了地球的磁场，这就是地磁场形成的发电机模型。

可以将地球的磁场等效成由中心在地心的磁偶极子产生，测定地磁极轴上（或以外）一点的地磁场大小和离地心的距离，便可推算出地球的磁偶极矩。也可以在地磁轴上垂直磁轴放一载流线圈，调节电流大小和方向使轴上某点磁场为零来测定。

6.4 方程 $\mathrm{d}\boldsymbol{F} = I\mathrm{d}\boldsymbol{l} \times \boldsymbol{B}$ 中的三个矢量，哪些矢量始终正交？哪些矢量之间可以有任意角度？

解：矢量 $\mathrm{d}\boldsymbol{F}$ 与 $I\mathrm{d}\boldsymbol{l}$ 和 $\boldsymbol{B}$ 始终正交，$I\mathrm{d}\boldsymbol{l}$ 与 $\boldsymbol{B}$ 之间可以有任意角度。

6.5 磁感应线和电场线在表征"场"的物理性质方面有哪些相似之处？

解：磁感应线和电场线都是用一组假想的有方向的曲线来描述矢量场的空间分布的。磁感应线和电场线上任意点的切线方向都能代表该点处 $\boldsymbol{B}$ 或 $\boldsymbol{E}$ 的方向，而空间某点附近的磁感应强度的大小或电场强度的大小都可以用垂直穿过单位面积上的磁感应线或电场线的通量来表征。

6.6 在磁场中，任意条给定的磁感应线上各点处磁感应强度 B 的数值是否相同？

解：一般情况下不相同。因为 B 的数值取决于某点邻域内磁感应线的通量密度，即 $|\boldsymbol{B}| = \dfrac{\mathrm{d}\varPhi}{\mathrm{d}S_\perp}$，只有对于均匀场，磁感应线上各点 B 的数值才是相同的，任意条给定的磁感应线只能告诉我们磁感应线上各点处的磁感应强度 B 的方向。

6.7 磁场的高斯定理反映了磁场的哪些性质？

解：磁场的高斯定理反映了磁场是无源场，磁感应线是闭合曲线。

6.8 利用安培环路定理，是否可以求出任何电流回路在空间某处产生的磁感应强度？

解：不能。

6.9 把两种不同的磁介质放在磁铁的两个不同名磁极之间，磁化后也成为磁体，但两极的位置不同，如图所示，试指出哪一种是抗磁质？

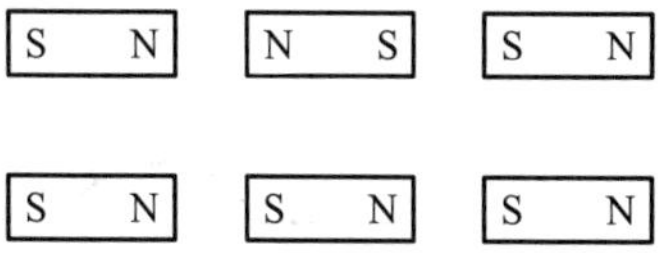

解：上图为抗磁质；下图为顺磁质。

题 6.9 图

6.10 有两根铁棒，不论把它们的哪端相互靠近，可以发现他们总是相吸引，你能得出什么结论？

解：其中一根铁棒已被磁化，而另一根铁棒没有被磁化。

6.11 地球北极的磁场 $B=6\times10^{-5}$ T，如果想环赤道形成一电流来抵消这一磁场，试估算电流的大小和方向。

解：地球北极是地磁的南极，为了抵消地球北极由上向下的磁场，赤道电流从北极向下看去应为逆时针方向。其大小可按圆电流在轴线上的磁感应强度公式计算：

$$B=\frac{\mu_0}{2}\frac{R^2 I}{(R^2+x^2)^{3/2}}$$

式中，R 为地球半径。在此 $x=R$，代入上式得

$$I=\frac{4\sqrt{2}BR}{\mu_0}=1.72\times10^9 \text{ A}$$

6.12 如图所示，有电流 I 沿导线从无限远处流来，在 O 处转折 $120°$，向无限远流去，求 P_1、P_2 点的磁感应强度。P_1 点在 MO 的延长线上，P_2 点在载流线夹角的角平分线上，且有 $P_2M=d$，$P_1O=b$。若 $I=1$ A，$d=0.50$ m，$b=0.60$ m，试给出数值结果。

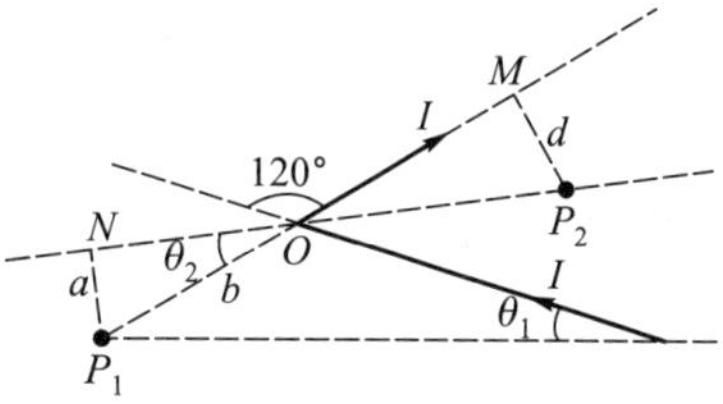

题 6.12 图

解：P_1 点在 MO 延长线上，OM 段电流对 P_1 点磁场无贡献，故 P_1 点的磁场由无穷远处到 O 的这段电流产生，由毕-萨定律可得 P_1 点磁感应强度大小为

$$B_1=\frac{\mu_0 I}{4\pi a}(\cos\theta_1-\cos\theta_2)$$

$$a=NP_1=OP_1\sin 60°=\frac{\sqrt{3}}{2}b, \quad \theta_1=0, \quad \theta_2=\frac{\pi}{3}$$

所以

$$B_1=\frac{\mu_0 I}{4\sqrt{3}\pi b}=9.6\times10^{-8} \text{T}$$

P_2 点的磁感应强度大小为

$$B_2 = 2\frac{\mu_0 I}{4\pi d}(\cos 30° - \cos \pi) = \frac{\mu_0 I}{2\pi d}\left(\frac{\sqrt{3}}{2}+1\right)$$

方向垂直纸面向内，代入数值得 $B_2 = 7.46\times 10^{-7}$ T。

6.13 求图（a）、(b)、(c)所示情况下 O 点的磁感应强度。

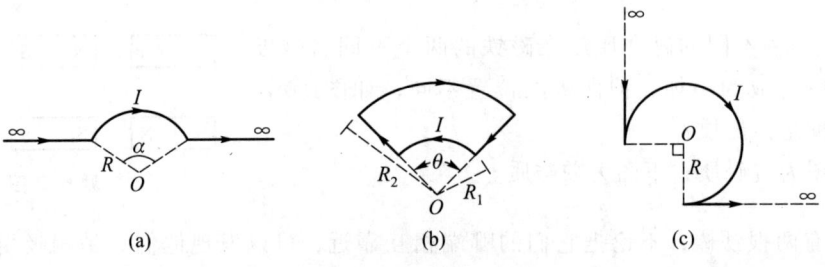

题 6.13 图

解：图（a）中，O 点的磁感应强度由一段载流弧线和两段延伸到无穷远的载流直线产生，三者在 O 点产生的 B 都是垂直纸面向内。弧线产生的 B 可按圆电流在圆心的磁感应强度公式 $B = \frac{\mu_0 I}{2R}$ 和弧长占圆周长百分比确定，载流直线产生的 B 可按载流直线的磁感应强度公式确定。O 点的磁感应强度大小为

$$B_1 = \frac{\mu_0 I}{2R}\frac{\alpha}{2\pi} + \frac{\mu_0 I}{4\pi R\cos(\alpha/2)}[\cos 0° - \cos(90°-\alpha/2)]$$

$$+ \frac{\mu_0 I}{4\pi R\cos(\alpha/2)}[\cos(90°+\alpha/2)-\cos\pi]$$

$$= \frac{\mu_0 I}{4\pi R}\left[\alpha + \frac{2\left(1-\sin\frac{\alpha}{2}\right)}{\cos\frac{\alpha}{2}}\right]$$

图（b）中，

$$B_2 = \frac{\mu_0 I}{2R_1}\frac{\theta}{2\pi} - \frac{\mu_0 I}{2R_2}\frac{\theta}{2\pi} = \frac{\mu_0 I\theta}{4\pi}\left(\frac{1}{R_1}-\frac{1}{R_2}\right)$$

图（c）中，

$$B_3 = \frac{\mu_0 I}{2R}\frac{\frac{3}{4}2\pi}{2\pi} - \frac{\mu_0 I}{4\pi R}2 = \frac{\mu_0 I}{8\pi R}(3\pi - 4)$$

方向垂直纸面向内。

6.14 如图所示，有半径为 R 的薄无限长半圆柱面，沿母线方向均匀流过电流 I，求轴线上一点处的磁感应强度 $\boldsymbol{B}$。

解：如图所示，将薄无限长圆柱面微分成无限个无限长窄条，每个窄条相当于一根无限长载流直导线，每窄条上的电流为 dI，窄条的宽为 dl，所以有

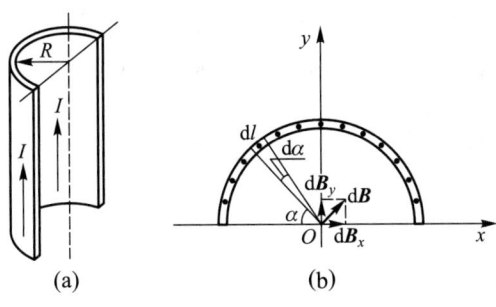

题 6.14 图

$$dI = \frac{I}{\pi R}dl = \frac{I}{\pi R}Rd\alpha = \frac{I}{\pi}d\alpha$$

dI 在轴线上某点 O 处产生 $d\boldsymbol{B}$ 的大小为

$$dB = \frac{\mu_0 dI}{2\pi R} = \frac{\mu_0}{2\pi R}\frac{I}{\pi}d\alpha$$

将 $d\boldsymbol{B}$ 分解成 $dB_y = dB\cos\alpha$, $dB_x = dB\sin\alpha$, 则有

$$B_x = \int dB_x = \int_0^\pi \frac{\mu_0 I}{2\pi^2 R}\sin\alpha d\alpha = \frac{\mu_0 I}{\pi^2 R}, \quad B_y = \int dB_y = 0$$

所以
$$\boldsymbol{B} = \frac{\mu_0 I}{\pi^2 R}\boldsymbol{i}$$

6.15 通过有 20 A 电流的长直导线折成直角沿 x、y 轴放置，如图所示，试求：

(1) 在 x 轴上距原点 O 为 2 cm 的 Q 点处的 $\boldsymbol{B}$ 是多少？

(2) 在 z 轴上距原点 O 为 2 cm 的 P 点处的 $\boldsymbol{B}$ 是多少？

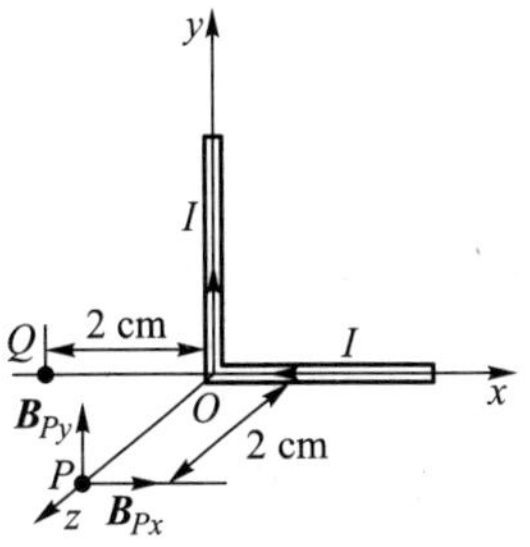

解：由公式 $B = \dfrac{\mu_0 I}{4\pi a}(\cos\theta_1 - \cos\theta_2)$ 可得：

(1) $B_Q = \dfrac{\mu_0 I}{4\pi a}\left(\cos 0 - \cos\dfrac{\pi}{2}\right) = \dfrac{\mu_0 I}{4\pi a} = 1.0\times 10^{-4}$ T

方向垂直纸面向外。

题 6.15 图

(2) $$B_{Px} = \frac{\mu_0 I}{4\pi a}, \quad B_{Py} = \frac{\mu_0 I}{4\pi a}$$

$$B_P = \sqrt{B_{Px}^2 + B_{Py}^2} = \sqrt{\left(\frac{\mu_0 I}{4\pi a}\right)^2 + \left(\frac{\mu_0 I}{4\pi a}\right)^2} = \sqrt{2}\frac{\mu_0 I}{4\pi a} = 1.41\times 10^{-4} \text{ T}$$

$$\tan\alpha = \frac{B_{Py}}{B_{Px}} = 1, \quad \alpha = 45°$$

6.16 如图所示，一长导线在中部弯成图示形状，两端各延伸于很远处，圆弧半径为 r，通以电流 I 后，试求 P 点处的磁感应强度。

解：P 点处的磁感应强度，是由载流直线 AC、DB 和圆弧 CFD 三部分共同产生的，并且三个部分产生的磁感应强度有相同的方向，所以 P 点处的磁感应强度的大小应是三个部分各自在 P 点产生磁感应强度大小的和，即

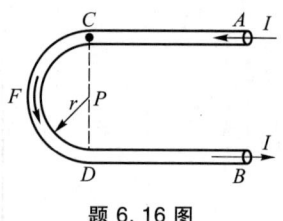

题 6.16 图

$$B_P = B_{AC} + B_{DB} + B_{CFD}$$

$$B_{AC} = B_{DB} = \frac{\mu_0 I}{4\pi r}, \quad B_{CFD} = \int_0^{\pi r} \frac{\mu_0 I dl}{4\pi r^2} = \frac{\mu_0 I}{4r}$$

所以

$$B_P = 2\frac{\mu_0 I}{4\pi r} + \frac{\mu_0 I}{4r} = \frac{\mu_0}{4\pi}(2+\pi)\frac{I}{R}$$

方向垂直纸面向外。

6.17 如图所示，自粗细均匀的圆形导线上的任意两点 P、Q 处沿半径方向引出两条直导线，而导线在无限远处与电源相接，证明圆形导线中心 O 点的磁感应强度为零。

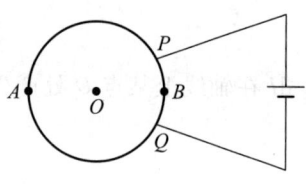

题 6.17 图

解：令圆弧 $\overset{\frown}{PAQ}$ 长为 l_1，电流为 I_1 在 O 点处产生的磁感应强度为 $\boldsymbol{B}_1$；圆弧 $\overset{\frown}{PBQ}$ 长为 l_2，电流为 I_2 在 O 点处产生的磁感应强度为 $\boldsymbol{B}_2$。则

$$B_1 = \frac{\mu_0}{4\pi}\int_0^{l_1}\frac{I_1 dl}{r^2} = \frac{\mu_0}{4\pi}\frac{I_1 l_1}{r^2} \quad (\text{方向：垂直纸面向外，设为正号})$$

$$B_2 = \frac{\mu_0}{4\pi}\int_0^{l_2}\frac{I_2 dl}{r^2} = \frac{\mu_0}{4\pi}\frac{I_2 l_2}{r^2} \quad (\text{方向：垂直纸面向里，设为负号})$$

$$B_O = B_1 + B_2 = \frac{\mu_0}{4\pi}\frac{I_1 l_1}{r^2} - \frac{\mu_0}{4\pi}\frac{I_2 l_2}{r^2} = \frac{\mu_0}{4\pi r^2}(I_1 l_1 - I_2 l_2)$$

由于两段圆弧并联，有 $I_1 l_1 = I_2 l_2$，所以 $B_O = 0$。

6.18 如图所示，两个半径为 R 的圆形线圈平行放置，相距为 l，并通以流向相同的电流 I（称为亥姆霍兹线圈），问在距离它们中心 O 点 x 处的磁感应强度是多少？并证明当 $l=R$ 时，O 点附近的磁场最为均匀。

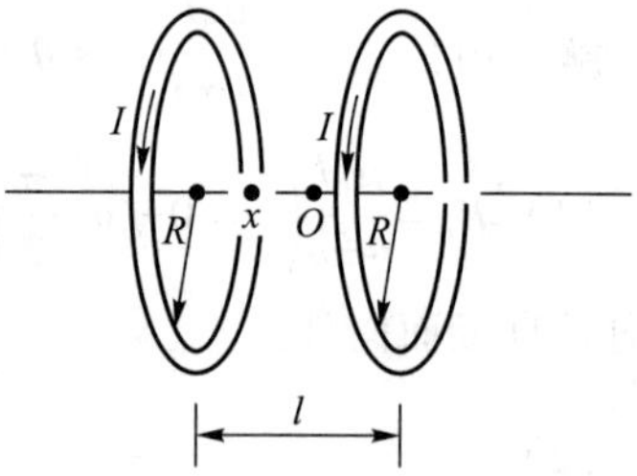

解：x 处的磁感应强度是由两个圆形线圈共同产生的，由于在轴线上各点磁感应强度的方向都相同，所以 x 点的磁感应强度的大小为

题 6.18 图

$$B = \frac{\mu_0 I R^2}{2}\left\{\frac{1}{[R^2+(l/2+x)^2]^{3/2}} + \frac{1}{[R^2+(l/2-x)^2]^{3/2}}\right\}$$

磁场沿 x 方向的变化情况，反映在 B 对 x 的各阶导数上，有

$$\frac{dB}{dx} = -\frac{\mu_0 3IR^2}{2}\left\{\frac{l/2+x}{[R^2+(l/2+x)^2]^{5/2}} + \frac{l/2-x}{[R^2+(l/2-x)^2]^{5/2}}\right\}$$

$$\frac{d^2B}{dx^2} = \frac{\mu_0 3IR^2}{2}\left\{\frac{4(l/2+x)^2-R^2}{[R^2+(l/2+x)^2]^{7/2}} + \frac{4(l/2-x)^2-R^2}{[R^2+(l/2-x)^2]^{7/2}}\right\}$$

在 O 点：$\left.\dfrac{\mathrm{d}B}{\mathrm{d}x}\right|_{x=0}=0$，这时若 $\left.\dfrac{\mathrm{d}^2B}{\mathrm{d}x^2}\right|_{x=0}>0$，则表示 B 在 O 点有极小值；若 $\left.\dfrac{\mathrm{d}^2B}{\mathrm{d}x^2}\right|_{x=0}<0$，则表示 B 在 O 点有极大值；若 $\left.\dfrac{\mathrm{d}^2B}{\mathrm{d}x^2}\right|_{x=0}=0$，则表示 B 在 O 点有稳定值。在这种情况下，O 点的磁场最接近一个均匀磁场，所以令 $\left.\dfrac{\mathrm{d}^2B}{\mathrm{d}x^2}\right|_{x=0}=0$，则可以求得 $l=R$。

6.19 如图所示，半径为 R 的绝缘盘均匀带电，电荷面密度为 σ，圆盘绕垂直盘面通过盘心的轴以角速度 ω 匀速转动，求轴线上任意点的磁感应强度和转盘的磁偶极矩。

解：将圆盘划分成无限多带电同心圆环，任意圆环的半径为 r，宽度为 $\mathrm{d}r$，则该圆环所带电荷量为
$$\mathrm{d}q=\sigma\mathrm{d}S=\sigma 2\pi r\mathrm{d}r$$
当圆盘以角速度 ω 绕轴旋转时，所形成的电流为
$$\mathrm{d}I=\dfrac{\mathrm{d}q}{\mathrm{d}t}=\dfrac{\sigma 2\pi r\mathrm{d}r}{T}=\sigma\omega r\mathrm{d}r$$

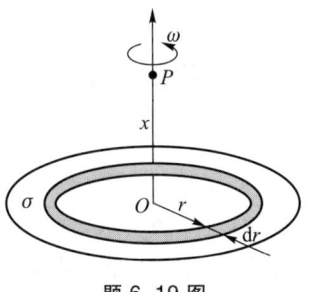

题 6.19 图

该电流在 P 点产生的磁感应强度大小为
$$\mathrm{d}B=\dfrac{\mu_0 r^2\mathrm{d}I}{2(r^2+x^2)^{3/2}}=\dfrac{\mu_0 r^3\sigma\omega\mathrm{d}r}{2(r^2+x^2)^{3/2}}$$
积分得到整个圆盘在 P 点的磁感应强度大小为
$$B=\int_0^R\dfrac{\mu_0 r^3\sigma\omega\mathrm{d}r}{2(r^2+x^2)^{3/2}}=\dfrac{\mu_0\sigma\omega}{2}\left(\dfrac{R^2+2x^2}{\sqrt{R^2+x^2}}-2x\right)$$

求磁偶极矩：
$$\mathrm{d}\boldsymbol{m}=\mathrm{d}I\cdot S\boldsymbol{e}_n=\pi r^2\sigma\omega\mathrm{d}r\boldsymbol{e}_n$$
转动圆盘的总磁矩为
$$\boldsymbol{P}=\int_0^R\pi r^3\sigma\omega\mathrm{d}r\boldsymbol{e}_n=\dfrac{1}{4}\pi\sigma\omega R^4\boldsymbol{e}_n$$

式中，$\boldsymbol{e}_n$ 为盘面法线。

6.20 如图所示，均匀带电刚性绝缘细杆 AB，其长为 l，电荷线密度为 λ，绕垂直于直线的轴 O 以角速度 ω 匀速转动（O 点在细杆延长线上）。求：
（1）O 点处的磁感应强度；
（2）磁矩。

解：（1）将带电细杆划分成无限多段，每段的长度为 $\mathrm{d}r$，当 $\mathrm{d}r$ 以角速度 ω 绕 O 旋转时所形成的圆形电流元为
$$\mathrm{d}I=\dfrac{\lambda\omega}{2\pi}\mathrm{d}r$$

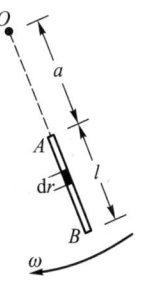

题 6.20 图

该电流元在圆心 O 点处的磁感应强度大小为

$$dB_O = \frac{\mu_0 dI}{2\pi} = \frac{\lambda\omega\mu_0}{4\pi}\frac{dr}{r}$$

则绕 O 点旋转的带电杆 AB 在 O 点处的磁感应强度大小为

$$B_O = \int_a^{a+l} \frac{\lambda\omega\mu_0}{4\pi}\frac{dr}{r} = \frac{\lambda\mu_0\omega}{4\pi}\ln\frac{a+l}{a}$$

（2）电流元 dI 产生的元磁矩大小为

$$dm = \pi r^2 dI = \frac{1}{2}\lambda\omega r^2 dr$$

对所有旋转形成的电流环积分，得到总磁矩大小为

$$m = \int_a^{a+l} \frac{1}{2}\lambda\omega r^2 dr = \frac{\lambda\omega}{6}[(a+l)^3 - a^3]$$

6.21 如图所示，一半径为 R 的球面上均匀分布着面密度为 σ 的电荷，当它以角速度 ω 绕直径旋转时，求在球心处的磁感应强度的大小。

解：沿直径的方向将带电球面划分成若干个带电圆环，每个环所带电荷量为

$$dq = \sigma 2\pi R d\theta = \sigma 2\pi R^2 \sin\theta d\theta$$

当环绕直径旋转时，环等效的电流为

$$dI = \frac{dq}{dt} = \frac{\sigma 2\pi R^2 \sin\theta d\theta}{2\pi/\omega} = \omega\sigma R^2 \sin\theta d\theta \quad ①$$

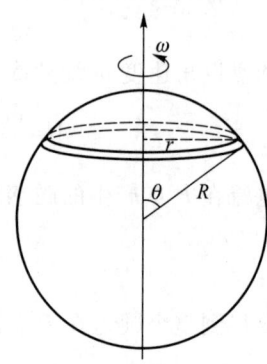

题 6.21 图

由主教材的式（6.2.5）可知，通有电流 dI 圆环在球心处的磁感应强度的大小为

$$dB = \frac{\mu_0 r^2 dI}{2R^3} \quad ②$$

由图可知 $r = R\sin\theta$，将此式和式（1）都代入式（2），得

$$dB = \frac{\mu_0 R^2 \sin^2\theta\omega\sigma R^2 \sin\theta d\theta}{2R^3} = \frac{\mu_0 R\omega\sigma \sin^3\theta d\theta}{2}$$

将所有 dB 相加得

$$B = \int_0^\pi dB = \int_0^\pi \frac{\mu_0 R\omega\sigma \sin^3\theta d\theta}{2} = \frac{2\mu_0 R\omega\sigma}{3}$$

6.22 如图所示，有内半径为 R_1、外半径为 R_2 的无限长导体圆管，通以均匀的电流 I，求空间各区域的磁感应强度。

解：磁场具有圆柱对称性，故可用磁场的安培环路定理来求解，管中电流密度为

$$J = \frac{I}{\pi(R_2^2 - R_1^2)}$$

取与圆柱垂直、半径为 r 的圆形积分环路，对 $r < R_1$ 有

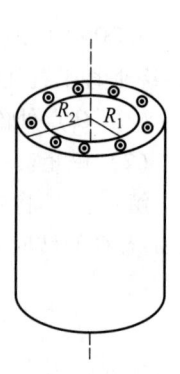

题 6.22 图

$$\oint_l \boldsymbol{B} \cdot d\boldsymbol{l} = 0, \quad B_1 = 0$$

对 $R_1 < r < R_2$ 有

$$\oint_l \boldsymbol{B}_2 \cdot d\boldsymbol{l} = \mu_0 \sum I$$

所以

$$B_2 2\pi r = \mu_0 \pi (r^2 - R_1^2) \frac{I}{\pi(R_2^2 - R_1^2)}$$

$$B_2 = \frac{\mu_0 I (r^2 - R_1^2)}{2\pi r (R_2^2 - R_1^2)}$$

对 $r > R_2$ 有

$$\oint_l \boldsymbol{B}_3 \cdot d\boldsymbol{l} = \mu_0 I, \quad B_3 = \frac{\mu_0 I}{2\pi r}$$

6.23 如图所示，一厚度为 d 的无限大导体平板，沿同一方向通过均匀电流，电流密度大小为 J，求导体内外的磁感应强度。

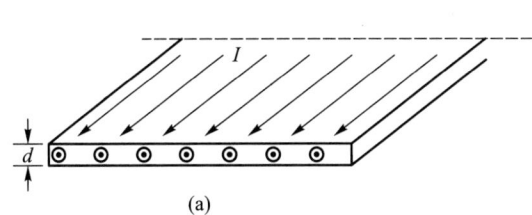
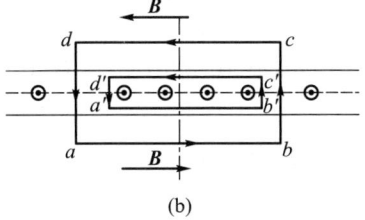

题 6.23 图

解：当导体平板中的电流如图所示的方向流动时，平板外为均匀磁场，设 $x = 0$ 处为对称面，如图取回路 $abcda$ 和 $a'b'c'd'a'$ 利用安培环路定理：

$$\oint_{abcda} \boldsymbol{B} \cdot d\boldsymbol{l} = \int_a^b \boldsymbol{B}_{外} \cdot d\boldsymbol{l} + \int_b^c \boldsymbol{B} \cdot d\boldsymbol{l} + \int_c^d \boldsymbol{B}_{外} \cdot d\boldsymbol{l} + \int_d^a \boldsymbol{B} \cdot d\boldsymbol{l} = 2B_{外} l_1 = \mu_0 J d l_1$$

所以

$$B_{外} = \frac{1}{2}\mu_0 J d$$

$$\oint_{a'b'c'd'a'} \boldsymbol{B} \cdot d\boldsymbol{l} = \int_{a'}^{b'} \boldsymbol{B}_{内} \cdot d\boldsymbol{l} + \int_{b'}^{c'} \boldsymbol{B} \cdot d\boldsymbol{l} + \int_{c'}^{d'} \boldsymbol{B}_{内} \cdot d\boldsymbol{l} + \int_{d'}^{a'} \boldsymbol{B} \cdot d\boldsymbol{l}$$

所以

$$B_{内} = \mu_0 J x$$

由于上列积分式右边第二、第四项中 $\boldsymbol{B} \perp d\boldsymbol{l}$，所以积分为零。

6.24 如图所示，一半径为 R 的无限长导体圆柱，在距离轴线 d 处，挖掉半径为 r_0（$r_0 < 0$）的小圆柱，两圆柱轴线相互平行，余下部分沿轴向流过均匀电流，电流密度为 $\boldsymbol{J}$。求：

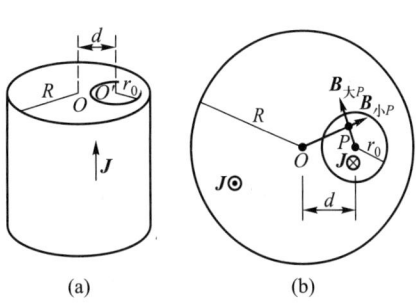

题 6.24 图

（1）大圆柱轴线上的磁感应强度；

（2）空圆柱轴线上的磁感应强度；

（3）证明空圆柱内为均匀磁场。

解：如图所示，挖空的圆柱体在空间产生的磁感应强度，等效于流过电流密度为 $\boldsymbol{J}$ 的大圆柱体和在挖空部分流过 $-\boldsymbol{J}$ 的小圆柱体分别产生的磁感应强度的叠加，对于每个圆柱体都可以利用安培环路定理求出各自在产生的磁感应强度。

（1）大圆柱在自身轴线上产生的磁感应强度为零，大圆柱轴线上的磁感应强度都是由通有电流 $-\boldsymbol{J}$ 小圆柱产生的，所以在此处的磁感应强度大小为

$$B_0 = \frac{\mu_0 I}{2\pi r} = \frac{\mu_0 J \pi r_0^2}{2\pi d} = \frac{\mu_0 J r_0^2}{2d}$$

（2）小圆柱在自身轴线产生的磁感应强度为零，而大圆柱在该轴线上的磁感应强度大小为

$$\oint_l \boldsymbol{B} \cdot \mathrm{d}\boldsymbol{l} = 2\pi d B_{O'} = \mu_0 \sum I = \mu_0 \pi d^2 J$$

所以

$$B_{O'} = \frac{1}{2}\mu_0 J d$$

（3）挖空处任取一点 P，则该点处的磁感应强度为

$$\boldsymbol{B}_P = \boldsymbol{B}_{\text{大}P} + \boldsymbol{B}_{\text{小}P}$$

由安培环路定理有

$$\boldsymbol{B}_{\text{大}P} = \frac{\mu_0}{2}\boldsymbol{J}\times\boldsymbol{r}_1, \quad \boldsymbol{B}_{\text{小}P} = \frac{\mu_0}{2}(-\boldsymbol{J})\times\boldsymbol{r}_2$$

所以

$$\boldsymbol{B}_P = \frac{\mu_0}{2}\boldsymbol{J}\times\boldsymbol{r}_1 + \frac{\mu_0}{2}(-\boldsymbol{J})\times\boldsymbol{r}_2 = \frac{\mu_0}{2}\boldsymbol{J}\times(\boldsymbol{r}_1-\boldsymbol{r}_2) = \frac{\mu_0}{2}\boldsymbol{J}\times\boldsymbol{d} \text{（常矢量）}$$

6.25 如图所示，一同轴电缆，内导体半径为 r_1，电流为 I；外导体的内、外半径分别为 r_2 和 r_3，电流为 I，但方向与内导体电流方向相反。同轴电缆的截面如图所示，求以下各处磁感应强度：

（1）两导体之间；

（2）外导体以外；

（3）内导体中；

（4）外导体中。

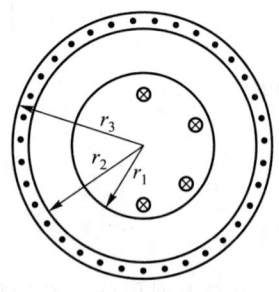

题 6.25 图

解：利用安培环路定理：

（1）$\oint_l \boldsymbol{B}_1 \cdot \mathrm{d}\boldsymbol{l} = B_1 \int_0^{2\pi r} \mathrm{d}r = \mu_0 I$，所以 $B_1 = \dfrac{\mu_0 I}{2\pi r}$（$r_1 < r < r_2$）。

（2）$\oint_l \boldsymbol{B}_2 \cdot \mathrm{d}\boldsymbol{l} = B_2 \int_0^{2\pi r} \mathrm{d}r = \mu_0(I-I) = 0$，所以 $B_2 = 0$（$r > r_3$）。

（3）$\oint_l \boldsymbol{B}_3 \cdot \mathrm{d}\boldsymbol{l} = B_3 \int_0^{2\pi r} \mathrm{d}r = \dfrac{\mu_0 I}{2 r_1^2} \pi r^2$，所以 $B_3 = \dfrac{\mu_0 I}{2\pi r_1^2} r$ （$r < r_1$）。

（4）$\oint_l \boldsymbol{B}_4 \cdot \mathrm{d}\boldsymbol{l} = B_4 \int_0^{2\pi r} \mathrm{d}r = \dfrac{\mu_0 I}{\pi(r_3^2 - r_2^2)} \pi(r^2 - r_2^2) - \mu_0 I$，所以 $B = \dfrac{\mu_0 I (r^2 - r_3^2)}{2\pi r (r_3^2 - r_2^2)}$ （$r_2 < r < r_3$）。

6.26 如图所示，在均匀磁场 $\boldsymbol{B}$ 中，于垂直于 $\boldsymbol{B}$ 的平面上放置电阻率较大的导线构件，从端点 M 输入总电流 I，求 MA、等边三角形 ABC、半圆形 CND 及直线 CD、DE 各部分所受安培力。

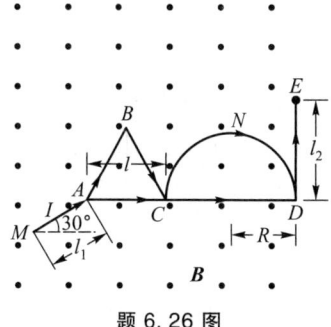

题 6.26 图

解： 电流元 $I\mathrm{d}\boldsymbol{l}$ 所受安培力为

$$\mathrm{d}\boldsymbol{F} = I\mathrm{d}\boldsymbol{l} \times \boldsymbol{B} = I \begin{vmatrix} \boldsymbol{i} & \boldsymbol{j} & \boldsymbol{k} \\ \mathrm{d}x & \mathrm{d}y & 0 \\ 0 & 0 & B \end{vmatrix}$$

MA 所受安培力为

$$\mathrm{d}\boldsymbol{F} = -IBl_1\cos 30°\boldsymbol{j} + IBl_1\sin 30°\boldsymbol{i} = \dfrac{1}{2}IBl_1(\boldsymbol{i} - \sqrt{3}\boldsymbol{j})$$

AC 所受安培力为（考虑到流经 AC 段的电流为 $\dfrac{2}{3}I$）

$$\boldsymbol{F}_{AC} = -\dfrac{2}{3}IBl\boldsymbol{j}$$

AB 所受安培力为（考虑到流经 ABC 段的电流为 $\dfrac{1}{3}I$）

$$\boldsymbol{F}_{AB} = \dfrac{1}{3}IBl(\sin 60°\boldsymbol{i} - \cos 60°\boldsymbol{j}) = \dfrac{1}{6}IBl(\sqrt{3}\boldsymbol{i} - \boldsymbol{j})$$

BC 所受安培力为

$$\boldsymbol{F}_{BC} = -\dfrac{1}{6}IBl(\sqrt{3}\boldsymbol{i} + \boldsymbol{j})$$

△ABC 所受合力为

$$\boldsymbol{F}_{ABC} = \boldsymbol{F}_{AC} + \boldsymbol{F}_{AB} + \boldsymbol{F}_{BC} = -IBl\boldsymbol{j}$$

在闭合半圆 $CNDC$ 中圆弧 $\overset{\frown}{CND}$ 中的电流为 I_1，直边 CD 中的电流为 I_2，则有

$$\dfrac{I_1}{I_2} = \dfrac{2R}{\pi R} = \dfrac{2}{\pi}, \quad I = I_1 + I_2$$

则

$$I_1 = \dfrac{2}{2+\pi}I, \quad I_2 = \dfrac{\pi}{2+\pi}I$$

圆弧 $\overset{\frown}{CND}$ 所受安培力为

$$\boldsymbol{F}_{CND} = -\dfrac{4}{2+\pi}IBR\boldsymbol{j}$$

直径 CD 所受安培力为

$$F_{CD} = -\frac{2\pi}{2+\pi}IBRj$$

闭和半圆 CNDC 所受安培力为

$$F_{CNDC} = F_{CND} + F_{CD} = -\frac{IBR}{2+\pi}(4+2\pi)j$$

DE 所受安培力为

$$F_{DE} = IBl_2 i$$

6.27 一半径为 4 cm 的圆环，放在非均匀磁场中，环上各处磁场方向对环而言是对称发散的，如图所示，圆环所在处的磁感应强度大小是 0.1 T，磁场方向和环面法向成 $60°$ 角，当圆环上电流为 15.8 A 时，求圆环所受合力的大小和方向。

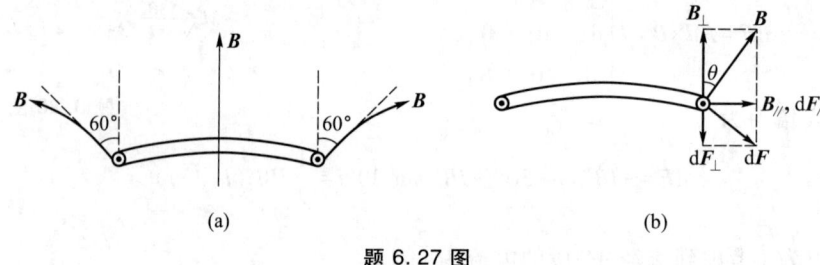

题 6.27 图

解：将环上某点的 B 分解成平行于环面的分量 $B_{/\!/}$ 和垂直于环面的分量 $B_\perp$。

$$B_{/\!/} = B\sin 60° = \frac{\sqrt{3}}{2}B, \qquad B_\perp = B\cos 60° = \frac{1}{2}B$$

环在该处受力为

$$dF_{/\!/} = B_\perp Idl = \frac{1}{2}BIdl, \qquad dF_\perp = B_{/\!/} Idl = \frac{\sqrt{3}}{2}BIdl$$

由于力的平行分量是沿环的径向，所以 $\oint dF_{/\!/} = 0$。

整个环所受安培力为

$$F = F_\perp = \int_0^{2\pi R} \frac{\sqrt{3}}{2}BIdl = \sqrt{3}\pi RIB = 0.344 \text{ N}$$

方向垂直环面向下。

6.28 半径为 15.2 cm 的平面线圈 $N = 100$ 匝，通有电流 $I = 6.28$ A，求带电线圈的磁矩是多少？

解：由磁矩公式得

$$m = NIS = NI\pi r^2 = 100 \times 6.28 \times 3.14 \times 0.152^2 \text{ A·m}^2 = 45.6 \text{ A·m}^2$$

6.29 截面积为 S，密度为 ρ 的铜质直导线，其中一段被折成边长为 l 的正方形的三个边，如图所示，可绕水平轴转动，导线放在方向为竖直向上的匀强磁场中，当导线中的电流为 I 时，导线偏离原来的竖直位置而转一角度 α 后平衡，求磁感应强度 B（$S = 2.00$ mm^2，$\rho = 8.90$ g·

cm^{-3}，$\alpha = 15°$，$I = 10$ A）。

解：正方形载流导线在原来位置上受到磁场作用力后偏转 α 角度而平衡，此时磁力矩等于重力矩，所以有

$$BIll\cos \alpha = mgl\sin \alpha + 2mg\frac{l}{2}\sin \alpha$$

所以

$$B = \frac{2mgl\sin \alpha}{Il^2\cos \alpha} = 9.35 \times 10^{-3} \text{ T}$$

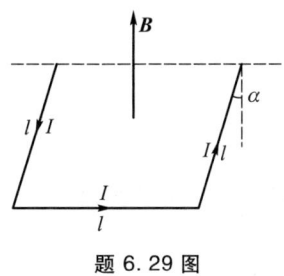

题 6.29 图

6.30 电流计线圈长 4.00 cm，宽 2.00 cm，共 600 匝，有 10^{-6} A 的电流通过，设磁感应强度大小为 0.05 T，线圈法线与磁场垂直，试求线圈所受力矩。

解：线圈所受力矩为 M，即

$$M = NIBS\sin \phi = 2.4 \times 10^{-8} \text{ N·m}$$

6.31 如图所示，在一个通有电流 I 的闭合回路 $abcda$ 中，ab 是一段可滑动的导体，长度为 l，回路平面与一磁感应强度为 B 的均匀磁场垂直。若保持电流不变，试证当 ab 向右滑动 Δx 时，安培力 F 所做的功为 $\Delta W = I\Delta \Phi$（$\Delta \Phi$ 为通过回路的磁通量变化）。

证明：$\Delta W = F \cdot \Delta x = BIl\Delta x = BI \cdot \Delta S = I\Delta \Phi$

式中，ΔS 是 ab 向右滑动 Δx 时闭合回路所围面积的增加量。

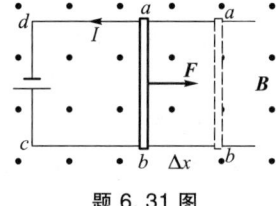

题 6.31 图

6.32 设一载流线圈在匀强磁场内转动，若保持线圈中的电流 I 不变，试证：当线圈在安培力作用下转过角度 $\Delta \theta$ 时，磁力所做的功为 $\Delta W = I\Delta \Phi$（$\Delta \Phi$ 为穿过线圈的磁通量的变化）。

证明：θ 为线圈平面与 B 的夹角，线圈在安培力矩的作用下，转过的角度为 $\Delta \theta = \theta_2 - \theta_1$，力矩 $M = IBS\sin \theta$，力矩的功为

$$dW = M \cdot d\theta = BIS\sin \theta d\theta$$

所以

$$\Delta W = \int_{\theta_1}^{\theta_2} BIS\sin \theta d\theta = I(BS\cos \theta_1 - BS\cos \theta_2) = I\Delta \Phi$$

6.33 如图所示，有宽度为 a 的无限长薄导体板，均匀流过电流 I，现将其折成直角，现有一带电荷量为 $-q$，速度为 $\boldsymbol{v} = v_x\boldsymbol{i} + v_y\boldsymbol{j} + v_z\boldsymbol{k}$ 的粒子通过 P 点，求粒子动量变化的速率 $\dfrac{d\boldsymbol{p}}{dt}$？$P$ 点距 O 点为 $d+a$。

解：P 点处的磁感应强度是由垂直和水平两个载流导体板所产生的，设它们分别为 $\boldsymbol{B}_{P1}$ 和 $\boldsymbol{B}_{P2}$，则有

$$\boldsymbol{B}_P = \boldsymbol{B}_{P1} + \boldsymbol{B}_{P2}$$

将电流板划成微分元，有

则

$$dI = \frac{I}{a}dx$$

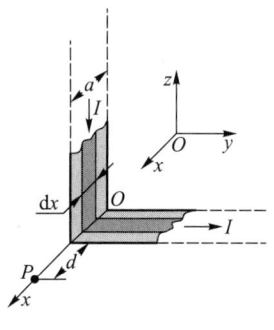

题 6.33 图

$$d\boldsymbol{B}_{P1} = \frac{\mu_0 dI}{4\pi r}(-\boldsymbol{j}) = \frac{\mu_0 I dx}{4\pi(a+d-x)a}(-\boldsymbol{j})$$

$$d\boldsymbol{B}_{P2} = \frac{\mu_0 dI}{4\pi r}(-\boldsymbol{k}) = \frac{\mu_0 I dx}{4\pi(a+d-x)a}(-\boldsymbol{k})$$

P 点的磁感应强度为

$$\boldsymbol{B}_P = \int (d\boldsymbol{B}_{P1} + d\boldsymbol{B}_{P2}) = -\frac{\mu_0 I}{4\pi a}\int_o^a \frac{dx}{(a+d-x)}(\boldsymbol{j}+\boldsymbol{k}) = \frac{\mu_0 I}{4\pi a}\ln\left(\frac{d}{a+d}\right)(\boldsymbol{j}+\boldsymbol{k})$$

带电粒子通过 P 点的动量变化率为

$$\frac{d\boldsymbol{p}}{dt} = \boldsymbol{F}_m = -q\boldsymbol{v}\times\boldsymbol{B}_P = -q(v_x\boldsymbol{i}+v_y\boldsymbol{j}+v_z\boldsymbol{k})\times\left[\frac{\mu_0 I}{4\pi a}\ln\frac{d}{a+d}(\boldsymbol{j}+\boldsymbol{k})\right]$$

$$= \frac{q\mu_0 I}{4\pi a}\ln\frac{a+d}{d}\left[(v_y-v_z)\boldsymbol{i}-v_x\boldsymbol{j}+v_x\boldsymbol{k}\right]$$

6.34 已知电子电荷量 $e = 1.6\times10^{-19}$ C，当电子进入 $B = 800$ G 的磁场中时，具有的速度为 1.2×10^7 m·s^{-1}，方向与磁感应线夹角分别为：（1）30°；（2）60°；（3）90°，求各种情况下，电子所受的洛伦兹力。

解：利用洛伦兹力公式：

$$\boldsymbol{F} = q\boldsymbol{v}\times\boldsymbol{B}$$

（1）$F = Bev\sin 30° = 7.68\times10^{-14}$ N；

（2）$F = Bev\sin 60° = 1.33\times10^{-13}$ N；

（3）$F = Bev\sin 90° = 1.54\times10^{-13}$ N。

6.35 如图所示，一束氯原子的同位素离子（它是含有质量为 35 u 和 37 u 的混合物，而 1 u $= 1.66\times10^{-27}$ kg）垂直进入 $B = 0.5$ T 的磁场，所有离子具有 2.0×10^5 m·s^{-1} 的相同速率，在磁场中偏转 180°后，这些离子打在照相底片上，试求离子束在底片上分离开的距离。

解：设离子束在底片上分开的距离为 d，则

$$d = 2R_2 - 2R_1 = \frac{2v}{Be}(m_2-m_1) = 1.67\times10^{-2} \text{ m}$$

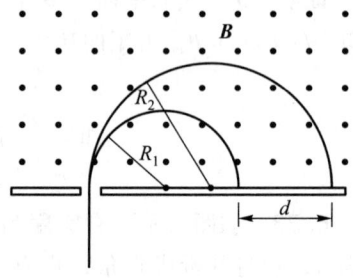

题 6.35 图

6.36 横截面 $S = d\times b = (0.4\times10^{-2})\times(0.1\times10^{-3})$ m^2 的带状银质导线通有电流 5 A，有 1 T 的磁场垂直于横截面，如图所示，求霍尔电势差。（银的密度 $\rho = 10.5$ g·cm^{-3}，银的摩尔质量为 $M = 0.108$ kg·mol^{-1}。）

解：若每个原子只贡献一个电子，则电子数密度为

$$n = \frac{\rho}{M}N_A = 5.85\times10^{28} \text{ m}^{-3}$$

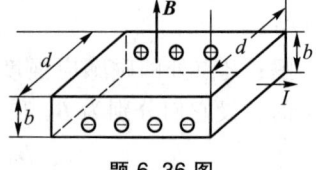

题 6.36 图

式中，$N_A = 6.022 \times 10^{23}\ \mathrm{mol}^{-1}$。电流与电子的定向漂移速度的关系为 $I = nvqS$，而 $S = db$，所以有

$$v = \frac{I}{nqdb}$$

由 $qvB = \dfrac{U_H}{d}q$ 得霍尔电势差：

$$U_H = vBd = \frac{IB}{nqb} = 5.3 \times 10^{-6}\ \mathrm{V}$$

6.37 一细铁环的中心线周长为 36 cm，横截面积为 0.8 cm²，在环上绕有 $N = 400$ 匝线圈，当线圈中通过 $I = 24$ mA 的电流时，通过截面的磁通量 $\Phi = 3 \times 10^{-6}$ Wb。求环内 $\boldsymbol{B}$、$\boldsymbol{H}$、$\boldsymbol{M}$ 的大小及铁环的磁化率 χ_m 和相对磁导率 μ_r。

解：利用安培环路定理，并沿细铁环中心线取积分环路，有

$$\oint_l \boldsymbol{H} \cdot \mathrm{d}\boldsymbol{l} = NI$$

得

$$H = \frac{N}{l}I = 26.7\ \mathrm{A \cdot m^{-1}}$$

由 $\Phi = BS = \mu_0 \mu_r HS$，得

$$\mu_r = \frac{\Phi}{\mu_0 HS} = 1\,119, \quad \chi_m = \mu_r - 1 = 1\,118$$

$$B = \mu_0 \mu_r H = 3.8 \times 10^{-2}\ \mathrm{T}, \quad M = \chi_m H = 3.0 \times 10^4\ \mathrm{A \cdot m^{-1}}$$

6.38 铝的相对磁导率 $\mu_r = 1.000\,023$，铜的相对磁导率 $\mu_r = 0.999\,991\,2$，试求它们的磁化率 χ_m，并指出它们属于哪种磁介质。

解：根据磁化率的公式 $\chi_m = \mu_r - 1$，有

$$\chi_{mAl} = 1.000\,023 - 1 = 2.3 \times 10^{-5}, \quad \chi_{mCu} = 0.999\,991\,2 - 1 = -8.8 \times 10^{-6}$$

因为 $\mu_{Al} = 1.000\,023 > 1$，所以铝是顺磁质；因为 $\mu_{Cu} = 0.999\,991\,2 < 1$，所以铜是抗磁质。

6.39 一根沿轴向均匀磁化的棒，直径为 25 mm，长为 75 mm，磁矩为 12 000 A·m²。求棒的磁化强度大小 M 及侧面上的分子电流面密度 i_s。

解：已知磁矩大小 $\sum m = 12\,000\ \mathrm{A \cdot m^2}$，体积为 $\Delta V = \dfrac{1}{4}\pi d^2 l$。所以磁化强度大小为

$$M = \frac{\sum m}{\Delta V} = 3.26 \times 10^8\ \mathrm{A \cdot m^{-1}}, \quad i_s = M = 3.26 \times 10^8\ \mathrm{A \cdot m^{-1}}$$

6.40 在一个原子内，原子核的电荷量为 Ze，试求当一个电子绕核半径为 r 的圆形轨道上运动时的轨道磁矩 m_l（Z 为原子核中的质子数）。

解：磁矩公式为 $m_l = SI = \pi r^2 i$，其中电流为 $i = \dfrac{ve}{2\pi r}$。

由于电子绕核运动时，向心力为库仑力，即

$$\frac{1}{4\pi\varepsilon_0}\frac{Ze^2}{r^2} = \frac{mv^2}{r}$$

可得
$$v = \left(\frac{Ze^2}{4\pi\varepsilon_0 rm}\right)^{1/2}$$

所以
$$m_l = \frac{e^2}{4}\sqrt{\frac{Zr}{\pi m \varepsilon_0}}$$

6.41 某截面为矩形的螺绕环，其平均周长为 0.1 m，横截面积为 0.5×10^{-4} m^2，线圈匝数为 $N=200$ 匝，当通过电流 $I=0.1$ A 时，测得穿过矩形横截面的磁通量 $\Phi=6\times 10^{-5}$ Wb。计算该螺绕环所填充的磁介质的相对磁导率。

解：
$$B = \frac{\Phi}{S} = \frac{6\times 10^{-5}}{0.5\times 10^{-4}} \text{ Wb}\cdot\text{m}^{-2} = 1.2 \text{ Wb}\cdot\text{m}^{-2}$$

由安培环路定理可知
$$\oint_l \boldsymbol{H} \cdot \mathrm{d}\boldsymbol{l} = Hl = NI$$

所以
$$H = \frac{NI}{l} = 200 \text{ A}\cdot\text{m}^{-1}, \quad \mu_r = \frac{B}{\mu_0 H} = 4.78\times 10^3$$

6.42 一根磁棒，体积为 0.01 m^3，磁矩为 500 A·m^2，棒内 $B=5.0\times 10^{-4}$ T，求棒内的磁场强度。

解：
$$M = \frac{\sum m}{V} = 50\,000 \text{ A}\cdot\text{m}^{-1}$$

由式 $B = \mu_0 H + \mu_0 M$ 得
$$H = \frac{B}{\mu_0} - M = -4.96\times 10^4 \text{ A}\cdot\text{m}^{-1}$$

第 7 章 电磁感应

7.1 怎样用法拉第电磁感应定律 $\mathscr{E}_i = -\dfrac{\mathrm{d}\Phi}{\mathrm{d}t}$ 中的负号确定感应电动势的方向。

解： 可以采用右螺旋定则，详见主教材第 7 章。

7.2 在竖直向上的均匀磁场中，水平放置一铜盘，当它绕通过盘心的竖直轴旋转时，转动方向从上往下看是反时针的，在这个铜盘中是否产生感应电动势？怎样用洛伦兹力说明？

解： 产生。磁感应电动势使盘的边缘与盘心之间出现电势差，并且边缘处的电势高于盘心处的电势。盘中的电子在洛伦兹力的作用下向盘心处会聚。

7.3 感生电场和静电场有什么相同点和不同点？

解： 两者相同点在于：
（1）两种电场都是真实的客观存在。
（2）都能对电荷施加作用力。
（3）都能用电场线来描述。
两者不同之处在于：

(1) 静电场是由静止或低速匀速运动的电荷所建立的，而感生电场是由变化的磁场建立的。

(2) 静电场的电场线起始于正电荷，终止于负电荷或无穷远处，电场线不闭合不相交，而感生电场的电场线是闭合曲线。

(3) 静电场的环路积分为零，即 $\oint_l \boldsymbol{E}_{静电} \cdot \mathrm{d}\boldsymbol{l} = 0$，而感生电场的环路积分不为零，即 $\oint_l \boldsymbol{E}_{感} \cdot \mathrm{d}\boldsymbol{S} = -\dfrac{\mathrm{d}\Phi}{\mathrm{d}t}$；静电场的电场强度通量不为零，即 $\oint_S \boldsymbol{E} \cdot \mathrm{d}\boldsymbol{S} = \dfrac{\sum_i q_i}{\varepsilon_0}$，而感生电场的电场强度通量为零，即 $\oint_S \boldsymbol{E}_{感} \cdot \mathrm{d}\boldsymbol{S} = 0$。

(4) 两种电场对导体的作用也不相同，静电场使导体出现静电感应现象，在导体表面将出现感应电荷，而导体内部的静电场为零。感生电场对导体产生电磁感应，导体内的感生电场不为零，导体内存在着感生电动势和感生电流。

7.4 把一个白炽灯和一个自感线圈串联后再接上电源，当使用直流电源和交流电源时，电灯的亮度有何不同？设电源的端电压相同。

解：当使用直流电源时，电灯更亮。

7.5 要设计一个自感系数很大的线圈，应从哪些方面去考虑？

解：自感系数 L 与线圈的几何形状、所包围的面积、线圈的匝数以及线圈内磁介质的相对磁导率有关，因此要得到 L 很大的线圈可以适当加大线圈所围面积 S、匝数 N 和选用具有较高 μ_r 的磁介质。

7.6 如图所示，一长直导线通以电流 $I = 10$ A，与长直导线共面放置一矩形线圈，线圈长 $l = 10$ cm，宽 $a = 4$ cm，当线圈以 $v = 10$ cm·s^{-1} 沿垂直于导线方向运动，求线圈与长直导线相距 $d = 8$ cm 时，线圈中的感应电动势是多少？若线圈平行导线运动，情况又怎样？

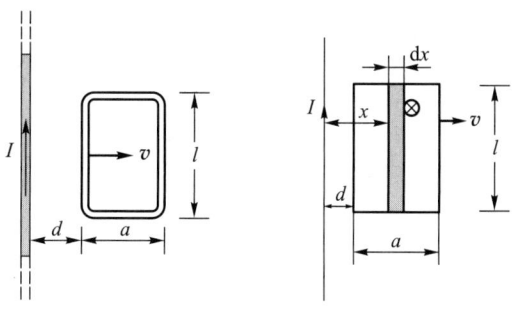

题 7.6 图

解：无限长直导线周围的磁感应强度为 $B = \dfrac{\mu_0 I}{2\pi x}$。在距长直导线为 x 处取小面元 $l\mathrm{d}x$，则通过线圈所围平面的磁通量为

$$\Phi = \int \boldsymbol{B} \cdot \mathrm{d}\boldsymbol{S} = \int_{d}^{d+a} \frac{\mu_0 I}{2\pi x} l \mathrm{d}x = \frac{\mu_0 I l}{2\pi} \ln \frac{d+a}{d}$$

由法拉第电磁感应定律，可得电动势为

$$\mathscr{E}_i = -\frac{\mathrm{d}\Phi}{\mathrm{d}t} = -\frac{\mathrm{d}}{\mathrm{d}t}\left(\frac{\mu_0 I l}{2\pi} \ln \frac{d+a}{d}\right)$$

上式中只有 d 为变量，且是时间的函数，有 $\frac{\mathrm{d}(d)}{\mathrm{d}t} = v$。故上式的微分结果为

$$\mathscr{E}_i = \frac{\mu_0 I l v}{2\pi}\left(\frac{1}{d} - \frac{1}{d+a}\right) = 8.33 \times 10^{-8} \text{ V}$$

电动势的方向为顺时针。

7.7 一条长为 l 的导线 A，垂直于一条通过电流为 I 的长直导线 B 放置，如图所示，当其沿平行长直导线以 v 运动时，求该导线上的动生电动势为多少？并指明哪点电势高（导线 A 左端距导线 B 最近，距离为 d）。

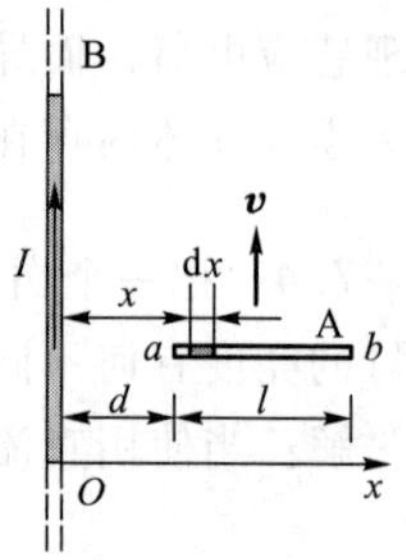

解： 利用 $\mathscr{E}_i = \int (\boldsymbol{v} \times \boldsymbol{B}) \cdot \mathrm{d}\boldsymbol{l}$，其中 $B = \frac{\mu_0 I}{2\pi x}$。

$$\mathscr{E}_i = \int_{左}^{右} v \frac{\mu_0 I}{2\pi x} \mathrm{d}x \cos \pi = -\frac{v\mu_0 I}{2\pi} \ln \frac{d+l}{d} < 0$$

所以 $V_b < V_a$。

题 7.7 图

7.8 如图所示，由均匀金属丝折成边长为 l 的等边三角形，总电阻为 R，在磁感应强度为 $\boldsymbol{B}$ 的均匀磁场中，绕三角形高 ac 为轴以恒定角速度 ω 转动，求线圈平面与 $\boldsymbol{B}$ 平行时金属框的总感应电动势及 ab、ac 间的电势差 U_{ab}、U_{ac}。

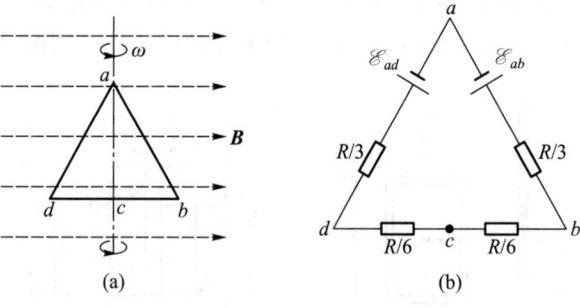

题 7.8 图

解： 通过三角形所围平面的磁通量为

$$\Phi = BS\cos\theta$$

式中，θ 是平面法线与磁感应强度间的夹角。

金属框的总电动势为

$$\mathscr{E}_i = -\frac{\mathrm{d}\Phi}{\mathrm{d}t} = BS\sin\theta \frac{\mathrm{d}\theta}{\mathrm{d}t} = BS\omega\sin\theta$$

在图示位置 $\theta = \dfrac{\pi}{2}$,$S = \dfrac{\sqrt{3}}{4}l^2$,所以该位置时的电动势为

$$\mathscr{E}_i = \dfrac{\sqrt{3}}{4}B\omega l^2$$

回路在该位置处的电流为

$$I = \dfrac{\mathscr{E}_i}{R} = \dfrac{\sqrt{3}}{4}\dfrac{B\omega l^2}{R}$$

$$|\mathscr{E}_{iab}| = |\mathscr{E}_{iad}| = \dfrac{\sqrt{3}}{8}B\omega l^2$$

如图(b)所示,取电位升为负,电位降为正,有

$$U_{ab} = V_a - V_b = -\mathscr{E}_{iab} + I\dfrac{R}{3} = -\dfrac{\sqrt{3}}{8}B\omega l^2 + \dfrac{\sqrt{3}}{12}B\omega l^2 = -\dfrac{\sqrt{3}}{24}B\omega l^2$$

$$U_{ac} = V_a - V_c = \mathscr{E}_{iab} - I\dfrac{R}{3} - I\dfrac{R}{6} = 0$$

7.9 如图所示,长为 0.5 m 的导体杆在 U 形金属轨道上无摩擦滑动。当速度为 $1\ \text{m}\cdot\text{s}^{-1}$ 时,由于产生感生电流而受到阻力为 0.8 N,若想使该导体杆以 $3\ \text{m}\cdot\text{s}^{-1}$ 匀速运动,求所需外力要多大?(设回路电阻不变。)

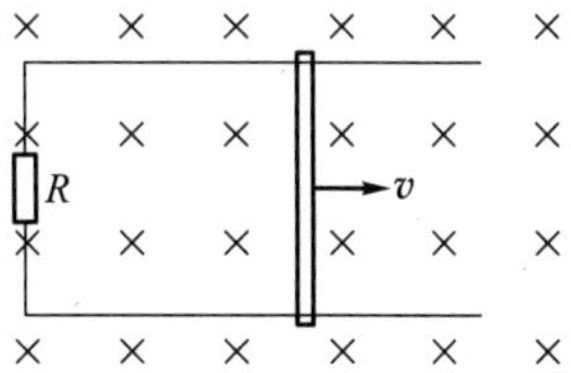

解:运动的导体杆产生的电动势为
$$\mathscr{E}_{i1} = Blv_1$$
U 形框和导体杆所构成的回路中的电流为
$$I_1 = \dfrac{\mathscr{E}_{i1}}{R} = \dfrac{Blv_1}{R}$$
导体杆所受磁力为
$$F_1 = BI_1 l = Bl\dfrac{Blv_1}{R} = \dfrac{B^2l^2v_1}{R}$$

同理在杆的运动速度为 v_2 时所受磁力为
$$F_2 = \dfrac{B^2l^2v_2}{R}$$

所以有
$$\dfrac{F_1}{F_2} = \dfrac{v_1}{v_2},\qquad F_2 = \dfrac{F_1 v_2}{v_1} = 2.4\ \text{N}$$

题 7.9 图

7.10 如图所示,一通以电流 I 的长直导线旁边有一长方形线圈,长为 b,宽为 a,电阻为 R,当线圈绕轴 OO' 转过 $180°$ 时,问线圈中流过的感应电荷量共多少?设导线与线圈轴的距离为 d。

解:通过线圈平面的磁通量为

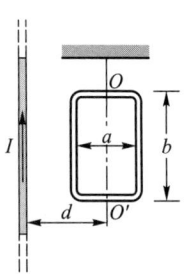

题 7.10 图

$$\Phi = \int_{d-\frac{a}{2}}^{d+\frac{a}{2}} \frac{\mu_0 I}{2\pi x} b \mathrm{d}x = \frac{\mu_0 I b}{2\pi} \ln \frac{d+a/2}{d-a/2}$$

由电流定义式 $I = \dfrac{\mathrm{d}q}{\mathrm{d}t}$ 得

$$q = \int I \mathrm{d}t = \int -\frac{1}{R}\frac{\mathrm{d}\Phi}{\mathrm{d}t}\mathrm{d}t = -\frac{1}{R}\int_{\Phi_1}^{\Phi_2}\mathrm{d}\Phi = -\frac{1}{R}(\Phi_2 - \Phi_1) = \frac{2\Phi}{R} = \frac{\mu_0 I b}{R\pi}\ln\frac{d+a/2}{d-a/2}$$

7.11 如图所示，半径 $R = 10$ cm 的圆形线圈共绕 $N = 50$ 匝，在 $B = 0.2$ Wb·m^{-2} 的均匀磁场中匀速转动，转速为每秒 10 转，转轴垂直于磁场，试求线圈中的最大感应电动势。

解：通过线圈所围面积的磁通量为

$$\Phi = BS\cos\omega t$$

感应电动势为

$$\mathscr{E}_i = -N\frac{\mathrm{d}\Phi}{\mathrm{d}t} = NBS\omega\sin\omega t$$

当 $\sin\omega t = 1$ 时感应电动势为最大，有

$$E_{\max} = NBS\omega = 19.7 \text{ V}$$

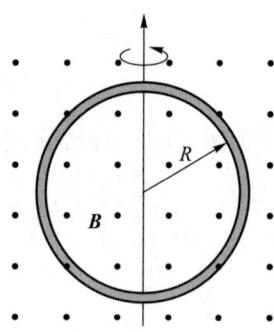

题 7.11 图

7.12 如图所示，长为 20 cm、截面积为 2.5 cm^2、绕有线圈 $N_1 = 800$ 匝的长直螺线管，其内充满相对磁导率 $\mu_r = 650$ 的铁芯，将它经过反向开关 S 与电源相连接，使螺线管中通过 $I_1 = 0.25$ A 的电流，在此螺线管的中部外套有一个 $N_2 = 10$ 匝的线圈，与电流计 G 相连。问：若扳动开关使 N_1 线圈内电流反向，此过程用时为 0.02 s，则 N_2 线圈中的感生电动势是多大？

解：开关 S 未扳动时，螺线管中的磁通量为

$$\Phi = BS = \mu_0\mu_r\frac{N_1}{l}I_1 S$$

因为通过线圈 N_1 的磁通量全部通过 N_2，所以线圈 N_2 的磁链为

$$\Psi = \Phi N_2 = \mu_0\mu_r\frac{N_1}{l}I_1 S N_2$$

使电流反向，线圈 N_2 的磁链的变化量为

$$\Delta\Psi = \Psi_2 - \Psi_1 = 2\Psi$$

线圈 N_2 中的感应电动势为

$$\mathscr{E}_i = -\frac{\Delta\Psi}{\Delta t} = \frac{2\mu_0\mu_r N_1 N_2 I_1 S}{l\Delta t} = 0.204 \text{ V}$$

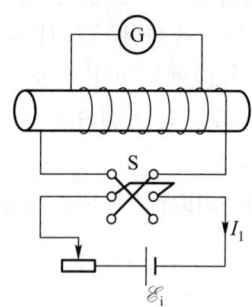

题 7.12 图

7.13 如图所示，在 $\mu_r = 700$、截面积 $S = 2$ cm^2、周长 $l_1 = 35$ cm 的铁环上，绕有 $N_1 = 500$ 匝的线圈构成螺绕环，螺绕环经过反向开关 S 与电源相连，使其通过电流 $I_1 = 0.6$ A。在螺绕环外套有一

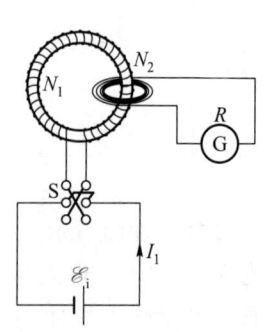

题 7.13 图

个 $N_2=5$ 匝的线圈，与电流计 G 相连，此回路总电阻 $R=800\ \Omega$。试问：若在 0.05 s 内扳动开关 S，使螺绕环中电流反向，则电流计 G 中通过的电流为多少？

解：扳动开关前，通过线圈 N_1 的磁通量为

$$\Phi=\mu_0\mu_r\frac{N_1}{l}I_1S$$

在线圈 N_2 中的磁链为

$$\Psi=\Phi N_2=\mu_0\mu_r\frac{N_1}{l}I_1SN_2$$

在时间 0.05 s 内，线圈 N_2 的磁链的变化量为

$$\Delta\Psi=\Psi_2-\Psi_1=-2\Psi$$

所以

$$\mathscr{E}_i=-\frac{\Delta\Psi}{\Delta t},\qquad I_g=\frac{\mathscr{E}_i}{R}=\frac{2\mu_0\mu_r\frac{N_1}{l}I_1SN_2}{R\Delta t}=3.77\times10^{-5}\ \text{A}$$

7.14 如图所示，在一个限定于圆柱形体积内的均匀磁场，磁感应强度为 $\boldsymbol{B}$，圆柱的半径为 R，$\boldsymbol{B}$ 的数值以 $10^{-2}\ \text{T}\cdot\text{s}^{-1}$ 恒定速率减小，当把电子放在磁场中 a、b、c 各点处时，试求电子所获得的瞬时加速度（数值与方向）各为多少（假定 $r=5.0\ \text{cm}$）？

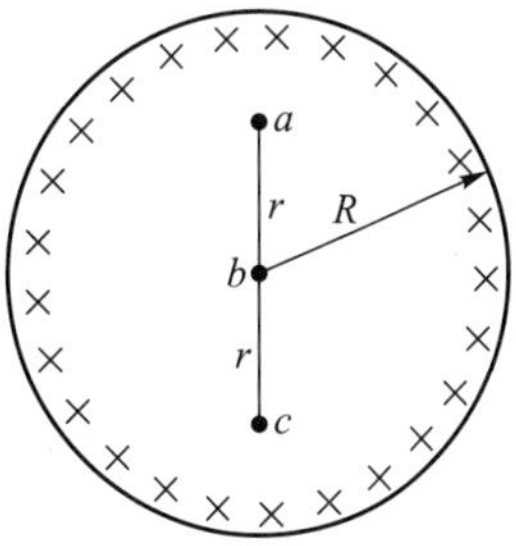

解：由 $\oint_l\boldsymbol{E}\cdot\mathrm{d}\boldsymbol{l}=-\dfrac{\mathrm{d}\Phi}{\mathrm{d}t}$ 知，由于磁感应强度 $\boldsymbol{B}$ 具有轴对称分布，所以涡旋电场 $\boldsymbol{E}$ 与半径 r 相互垂直，取以 b 点为圆心的圆周为积分回路，则

$$E\cdot 2\pi r=\frac{\mathrm{d}\Phi}{\mathrm{d}t},\qquad E=\frac{1}{2\pi r}\frac{\mathrm{d}\Phi}{\mathrm{d}t}=\frac{1}{2\pi r}\pi r^2\frac{\mathrm{d}B}{\mathrm{d}t}$$

题 7.14 图

由牛顿第二定律有 $eE=ma$，所以

$$a=\frac{eE}{m}=\frac{er}{2m}\frac{\mathrm{d}B}{\mathrm{d}t}$$

在 b 点，$r=0$，$a=0$；在 a 点和 c 点，$r=5.0\ \text{cm}$，$a=4.4\times10^7\ \text{m}\cdot\text{s}^{-2}$。

7.15 如图所示，在半径为 R 的圆柱体积内存在匀强磁场 $\boldsymbol{B}$，有一长为 l 的金属杆放在磁场里，圆心距杆为 b。设 $\boldsymbol{B}$ 以速率 $\dfrac{\mathrm{d}B}{\mathrm{d}t}$ 变化，试证：杆上感应电动势的大小为 $\mathscr{E}_i=\dfrac{\mathrm{d}B}{\mathrm{d}t}\dfrac{1}{2}\sqrt{R^2-(l/2)^2}$。

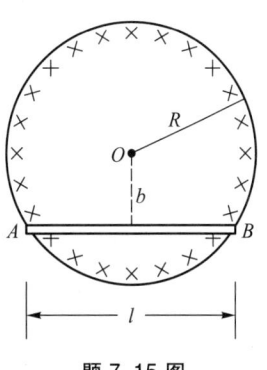

题 7.15 图

证明：选三角形 OAB 为积分回路，于是有

$$\mathscr{E}_i=\oint_{OAB}\boldsymbol{E}\cdot\mathrm{d}\boldsymbol{l}=\int_O^A\boldsymbol{E}\cdot\mathrm{d}\boldsymbol{l}+\int_A^B\boldsymbol{E}\cdot\mathrm{d}\boldsymbol{l}+\int_B^O\boldsymbol{E}\cdot\mathrm{d}\boldsymbol{l}$$

由于在积分路径 OA、BO 中感应电场 $\boldsymbol{E}$ 与积分路径处处垂直，所以

于是有

$$\int_O^A \boldsymbol{E} \cdot \mathrm{d}\boldsymbol{l} = \int_B^O \boldsymbol{E} \cdot \mathrm{d}\boldsymbol{l} = 0$$

$$\mathscr{E}_i = \oint_{OAB} \boldsymbol{E} \cdot \mathrm{d}\boldsymbol{l} = \int_A^B \boldsymbol{E} \cdot \mathrm{d}\boldsymbol{l} = -\frac{\mathrm{d}\Phi}{\mathrm{d}t} = -S\frac{\mathrm{d}B}{\mathrm{d}t}$$

$$|\mathscr{E}_i| = S\frac{\mathrm{d}B}{\mathrm{d}t} = \frac{l}{2}\sqrt{R^2-(l/2)^2}\frac{\mathrm{d}B}{\mathrm{d}t}$$

得证

$$\mathscr{E}_i = \frac{\mathrm{d}B}{\mathrm{d}t}\frac{l}{2}\sqrt{R^2-(l/2)^2}$$

7.16 如图所示，求半径为 a、线心相距为 d 的平行输电线单位长度的自感系数。（设导线内部的磁通量忽略不计。）

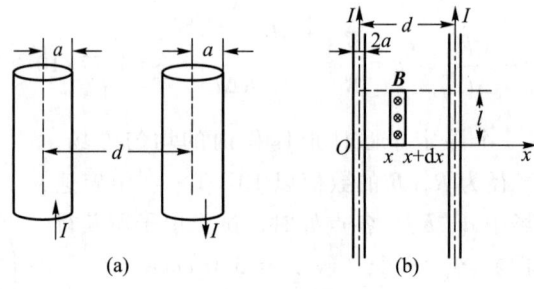

题 7.16 图

解：建立如图所示的坐标系，在区域 $a<x<d-a$ 中的磁感应强度为

$$B = \frac{\mu_0 I}{2\pi x} + \frac{\mu_0 I}{2\pi(d-x)}$$

通过两导线间任意面元 $l\mathrm{d}x$ 的磁通量为

$$\mathrm{d}\Phi = \boldsymbol{B} \cdot \mathrm{d}\boldsymbol{S} = \left[\frac{\mu_0 I}{2\pi x} + \frac{\mu_0 I}{2\pi(d-x)}\right]l\mathrm{d}x$$

所以通过两导线之间高度为 l 的面积上总的磁通量为

$$\Phi = \int\mathrm{d}\Phi = \int_a^{d-a}\left[\frac{\mu_0 I}{2\pi x} + \frac{\mu_0 I}{2\pi(d-x)}\right]l\mathrm{d}x = \frac{\mu_0 I l}{\pi}\ln\frac{d-a}{a}$$

在此，$\Psi = \Phi$，所以单位长度上的自感系数 L' 为

$$L' = \frac{L}{l} = \frac{\Phi}{lI} = \frac{\mu_0}{\pi}\ln\frac{d-a}{a}$$

***7.17** 求同轴电缆单位长度上的自感系数。设同轴电缆芯的半径为 R_1，外层导体筒的半径为 R_2，两者间介质的相对磁导率为 μ_r，芯的磁导率为 μ_0。

解法 1：首先求出电缆芯及芯和筒壁间的磁能密度 w_{m1} 和 w_{m2}，再求出同轴电缆所储存得磁能 W_m，然后利用自感磁能和自感系数间的关系 $W_m = \frac{1}{2}LI^2$ 或 $L = \frac{2W_m}{I^2}$ 可求出 L。

电缆芯的磁能密度为 $w_{m1} = \dfrac{B_1^2}{2\mu_0}$。由安培环路定理可以求出电缆芯中的磁感应强度大小为

$$B_1 = \frac{\mu_0 i}{2\pi r} = \frac{\mu_0 I r}{2\pi R_1^2}$$

式中，i 表示半径为 r 的圆环所包围的电流（$0 < r < R_1$），I 表示导体芯中的总电流。所以有

$$w_{m1} = \frac{B_1^2}{2\mu_0} = \frac{1}{2\mu_0}\left(\frac{\mu_0 I r}{2\pi R_1^2}\right)^2 = \frac{\mu_0 I^2 r^2}{8\pi^2 R_1^4}$$

电缆芯与筒壁间的磁能密度为

$$w_{m2} = \frac{B_2^2}{2\mu_0 \mu_r}$$

同样利用安培环路定理求出 $B_2 = \dfrac{\mu_0 \mu_r I}{2\pi r}$。于是得到

$$w_{m2} = \frac{B_2^2}{2\mu_0 \mu_r} = \frac{1}{2\mu_0 \mu_r}\left(\frac{\mu_0 \mu_r I}{2\pi r}\right)^2 = \frac{\mu_0 \mu_r I^2}{8\pi^2 r^2}$$

式中，r 位于电缆芯和筒壁之间。

总的磁能密度为

$$w_m = w_{m1} + w_{m2}$$

长度为 l 的同轴电缆所包含的总的磁能为

$$W_m = \int_V w_m dV = \int_0^{R_1} \left(\frac{\mu_0 I^2 r^2}{8\pi^2 R_1^4}\right) l 2\pi r dr + \int_{R_1}^{R_2} \left(\frac{\mu_0 \mu_r I^2}{8\pi^2 r^2}\right) l 2\pi r dr = \frac{\mu_0 I^2 l}{16\pi} + \frac{\mu_0 \mu_r I^2 l}{4\pi} \ln \frac{R_2}{R_1}$$

由 $W_m = \dfrac{1}{2} L I^2$ 得单位长度上的自感系数 L' 为

$$L' = \frac{L}{l} = \frac{2W_m}{l I^2} = \frac{\mu_0}{8\pi} + \frac{\mu_0 \mu_r}{2\pi} \ln \frac{R_2}{R_1}$$

解法 2：利用自感系数的定义式：

$$L = \frac{\Psi}{I}$$

上式中 Ψ 表示磁链，由于电缆芯中的电流 I 均匀分布在导体的横截面上，所以可将电流 I 设想是由通过电流相等的若干匝细导线构成。而穿过垂直于磁场的某面积上的磁链为 Ψ，可以由式 $W_m = \dfrac{1}{2} L I^2 = \dfrac{1}{2} \int_V \boldsymbol{B} \cdot \boldsymbol{H} dV$ 求出：

$$\Psi = \frac{1}{I} \int_S i d\Phi \qquad ①$$

在电缆芯中

$$d\Phi = B_1 l dr = \left(\frac{\mu_0 I r}{2\pi R_1^2}\right) l dr$$

代入式①得

$$\Psi_1 = \frac{1}{I} \int_0^{R_1} \left(\frac{\pi r^2 I}{\pi R_1^2}\right)\left(\frac{\mu_0 I r}{2\pi R_1^2}\right) l \mathrm{d}r = \frac{\mu_0 I l}{8\pi}$$

而在芯与筒壁之间的磁链可以看成其匝数 $N=1$，于是有

$$\Psi_2 = \frac{1}{I}\int_S i\mathrm{d}\Phi = \int_{R_1}^{R_2} Bl\mathrm{d}r = \int_{R_1}^{R_2}\left(\frac{\mu_0\mu_r I}{2\pi r}\right)l\mathrm{d}r = \frac{\mu_0\mu_r I l}{2\pi}\ln\frac{R_2}{R_1}$$

由于 $\Psi = \Psi_1 + \Psi_2$，于是得到单位长度上同轴电缆的自感系数 L' 为

$$L' = \frac{L}{l} = \frac{\Psi}{lL} = \frac{\mu_0}{8\pi} + \frac{\mu_0\mu_r}{2\pi}\ln\frac{R_2}{R_1}$$

7.18 如题 7.6 图所示，在一通有电流 I 的直导线附近，放置一个与直导线共面的矩形线圈，线圈长 l、宽 a，求直导线与矩形线圈间的互感系数。

解：通电长直导线在矩形线圈中某个面元 $b\mathrm{d}x$ 上产生的磁通量为

$$\mathrm{d}\Phi_{21} = \boldsymbol{B}_1 \cdot \mathrm{d}\boldsymbol{S} = \frac{\mu_0 I}{2\pi x} l\mathrm{d}x$$

所以通过整个矩形线圈所围面积的磁通量为

$$\Phi = \int_d^{d+a}\frac{\mu_0 I}{2\pi x}b\mathrm{d}x = \frac{\mu_0 I b}{2\pi}\ln\frac{d+a}{d}$$

互感系数为

$$M = \frac{\Psi_{21}}{I_1} = \frac{\Phi_{21}}{I} = \frac{\mu_0 b}{2\pi}\ln\frac{d+a}{d}$$

7.19 如图所示为一横截面是矩形的螺绕环，环的内、外半径分别为 R_1、R_2，环厚为 a，其上密绕 N 匝导线，求其电感系数。若在线圈外再绕 N_1 匝线圈，求两个线圈的互感系数。若在 N_1 匝的线圈中通以电流 $i = i_0\cos\omega t$，则断开的 N 匝线圈的感生电动势是多少？（其中 i_0、ω_0 是常量。）

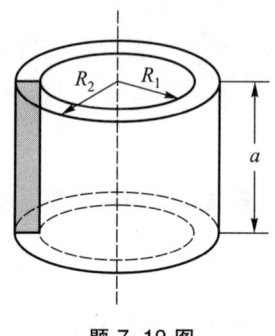

题 7.19 图

解：设螺绕环通有电流 I，在环内取半径为 r（$R_1 \leq r \leq R_2$）的圆形积分回路，利用安培环路定理有

$$\oint_l \boldsymbol{H} \cdot \mathrm{d}\boldsymbol{l} = \sum I = NI$$

积分后得

$$H2\pi r = NI$$

所以有

$$B = \mu H = \frac{\mu_0\mu_r NI}{2\pi r}$$

式中，μ_r 为矩形螺绕环内磁介质的相对磁导率。通过环的某一横截面面元 $a\mathrm{d}r$ 的磁通量为

$$d\Phi = \boldsymbol{B} \cdot d\boldsymbol{S} = \frac{\mu_0 \mu_r NI}{2\pi r} a dr$$

总磁通量为

$$\Phi = \int d\Phi = \int_{R_1}^{R_2} \frac{\mu_0 \mu_r NI}{2\pi r} a dr = \frac{\mu_0 NIa}{2\pi} \ln \frac{R_2}{R_1}$$

磁链为

$$\Psi = N\Phi = \frac{\mu_0 \mu_r N^2 Ia}{2\pi} \ln \frac{R_2}{R_1}$$

内层线圈的自感系数为

$$L = \frac{\Psi}{I} = \frac{\mu_0 \mu_r N^2 a}{2\pi} \ln \frac{R_2}{R_1}$$

通过外层线圈的互磁链为

$$\Psi_{21} = N_1 \Phi = \frac{\mu_0 \mu_r NN_1 Ia}{2\pi} \ln \frac{R_2}{R_1}$$

互感系数为

$$M = \frac{\Psi_{21}}{I_1} = \frac{\Psi_{21}}{I} = \frac{\mu_0 \mu_r NN_1 a}{2\pi} \ln \frac{R_2}{R_1}$$

若外层线圈通有电流 $i = i_0 \cos \omega t$，则断路的内层线圈两端的电动势为

$$\mathscr{E}_i = -M \frac{di}{dt} = i_0 M\omega \sin \omega t = \frac{i_0 \omega \mu_0 \mu_r NN_1 a}{2\pi} \ln \frac{R_2}{R_1} \sin \omega t$$

7.20 在环状铁芯上绕有 $N = 1\,000$ 匝线圈，设环的平均半径为 $R = 8$ cm，环的截面积 $S = 1$ cm²，铁芯的 $\mu_r = 500$，问：

（1）螺绕环的自感系数是多少？

（2）若线圈中通以电流 $I = 1$ A，其中磁场能量及磁能密度各等于多少？

解：（1）由自感系数定义式，有

$$L = \frac{\Psi}{I} = \frac{N\Phi}{I} = \frac{NBS}{I} = \frac{\mu_0 \mu_r \frac{N^2}{l} IS}{I} = \frac{\mu_0 \mu_r N^2 S}{l} = 0.125 \text{ H}$$

式中，$l = 2\pi R$ 为环状铁芯的平均周长。

（2）根据磁能的定义式 $W_m = \frac{1}{2}LI^2$，有

$$w_m = \frac{W_m}{V} = \frac{\frac{1}{2}LI^2}{2\pi RS} = 1.24 \times 10^3 \text{ J} \cdot \text{m}^{-3}$$

7.21 如图所示，一长直螺线管长 $l = 100$ cm，截面积 $S = 1$ cm²，线圈的匝数 $N_1 = 1\,000$ 匝，在其中央部分绕有一副线圈 $N_2 = 10$ 匝，管内介质 $\mu_r = 500$。电路 1 中通以交变电流 $i =$

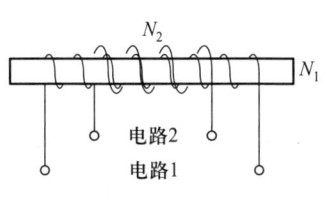

题 7.21 图

$I_0\sin 2\pi ft$，其中 $I_0 = 1$ A，$f = 50$ Hz。求：

(1) 1、2 两线圈间的互感系数；

(2) 副线圈 2 中的感生电动势 $\left(\text{提示}：B = \mu_r\mu_0 \cdot \dfrac{N_1 I_1}{l}；\ \Psi_{21} = N_2 BS,\ M = \dfrac{\Psi_{21}}{I_1}\right)$。

解：(1) 由提示得互感系数为

$$M = \mu_0\mu_r\dfrac{N_1 N_2}{l}S = 6.28\times 10^{-4}\text{ H}$$

(2) 副线圈 2 中的感生电动势为

$$\mathscr{E}_i = -M\dfrac{dI}{dt} = -M\dfrac{d}{dt}[I_0\sin(2\pi ft)] = -MI_0 2\pi f\cos 2\pi ft = 0.197\times\cos(314t)\ (\text{V})$$

第 8 章　麦克斯韦方程组

8.1　请写出麦克斯韦方程组的积分形式。

解：(略)

8.2　如图所示为一圆柱体的横截面，圆柱体内有一均匀电场 E，其方向垂直纸面向内，E 的大小随时间 t 线性增加，P 为柱体内与轴线相距为 r 的一点。(1) 想一想 P 点处位移电流密度的方向是向哪里？(2) P 点处感生磁场的方向又是向哪里？

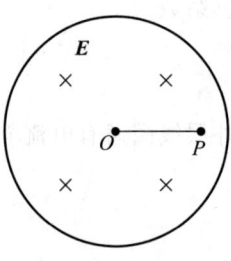

题 8.2 图

解：P 点处位移电流密度的方向，垂直纸面向里，故有 $\boldsymbol{J}_d = \dfrac{\partial \boldsymbol{D}}{\partial t}$；$P$ 点处感生磁场的方向垂直 OP 的连线向下。

8.3　如图所示，圆形平行板电容器，从 $q = 0$ 开始充电，试画出充电过程中，极板间某点 P 处电场强度的方向和磁场强度的方向。

解：(见图)

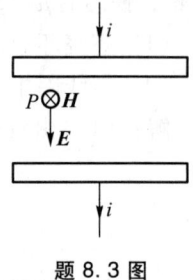

题 8.3 图

8.4　位移电流和传导电流有何相同与不同？

解：两者相同之处在于它们都能在其所在的空间激发出磁场。不同之处在于，传导电流是电荷在导体中的定向移动，传导电流在导体中产生焦耳热，但是在绝缘材料和真空中，传导电流将不能存在。

在绝缘材料和真空中，由于可以存在电位移矢量，当电位移矢量随时间变化时，就呈现出与传导电流所产生的磁效应完全相同的效应，所以将电位移矢量随时间变化率的通量称为位移电流，即

$$I_d = \int_s \dfrac{\partial \boldsymbol{D}}{\partial t}\cdot d\boldsymbol{S}$$

将电位移矢量对时间的变化率称为位移电流密度矢量，即

$$J_d = \frac{\partial D}{\partial t}$$

位移电流不产生焦耳热。

8.5 为什么说麦克斯韦方程组是电磁理论的基本方程？它是怎样由实验定律经总结、推广、提高而得到的。在总结过程中，麦克斯韦提出了哪些新概念？

解：1785年，法国物理学家库仑发现了库仑定律；1820年安培发现了安培定律；1827年数学家高斯总结出高斯定律；1831年法拉第发现了电磁感应定律。这些规律从不同角度总结了电和磁的一些基本性质，但是这些定律只是刚刚开始抓住了事物间的联系，而英国物理学家麦克斯韦将以上静电场和恒定磁场方程的适用条件加以推广，并提出了感生电场和位移电流这两个全新的物理概念后，将电磁场的基本性质归纳出四个方程，称为麦克斯韦方程组。

8.6 平行板电容器的电容 C 为 $20.0\ \mu F$，两板上的电压变化率为 $\frac{du}{dt} = 1.5 \times 10^5\ V \cdot s^{-1}$，求该平行板电容器中的位移电流？

解：由 $C = \frac{q}{u} = \frac{\sigma S}{u} = \frac{\Psi}{u}$，得 $Cu = \Psi$，从而有

$$I_d = \frac{d\Psi}{dt} = C\frac{du}{dt} = 20 \times 10^{-6} \times 1.5 \times 10^5\ A = 3\ A$$

8.7 加在平行板电容器极板上的电压变化率为 $1.0 \times 10^6\ V \cdot s^{-1}$，在电容器内产生 $1.0\ A$ 的位移电流，求该电容器的电容。

解：根据上题 $I_d = \frac{d\Psi}{dt} = C\frac{dU}{dt}$，整理后可得

$$C = \frac{I_d}{(dU/dt)} = \frac{1.0}{1.0 \times 10^6}\ \mu F = 1\ \mu F$$

8.8 半径为 r 的两块圆板组成的平行板电容器充了电，在放电时两板间的电场强度的大小为 $E = E_0 e^{-t/RC}$，式中 E_0、R、C 均为常量。求：
（1）两板间的位移电流的大小；
（2）其方向与场强方向。

解：
$$I_d = \frac{d\Psi}{dt} = \frac{d(\pi r^2 D)}{dt} = \frac{d(\pi r^2 \varepsilon_0 E)}{dt} = -\frac{\pi r^2 \varepsilon_0 E_0 e^{-t/RC}}{RC}$$

根据题目要求，得到两板间的位移电流的大小为 $\frac{\pi r^2 \varepsilon_0 E_0}{RC} e^{-t/RC}$，放电时，位移电流的方向与电场方向相反。

8.9 一平行板空气电容器的两极板都是半径为 R 的圆形导体片，在充电时，板间电场强度的变化率为 dE/dt。若略去边缘效应，求两板间的位移电流？

解：
$$I_d = \frac{d\Psi}{dt} = \frac{d(\pi R^2 D)}{dt} = \frac{d(\pi r^2 \varepsilon_0 E)}{dt} = \pi R^2 \varepsilon_0 \frac{dE}{dt}$$

8.10 给电容为 C 的平行板电容器充电，电流为 $i = 0.2e^{-t}$（SI 单位），$t = 0$ 时电容器极板上无电荷。求：

（1）极板间电压 U 随时间 t 而变化的关系。

（2）t 时刻极板间总的位移电流 I_d（忽略边缘效应）。

解：（1）由 $C = \frac{q}{U} = \frac{\sigma S}{U} = \frac{\Psi}{U}$，得到 $CU = \Psi$。由位移电流的定义式得 $I_d = \frac{d\Psi}{dt} = C\frac{dU}{dt}$，整理后得 $dU = \frac{1}{C}I_d dt$（$I_d = i = 0.2e^{-t}$），即

$$\int_0^U dU = \frac{1}{C}\int_0^t 0.2e^{-t} dt$$

积分后得

$$U = \frac{0.2}{C}(1 - e^{-t})$$

（2）由 $I_d = C\frac{dU}{dt}$，其中 $\frac{dU}{dt} = \frac{d}{dt}\left[\frac{0.2}{C}(1 - e^{-t})\right] = \frac{0.2e^{-t}}{C}$，所以 $I_d = 0.2e^{-t}$。

8.11 一球形电容器，内导体半径为 R_1，外导体半径为 R_2。两球间充有相对介电常量为 ε_r 的介质。在电容器上加电压，内球对外球的电压为 $U = U_0 \sin \omega t$。假设 ω 不太大，以致电容器电场分布与静态场情形近似相同，求介质中各处的位移电流密度，再计算通过半径为 $r(R_1 < r < R_2)$ 的球面的总位移电流。

解： 由静电学计算：e_r 代表 r 方向单位矢量，则

$$\boldsymbol{E} = \frac{q(t)}{4\pi \varepsilon_0 \varepsilon_r r^2} \boldsymbol{e}_r$$

$$U = \frac{q(t)}{4\pi \varepsilon_0 \varepsilon_r}\left(\frac{1}{R_1} - \frac{1}{R_2}\right) = \frac{q(t)(R_2 - R_1)}{4\pi \varepsilon_0 \varepsilon_r R_1 R_2}$$

所以

$$\boldsymbol{E} = \frac{UR_1 R_2}{r^2(R_2 - R_1)}\boldsymbol{e}_r = \frac{R_1 R_2}{r^2(R_2 - R_1)}U_0 \sin \omega t \cdot \boldsymbol{e}_r$$

位移电流密度为

$$\boldsymbol{J}_d = \frac{\partial \boldsymbol{D}}{\partial t} = \varepsilon_0 \varepsilon_r \frac{\partial \boldsymbol{E}}{\partial t} = \frac{\varepsilon_0 \varepsilon_r R_1 R_2}{r^2(R_2 - R_1)}U_0 \omega \cos \omega t \cdot \boldsymbol{e}_r$$

过球面的总位移电流为

$$I_d = \int \boldsymbol{J}_d \cdot d\boldsymbol{S} = J_d \cdot 4\pi r^2 = \frac{4\pi \varepsilon_0 \varepsilon_r R_1 R_2}{R_2 - R_1}U_0 \omega \cos \omega t$$

8.12 一电荷为 q 的点电荷，以匀角速度 ω 做圆周运动，圆周的半径为 R。设 $t = 0$ 时 q 所在点的坐标为 $x_0 = R$，$y_0 = 0$，以 $\boldsymbol{i}$、$\boldsymbol{j}$ 分别表示 x 轴和 y 轴上的单位矢量。求圆心处的位移电流

密度 J_d。

解：设坐标系如图所示，$\phi = \omega t$。t 时刻点电荷 q 在圆心处产生的电位移为

$$D = \frac{q}{4\pi R^2}(-e_r) = -\frac{q}{4\pi R^2}(\cos\phi i + \sin\phi j)$$

所以
$$D = -\frac{q}{4\pi R^2}(\cos\omega t i + \sin\omega t j)$$

圆心处的位移电流密度为

$$J_d = \frac{\partial D}{\partial t} = \frac{q\omega}{4\pi R^2}(\sin\omega t i - \cos\omega t j)$$

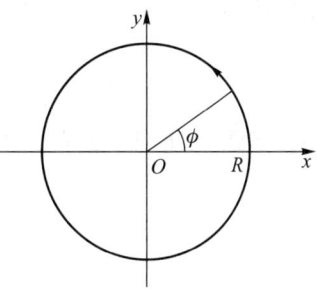

题 8.12 解图

8.13 一半径为 $R = 5.0$ cm 的圆形平行板电容器，在充电时其电场强度的变化率 $\frac{dE}{dt} = 1.0 \times 10^{12}$ V·m·s^{-1}。求：

（1）两极板间的位移电流 I_d；
（2）极板边缘的磁感应强度 B 的大小。

解：（1）依据 $I_d = \frac{d\Psi}{dt} = \frac{d(\pi R^2 D)}{dt} = \frac{d(\pi r^2 \varepsilon_0 E)}{dt} = \pi R^2 \varepsilon_0 \frac{dE}{dt}$，得

$$I_d = \pi R^2 \varepsilon_0 \frac{dE}{dt} = \pi(5.0\times10^{-2})^2 \times 8.85\times10^{-12} \times 1.0\times10^{12} \text{ A} = 0.07 \text{ A}$$

（2）
$$B = \frac{\mu_0 I_d}{2\pi R} = \frac{4\pi\times10^{-7}\times0.07}{2\pi\times5.0\times10^{-2}} \text{ T} = 2.8\times10^{-7} \text{ T}$$

8.14 设电荷在半径为 R 的圆形平行板电容器极板上均匀分布，且边缘效应可以忽略。把电容器接在角频率为 ω 的简谐交流电路中，电路中传导电流的峰值为 I_0，求电容器极板间磁场强度峰值的分布。

解：依据位移电流的定义，可以得到在圆形平板电容器极板间，以圆形板圆心为 O 点，半径 r 范围内通过的位移电流为

$$I_{dr} = \frac{d}{dt}\int D \cdot dS = \varepsilon_0 \pi r^2 \frac{dE}{dt}$$

式中 $E = E_0 \cos\omega t$，所以

$$I_{dr} = \varepsilon_0 \pi r^2 \frac{dE}{dt} = -\varepsilon_0 \pi r^2 \omega E_0 \sin\omega t$$

峰值电流为
$$(I_{dr})_m = \varepsilon_0 \pi r^2 \omega E_0$$

设在半径 $r = R$ 的峰值电流为 $I_0 = (I_{dR})_m = \varepsilon_0 \pi R^2 \omega E_0$，由于电流的连续性，有

$$\frac{I_0}{(I_{dr})_m} = \frac{\varepsilon_0 \pi R^2 \omega E_0}{\varepsilon_0 \pi r^2 \omega E_0} = \frac{R^2}{r^2}, \quad (I_{dr})_m = \frac{I_0 r^2}{R^2}$$

利用安培环路定理可以求出磁场强度的大小：
$$H = \frac{(I_{dr})_m}{2\pi r} = \frac{I_0 r^2}{2\pi r R^2} = \frac{I_0 r}{2\pi R^2}$$

利用磁场强度 H 与磁感应强度 B 的关系可得
$$B = \frac{\mu_0 I_0 r}{2\pi R^2}$$

第四篇　振动与波动

一、学习指导

振动波动问题1　简谐振动及其描述

振动的定义：

一个物理量围绕某个数值往复变化，称为振动。简谐振动是最基本的振动，是频率单一的振动。弹簧振子在位移不是特别大时的振动就是简谐振动。

简谐振动的描述：

弹簧振子的微分方程为

$$-kx = m \frac{d^2 x}{dt^2} \tag{4.1}$$

方程左边是弹性恢复力，该力的特点是线性的，并且指向平衡位置。简谐振动微分方程的一般形式为

$$\frac{d^2 x}{dt^2} + \omega_0^2 x = 0 \tag{4.2}$$

一个振动系统只要满足此种形式的微分方程，就可以说该振动是简谐振动。简谐振动微分方程的通解可以写成

$$x(t) = A\cos(\omega_0 t + \varphi) \tag{4.3}$$

振幅 A、角频率 ω_0 和相位 [包括初相位 φ 和总相位 $\omega_0 t + \varphi$] 是描述振动的三要素。每秒振动的次数即实际的振动频率是 $\nu = \omega_0/2\pi$。弹簧振子的角频率为 $\omega_0 = \sqrt{k/m}$；单摆小角度振动也是简谐振动，角频率为 $\omega_0 = \sqrt{g/l}$；LC 振荡电路电荷或者电流的变化也服从简谐振动的规律，角频率为 $\omega_0 = 1/\sqrt{LC}$。

由位移式（4.3），容易得到振动的速度和加速度：

$$\begin{aligned} v(t) &= \frac{dx(t)}{dt} = -\omega_0 A \sin(\omega_0 t + \varphi) = \omega_0 A \cos\left(\omega_0 t + \varphi + \frac{\pi}{2}\right) \\ a(t) &= \frac{dv(t)}{dt} = -\omega_0^2 A \cos(\omega_0 t + \varphi) = \omega_0^2 A \cos(\omega_0 t + \varphi \pm \pi) \end{aligned} \tag{4.4}$$

速度比位移相位超前 $\pi/2$,加速度与位移相位相反。

相位的意义:

简谐振动位移的总相位是 $\phi = \omega_0 t + \varphi$,当相位确定后,简谐振动的位移、速度和加速度完全确定,即**相位完全确定了运动的状态**。当 $\phi = 0$、$\pi/2$、π、$3\pi/2$、2π 时,简谐振动分别处在正向最大位移、由平衡位置向负向运动、负向最大位移、由平衡位置向正向运动、正向最大位移处。

振幅与初相由初始条件确定:

初始条件指 $t=0$ 时刻的初始位置 x_0 和初始速度 v_0。振幅与初相的计算公式为

$$A = \sqrt{x_0^2 + \frac{v_0^2}{\omega_0^2}}, \quad \tan\varphi = -\frac{v_0}{\omega_0 x_0} \tag{4.5}$$

式中,振幅 A 恒取正值。应该注意的是初相不能简单地写成 $\varphi = \arctan\left(-\dfrac{v_0}{\omega_0 x_0}\right)$,因为反正切函数的取值范围是 $(-\pi/2, \pi/2)$,而初相的定义区间是 $[0, 2\pi]$ 或 $[-\pi, \pi]$,所以直接求反正切函数容易丢解,正确做法如下:

$$\begin{cases} \varphi = \arctan\left(-\dfrac{v_0}{\omega_0 x_0}\right) & (x_0 > 0) \\ \varphi = \pi + \arctan\left(-\dfrac{v_0}{\omega_0 x_0}\right) & (x_0 < 0) \end{cases} \tag{4.6}$$

另外,初相位置还可以根据 x_0 与 v_0 的正负或利用旋转矢量法来判断,这些都是常用方法。

简谐振动的不同表示方法:

简谐振动除了式(4.3)的解析表示方法外,还可以通过画出振动曲线(图4.1)以及利用旋转矢量(图4.2)等方法表示。

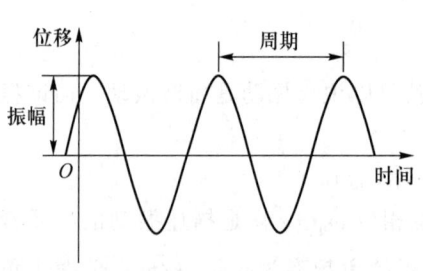

图 4.1 振动曲线

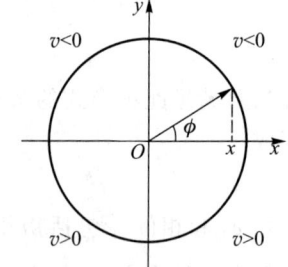

图 4.2 旋转矢量法

通过振动曲线可以看出振动的振幅、周期以及各个时刻的速度方向等。

旋转矢量法的根据是做圆周运动的质点在相互垂直的方向上的投影都是简谐振动。如果取圆周运动的半径等于简谐振动的振幅,将其作为矢量,当振幅矢量逆时针转动时,矢量末端在 x 轴上的投影给出简谐振动 $x(t) = A\cos(\omega t + \varphi)$。圆周的上半部分,速度小于零,对应作简谐振动的质点由正向最大位移向负向最大位移运动;圆周的下半部分,速度大于零,对应作简谐振动的质点由负向最大位移向正向最大位移运动。

简谐振动的能量：

简谐振动的能量是振动物体的动能 E_k 与系统势能 E_p 之和，公式为

$$E = E_k + E_p = \frac{1}{2}m\omega_0^2 A^2 \tag{4.7}$$

尽管不同的谐振系统有不同的 ω_0 值，但只要系统及运动状态确定，总能量就是确定值，即简谐振动能量守恒。简谐振动的动能平均值与势能平均值相等且都等于总能量的一半。

振动波动问题 2　简谐振动的合成

同方向简谐振动的合成：

假设质点同时参与沿某一方向的两个简谐振动：

$$\begin{aligned} x_1(t) &= A_1\cos(\omega_1 t+\varphi_1) = A_1\cos\phi_1 \\ x_2(t) &= A_2\cos(\omega_2 t+\varphi_2) = A_2\cos\phi_2 \end{aligned} \tag{4.8}$$

则质点的位移随时间的变化为

$$\begin{aligned} x(t) &= x_1(t) + x_2(t) = A\cos\phi \\ A &= \sqrt{A_1^2 + A_2^2 + 2A_1 A_2\cos\Delta\phi} \end{aligned} \tag{4.9}$$

式中，$\Delta\phi = \phi_2 - \phi_1 = (\omega_2-\omega_1)t + \varphi_2 - \varphi_1$ 是两个振动的相位差。如果两个简谐振动的频率不相同，那么相位差就含有时间，合成振动不是简谐振动。当两个分振动的频率都较大而其频率差较小时，将产生合振幅随时间做缓慢变化的"拍"现象。合振幅变化的频率是 $|\omega_2-\omega_1|/2\pi = |\nu_2-\nu_1|$，此频率称为**拍频**。如果是两个声波，那么会听到时大时小的合成声音，声音大小变化的频率就是拍频。

如果两个振动的频率是相同的，那么合成振动就是简谐振动，并且相位差不随时间变化。此时，合成振动的结果是

$$\begin{aligned} x(t) &= x_1(t) + x_2(t) = A\cos(\omega t+\varphi) \\ A &= \sqrt{A_1^2 + A_2^2 + 2A_1 A_2\cos(\varphi_2-\varphi_1)} \\ \tan\varphi &= \frac{A_1\sin\varphi_1 + A_2\sin\varphi_2}{A_1\cos\varphi_1 + A_2\cos\varphi_2} \end{aligned} \tag{4.10}$$

两个振动的相位差 $\Delta\phi = \varphi_2 - \varphi_1$。如取 $K = 0, 1, 2, \cdots$，当相位差 $\Delta\phi = \pm 2K\pi$ 时，称为相位相同，对应旋转矢量图上两个振幅矢量方向相同，合振幅 $A = A_1 + A_2$；当 $\Delta\phi = \pm(2K+1)\pi$ 时，称为相位相反，对应旋转矢量图上两个振幅矢量方向相反，合振幅 $A = |A_1 - A_2|$；如果 $\Delta\phi = \pm(2K+1)\dfrac{\pi}{2}$，对应旋转矢量图上两个振幅矢量方向垂直，合振幅 $A = \sqrt{A_1^2 + A_2^2}$。

垂直方向简谐振动的合成：

逆时针的圆周运动可以分解为相互垂直方向上的简谐振动：

$$\begin{aligned} x(t) &= A\cos(\omega t+\varphi) \\ y(t) &= A\sin(\omega t+\varphi) = A\cos(\omega t+\varphi-\pi/2) \end{aligned} \tag{4.11}$$

可以看到，y 方向的相位落后 x 方向的相位 $\pi/2$。反过来，相互垂直方向相位差为 $\pi/2$ 的两个简谐振动可以合成一个圆周运动。y 方向的相位落后 x 方向的相位是逆时针运动，反之为顺时

针运动。

如果两个垂直方向简谐振动的振幅不同，即

$$x(t) = A\cos(\omega t+\varphi)$$
$$y(t) = B\sin(\omega t+\varphi) = B\cos(\omega t+\varphi-\pi/2) \quad (4.12)$$

那么合成振动是椭圆运动，有

$$\frac{x^2}{A^2}+\frac{y^2}{B^2}=1 \quad (4.13)$$

如果两个垂直方向简谐振动的频率成简单整数比，如

$$x(t) = A\cos(n\omega t+\varphi)$$
$$y(t) = B\sin(m\omega t+\varphi) = B\cos(m\omega t+\varphi-\pi/2) \quad (4.14)$$

式中 n、m 为正整数，那么两个方向的周期将不同，在 x 方向振动 n 个周期，同时在 y 方向振动 m 个周期，合成的闭合曲线称为李萨如图。

振动波动问题 3 阻尼振动与受迫振动

阻尼振动：

当振动系统存在较小的阻尼力时，振子将做减幅振荡，振幅随时间按指数衰减直至为零。当存在较大的阻尼力时，振子不再振动，位移直接缓慢衰减至零。两者之间有一分界点，振子振幅以最快速度衰减至零而不做振动，此时的阻尼称为**临界阻尼**。各种指针式仪表一般处于此种状态。

受迫振动：

为使存在阻尼的系统能够维持稳定振动，可在系统中加一周期性驱动力，经过短暂的初始过程之后，系统呈现稳定振动状态。这种振动无论从数学表达式还是实际运动形态都与简谐振动形式相同，区别在于：一是振动的角频率不等于固有角频率，而是等于外加驱动力的角频率；二是振幅和初相不再由初始条件确定，而是由系统参数确定。当外加驱动力的角频率非常接近系统固有角频率时，系统振幅将出现最大值，这种现象称为**共振**。

振动波动问题 4 简谐波

波是振动的传播过程。简谐波是简谐振动的传播过程。机械波产生的条件有两个：一是要有波源，二是要有弹性介质。沿 x 轴正向传播的简谐波为

$$y(x,t) = A\cos\left[\omega\left(t-\frac{x}{u}\right)+\varphi\right] = A\cos\left[2\pi\left(\frac{t}{T}-\frac{x}{\lambda}\right)+\varphi\right] \quad (4.15)$$

如果 $x=x_0$，上式表示 x_0 处质元的振动方程；如果 $t=t_0$，上式表示 t_0 时刻的波形方程。当 x、t 两个量都变化时，此式表示波形的平移——波动。写出式（4.15）的直接方法是：振动由原点传到 x 处需要的时间是 x/u，这意味着 x 处、t 时刻的振动与原点、$(t-x/u)$ 时刻的振动一致。与简谐振动相比，简谐波多了两个量——波速 u 和波长 λ，并且 $\omega/u=2\pi/\lambda$。设波沿 x 轴正向传播，在 x 轴上任取两点 x_1 和 x_2，且 $x_1<x_2$，则两点间的距离 $\Delta x=x_2-x_1$ 称为波程差，两点间的相位差 $\Delta\phi=\phi_2-\phi_1=-(2\pi/\lambda)(x_2-x_1)$，负号表示 x_2 点的相位比 x_1 点的相位滞后，也就是说，沿波的传播方向各质元的相位依次滞后。

波从一个介质向另一个介质传播时，频率保持不变。**对于光波，频率决定了颜色，对于声

波，频率决定了音调。位移对时间求导，进一步得到质元的振动速度：

$$v(x,\ t) = \frac{\partial y(x,\ t)}{\partial t} = -\omega A \sin[\omega(t-x/u)+\varphi] \quad (4.16)$$
$$= \omega A \cos[\omega(t-x/u)+\varphi+\pi/2]$$

向 x 轴负向传播的简谐波是

$$y(x,\ t) = A\cos[\omega(t+x/u)+\varphi] \quad (4.17)$$
$$= A\cos(\omega t + 2\pi x/\lambda + \varphi)$$

简谐波的速度和波动微分方程：

描述简谐波的微分方程为

$$\frac{\partial^2 y}{\partial t^2} - u^2 \frac{\partial^2 y}{\partial x^2} = 0 \quad (4.18)$$

式中，u 为波速。简谐波的波速取决于传播介质的性质，与波源无关。例如，固体中的纵波波速为 $u = \sqrt{E/\rho}$，E 为杨氏模量，ρ 为介质密度。同一固体中纵波波速与横波波速是不同的，典型的例子如地震波。气体和液体中只有纵波。不同介质的波速值虽不同，但都具有与纵波波速相同的形式，根号中的分子体现介质的弹性，分母体现介质的惯性。

简谐波的能量和能流：

简谐波既是相位的传播过程，也是能量的传播过程。能量以波速 u 在质元之间传递。质元在平衡位置时受到前一质元的撞击，形变、速度都是最大，因此质元的形变势能和运动动能都是最大；质元从平衡位置向最大位移运动的过程中与后边的质元碰撞，逐渐将能量传递给后边的质元。到达最大位移时，质元的形变消失，速度变为零，因此在最大位移处质元的势能和动能都是零。能量的这些特点都可以从质元的动能和势能的表达式看出来：

$$dE_k = \frac{1}{2}\rho dV\left(\frac{\partial y}{\partial t}\right)^2 = \frac{1}{2}\rho\omega^2 A^2 dV \sin^2\left[\omega\left(t-\frac{x}{u}\right)+\varphi\right] \quad (4.19)$$
$$dE_p = \frac{1}{2}E\left(\frac{\partial y}{\partial x}\right)^2 dV = \frac{1}{2}\rho\omega^2 A^2 dV \sin^2\left[\omega\left(t-\frac{x}{u}\right)+\varphi\right]$$

动能和势能相等，并且在平衡位置处最大，在最大位移处是零。能量密度为

$$w = \frac{dE_k + dE_p}{dV} = \rho\omega^2 A^2 \sin^2\left[\omega\left(t-\frac{x}{u}\right)+\varphi\right] \quad (4.20)$$

一个周期内能量密度的平均值为

$$\overline{w} = \frac{1}{T}\int_0^T w dt = \frac{1}{2}\rho\omega^2 A^2 \quad (4.21)$$

平均能流密度又称为波的强度：

波强表达式为

$$I = u\overline{w} = \frac{1}{2}\rho u \omega^2 A^2 \quad (4.22)$$

如果是平面波，波传播过程中波强不变；如果是球面波，波强与波源的发射功率 P 有如下关系：

$$P = 4\pi r^2 I \quad \text{或} \quad I = P/(4\pi r^2) \quad (4.23)$$

总功率不变，波强随传播距离增加而不断减小。

声波与声强级：

声波是机械纵波。频率在 20～20 000 Hz 之间的声波是人类的可闻声波；频率低于 20 Hz 的称为次声波；频率高于 20 000 Hz 的称为超声波。定义波强为 I 的声波的声强级为

$$L = 10\lg\frac{I}{I_0}\ \mathrm{dB} \tag{4.24}$$

式中，$I_0 = 10^{-12}\ \mathrm{W\cdot m^2}$ 是人耳所能感受到的最弱声强，而人耳所能承受的最大声强为 $1\ \mathrm{W\cdot m^2}$，对应声强级为 120 dB。

电磁波：

电磁波是由随时间不断变化的电场和磁场间的相互转化形成的，不需要其他介质就可以在空间传播。电磁波是横波，传播过程中电场与磁场的相位相同，有

$$\begin{aligned}E(x,\ t) &= E_0\cos\left[\omega(t-x/u)+\varphi\right]\\ H(x,\ t) &= H_0\cos\left[\omega(t-x/u)+\varphi\right]\end{aligned} \tag{4.25}$$

电场与磁场振幅之间的关系为

$$\sqrt{\varepsilon}\,E_0 = \sqrt{\mu}\,H_0,\quad E = uB,\quad u = 1/\sqrt{\varepsilon\mu} \tag{4.26}$$

式中，u 为介质中的电磁波波速，$\varepsilon = \varepsilon_r\varepsilon_0$，$\mu = \mu_r\mu_0$，真空中的电磁波波速 $c = 1/\sqrt{\varepsilon_0\mu_0} = 3\times 10^8\ \mathrm{m\cdot s^{-1}}$（光速）。电场强度 E 与磁场强度 H 的叉乘 $E\times H$ 的方向给出电磁波传播的方向。

电磁波的平均能流密度（电磁波波强）为

$$I = \frac{1}{2}E_0H_0 = \frac{1}{2}\sqrt{\frac{\varepsilon}{\mu}}E_0^2 = \frac{1}{2}\sqrt{\frac{\mu}{\varepsilon}}H_0^2 \tag{4.27}$$

多普勒效应：

波源和观察者相对运动，观察者接收到的频率会变化，这种现象称为多普勒效应。观察者接收到的频率 ν_R 与波源频率 ν_S 之间的关系为

$$\nu_R = \frac{u+v_R}{u-v_S}\nu_S \tag{4.28}$$

式中，u 是介质中的波速，v_R 和 v_S 分别是观察者和波源的速度，两者的正负号规定皆为：趋近为正，远离为负。式（4.28）适用于波源与观察者在一条直线上有相对运动的情况。

振动波动问题 5 波的干涉

基本描述：

假设空间存在以下两列波：

$$\begin{aligned}y_1(r_1,\ t) &= A_1\cos\left[\omega_1(t-r_1/u_1)+\varphi_1\right]\\ y_2(r_2,\ t) &= A_2\cos\left[\omega_2(t-r_2/u_2)+\varphi_2\right]\end{aligned} \tag{4.29}$$

它们相遇时，合成波的位移是 $y = y_1+y_2$。如果两列波的振动方向不同，则应该写成矢量形式 $\boldsymbol{y} = \boldsymbol{y}_1+\boldsymbol{y}_2$，此时合成波位移的二次方 $\boldsymbol{y}^2 = \boldsymbol{y}_1^2+\boldsymbol{y}_2^2+2\boldsymbol{y}_1\cdot\boldsymbol{y}_2$。如果两列波的振动方向垂直，干涉项消失（$\boldsymbol{y}_1\cdot\boldsymbol{y}_2 = 0$），从而 $\boldsymbol{y}^2 = \boldsymbol{y}_1^2+\boldsymbol{y}_2^2$。所以，要使干涉项不消失，两列波的振动方向应该有相同的成分，这里只考虑振动方向完全相同的情况。当两列波的振动方向相同时，合成波振幅的二次方为

$$A^2 = A_1^2 + A_2^2 + 2A_1A_2\cos[(\omega_2-\omega_1)t+(\varphi_2-\varphi_1)+(\omega_1 r_1/u_1-\omega_2 r_2/u_2)] \tag{4.30}$$

如果两列波的频率不同，或者初始相位差随机变化，那么合成波的振幅就不稳定，等式右边第三项即干涉项的平均值就会为零。要使干涉项存在，并且保持稳定，需要两列波的频率相同，初始相位差固定。

相干条件：

两列波满足振动方向相同、频率相同和初始相位差固定的条件时，可以发生干涉，这些条件称为波的相干条件。满足相干条件的两列或多列波称为相干波。

相位差：

满足相干条件后的相位差为

$$\Delta\phi = \varphi_2-\varphi_1+\left(\frac{\omega}{u_1}r_1-\frac{\omega}{u_2}r_2\right) \tag{4.31}$$

两列波在同一介质中传播时，$u_1=u_2=u$。这里需要特别注意的是 r_1 和 r_2 分别是两个波源到干涉点的实际距离。设 $K=0$，1，2，$\cdots$，当相位差 $\Delta\phi=\pm 2K\pi$ 时，对应干涉加强，合振幅 $A=A_1+A_2$，如果 $A_1=A_2$，则合成波强 $I=4I_1$，即合成波强是其中一列波强的 4 倍；当 $\Delta\phi=\pm(2K+1)\pi$ 时，对应干涉相消，合振幅 $A=|A_1-A_2|$，如果 $A_1=A_2$，则合成波强 $I=0$。除此之外，其他两波相遇点的合振幅介于上述最大值与最小值之间。

振动波动问题 6　驻波

两列振幅相同的相干波做相向运动时叠加形成驻波。对于以下两列波：

$$y_1(x,t)=A\cos[\omega(t-x/u)] \tag{4.32}$$
$$y_2(x,t)=A\cos[\omega(t+x/u)] \tag{4.33}$$

合成波为

$$y(x,t)=y_1(x,t)+y_2(x,t)=2A\cos\left(\frac{\omega}{u}x\right)\cos(\omega t)=2A\cos\left(\frac{2\pi}{\lambda}x\right)\cos(2\pi\nu t) \tag{4.34}$$

此波不再传播，不是行波，称为驻波。

驻波的特点：

式 (4.34) 可视为振幅为 $|2A\cos(2\pi x/\lambda)|$ 的简谐振动，各质元的振幅随坐标 x 而变化。当 $\cos(2\pi x/\lambda)=\pm 1$ 时，对应 x 处的质元振幅最大，等于 $2A$，称为波腹；当 $\cos(2\pi x/\lambda)=0$ 时，对应 x 处的质元振幅为零，称为波节。相邻波腹或相邻波节之间的距离都是 $\lambda/2$。彼此交替等间隔出现，波腹位于两相邻波节的中点，波节位于两相邻波腹的中点。两相邻波节之间各质元的振幅虽不同，但相位相同。波节两侧 $\lambda/2$ 之内各质元的相位相反。由于驻波不是行波，因此能量也不再传播，只在波腹与波节之间往复传递。

如何求驻波的一般表达式：

值得注意的是，式 (4.34) 并不是驻波的一般表达式，原因是式 (4.32) 和式 (4.33) 两列波的初相为零，式 (4.34) 实为驻波的最简式。但上面对于驻波特点的讨论结果仍是普遍适用的。如果形成驻波的两列相向而行的相干波的初相位不为零，那么求驻波时就要用到三角函数中的和差化积公式：

$$\cos\alpha + \cos\beta = 2\cos\frac{\alpha+\beta}{2}\cos\frac{\alpha-\beta}{2} \tag{4.35}$$

乐器中的驻波：

乐器的发声原理是在其中形成驻波。一根长为 L 的琴弦两端固定，则两端都是波节。如果没有其他波节，则有 $L=\lambda/2$，$\lambda=2L$，对应的频率 $\nu_0=u/\lambda=u/(2L)$ 称为基频。如果两端之间还有其他波节，则有 $L=n\lambda/2$，$\lambda=2L/n$，对应的频率 $\nu=u/\lambda=u/(2L/n)=n\nu_0$，称为谐频。由此可见，在特定材质下，琴弦长度直接决定了所发声音的频率，其他管乐、锣鼓等也都与之类似，如音响，尺寸小基频高，尺寸大基频低。

半波损失问题：

当波从波疏介质向波密介质传播时，反射波与入射波相比在反射点有相位 π 的改变。相位差 π 相当于波程差相差半个波长，故称半波损失。如果反射波的振幅与入射波相同，那么在反射点形成一个波节。换句话说，如果反射点是一个波节，那么反射波就会有半波损失。假设入射波向 x 轴的正向传播：

$$y_0(x,t) = A\cos[\omega(t-x/u)+\varphi_0] \tag{4.36}$$

在 x_0 处发生反射，反射波可以一般地写成

$$y_1(x,t) = A\cos[\omega(t+x/u)+\varphi_1] \tag{4.37}$$

有半波损失时，在反射点存在以下关系：

$$[\omega(t+x_0/u)+\varphi_1]-[\omega(t-x_0/u)+\varphi_0]=\pi$$
$$2\omega x_0/u+\varphi_1-\varphi_0=\pi \tag{4.38}$$

如果没有半波损失，则以上关系变为

$$[\omega(t+x_0/u)+\varphi_1]-[\omega(t-x_0/u)+\varphi_0]=0$$
$$2\omega x_0/u+\varphi_1-\varphi_0=0 \tag{4.39}$$

当波从波密介质向波疏介质传播，或者反射点是波腹时，不发生半波损失。给定了入射波的形式，就可以从式（4.38）或者式（4.39）得到反射波在原点的初相，从而得到反射波的形式。

顺便指出，透射波没有半波损失。

振动波动问题 7　波的衍射

波可以绕过障碍物而传播的现象称为衍射。波的衍射也是偏离波的直线传播的现象。这一现象可以利用惠更斯原理解释：**波面上的每一点都可看作发射次级子波的波源，每个子波源发射球面波，所有次级子波的包络面给出下一时刻的波面。**

二、综合练习

1. 一简谐振动的旋转矢量图如图所示，设图中圆的半径为 R，则该简谐振动的振动方程为

(A) $x = R\cos(\pi t + \pi/4)$
(B) $x = R\sin(\pi t + \pi/4)$
(C) $x = R\cos(\pi t - \pi/4)$
(D) $x = R\cos(\pi t/2 + \pi/4)$

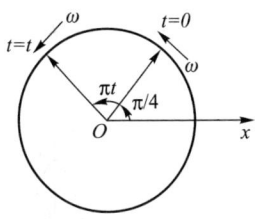

题 1 图

2. 质点做简谐振动，振动方程为 $x = A\cos(\omega t + \varphi)$，当时间 $t = T/2$（T 为周期）时，质点的速度为

(A) $-A\omega\sin\varphi$ (B) $-A\omega\cos\varphi$ (C) $A\omega\sin\varphi$ (D) $A\omega\cos\varphi$

3. 已知两个简谐振动的振动曲线如图所示。两简谐振动的最大速率之比 $\dfrac{(v_{\max})_1}{(v_{\max})_2}$ 为

(A) 4∶1 (B) 2∶1 (C) 1∶1 (D) 1∶2

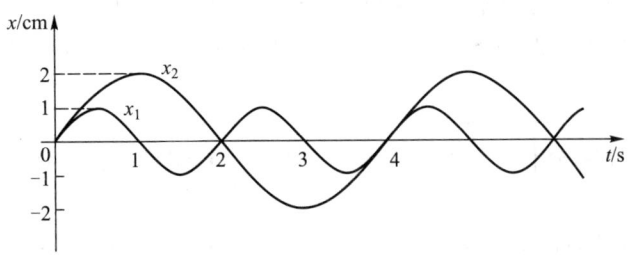

题 3 图

4. 一单摆的悬线长 $l = 1.5$ m，在顶端固定点的竖直下方 0.45 m 处有一小钉，如图所示。设单摆左侧振幅为 A_1，右侧振幅为 A_2，并且两侧振幅都很小，则两侧振幅之比 A_1/A_2 的近似值为

(A) 1.43 (B) 0.837 (C) 0.7 (D) 0.3

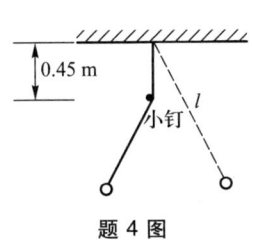

题 4 图

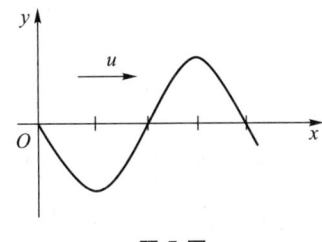

题 5 图

5. 一平面余弦波在 $t = 0$ 时刻的波形曲线如图所示，则 O 点的振动初相为

(A) 0
(B) $\dfrac{1}{2}\pi$
(C) π
(D) $3\pi/2$（或 $-\pi/2$）

6. 一平面简谐波沿 Ox 轴正方向传播，其波长为 λ，则位于 $x_1 = \lambda/2$ 处的质点与位于 $x_2 = \lambda$ 处的质点振动的相位差 $\Delta\phi = \phi_1 - \phi_2$ 等于

(A) $2\pi/3$ (B) $\pi/3$
(C) π (D) $\pi/2$

7. 一列机械横波在 t 时刻的波形曲线如图所示，则该时刻能量为最大的介质质元的位置是

(A) a, c, e, g 　　　　　　　　(B) b, d, f, h
(C) c, g 　　　　　　　　　　　　(D) a, e

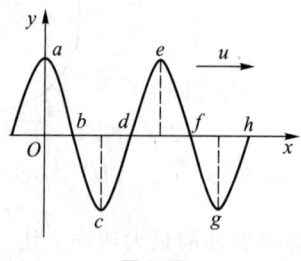
题 7 图

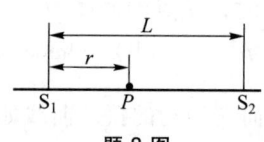
题 8 图

8. 如图所示，S_1 和 S_2 为同相位的两相干波源，相距为 L，P 点与 S_1 距离为 r；波源 S_1 在 P 点引起的振动振幅为 A_1，波源 S_2 在 P 点引起的振动振幅为 A_2，两波波长都是 λ，则 P 点的合振幅为

(A) $\sqrt{A_1^2+A_2^2+2A_1A_2\cos\left(2\pi\dfrac{L}{\lambda}\right)}$ 　　(B) $\sqrt{A_1^2+A_2^2+2A_1A_2\cos\left(2\pi\dfrac{L-r}{\lambda}\right)}$

(C) $\sqrt{A_1^2+A_2^2+2A_1A_2\cos\left(2\pi\dfrac{L-2r}{\lambda}\right)}$ 　(D) $\sqrt{A_1^2+A_2^2+2A_1A_2\cos\left(2\pi\dfrac{r}{\lambda}\right)}$

9. 设平面简谐波沿 x 轴传播时在 $x=0$ 处发生反射，反射波的表达式为
$$y_2 = A\cos\left[2\pi(\nu t - x/\lambda) + \pi/2\right]$$
已知反射点为一自由端，取 $K=0, 1, 2, \cdots$，则由入射波和反射波形成的驻波的波节坐标为

(A) $K\dfrac{\lambda}{2}$ 　　　　　　　　　(B) $\dfrac{\lambda}{4}+K\dfrac{\lambda}{2}$

(C) $\dfrac{3\lambda}{4}+K\dfrac{\lambda}{2}$ 　　　　　　(D) $\dfrac{\lambda}{2}+K\dfrac{\lambda}{4}$

10. 设沿弦线传播的一入射波的表达式为
$$y_1 = A\cos\left[2\pi\left(\nu t - \dfrac{x}{\lambda}\right) + \varphi\right]$$
在 $x=L$ 处（B 点）发生反射，反射点为固定端，如图所示。如果波在传播和反射过程中振幅不变，则弦线上形成的驻波的表达式为

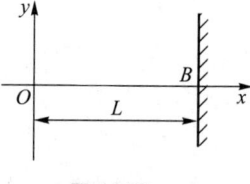
题 10 图

(A) $y = 2A\cos\dfrac{2\pi x}{\lambda} \cdot \cos 2\pi\nu t$

(B) $y = 2A\cos\left[\dfrac{2\pi x}{\lambda} - \dfrac{2\pi L}{\lambda}\right] \cdot \cos\left[2\pi\nu t - \dfrac{2\pi L}{\lambda} + \varphi\right]$

(C) $y = 2A\cos\left[\dfrac{2\pi x}{\lambda} - \dfrac{2\pi L}{\lambda} \pm \dfrac{\pi}{2}\right] \cdot \cos\left[2\pi\nu t - \dfrac{2\pi L}{\lambda} + \varphi \pm \dfrac{\pi}{2}\right]$

(D) $y = 2A\cos\left[\dfrac{2\pi x}{\lambda} - \dfrac{2\pi L}{\lambda} \pm \pi\right] \cdot \cos\left[2\pi\nu t - \dfrac{2\pi L}{\lambda} + \varphi \pm \pi\right]$

11. 一静止的报警器，其频率为 1 000 Hz，当有一汽车以 79.2 km 的时速驶向和背离报警

器时，坐在汽车里的人听到前、后报警声的频率差为（设空气中的声速为 340 m·s^{-1}）

（A）493 Hz （B）466 Hz
（C）130 Hz （D）4 Hz

12. 在地球上测得来自太阳的辐射强度 $\overline{S}$ = 1.4 kW·m^{-2}，太阳到地球的距离约为 1.50×10^{11} m。由此估算，太阳每秒钟辐射的总能量为

（A）3.96×10^{26} J （B）3.96×10^{23} J
（C）2.64×10^{15} J （D）4.95×10^{-21} J

13. 一长度为 l、劲度系数为 k 的均匀轻质弹簧分割成长度分别为 l_1 和 l_2 的两部分，且 $l_1 = nl_2$，n 为整数，则相应的劲度系数 $k_1 = $_____，$k_2 = $_____。

14. 如图所示，一质量为 m 的滑块，两边分别与劲度系数为 k_1 和 k_2 的轻弹簧连接，两弹簧的另外两端分别固定在墙上。滑块 m 可在光滑的水平面上滑动，O 点为系统平衡位置。将滑块 m 向右移动到 x_0，由静止释放并开始计时。取坐标如图所示，则其振动方程为_____。

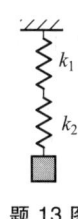

题 13 图

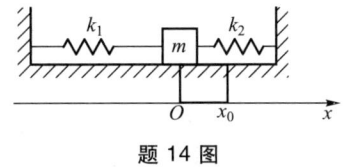

题 14 图

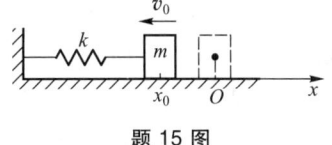

题 15 图

15. 如图所示的弹簧振子质量 m = 0.40 kg，弹簧劲度系数 k = 1.60 N·m^{-1}，将物体从平衡位置压缩至 x_0 = $-$0.10 m，给予沿 x 轴负方向的初速度 v_0 = $-$0.20 m·s^{-1} 并由此开始计时，则角频率 $\omega_0 = $_____，振幅 $A = $_____，初相位 $\varphi = $_____。

16. 一长为 l 的均匀细棒悬于通过其一端的光滑水平轴上，如图所示做成一复摆。已知细棒绕轴的转动惯量为 $I = \frac{1}{3}ml^2$，此摆做微小振动的周期为_____。

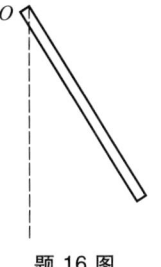

题 16 图

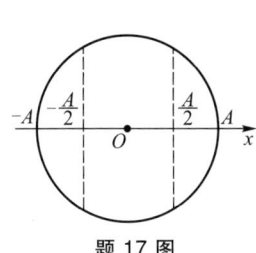

题 17 图

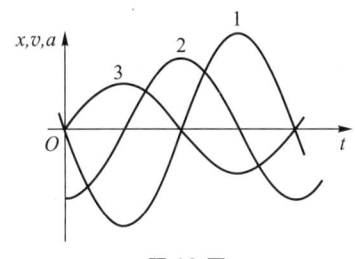

题 18 图

17. 一个质点做简谐振动，振幅为 A，在起始时刻质点的位移为 $A/2$，且向 x 轴的正方向运动，试在图中画出代表此简谐振动的旋转矢量初始时刻的位置。

18. 如图所示，三条曲线分别表示简谐振动中的位移、速度以及加速度，则描述位移的曲线为_____，描述速度的曲线为_____，描述加速度的曲线为_____。（分别选填曲线编号"1""2""3"。）

19. 振子质量为 m、劲度系数为 k 的弹簧振子系统的谐振动方程为 $x = A\cos(\omega t + \varphi)$，当振

子移动到负向振幅的一半时具有的能量为_____，其中势能为_____，动能为_____。

20. 有两个振动方向相同的简谐振动，其运动方程分别为 $x_1 = 3\cos(2\pi t+\pi)$ （SI 单位），$x_2 = 4\cos(2\pi t+\pi/2)$ （SI 单位），则它们的合振动方程为_____。如果另外有一个同方向简谐振动 $x_3 = 2\cos(2\pi t+\varphi_3)$ （SI 单位），若要合振动 $x_1+x_2+x_3$ 的振幅取最大值，φ_3 需要满足的条件是_____；若要合振动 $x_1+x_2+x_3$ 的振幅取最小值，φ_3 需要满足的条件是_____。（设 $K = 0, 1, 2, \cdots$。）

21. 图中椭圆是两个互相垂直的同频率谐振动合成的图形，已知 x 方向的振动方程为 $x = 6\cos\left(\omega t+\dfrac{\pi}{2}\right)$ （SI 单位），动点在椭圆上沿逆时针方向运动，则 y 方向的振动方程应为_____（SI 单位）。

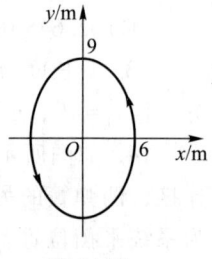

题 21 图

22. 已知一简谐波的波动方程为 $y = 5\cos(\pi t+4\pi x+\pi/2)$ （SI 单位），可知该简谐波的传播方向为_____，其波长为_____，式中 $\pi/2$ 为_____。

23. 若一平面简谐波的表达式为 $y = 0.1\cos(3\pi t-\pi x+\pi)$ （SI 单位），则该波的周期为_____，波长为_____，波速为_____。

24. 当机械波在介质中传播时，一介质质元的最大变形量发生在_____位置。

25. 如图所示，两列波长为 λ 的相干波在 P 点相遇，S_1 点的初相位是 φ_1，S_1 点到 P 点的距离是 r_1；S_2 点的初相位是 φ_2，S_2 点到 P 点的距离是 r_2；以 k 代表零或正、负整数，则 P 点是干涉极大的条件是_____。

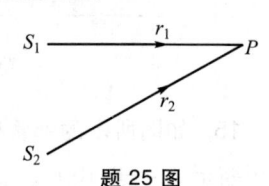

题 25 图

26. 在驻波中，两个相邻波节间各质点振动的振幅_____，相位_____。（两空选填"相同"或"不同"。）

27. 图示为驻波在某时刻的波形，图中 A、B 两点间的相位差为_____。

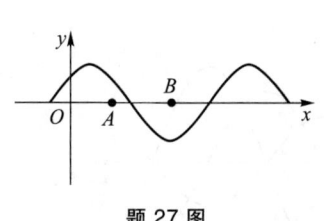

题 27 图

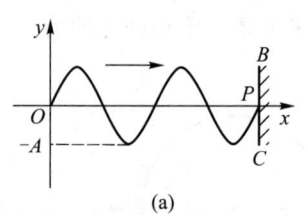

(a)　　　　　(b)

题 28 图

28. 图（a）为一向右传播的简谐波在 t 时刻的波形图，BC 为波密介质的反射面，波由 P 点反射，试在图（b）中画出反射波在 t 时刻的波形图。

29. 设声波在介质中的传播速度为 u，声源的频率为 ν_S。若声源 S 不动，而接收器 R 相对于介质以速度 v_R 沿着 S、R 连线向着声源 S 运动，则位于 S、R 连线中点的质点 P 的振动频率为_____。

30. 在真空中沿着 z 轴负方向传播的平面电磁波，其磁场强度波的表达式为

$$H_x = -H_0\cos\omega(t+z/c)$$

则电场强度波的表达式为_____。

综合练习答案：

1. （A）

2. （C）

解：$v = \dfrac{dx}{dt} = -\omega A \sin(\omega t + \varphi)$，$v(T/2) = -\omega A \sin\left(\dfrac{2\pi}{T} \dfrac{T}{2} + \varphi\right) = \omega A \sin\varphi$，选（C）。

3. （C）

解：$x = A\cos(\omega t + \varphi)$，$v = -\omega A \sin(\omega t + \varphi)$，最大速率为 $v_{max} = \omega A = \dfrac{2\pi}{T}A$，

$$\dfrac{(v_{max})_1}{(v_{max})_2} = \dfrac{A_1}{T_1} \dfrac{T_2}{A_2} = \dfrac{1}{2} \cdot \dfrac{4}{2} = 1$$

4. （B）

解：系统只有重力做功，机械能守恒。单摆机械能：$E = \dfrac{1}{2}m\omega_0^2 A^2$，$\omega_0^2 = \dfrac{g}{l}$。右侧摆长为 $l_2 = l = 1.5$ m，左侧摆长为 $l_1 = l - 0.45$ m $= 1.05$ m，对左右两边，有

$$E_1 = \dfrac{1}{2}m\dfrac{g}{l_1}A_1^2 = \dfrac{1}{2}m\dfrac{g}{l_2}A_2^2 = E_2$$

所以

$$\dfrac{A_1}{A_2} = \sqrt{\dfrac{l_1}{l_2}} = \sqrt{\dfrac{1.05}{1.5}} = \sqrt{0.7} = 0.837$$

5. （D）

解：O 点初始条件为 $x_0 = 0$，$v_0 > 0$，所以 $\varphi = 3\pi/2$。

6. （C）

解：$\Delta\phi = \left[\omega t - \dfrac{2\pi}{\lambda}x_1 + \varphi\right] - \left[\omega t - \dfrac{2\pi}{\lambda}x_2 + \varphi\right] = \dfrac{2\pi}{\lambda}(x_2 - x_1) = \dfrac{2\pi}{\lambda} \cdot \dfrac{\lambda}{2} = \pi$，选（C）。

7. （B）

解：平衡位置附近能量最大，选（B）。

8. （C）

解：S_1 传到 P 点的相位为 $\left(\omega t - \dfrac{2\pi}{\lambda}r + \varphi\right)$，$S_2$ 传到 P 点的相位为 $\left[\omega t - \dfrac{2\pi}{\lambda}(L-r) + \varphi\right]$，相位差为 $\Delta\phi = \phi_1 - \phi_2 = -\dfrac{2\pi}{\lambda}r + \dfrac{2\pi}{\lambda}(L-r) = \dfrac{2\pi}{\lambda}(L-2r)$，将其代入合振幅公式 $A = \sqrt{A_1^2 + A_2^2 + 2A_1 A_2 \cos\Delta\phi}$ 即得。

9. （B）

解法1： 直接根据概念求解：

首先，判断波节坐标的正负，因 y_2 沿 x 轴正向，$x = 0$ 是反射点，所以波节坐标为正。其次，相邻波节间距 $\lambda/2$，相邻波腹与波节距离 $\lambda/4$，依题意 $x = 0$ 处是自由端，应为波腹，所以 $x = \lambda/4$ 应是第一个波节，往后每隔 $\lambda/2$ 就是一个波节。波节坐标：$x = \dfrac{\lambda}{4} + K\dfrac{\lambda}{2}$。

解法 2：利用公式求解：

$x=0$ 处为自由端反射，入、反射波在该处同相位，所以入射波为

$$y_1 = A\cos\left[2\pi(\nu t + x/\lambda) + \pi/2\right]$$

驻波：

$$y = y_1 + y_2 = 2A\cos\frac{2\pi x}{\lambda}\cos\left(2\pi\nu t + \frac{\pi}{2}\right)$$

波节满足：

$$\frac{2\pi x}{\lambda} = (2K+1)\frac{\pi}{2} \quad (K=0,1,2,\cdots)$$

波节坐标：

$$x = (2K+1)\frac{\lambda}{4} = K\frac{\lambda}{2} + \frac{\lambda}{4}$$

10．（C）

解：入射波在 $x=L$ 处的相位为 $\left[2\pi\left(\nu t - \dfrac{L}{\lambda}\right) + \varphi\right]$，在固定端 B 反射有半波损失，反射波在 $x=L$ 处的相位为 $\left[2\pi\left(\nu t - \dfrac{L}{\lambda}\right) + \varphi + \pi\right]$，由 B 向负 x 方向传播的反射波为

$$y_2 = A\cos\left[2\pi\left(\nu t - \frac{L}{\lambda} - \frac{L-x}{\lambda}\right) + \varphi + \pi\right] = A\cos\left[2\pi\left(\nu t + \frac{x}{\lambda}\right) - \frac{4\pi L}{\lambda} + \varphi + \pi\right]$$

利用三角公式 $\cos\alpha + \cos\beta = 2\cos\dfrac{\alpha+\beta}{2}\cos\dfrac{\alpha-\beta}{2}$ 求驻波：

$$y = y_1 + y_2 = 2A\cos\left[\frac{2\pi x}{\lambda} - \frac{2\pi L}{\lambda} + \frac{\pi}{2}\right]\cdot\cos\left[2\pi\nu t - \frac{2\pi L}{\lambda} + \varphi + \frac{\pi}{2}\right]$$

注：如果半波损失用（$-\pi$），则驻波表达式为

$$y = y_1 + y_2 = 2A\cos\left[\frac{2\pi x}{\lambda} - \frac{2\pi L}{\lambda} - \frac{\pi}{2}\right]\cdot\cos\left[2\pi\nu t - \frac{2\pi L}{\lambda} + \varphi - \frac{\pi}{2}\right]$$

11．（C）

解：波源静止、观察者运动的多普勒效应公式为

$$\nu_R = \left(\frac{u + v_R}{u}\right)\nu_S$$

这里，$u = 340\ \text{m}\cdot\text{s}^{-1}$，$v_R = 79.2\ \text{km}\cdot\text{h}^{-1} = 22\ \text{m}\cdot\text{s}^{-1}$（驶近取正值，背离取负值）。

驶近：

$$\nu_R = \left(\frac{340+22}{340}\right) \times 1\,000\ \text{Hz} = 1\,065\ \text{Hz}$$

背离：

$$\nu'_R = \left(\frac{340-22}{340}\right) \times 1\,000\ \text{Hz} = 935\ \text{Hz}$$

前、后频率差：

$$\Delta\nu = \nu_R - \nu'_R = 130\ \text{Hz}$$

12．（A）

解：太阳的辐射功率 $P = \bar{S}\cdot 4\pi r^2 = 1.4\times 10^3 \times 4\pi \times (1.50\times 10^{11})^2\ \text{W} = 3.96\times 10^{26}\ \text{W}$，即每秒辐射能量 $3.96\times 10^{26}\ \text{J}$。

13．$k_1 = \dfrac{n+1}{n}k$，$k_2 = (n+1)k$

解：杨氏模量 E 定义：应力与应变成正比 $\dfrac{F}{S}=E\dfrac{\Delta l}{l}$，写成胡克定律的形式为 $F=\dfrac{SE}{l}\Delta l = k\Delta l$，可见劲度系数 k 与弹簧长度 l 成反比，于是有 $\dfrac{k_2}{k_1}=\dfrac{l_1}{l_2}=n$；再根据弹簧串联公式：$\dfrac{1}{k}=\dfrac{1}{k_1}+\dfrac{1}{k_2}$，两式联立得 $k_1=\dfrac{n+1}{n}k$，$k_2=(n+1)k$。

14. $x=x_0\cos\left(\sqrt{\dfrac{k_1+k_2}{m}}\,t\right)$

解：右移 x 后，由牛顿第二定律：

$$-k_1 x - k_2 x = m\dfrac{\mathrm{d}^2 x}{\mathrm{d}t^2},\qquad \dfrac{\mathrm{d}^2 x}{\mathrm{d}t^2}+\dfrac{k_1+k_2}{m}x=0$$

有 $\omega_0^2=\dfrac{k_1+k_2}{m}$。又 $t=0$ 时，由 x_0 静止释放，所以振幅 $A=x_0$，初相 $\varphi=0$，振动方程为

$$x=x_0\cos(\omega_0 t)=x_0\cos\left(\sqrt{\dfrac{k_1+k_2}{m}}\,t\right)$$

15. $2.0\ \text{s}^{-1}$，$0.14\ \text{m}$，$3\pi/4$

解：
$$\omega_0=\sqrt{\dfrac{k}{m}}=\sqrt{\dfrac{1.6}{0.4}}\ \text{s}^{-1}=2.0\ \text{s}^{-1}$$

$$A=\sqrt{x_0^2+\dfrac{v_0^2}{\omega_0^2}}=\sqrt{(-0.1)^2+\dfrac{(-0.2)^2}{2^2}}\ \text{m}=0.14\ \text{m}$$

因为 $x_0<0$，所以 $\varphi=\pi+\arctan\left(-\dfrac{v_0}{\omega_0 x_0}\right)=\pi+\arctan\left[-\dfrac{-0.2}{2\times(-0.1)}\right]=\dfrac{3\pi}{4}$。

16. $2\pi\sqrt{\dfrac{2l}{3g}}$

解：复摆周期公式为 $T=2\pi\sqrt{\dfrac{I}{mgl}}$，式中 l 为质心到转轴的距离，对应本题应为 $\dfrac{l}{2}$，所以周期为

$$T=2\pi\sqrt{\dfrac{ml^2/3}{mg(l/2)}}=2\pi\sqrt{\dfrac{2l}{3g}}$$

17. 见图

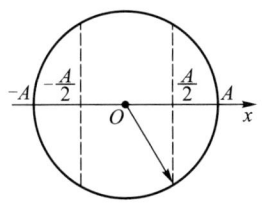

题 17 解图

18. 1, 2, 3

解：加速度与位移反相位，速度比位移相位超前 $\pi/2$。

19. $\dfrac{1}{2}kA^2$, $\dfrac{1}{8}kA^2$, $\dfrac{3}{8}kA^2$

解：总能量与位置无关，为 $\dfrac{1}{2}kA^2$。当 $x=-\dfrac{A}{2}$ 时，势能 $E_p=\dfrac{1}{2}kx^2=\dfrac{1}{2}k\left(-\dfrac{A}{2}\right)^2=\dfrac{1}{8}kA^2$，动能 $E_k=E-E_p=\dfrac{3}{8}kA^2$。

20. $5\cos(2\pi t+0.7\pi)$（SI 单位），$\varphi_3-0.7\pi=\pm 2K\pi$，$\varphi_3-0.7\pi=\pm(2K+1)\pi$

解：旋转矢量图如图所示。x_1+x_2 的合振幅 $A=\sqrt{3^2+4^2}=5$，初相 $\varphi=\dfrac{\pi}{2}+\arctan\dfrac{3}{4}=2.21=0.7\pi$，所以 $x_1+x_2=5\cos(2\pi t+0.7\pi)$ （SI 单位）。

当 $\varphi_3-0.7\pi=\pm 2K\pi$ 时，$x_1+x_2+x_3$ 的合振幅取最大值；当 $\varphi_3-0.7\pi=\pm(2K+1)\pi$ 时，$x_1+x_2+x_3$ 的合振幅取最小值。

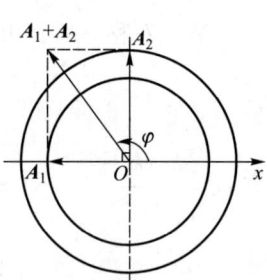

题 20 解图

21. $y=9\cos(\omega t)$

解：由 x 式可知，$t=0$ 时，$x=0$；t 增加时，$x<0$；所以动点 $t=0$ 时位于 y 轴正向最大值处，因此 y 方向振动初相为 $\varphi_y=0$；振幅为 9，角频率为 ω，所以 $y=9\cos(\omega t)$（SI 单位）。

22. 沿 x 轴负向，0.5 m，原点 $x=0$ 处的初相

解：式中 x 前为正号，所以波沿 x 轴负向传播；x 前系数满足 $\dfrac{2\pi}{\lambda}=4\pi$，波长 $\lambda=0.5$ m；$(4\pi x+\pi/2)$ 为 x 处的初相，所以 $\pi/2$ 为原点 $x=0$ 处的初相。

23. $\dfrac{2}{3}$ s, 2 m, 3 m·s^{-1}

解：将该波表达式与标准式比较：

$$y=0.1\cos(3\pi t-\pi x+\pi)=A\cos\left[\omega\left(t-\dfrac{x}{u}\right)+\varphi\right]=A\cos\left[2\pi\left(\dfrac{t}{T}-\dfrac{x}{\lambda}\right)+\varphi\right]$$

有 $\omega=3\pi$，$T=\dfrac{2\pi}{\omega}=\dfrac{2}{3}$ s；$\dfrac{2\pi}{\lambda}=\pi$，$\lambda=2$ m；$\dfrac{\omega}{u}=\pi$，$u=\dfrac{\omega}{\pi}=3$ m·s^{-1}（或 $u=\dfrac{\lambda}{T}=3$ m·s^{-1}）。

24. 平衡

解：波动方程为 $y=A\cos[\omega(t-x/u)+\varphi]$，形变 $\dfrac{\partial y}{\partial x}=A\dfrac{\omega}{u}\sin[\omega(t-x/u)+\varphi]$，当 $y=0$ 时，形变 $\dfrac{\partial y}{\partial x}$ 最大。

25. $\varphi_2-\varphi_1-\dfrac{2\pi}{\lambda}(r_2-r_1)=2k\pi$

解：S_1 点传到 P 点的相位：

$$\phi_1 = \omega t - \frac{2\pi}{\lambda} r_1 + \varphi_1$$

S_2 点传到 P 点的相位：

$$\phi_2 = \omega t - \frac{2\pi}{\lambda} r_2 + \varphi_2$$

干涉极大应满足

$$\phi_2 - \phi_1 = \varphi_2 - \varphi_1 - \frac{2\pi}{\lambda}(r_2 - r_1) = 2k\pi$$

26. 不同，相同

27. π

解：波节两侧 $\lambda/2$ 之内各质元的相位相反。

28. 结果与图（a）相同。

解：

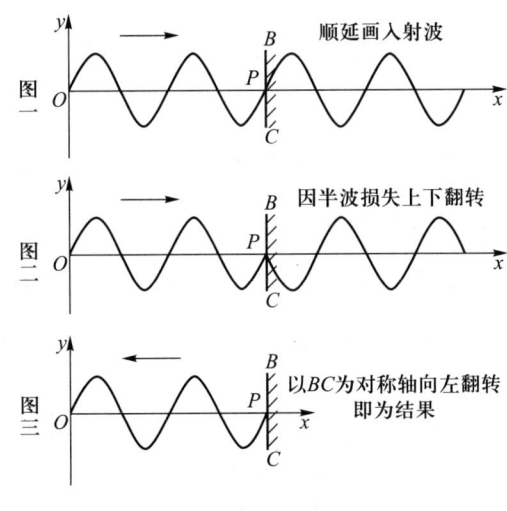

题 28 解图

29. ν_S

解：这里注意，各时刻位于 S、R 连线中点的 P 点并不是同一点，这些 P 点并不运动，它们是介质中的固定点，波源不动，接收点不动，故接收频率等于波源频率。

本题最容易出现的错误是：$v_R = \frac{d}{dt}(\overline{SR})$，$v_P = \frac{d}{dt}\left(\frac{\overline{SR}}{2}\right) = \frac{v_R}{2}$，声源不动，观察者运动，观察者接收到的频率为 $\nu_P = \frac{u + v_P}{u} \nu_S = \frac{u + (v_R/2)}{u} \nu_S$。这是错将不动点当作动点引发的错误答案。

30. $E_y = -\sqrt{\mu_0/\varepsilon_0} H_0 \cos\omega(t + z/c)$

解：① 方向：按坡印廷矢量 $\mathbf{S} = \mathbf{E} \times \mathbf{H}$，由 H_x 式可知磁场沿 x 负方向，所以 $\mathbf{E}$ 沿 y 轴负向；

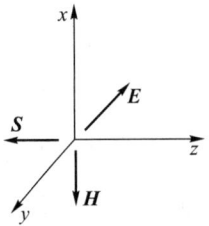

题 30 解图

② 振幅关系：$\sqrt{\varepsilon_0} E_0 = \sqrt{\mu_0} H_0$，可求 E_0。
③ 相位关系：电场与磁场相位相同。
这里注意：直角坐标系应为右旋系！

三、解题参考

第 9 章　振动

9.1　如考虑弹簧振子的弹簧质量，其振动周期是增大还是减小？
解：这相当于增加了系统的惯性，振动周期将增加。

9.2　用手拍篮球使它在地面上跳动，这种运动是不是谐振动？
解：是受迫振动，不是谐振动。

9.3　将一个单摆拉到使其摆线与垂直线成 ϕ 角处释放，并开始计时。有人说，其振动的初相位就是 ϕ，角频率就是 $\dfrac{\mathrm{d}\phi}{\mathrm{d}t}$，你认为对吗？
解：不对。这里 ϕ 是角位移，并不是初相位，ϕ 乘上摆线长对应一维弹簧振子的位移。$\dfrac{\mathrm{d}\phi}{\mathrm{d}t}$ 是角速度，并不是角频率，$\dfrac{\mathrm{d}\phi}{\mathrm{d}t}$ 乘上摆线长对应一维弹簧振子的速度。

9.4　简谐振动的速度和加速度在什么情况下是同号的？在什么情况下是异号的？加速度为正值时，振动质点的速度是否一定在增加？反之，加速度为负值时，速度是否一定在减小？
解：相位在Ⅰ、Ⅱ象限时，速度为负值；相位在Ⅲ、Ⅳ象限时，速度为正值。相位在Ⅰ、Ⅳ象限时，加速度为负值；相位在Ⅱ、Ⅲ象限时，加速度为正值。所以相位在Ⅰ、Ⅲ象限时，速度与加速度同号；相位在Ⅱ、Ⅳ象限时，速度与加速度异号。加速度为正值时，振动质点的速度在第Ⅲ象限增加，在第Ⅱ象限减小。加速度为负值时，振动质点的速度在第Ⅰ象限增加，在第Ⅳ象限减小。

9.5　一根弹簧被切成两根一样长的弹簧，请问每根弹簧的劲度系数比原弹簧的劲度系数大还是小？
解：设原弹簧劲度系数为 k，中间断开后，每个弹簧劲度系数为 $k_1 = k_2$。原弹簧相当于两个小弹簧串联，由弹簧串联公式 $\dfrac{1}{k} = \dfrac{1}{k_1} + \dfrac{1}{k_2}$，考虑到 $k_1 = k_2$，解得 $k_1 = 2k$，可见每根弹簧的劲度系数比原弹簧的劲度系数要大。

9.6　谐振动系统能量守恒，能量守恒的振动一定是谐振动吗？

解：不一定。例如，非线性弹簧振子在弹性限度内的振动，弹簧弹性力是保守力，系统机械能守恒，但不是谐振动。

9.7 什么是拍现象？如果两振动的振幅不一样，是否也有拍现象？
解：角频率都较大但相差较小的两个同方向简谐振动合成时所产生的合振幅忽大忽小的现象称为拍现象。两振动的振幅不一定非要相等。

9.8 在示波器上如何实现并观察拍现象？
解：将两个满足条件的交流信号都接到 Y 输入端。

9.9 共振的机理是什么？
解：共振时，周期性外力与振动物体的速度同相位，外力始终做正功，从而使振动物体的能量越来越大，振幅也越来越大。

9.10 如果考虑单摆摆球的大小以及悬线的质量，单摆的周期如何计算？
解：应该按照复摆来计算。

9.11 有一个和轻弹簧相连的小球，沿 x 轴做振幅为 A 的简谐振动。该振动的表达式用余弦函数表示。若 $t=0$ 时，小球的运动状态为：(1) $x_0=-A$；(2) 过平衡位置向 x 轴正方向运动；(3) 过 $x=\dfrac{A}{2}$ 处，且向 x 轴负方向运动。试用旋转矢量法分别确定相应的初相位。

解：(1) $\varphi=\pi$；(2) $\varphi=\dfrac{3}{2}\pi$ 或 $\varphi=-\dfrac{1}{2}\pi$；(3) $\varphi=\dfrac{\pi}{3}$。（利用旋转矢量法可以很容易得到答案。）

9.12 做简谐振动的小球，速度最大值 $v_m=3\ \text{cm}\cdot\text{s}^{-1}$，振幅 $A=2\ \text{cm}$。若从速度为正的最大值的某时刻开始计时，求：
（1）振动的周期；
（2）加速度的最大值；
（3）振动表达式。

解：(1) 由 $v_m=\omega_0 A=\dfrac{2\pi}{T_0}A$ 得 $T_0=\dfrac{2\pi A}{v_m}=\dfrac{4}{3}\pi\ \text{s}=4.19\ \text{s}$。

(2) $a_m=\omega_0^2 A=\dfrac{v_m^2}{A}=\dfrac{3\times 3}{2}\ \text{cm}\cdot\text{s}^{-1}=4.5\ \text{cm}\cdot\text{s}^{-1}$。

(3) 由初始条件可知，初相位 $\varphi=-\dfrac{1}{2}\pi$，振动表达式为 $x=0.02\cos\left(1.5t-\dfrac{\pi}{2}\right)\ (\text{m})$。

9.13 一简谐振动系统的角频率为 $10\ \text{rad}\cdot\text{s}^{-1}$，开始时在位移为 $7.5\ \text{cm}$ 处，速度数值为 $75\ \text{cm}\cdot\text{s}^{-1}$，速度方向与位移方向：(1) 一致，(2) 相反。分别写出这两种情况下的振动表达式。

解：（1）速度方向与位移一致，$v_0 > 0$。

振幅　　　　$A = \sqrt{x_0^2 + \dfrac{v_0^2}{\omega_0^2}} = \sqrt{0.075^2 + \dfrac{0.75^2}{10^2}}\text{ m} = 0.106\text{ m}$

初相　　　　$\phi = \arctan\left(-\dfrac{v_0}{\omega_0 x_0}\right) = \arctan\left(-\dfrac{0.75}{10 \times 0.075}\right) = -\dfrac{\pi}{4}$

振动表达式　　　　$x = 0.106\cos\left(10t - \dfrac{\pi}{4}\right)$（m）

（2）速度方向与位移相反，$v_0 < 0$。

振幅　　　　$A = \sqrt{x_0^2 + \dfrac{v_0^2}{\omega_0^2}} = \sqrt{0.075^2 + \dfrac{(-0.75)^2}{10^2}}\text{ m} = 0.106\text{ m}$

初相　　　　$\phi = \arctan\left(-\dfrac{v_0}{\omega_0 x_0}\right) = \arctan\left(-\dfrac{-0.75}{10 \times 0.075}\right) = \dfrac{\pi}{4}$

振动表达式　　　　$x = 0.106\cos\left(10t + \dfrac{\pi}{4}\right)$（m）

9.14 如图所示。将劲度系数为 k 的轻弹簧的一端固定在倾斜角为 θ 的光滑斜面的顶端，另一端系一质量为 m 的物体。使物体在其平衡位置附近自由振动。确定系统振动的固有角频率。

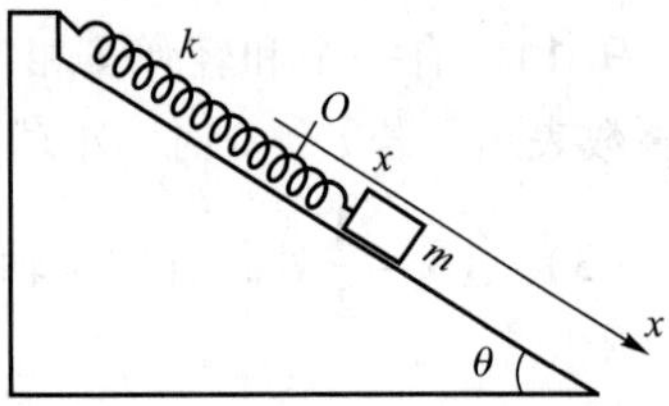

解： 建立如图所示的坐标系，坐标原点位于平衡位置。设此时弹簧的伸长量为 x_0，则有

$$kx_0 = mg\sin\theta$$

在振动过程中，当物体的坐标为 x 时，其所受的合力为

$$mg\sin\theta - k(x_0 + x) = -kx$$

可知物体作简谐振动。系统振动的固有角频率为

$$\omega_0 = \sqrt{\dfrac{k}{m}}$$

题 9.14 图

与弹簧水平放置或竖直悬挂时的结果相同。

9.15 两个质点平行于同一直线，并排做同频率、同振幅的简谐振动。在振动过程中，每当它们在经过振幅一半的位置时相遇，而运动方向相反。求它们的相位差。

解： 借助于旋转矢量，容易判定其相位差为 $\dfrac{2\pi}{3}$。

9.16 一弹簧振子，弹簧的劲度系数 $k = 25\text{ N}\cdot\text{m}^{-1}$，当物体以初动能 0.2 J 和初势能 0.6 J 振动时，试回答下列各问：

（1）振幅是多大？
（2）位移为何值时，弹簧振子的势能和动能相等？

(3) 位移是振幅的一半时，势能是多大？

解：（1）依题意知，弹簧振子的总能量为 0.8 J，所以振幅为

$$A = \sqrt{\frac{2E}{k}} = \sqrt{\frac{2 \times 0.8}{25}} \text{ m} = 0.253 \text{ m}$$

（2）由 $\frac{1}{2}kx^2 = \frac{E}{2} = 0.4$ 可得

$$x = \pm\sqrt{\frac{2 \times 0.4}{25}} \text{ m} = \pm 0.179 \text{ m}$$

（3）

$$E_p = \frac{1}{2}k\left(\frac{A}{2}\right)^2 = \frac{E}{4} = 0.2 \text{ J}$$

9.17 当重力加速度 g 改变 dg 时，试问单摆的周期 T 的变化 dT 如何？写出周期的变化 $\frac{dT}{T}$ 与重力加速度的变化 $\frac{dg}{g}$ 之间的关系式。在 $g = 9.800 \text{ m} \cdot \text{s}^{-2}$ 处走时准确的一只钟，移至另一地点后每天慢 30 s，试用所求关系式计算该地点的重力加速度。设该钟以单摆计时。

解：由单摆周期公式

$$T = 2\pi\sqrt{\frac{l}{g}}$$

有

$$dT = -\pi l^{\frac{1}{2}} g^{-\frac{3}{2}} dg$$

所以

$$\frac{dT}{T} = -\frac{1}{2}\frac{dg}{g}$$

或写成

$$dg = -2g\frac{dT}{T}$$

依题意，有

$$\frac{dT}{T} = \frac{dt}{t} = -\frac{1}{2}\frac{dg}{g}, \qquad dg = -2g\frac{dt}{t}$$

式中，$t = 24 \times 3\,600$ s 为一天的时间，$dt = 30$ s 为在一天中时间的误差。所以

$$g' = g + dg = g\left(1 - \frac{2dT}{T}\right) = g\left(1 - \frac{2dt}{t}\right) = 9.800 \times \left(1 - \frac{2 \times 30}{24 \times 3\,600}\right) \text{ m} \cdot \text{s}^{-2}$$

$$= 9.793 \text{ m} \cdot \text{s}^{-2}$$

9.18 如图所示，假设沿地球的南北极直径方向开凿一条隧道，且将地球看作密度 $\rho = 5.5 \times 10^3 \text{ kg} \cdot \text{m}^{-3}$ 的均匀球体。

（1）证明，当无阻力时，一物体落入此隧道后即做简谐振动。

（2）求物体由地球表面落到地心 O 所需的时间 t。

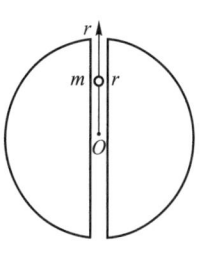

题 9.18 图

解：（1）选地球中心为坐标原点，建立如图所示的坐标系。质量为 m 的物体在地球内部距地心为 r 处受到地球的引力为

$$F = -mG \times \frac{4}{3}\pi r^3 \rho / r^2 = -\frac{4}{3}\pi G\rho m r$$

式中，$G = 6.67×10^{-11}$ N·m²·kg⁻² 为万有引力常量。由牛顿定律得

$$-\frac{4}{3}\pi G\rho m r = m\frac{d^2 r}{dt^2}$$

即

$$\frac{d^2 r}{dt^2} + \frac{4}{3}\pi G\rho r = 0$$

显然，物体在隧道内做简谐振动。

（2）简谐振动的周期为

$$T_0 = 2\pi\sqrt{\frac{3}{4\pi G\rho}} = \sqrt{\frac{3\pi}{G\rho}}$$

所以，物体由地球表面落到地心 O 所需的时间为

$$t = \frac{T_0}{4} = \frac{1}{4}\sqrt{\frac{3\pi}{G\rho}} = 0.25×\sqrt{\frac{3×3.14}{6.67×10^{-11}×5.5×10^3}}\text{ s}$$
$$= 1.267×10^3\text{ s}$$

9.19 一质量 $m = 100$ g 的物块置于一光滑水平面上，物块的两端各系有一弹簧，弹簧的自然长度均为 20 cm，其劲度系数分别为 $k_1 = 3×10^{-2}$ N·cm⁻¹，$k_2 = 1×10^{-2}$ N·cm⁻¹。现将两弹簧分别与两壁相连，两壁与两弹簧原来的自由端都相距 10 cm，如图所示。

（1）求当物块处于平衡位置时，每个弹簧的长度。

（2）若将此物块略微偏离平衡位置后释放，试求此系统的振动周期。

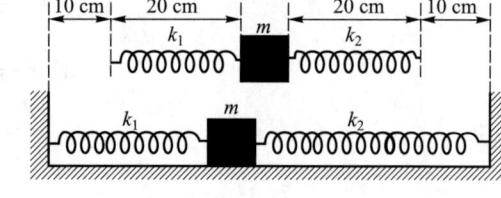

题 9.19 图

（3）设此物块振动的振幅为 5 cm，当其通过平衡位置时，有一质量为 100 g 的泥灰竖直地落于其上，并与之一起振动，试求此系统的振动周期和振幅。

（4）若（3）中的泥灰在物块运动到最大位移时落于其上，求这种情况下系统的振动周期和振幅。

解：（1）设两弹簧的形变量分别为 x_1 和 x_2，则有

$$k_1 x_1 = k_2 x_2, \quad x_1 + x_2 = 20$$

解得

$$x_1 = 5\text{ cm}, \quad x_2 = 15\text{ cm}$$

所以，两个弹簧的长度分别为 25 cm 和 35 cm。

（2） $$T_0 = 2\pi\sqrt{\frac{m}{k}} = 2\pi\sqrt{\frac{m}{k_1+k_2}} = 2\pi\sqrt{\frac{0.1}{4}}\text{ s} = 0.99\text{ s}$$

（3） $$T_1 = 2\pi\sqrt{\frac{2m}{k}} = 1.40\text{ s}$$

由泥灰与物块碰撞过程中水平方向动量守恒以及能量关系，可求得振幅为

$$A_1 = \frac{\sqrt{2}}{2}A_0 = 3.54 \text{ cm}$$

(4) $$T_2 = 2\pi\sqrt{\frac{2m}{k}} = 1.40 \text{ s}, \quad A_2 = A_0 = 5 \text{ cm}$$

9.20 如图所示，一个半径为 R 的木球静止地浮在水面时，恰好一半的体积浸没在水中，把球按没于水中后放手，此后木球的运动是不是简谐振动？试写出木球运动的微分方程（水的摩擦阻力忽略不计）。

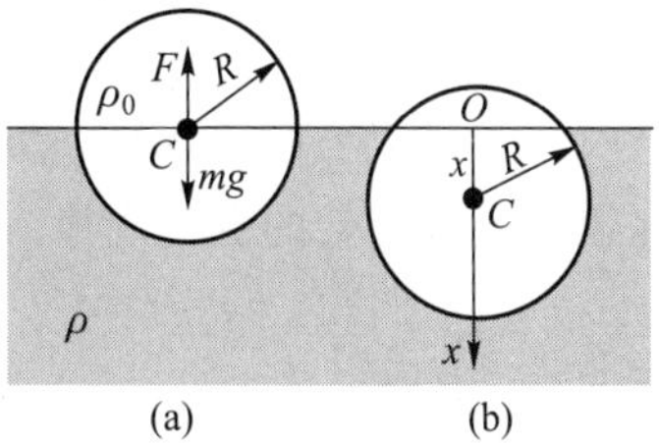

解：设木球密度为 ρ_0，水的密度为 ρ。平衡时如图（a）所示，有

$$F = mg \quad \text{即} \quad \frac{1}{2}\times\frac{4}{3}\pi R^3\rho g = \frac{4}{3}\pi R^3\rho_0 g$$

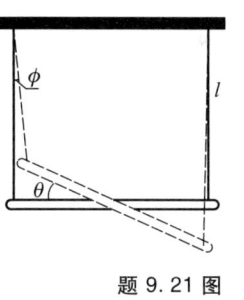

题 9.20 图

建立如图（b）所示的坐标系，某时刻木球中心 C 的坐标为 x，此时木球所受合力为 $-\pi R^2 x\left(1-\dfrac{x^2}{3R^2}\right)\rho g$。木球运动的微分方程为

$$\frac{\mathrm{d}^2 x}{\mathrm{d}t^2}+\frac{3g}{2R}x\left(1-\frac{x^2}{3R^2}\right)=0$$

所以木球的运动不是简谐振动。

9.21 如图所示，用两根长度均为 $l = 60$ cm 的细线拴在质量均匀分布的直杆两端。把直杆悬挂起来，使其做微小摆角的摆动。在摆动过程中，直杆的重心始终保持在同一竖直线上，求其振动的周期。

解：设直杆长度为 L，质量为 m，在扭摆过程中，转动惯量 $I = \dfrac{1}{12}mL^2$。由于摆角很小，细线中的张力 $F_T = \dfrac{1}{2}mg$ 可视为不变，且有 $\dfrac{L}{2}\theta = l\phi$。直杆所受的合力矩的大小为

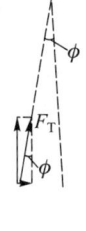

题 9.21 图

$$F_T\phi L = F_T L\frac{L\theta}{2l} = \frac{mgL^2}{4l}\theta$$

由转动定律，有

$$-\frac{mgL^2}{4l}\theta = \frac{1}{12}mL^2\frac{\mathrm{d}^2\theta}{\mathrm{d}t^2}$$

即

$$\frac{\mathrm{d}^2\theta}{\mathrm{d}t^2}+\frac{3g}{l}\theta = 0$$

周期

$$T = 2\pi\sqrt{\frac{l}{3g}} = 0.897 \text{ s}$$

9.22 如图所示，将开关 S 揿下后，电容器 C 由电池 $\mathscr{E}$ 充电。放手后，电容器 C 经由电感为 L 的线圈放电。若 $L = 0.01$ H，$C = 1.0$ μF，$\mathscr{E} = 1.4$ V，求线圈中的最大电流以及电流随时间的变化规律（忽略电阻）。

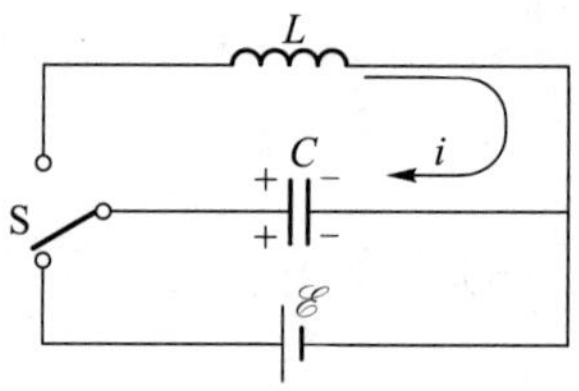

解：电容器和线圈组成 LC 振荡电路，角频率为

$$\omega_0 = \frac{1}{\sqrt{LC}} = \frac{1}{\sqrt{0.01 \times 1.0 \times 10^{-6}}} \text{ rad} \cdot \text{s}^{-1} = 10^4 \text{ rad} \cdot \text{s}^{-1}$$

设电容器上电荷量的变化规律为

$$q = q_0 \cos(\omega_0 t + \varphi)$$

依题意，$t = 0$ 时，有

$$q = q_0 \cos\varphi = C\mathscr{E}$$

可知 $\varphi = 0$。所以

$$q = q_0 \cos\omega_0 t = 1.4 \times 10^{-6} \cos 10^4 t$$

电流随时间的变化规律为

$$i = -\frac{\mathrm{d}q}{\mathrm{d}t} = \omega_0 q_0 \sin\omega_0 t = 1.4 \times 10^{-2} \cos\left(10^4 t - \frac{\pi}{2}\right) \text{ (A)}$$

电流的最大值为 1.4×10^{-2} A。

题 9.22 图

9.23 如图所示，一电感为 L 的线圈、两平行金属导轨以及一个可在导轨上做无摩擦滑动的导体杆（质量为 m）组成一闭合回路，置于水平桌面上。在回路所在的区域内有竖直方向的匀强磁场 $\boldsymbol{B}$。当 $t = 0$ 时给予导体向右方向的初速度 v_0，试求此后导体杆的运动方程 $x(t)$（不计回路的电阻）。

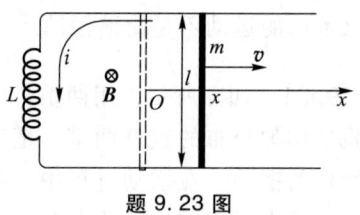

题 9.23 图

解：建立如图所示的坐标系。在某时刻 t，导体杆的坐标为 x，速度为 v，电流为 i。所受合力为 IBl，依据牛顿定律有

$$-iBl = m\frac{\mathrm{d}v}{\mathrm{d}t}, \quad \text{即}$$

$$-Bl\frac{\mathrm{d}i}{\mathrm{d}t} = m\frac{\mathrm{d}^2 v}{\mathrm{d}t^2} \qquad ①$$

对闭合回路应用欧姆定律，有

$$vBl = L\frac{\mathrm{d}i}{\mathrm{d}t} \qquad ②$$

将①、②两式联立，可得

$$\frac{\mathrm{d}^2 v}{\mathrm{d}t^2} + \frac{B^2 l^2}{mL}v = 0$$

可知，导体杆的速度以简谐振动规律变化。

$$v = v_0 \cos(\omega_0 t + \varphi)$$

由初始条件可得 $\varphi = 0$。所以

$$v = v_0 \cos \omega_0 t = v_0 \cos \sqrt{\frac{B^2 l^2}{mL}} t$$

$$x(t) = \int_0^t v \mathrm{d}t = \int_0^t v_0 \cos \omega_0 t \mathrm{d}t = \frac{v_0}{\omega_0} \sin \omega_0 t = \frac{v_0 \sqrt{mL}}{Bl} \sin \left(\sqrt{\frac{B^2 l^2}{mL}} t \right)$$

9.24 如图所示，一根质量为 m 的均匀杆，放在两个完全相同的轮子上，两轮心之间的距离 $2d = 20$ cm，并沿图示的方向高速旋转，杆与轮子间的摩擦因数 $\mu = 0.25$。若杆的重心 C 在开始时接近其中一个滑轮，杆将在轮子上来回运动。证明杆做简谐振动，并求其振动周期。

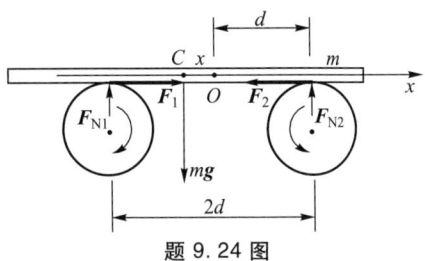

题 9.24 图

解： 建立如图所示的坐标系，坐标原点位于两轮的中心位置。当杆的重心 C 的坐标为 x 时，由杆在竖直方向的平衡条件可知

$$F_{N1} + F_{N2} = mg$$

以及

$$F_{N1}(d+x) = F_{N2}(d-x)$$

所以

$$F_{N1} = \frac{mg}{2}\left(1 - \frac{x}{d}\right)$$

$$F_{N2} = \frac{mg}{2}\left(1 + \frac{x}{d}\right)$$

在水平方向上，由牛顿运动定律得

$$F_1 - F_2 = m\frac{\mathrm{d}^2 x}{\mathrm{d}t^2}$$

即

$$\mu F_{N1} - \mu F_{N2} = -\frac{\mu mg}{d}x = m\frac{\mathrm{d}^2 x}{\mathrm{d}t^2}$$

也就是

$$\frac{\mathrm{d}^2 x}{\mathrm{d}t^2} + \frac{\mu g}{d}x = 0$$

可知杆做简谐振动，振动周期为

$$T_0 = 2\pi \sqrt{\frac{d}{\mu g}} = 1.27 \text{ s}$$

9.25 如图所示，一劲度系数为 k 的轻弹簧，其上端与质量为 m 的平板相连，下端与地面相连。一质量亦为 m 的物体由距平板为 h 高处自由落下，并与平板发生完全非弹性碰撞。以

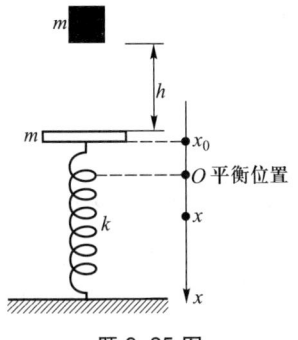

题 9.25 图

平板开始运动时刻为计时起点，平板连同重物的平衡位置为 x 轴坐标原点，x 轴正方向竖直向下。

（1）证明碰撞后系统做简谐振动；

（2）试求其振动周期、振幅和初相位（振动表达式用余弦函数表示）。

解：（1）依题意，建立如图所示的坐标系。当平板和重物的坐标为 x 时，弹簧的形变量为 $(x+x_1)$，其中 $x_1=\dfrac{2mg}{k}$ 为平衡位置处弹簧的形变量。平板和重物所受的合力为

$$2mg-k(x+x_1)=-kx$$

依牛顿运动定律有

$$-kx=2m\dfrac{\mathrm{d}^2x}{\mathrm{d}t^2}$$

即

$$\dfrac{\mathrm{d}^2x}{\mathrm{d}t^2}+\dfrac{k}{2m}x=0$$

可知系统做简谐振动。

（2）振动周期为 $T_0=2\pi\sqrt{\dfrac{2m}{k}}$。振幅 A 和初相位 φ 由初始条件确定。依题意有

$$x_0=-\dfrac{mg}{k}=A\cos\varphi$$

$$v_0=\dfrac{\sqrt{2gh}}{2}=-\sqrt{\dfrac{k}{2m}}A\sin\varphi$$

解得

$$A=\dfrac{1}{k}\sqrt{m^2g^2+mgkh}=\dfrac{mg}{k}\sqrt{1+\dfrac{kh}{mg}}$$

$$\phi=\pi+\arctan\left(\sqrt{\dfrac{kh}{mg}}\right)\quad\text{（位于第三象限）}$$

9.26 如图所示，一个由电离气体所构成的等离子体，其中离子数密度 n_i 和电子数密度 n_e 相等（$n_i=n_e=n$），两者带等量异号电荷 $+e$ 和 $-e$，相应质量分别为 m_i 和 m_e，其中 $m_i\gg m_e$。两类粒子之间的相对位移形成一个恢复电场，它使电子具有回到平衡位置的趋势，这里将离子看成是固定不动的，如图所示。一个厚度为 l 的等离子体片层中的所有电子都发生了位移 x，因而产生一个恢复电场 $\boldsymbol{E}$。试证明，此等离子体片层的单位面积上电子所受到的恢复力为 $\dfrac{xn^2e^2l}{\varepsilon_0}$（$\varepsilon_0$ 为真空介电常量），并且它们以角频率 $\omega_e^2=\dfrac{ne^2}{m_e\varepsilon_0}$ 做简谐振动。此角频率称为电子等离子体角频率，只有角频率 $\omega>\omega_e$ 的电磁波才能在这样的等离子体介质中

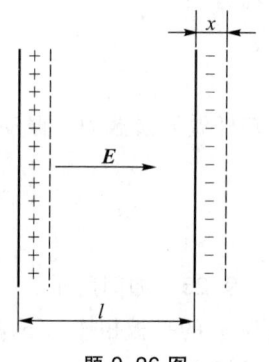

题 9.26 图

传播。

证明：此等离子体片层中的电场强度大小为
$$E = \frac{\sigma}{\varepsilon_0} = \frac{nxe}{\varepsilon_0}$$

在此片层中，以单位面积为底、以 l 为高的柱体中的电子数为 nl，其所受的恢复力为
$$F = Eq = \frac{nxe}{\varepsilon_0} \cdot nel = \frac{n^2 e^2 lx}{\varepsilon_0}$$

由牛顿运动定律，有
$$-\frac{n^2 e^2 lx}{\varepsilon_0} = nlm_e \frac{d^2 x}{dt^2}$$

即
$$\frac{d^2 x}{dt^2} + \frac{ne^2}{m_e \varepsilon_0} x = 0$$

此为简谐振动方程，角频率为
$$\omega_e^2 = \frac{ne^2}{m_e \varepsilon_0}$$

由此得证。

9.27 一摆在空气中做阻尼振动，某时刻振幅 $A_0 = 5$ cm，经 $t_1 = 100$ s 后，振幅变为 $A_1 = 4$ cm，问再经过多少时间，振幅变为 $A_2 = 2$ cm？

解：由阻尼振动表达式
$$x = A_0 e^{-\beta t} \cos(\omega t + \varphi)$$

可得
$$A_1 = A_0 e^{-\beta t_1}$$
$$A_2 = A_0 e^{-\beta(t_1 + t_2)}$$

将以上两式联立，代入数据，最后解得
$$t_2 = 310 \text{ s}$$

9.28 某振动系统，从开始振动经过 16 次振动后，能量减为开始时的 0.60，问再经过 16 次振动后，系统的能量将减为开始时的几分之几？

解：由阻尼振动表达式
$$x = A_0 e^{-\beta t} \cos(\omega t + \varphi)$$

可知，开始计时时系统的能量为
$$E_0 = \frac{1}{2} k A_0^2$$

t_1 时刻系统的能量为
$$E_1 = \frac{1}{2} k A_0^2 e^{-2\beta t_1}$$

t_2 时刻系统的能量为

$$E_2 = \frac{1}{2}kA_0^2 e^{-2\beta t_2}$$

依题意有

$$E_1 = 0.6E_0, \quad t_2 = 2t_1$$

可以解得

$$\frac{E_2}{E_0} = 0.36$$

9.29 如图所示的弹簧，在悬挂 10 g 砝码时，伸长 8 cm，现将此弹簧悬挂 $m = 25$ g 的小球，使它做自由振动。按下列情况分别求出小球的振动表达式和系统的能量（弹簧质量忽略不计，选取适当位置作为重力势能零点，可使能量表达式简单）：

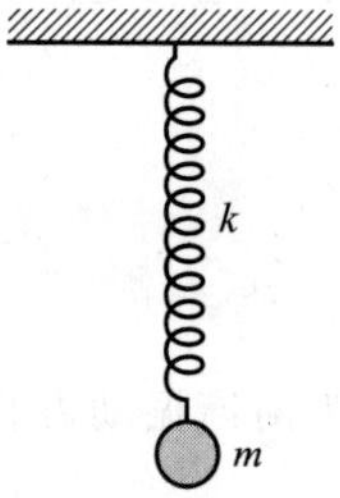

（1）开始时，使小球从平衡位置向下移动 4 cm 后松手；

（2）开始时，小球在平衡位置，给以向上的 21 cm·s^{-1} 的初速度并开始计时；

（3）把小球从平衡位置向下拉 4 cm，给以向下的 21 cm·s^{-1} 的初速度并开始计时。

题 9.29 图

解： 悬挂 $m = 10$ g 时，弹簧伸长 x_1，有

$$k = \frac{m_1 g}{x_1} = \frac{0.01 \times 9.8}{0.08} \text{ N·m}^{-1} = 1.23 \text{ N·m}^{-1}$$

设悬挂 $m = 25$ g 时，弹簧伸长 x_2。取小球的平衡位置 x_2 处为坐标原点，竖直向下为 x 轴正方向，当小球坐标为 x 时有

$$mg - k(x_2 + x) = -kx = m\frac{d^2 x}{dt^2}$$

圆频率为

$$\omega = \sqrt{\frac{k}{m}} = \sqrt{\frac{1.23}{0.025}} \text{ rad·s}^{-1} = 7.0 \text{ rad·s}^{-1}$$

（1）$A = 4$ cm；$\varphi = 0$，振动表达式为

$$x = 0.04\cos(7.0 t) \text{ (m)}$$

能量为

$$E = \frac{1}{2}kA^2 = 9.84 \times 10^{-4} \text{ J}$$

（2）$A = \sqrt{x_0^2 + \frac{v_0^2}{\omega_0^2}} = \left|\frac{v_0}{\omega_0}\right| = \frac{0.21}{7.0}$ m $= 0.03$ m；$x_0 = 0$ 且 $v_0 < 0$，有 $\varphi = \frac{\pi}{2}$。振动表达式为

$$x = 0.03\cos\left(7.0 t + \frac{\pi}{2}\right) \text{ (m)}$$

能量为

$$E = \frac{1}{2}kA^2 = 5.54 \times 10^{-4} \text{ J}$$

(3)
$$A = \sqrt{x_0^2 + \frac{v_0^2}{\omega_0^2}} = \sqrt{0.04^2 + \frac{0.21^2}{7.0^2}} \text{ m} = 0.05 \text{ m}$$

$$\varphi = \arctan\left(-\frac{v_0}{\omega_0 x_0}\right) = \arctan\left(-\frac{0.21}{7.0 \times 0.04}\right) \text{ rad} = -0.64 \text{ rad}$$

振动表达式为
$$x = 0.05\cos(7.0t - 0.64) \text{ (m)}$$

能量为
$$E = \frac{1}{2}kA^2 = 1.54 \times 10^{-3} \text{ J}$$

9.30 将一物体放在水平木板上，此板沿水平方向做简谐振动，频率为 2 Hz，物体与木板间的静摩擦因数为 0.50。问：

(1) 当此板沿水平方向做频率为 2 Hz 的简谐振动时，要使物体在板上不致滑动，振幅的最大值是多少？

(2) 若令此板做竖直方向的简谐振动。振幅为 5.0 cm，要使物体一直保持与板面接触，则振动的最大频率是多少？

解：(1) 最大静摩擦力对应最大加速度，有
$$\mu m g = m a_m = m\omega_0^2 A = m(2\pi\nu)^2 A$$

得
$$A = \frac{\mu g}{4\pi^2 \nu^2} = \frac{0.5 \times 9.8}{4 \times 3.14^2 \times 2^2} \text{ m} = 0.031 \text{ m}$$

(2) 竖直方向做简谐振动时，物体所受重力与木板支持力的合力提供线性恢复力。当物体位于最高点时，合力最大值为重力对应最大加速度，有
$$mg = ma_m = m\omega_0^2 A = m(2\pi\nu)^2 A$$

得
$$\nu = \sqrt{\frac{g}{4\pi^2 A}} = \sqrt{\frac{9.8}{4 \times 3.14^2 \times 0.05}} \text{ Hz} = 2.23 \text{ Hz}$$

9.31 如图所示，在内直径 $d = 1.2$ cm 的 U 形管内装有质量 $m = 624$ g 的水银，水银在管内做微小振动，忽略水银与管壁的摩擦，求其振动的周期（水银密度 $\rho = 13.6$ g·cm^{-3}）。

解：取平衡时水银液面处为 x 轴零点，向下为 x 轴正向。设某时刻 t，右侧液面下降至坐标为 x 处，则左侧液面高出右侧液面 $2x$，这段液体所受重力提供线性恢复力，因此有
$$-\pi\left(\frac{d}{2}\right)^2 \cdot 2x\rho g = m\frac{d^2 x}{dt^2}$$

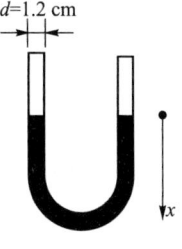

题 9.31 图

整理得

$$\frac{d^2x}{dt^2}+\frac{\pi d^2\rho g}{2m}x=0$$

周期为

$$T=2\pi\sqrt{\frac{2m}{\pi d^2\rho g}}=2\times 3.14\times\sqrt{\frac{2\times 0.624}{3.14\times 0.012^2\times 13.6\times 10^3\times 9.8}}\ \text{s}=0.904\ \text{s}$$

9.32 如图所示，将劲度系数为 k 的水平弹簧一端固定，另一端连接在质量为 m 的匀质圆柱体的轴上，圆柱体可绕其轴在水平面上做无滑动的滚动，如图所示。令圆柱体偏离其平衡位置，使该系统做简谐振动。求系统的振动周期。

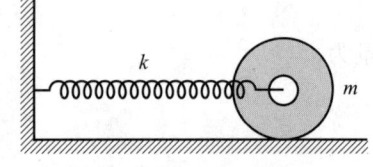

题 9.32 图

解：取弹簧原长处为坐标原点，向右为 x 轴正向。圆柱体的运动可视为质心的平动和绕质心轴的转动。设圆柱体半径为 R，圆柱体与水平面之间的摩擦力为 F_f。当圆柱体沿 x 轴正向运动时，弹簧力与摩擦力均为负值，根据牛顿运动定律及转动定律，有

$$-kx-F_f=m\frac{d^2x}{dt^2}$$

$$F_f R=I\beta$$

另外还有

$$R\beta=\frac{d^2x}{dt^2}$$

$$I=\frac{1}{2}mR^2$$

联立整理，得

$$\frac{d^2x}{dt^2}+\frac{2k}{3m}x=0$$

振动周期为

$$T=2\pi\sqrt{\frac{3m}{2k}}$$

9.33 一弹簧振子由劲度系数为 k 的轻弹簧和质量为 m' 的物块组成，将弹簧的一端与顶板相连，如图所示。开始时物块静止，一颗质量为 m、速度为 v_0 的子弹由下而上射入物块，并停留在物块中。求：

(1) 子弹射入物块之后弹簧振子的振幅 A 与周期 T_0；

(2) 从子弹射入物块到运动到最高点所需的时间 t。

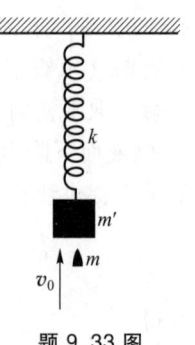

题 9.33 图

解：(1) 以子弹射入物块后的平衡位置为坐标原点 O，竖直向下为 x 轴正方向，子弹与物块共同做简谐振动的角频率为

$$\omega_0=\sqrt{\frac{k}{m'+m}}$$

振动周期为
$$T_0 = 2\pi \sqrt{\frac{m'+m}{k}}$$

初始条件为
$$x_0 = -\frac{mg}{k}, \qquad v'_0 = -\frac{mv_0}{m'+m}$$

振幅为
$$A = \sqrt{x_0^2 + \frac{v_0'^2}{\omega_0^2}} = \frac{mg}{k}\sqrt{1 + \frac{kv_0^2}{(m'+m)g^2}}$$

初相为
$$\varphi = \pi + \arctan\left(-\frac{v'_0}{\omega_0 x_0}\right) = \pi + \arctan\left(-\frac{v_0}{g}\sqrt{\frac{k}{m'+m}}\right)$$

（2）依题意，最高点相位是 π，即 $\omega_0 t + \varphi = \pi$。解得
$$t = \sqrt{\frac{m'+m}{k}} \arctan\left(\frac{v_0}{g}\sqrt{\frac{k}{m'+m}}\right)$$

9.34 一质量为 3.0 kg 的物体，从 0.5 m 高处自静止开始下落到弹簧秤的秤盘里，并黏附在秤盘上。已知秤盘的质量为 2.0 kg，弹簧的劲度系数为 500 N·m^{-1}。弹簧的质量忽略不计。为了使秤盘在最短时间内停下来，就需要附加一阻尼系统，试求该系统的阻尼因数 β。

解： 依题意可知，物体黏附在秤盘上以后，将和秤盘一起进行阻尼振动。当阻尼因数 $\beta = \omega_0$ 时，秤盘可在最短时间内停在平衡位置，所以
$$\beta = \omega_0 = \sqrt{\frac{k}{m_1+m_2}} = \sqrt{\frac{500}{3.0+2.0}}\ \text{rad}\cdot\text{s}^{-1} = 10\ \text{rad}\cdot\text{s}^{-1}$$

9.35 如图所示的是一种测量阻尼系数的装置图。将一质量为 m 的物体悬挂在弹簧上，在空气中（视为无阻尼）测得振动的频率为 ν_1；置于液体中测得振动的频率为 ν_2。求在液体中的阻尼因数 β 和阻尼系数 γ。

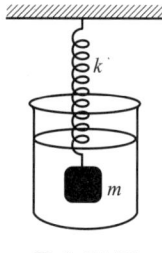

题 9.35 图

解： 在阻尼作用较小（欠阻尼）的情况下，其周期为
$$T = \frac{2\pi}{\omega} = \frac{2\pi}{\sqrt{\omega_0^2 - \beta^2}}$$

用频率 ν 表示，则为
$$\nu = \frac{1}{T} = \frac{\sqrt{\omega_0^2 - \beta^2}}{2\pi} = \frac{\sqrt{(2\pi\nu_0)^2 - \beta^2}}{2\pi}$$

依题意，ν_0 即为题目中的 ν_1，而 ν 即为题目中的 ν_2，于是
$$\beta = 2\pi\sqrt{\nu_1^2 - \nu_2^2}$$
$$\gamma = 2m\beta = 4\pi m\sqrt{\nu_1^2 - \nu_2^2}$$

9.36 如图所示，一个边长 $l = 40$ cm 的正方形木块静止地浮在水面时，恰好一半的体积浸没在水中。把木块缓慢按入水中，当木块全没于水中时即放手并开始计时。问：

（1）若水的摩擦阻力可忽略时，木块在水面的振动是不是简谐振动？写出其运动方程。

（2）如果水对木块的阻尼系数 $\gamma = 7.5 \times 10^{-2}$ kg·s^{-1}，写出木块的运动表达式，并计算木块振动多少次后其振幅衰减到最初振幅的 $\dfrac{1}{\mathrm{e}}$。

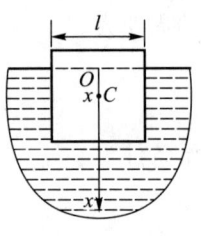

题 9.36 图

解：（1）建立如图所示的坐标系。当木块中心 C 的坐标为 x 时，木块所受的合力为

$$F = -\rho g l^2 x$$

式中，$\rho = 10^3$ kg·m^{-3} 为水的密度。依牛顿运动定律有

$$-g\rho l^2 x = m \frac{\mathrm{d}^2 x}{\mathrm{d}t^2}$$

式中，$m = \rho \dfrac{l^3}{2}$ 为木块的质量。整理后得

$$\frac{\mathrm{d}^2 x}{\mathrm{d}t^2} + \frac{2g}{l}x = 0$$

可见木块做简谐振动，振动表达式为

$$x = A\cos(\omega_0 t + \varphi) = A\cos\left(\sqrt{\frac{2g}{l}}t + \varphi\right)$$

由初始条件可知

$$A = \frac{l}{2} = 0.20 \text{ m}, \quad \varphi = 0$$

所以有

$$x = 0.20\cos 7t \text{ (m)}$$

（2）阻尼振动表达式为

$$x = A_0 \mathrm{e}^{-\beta t} \cos(\omega t + \varphi)$$

式中

$$\beta = \frac{\gamma}{2m} = \frac{\gamma}{\rho l^3} = 1.17 \times 10^{-3}, \quad \omega = \sqrt{\omega_0^2 - \beta^2} \approx \omega_0 = 7 \text{ rad·s}^{-1}$$

A_0、ϕ 由初始条件决定，振动速度为

$$v = \frac{\mathrm{d}x}{\mathrm{d}t} = -A_0 \omega \mathrm{e}^{-\beta t}\sin(\omega t + \varphi) - \beta A_0 \mathrm{e}^{-\beta t}\cos(\omega t + \varphi)$$

$t = 0$ 时，依题意有

$$x_0 = A_0 \cos\varphi = \frac{l}{2} = 0.20 \text{ m}$$

$$v_0 = -A_0 \omega \sin\varphi - \beta A_0 \cos\varphi = 0$$

解得

$$\varphi = \arctan\left(-\frac{\beta}{\omega}\right) = \arctan\left(-\frac{\beta}{\omega_0}\right) = -1.67\times10^{-4} \text{ rad}$$

$$A_0 = \frac{0.20}{\cos\varphi} = 0.20 \text{ m}$$

所以

$$x = 0.20\,\text{e}^{-1.17\times10^{-3}t}\cos(7t-1.67\times10^{-4}) \text{ (m)}$$

设经过时间 t 后振幅衰减到最初振幅的 $\frac{1}{\text{e}}$，依题意有

$$\frac{A_0\text{e}^{-\beta t}}{A_0} = \text{e}^{-\beta t} = \frac{1}{\text{e}}$$

即

$$\beta t = 1$$

木块振动的次数为

$$n = \frac{t}{T_0} = \frac{1}{\beta T_0} = \frac{\omega_0}{2\pi\beta} = \frac{7}{2\times3.14\times1.17\times10^{-3}} = 953$$

9.37 两个同方向的简谐振动，振动表达式分别为

$$x_1 = 5\cos\left(10t+\frac{3}{4}\pi\right) \text{ (cm)}, \quad x_2 = 6\cos\left(10t+\frac{\pi}{4}\right) \text{ (cm)}$$

求它们合振动的振幅及初相位。

解：合振幅为

$$A = \sqrt{A_1^2+A_2^2+2A_1A_2\cos(\varphi_2-\varphi_1)} = \sqrt{5^2+6^2+2\times5\times6\times\cos\frac{\pi}{2}} \text{ cm} = 7.81 \text{ cm}$$

初相位为

$$\varphi = \arctan\left(\frac{A_1\sin\varphi_1+A_2\sin\varphi_2}{A_1\cos\varphi_1+A_2\cos\varphi_2}\right)$$

$$= \arctan\left(\frac{5\times\sin\frac{3}{4}\pi+6\times\sin\frac{\pi}{4}}{5\times\cos\frac{3}{4}\pi+6\times\cos\frac{\pi}{4}}\right) = 84.8° = 1.48 \text{ rad}$$

9.38 日光灯电路如图所示。灯管（包括起辉器）相当于一个电阻 R，镇流器是一个电感 L，二者串联。若灯管两端电压和镇流器两端电压分别为

$$U_1 = 90\sqrt{2}\cos 100\pi t \text{ (V)}$$

$$U_2 = 200\sqrt{2}\cos\left(100\pi t+\frac{\pi}{2}\right) \text{ (V)}$$

试求总电压 U 的表达式。

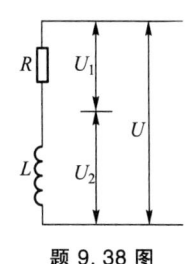

题 9.38 图

解：根据同方向、同频率简谐振动的合成，可得

$$U = U_1 + U_2 = 310\cos(100\pi t + 0.37\pi) \text{ (V)}$$

9.39 三个同方向、同频率的简谐振动分别为

$$x_1 = 0.08\cos\left(314t + \frac{\pi}{6}\right) \text{ (m)}$$

$$x_2 = 0.08\cos\left(314t + \frac{\pi}{2}\right) \text{ (m)}$$

$$x_3 = 0.08\cos\left(314t + \frac{5}{6}\pi\right) \text{ (m)}$$

求：（1）合振动的角频率、振幅、初相位及振动表达式；

（2）合振动由初始位置运动到 $x = \frac{\sqrt{2}}{2}A$ 所需的最短时间（A 为合振动的振幅）。

解：（1）先将两个简谐振动合成，再与第三个合成，有

$$\begin{aligned}
x_{12} &= x_1 + x_2 \\
&= 0.08\cos\left(314t + \frac{\pi}{6}\right) + 0.08\cos\left(314t + \frac{\pi}{2}\right) \\
&= 0.08\sqrt{3}\cos\left(314t + \frac{\pi}{3}\right) \text{ (m)}
\end{aligned}$$

$$\begin{aligned}
x &= x_{12} + x_3 \\
&= 0.08\sqrt{3}\cos\left(314t + \frac{\pi}{3}\right) + 0.08\sqrt{3}\cos\left(314t + \frac{5\pi}{6}\right) \\
&= 0.16\cos\left(314t + \frac{\pi}{2}\right) \text{ (m)}
\end{aligned}$$

由此知，合振动的角频率为 $314 \text{ rad} \cdot \text{s}^{-1}$，振幅为 0.16 m，初相位为 $\frac{\pi}{2}$。

（2）设从初始位置经时间 t 后运动到 $x = \frac{\sqrt{2}}{2}A$ 的位置，依题意其所对应的相位为 $\frac{7}{4}\pi$，于是有

$$314t + \frac{\pi}{2} = \frac{7}{4}\pi$$

解得 $t = 0.0125$ s。

9.40 分别敲击待测音叉与标准音叉（标准音叉的频率为 256 Hz），使它们同时发声，听到时强时弱的嗡嗡响声。测得在 30 s 内音响的强弱变化为 75 次，问待测音叉的固有频率是多少？

解：由题意知，拍频为

$$\nu = 75/30 = 2.5 \text{ Hz}$$

所以待测音叉的固有频率为

$$\nu_1 = 256 \text{ Hz} + 2.5 \text{ Hz} = 258.5 \text{ Hz}$$

或

$$\nu_2 = 256 \text{ Hz} - 2.5 \text{ Hz} = 253.5 \text{ Hz}$$

9.41 在示波器的水平和垂直输入端分别加上余弦式交变电压，在荧光屏上出现如图所示的闭合曲线。已知水平方向的振动频率为 2.7×10^4 Hz，求垂直方向的振动频率。

解：由图可知，水平方向与垂直方向电压变化的频率比为 3∶2，所以垂直方向的振动频率为

$$\nu = \frac{2}{3} \times 2.7 \times 10^4 \text{ Hz} = 1.8 \times 10^4 \text{ Hz}$$

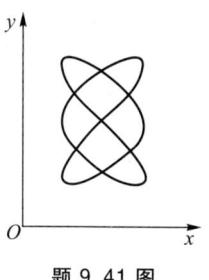

题 9.41 图

9.42 质量为 0.1 kg 的质点同时参与互相垂直的两个振动，其振动表达式分别为

$$x = 0.06\cos\left(\frac{\pi}{3}t + \frac{\pi}{3}\right) \text{ (m)}$$

$$y = 0.03\cos\left(\frac{\pi}{3}t - \frac{\pi}{3}\right) \text{ (m)}$$

求：(1) 质点运动的轨迹方程，画出图形；
(2) 质点在任一时刻所受的作用力。

解：(1) 可直接利用公式

$$\frac{x^2}{A_1^2} + \frac{y^2}{A_2^2} - \frac{2xy}{A_1 A_2}\cos(\varphi_2 - \varphi_1) = \sin^2(\varphi_2 - \varphi_1)$$

得到轨迹方程为

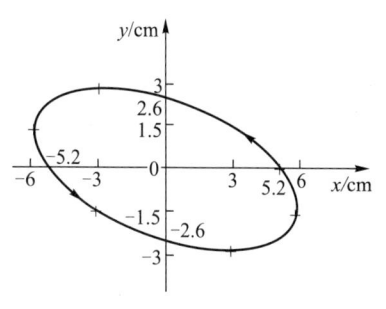

题 9.42 解图

$$x^2 + 4y^2 + 2xy = 27 \times 10^{-4} \text{ m}^2$$

图形如图所示。

(2) 质点所受的作用力可以写成

$$\boldsymbol{F} = m\boldsymbol{a} = ma_x \boldsymbol{i} + ma_y \boldsymbol{j}$$

结果为

$$\boldsymbol{F} = -6 \times 10^{-3} \times \left(\frac{\pi}{3}\right)^2 \cos\left(\frac{\pi}{3}t + \frac{\pi}{3}\right)\boldsymbol{i} - 3 \times 10^{-3} \times \left(\frac{\pi}{3}\right)^2 \cos\left(\frac{\pi}{3}t - \frac{\pi}{3}\right)\boldsymbol{j}$$

$$= -6.6 \times 10^{-3} \cos\left(\frac{\pi}{3}t + \frac{\pi}{3}\right)\boldsymbol{i} - 3.3 \times 10^{-3} \cos\left(\frac{\pi}{3}t - \frac{\pi}{3}\right)\boldsymbol{j} \text{ (N)}$$

第 10 章 波动

10.1 机械波产生的条件是什么？波速、周期、振幅和波长各由什么决定？

解：机械波产生的条件有两个：一要有波源；二要有能够传播机械振动的弹性介质。波速取决于介质性质，周期和振幅取决于波源。波长等于波速与周期的乘积。

10.2 波形曲线与振动曲线在物理含义上有何区别？

解：振动曲线表示质点位移随时间的变化关系。波形曲线表示某一时刻各质点的位移随传

播方向坐标的变化关系。

10.3 当波从一种介质透射到另一种介质时，波长、频率、波速和振幅各量中，哪些会改变？哪些不会改变？

解：波长和波速会改变，频率不改变。在界面无反射且忽略介质吸收的情况下振幅不变。

10.4 设某一时刻的横波波形曲线如图所示，水平箭头表示该波的传播方向，试分别用矢量符号表明图中 A、B、C、D、E、F、G、H、I 各点在该时刻的运动方向，并画出经过 1/4 周期后的波形曲线。

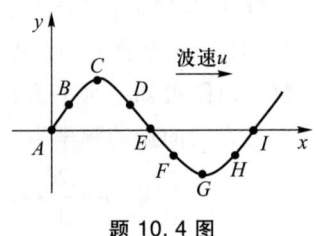

题 10.4 图

解：

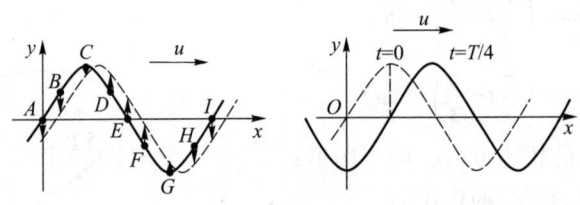

题 10.4 解图

10.5 试判断下列几种关于波长的说法是否正确：
（1）在波的传播方向上相邻两个位移相同点的距离。
（2）在波的传播方向上相邻两个运动速度相同点的距离。
（3）在波的传播方向上相邻两个振动相位相同的点距离。

解：说法（3）正确，说法（1）、（2）不正确。

10.6 波在介质中传播时，为什么任一体积元中的动能与势能具有相同的相位？试以弦线上传播的简谐横波为例说明，并与单个弹簧振子的能量进行比较。

解：波在介质中传播时，质元在平衡位置附近具有最大速度，因而动能最大；形变 $\dfrac{\partial y}{\partial x}$ 在平衡位置附近有最大值，因而势能最大。在最大位移处，情况刚好相反。所以，动能与势能具有相同相位，质元能量不守恒，而是沿传播方向依次传递。单个弹簧振子动、势能交替变化，能量守恒。

10.7 要取得好的干涉效果时，为什么要求两个波的强度尽量相同？

解：两个波强度相同，意味着振幅相同，干涉加强时合振幅加倍；干涉减弱时，合振幅为零。此种情况干涉效果最显著。若强度不同，则振幅不同，干涉减弱时，合振幅不为零，干涉效果较差。

10.8 对于机械波，波源向观察者运动和观察者向波源运动，都会产生频率增加的多普勒效应，这两种情形有何区别？为什么？

解：波源向观察者运动，相当于波长被压缩，在波速不变的情况下，单位时间接收到的波长数增加；观察者向波源运动，单位时间接收到的波长数要比观察者静止时为多。因此，都会产生接收频率增加，但机制不同。

10.9 微波炉是如何工作的？为什么它能将大部分食品加热，但对许多绝缘体的作用却很小，例如玻璃、陶瓷等？又为什么禁止将金属制品放入微波炉内？

解：微波是高频电磁波，食品中的有极分子受交变电场的力矩作用产生往复转向并与周围分子发生碰撞，这样就将微波能转化为分子热运动的动能，因而将食品加热。不同介质对微波能的吸收能力不同，玻璃、陶瓷等绝缘体几乎不吸收微波能，微波在这些材料中畅通无阻。如将金属制品放入微波炉内，一是微波会在金属表面反射，二是在金属内会出现涡流产生大量焦耳热，这都容易损坏微波炉甚至发生危险。

10.10 一根管子可以起声学滤波器的作用，也就是说，它不允许不同于自身固有频率的声波通过这根管子，因此可以作为消声器。试说明这种声学滤波器是如何工作的？如何确定它的截止频率（即是说，在这种频率之下的声波就不能通过这根管子了）？

解：在一端封闭、一端开放的管子中形成驻波的条件为

$$L = (2n-1)\frac{\lambda}{4} \quad (n=1, 2, 3, \cdots)$$

式中，L 为管子长度，λ 为声波波长。也就是说，满足此条件的声波才能在管中传播。其允许存在的频率为

$$\nu_n = (2n-1)\frac{u}{4L} \quad (n=1, 2, 3, \cdots)$$

式中，u 为声波速度。当 $n=1$ 时，对应截止频率，其值为 $\nu_1 = \frac{u}{4L}$，小于此频率的声波不能通过该管子。

10.11 一平面简谐波在 $t=0$ 时刻的波形如图所示。试写出该波的波函数。

解：由波形图可知，$A = 0.04$ m，$\lambda = 0.4$ m，$\omega = 2\pi \frac{u}{\lambda} = 0.4\pi$，$k = \frac{2\pi}{\lambda} = 5\pi$，$\phi = \pi/2$，所以波函数为

$$y = 0.04\cos\left(0.4\pi t - 5\pi x + \frac{\pi}{2}\right) \text{ (m)}$$

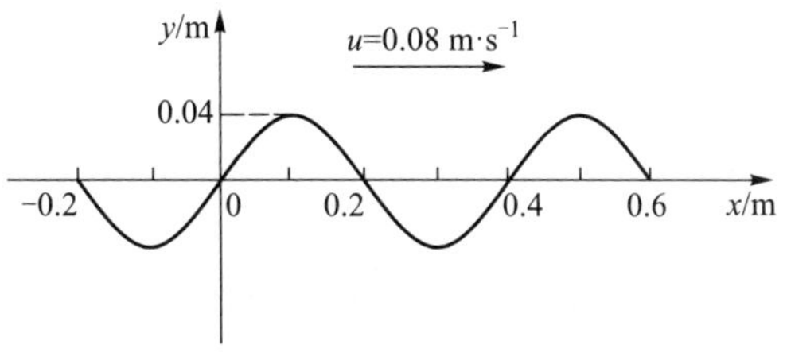

题 10.11 图

10.12 一线状波源向空间发射柱面波。设介质为不吸收波能量的各向同性均匀介质，问波的振幅以及波的强度和离开波源的距离有何关系？

解：如图所示，在单位时间内，通过以 r_0 为半径的圆柱面的波的能量与通过以 r 为半径的圆柱面的波的能量相等。由此可得

$$I_0 \times 2\pi r_0 l = I \times 2\pi r l$$

即

$$I_0 r_0 = I r$$

设 $r_0 = 1$ m，可得波的强度与离开波源距离的关系为

$$I = \frac{I_0}{r}$$

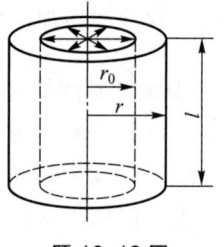

题 10.12 图

由于波的强度与波的振幅的二次方成正比，所以波的振幅与离开波源的距离的关系为

$$A = \frac{A_0}{\sqrt{r}} \quad (A_0 \text{ 为 } r_0 = 1 \text{ m 处的振幅})$$

10.13 频率为 500 Hz，波速为 350 m·s^{-1} 的行波，相位差为 $\frac{\pi}{3}$ 的两点间相距多远？在某点，时间间隔为 10^{-3} s 的两个振动状态，其相位差为多大？

解：
$$\Delta x = \frac{\Delta\phi}{2\pi}\lambda = \frac{\Delta\phi u}{2\pi\nu} = \frac{\frac{\pi}{3} \times 350}{2\pi \times 500} \text{ m} \approx 0.12 \text{ m}$$

$$\Delta\phi = \omega\Delta t = 2\pi\nu\Delta t = 2\pi \times 500 \times 10^{-3} = \pi$$

10.14 如图所示，一条质量为 m、长为 L 的均匀绳子挂在天花板上自由下垂。证明：

（1）在此绳子上传播的横波波速的数值 u 是 y 的函数，其关系式为 $u = \sqrt{gy}$（式中 g 是重力加速度，y 是从绳子下端开始向上量得的距离）；

（2）此横波从绳子下端传播到绳子上端所需的时间为 $t = 2\sqrt{L/g}$。

证明：（1）单位长度上绳子质量（质量线密度）为 $\eta = \frac{m}{L}$。建立如图所示的坐标系，坐标原点位于绳子的下端。在坐标 y 处，取长度为 dy 的绳子。此处绳子所产生的张力 F_T 即为长度为 y 的绳子的重力，于是有

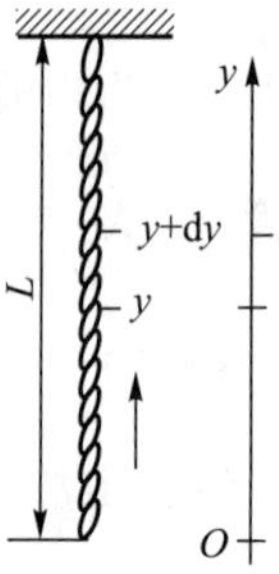

题 10.14 图

$$F_T = \frac{m}{L} y g$$

依细绳中横波波速表达式 $u = \sqrt{\frac{F_T}{\eta}}$，$y$ 处绳子的横波波速为

$$u = \sqrt{\frac{L}{m} \cdot \frac{m}{L} y g} = \sqrt{gy}$$

由此得证。

(2) 在坐标 y 处,此横波传播 dy 距离所需时间为

$$dt = \frac{dy}{u} = \frac{dy}{\sqrt{gy}}$$

所以,从绳子下端传播到绳子上端所需总时间为

$$t = \int dt = \int_0^L \frac{dy}{\sqrt{gy}} = 2\sqrt{\frac{L}{g}}$$

10.15 一根质量线密度为 $4\times10^{-3}\ kg\cdot m^{-1}$ 的均匀钢丝,被 10 N 的力拉紧。钢丝的一端有一正弦式的横向波扰动。经过 0.1 s,此波扰动即传到钢丝另一端,而扰动源正好经历 100 个周期,求波长。

解: 依题意知,$\nu = 1\ 000\ Hz$,而波速为

$$u = \sqrt{\frac{F_T}{\eta}} = \sqrt{\frac{10}{4\times10^{-3}}}\ m\cdot s^{-1} = 50\ m\cdot s^{-1}$$

所以波长为

$$\lambda = \frac{u}{\nu} = 0.05\ m$$

10.16 一平面简谐波沿 x 轴负方向传播,其振幅为 0.01 m,频率为 550 Hz,波速为 330 $m\cdot s^{-1}$。设 $t=0$ 时,坐标原点处的质点达到负的最大位移处。试写出此波的波函数。

解: 波函数为

$$y = 0.01\cos\left[2\pi\nu\left(t+\frac{x}{u}\right)+\pi\right] = 0.01\cos\left[2\pi(550t+1.67x)+\pi\right]\ (m)$$

10.17 一简谐波以 0.8 $m\cdot s^{-1}$ 的速度沿一长弦线传播。在 $x=0.1$ m 处,弦线质点的位移随时间的变化关系为

$$y = 0.05\sin(1.0-4.0t)\ (m)$$

试写出其波函数。

解: 设 x 轴沿波传播方向。将 $x=0.1$ m 处质点的振动表达式改写为

$$y = 0.05\sin(1.0-4.0t) = -0.05\sin(4.0t-1.0) = 0.05\cos\left(4.0t-1.0+\frac{\pi}{2}\right)$$
$$= 0.05\cos(4.0t+0.57)\ (m)$$

波函数为

$$y = 0.05\cos\left[4.0\left(t-\frac{x-0.1}{0.8}\right)+0.57\right] = 0.05\cos(4.0t-5.0x+1.07)\ (m)$$

10.18 一平面简谐波以 10 $m\cdot s^{-1}$ 的速度沿 x 轴负方向传播,若波源的位置在坐标原点 $x=0$ 处,而在 $x=-0.50$ m 处质点的振动表达式为 $y=0.1\cos\left(10\pi t+\frac{\pi}{6}\right)$ (m)。试求:(1) 波源的振动表达式;(2) 此波的波函数。

解：依题意，$x=0$ 处质点比 $x=-0.50$ m 处质点的相位超前，其值为

$$\Delta\phi = \frac{2\pi}{\lambda}\Delta x = \frac{\omega}{u}\Delta x = \frac{10\pi}{10}\times 0.5 = \frac{\pi}{2}$$

波源 $x=0$ 处的振动表达式为

$$y = 0.1\cos\left(10\pi t + \frac{\pi}{6} + \frac{\pi}{2}\right) = 0.1\cos\left(10\pi t + \frac{2}{3}\pi\right) \text{（m）}$$

此波的波函数为

$$y = 0.1\cos\left[10\pi\left(t + \frac{x}{u}\right) + \frac{2}{3}\pi\right] = 0.1\cos\left[10\pi\left(t + \frac{x}{10}\right) + \frac{2}{3}\pi\right] \text{（m）}$$

10.19 一振源以 1.0 W 的功率在无吸收的各向同性均匀介质中发射球面波，确定距离振源 1.0 m 处波的强度。

解：由能量关系，有

$$4\pi r^2 I = P$$

式中，$P = 1.0$ W，$r = 1.0$ m。所以

$$I = \frac{1}{4\pi} = 7.96\times 10^{-2} \text{ W}\cdot\text{m}^{-2}$$

10.20 一简谐波在介质中传播的速度 $u = 10^3$ m·s^{-1}，振幅 $A = 1.0\times 10^{-4}$ m，频率 $\nu = 10^3$ Hz。若该介质的密度 $\rho = 800$ kg·m^{-3}，求：

（1）该波的平均能流密度；

（2）一分钟内通过一面积 $S = 4\times 10^{-4}$ m² 的能量是多少？

解：（1）平均能流密度为

$$I = \frac{1}{2}\rho u\omega^2 A^2 = 2\pi^2\nu^2\rho u A^2$$

$$= 2\times 3.14^2\times 10^6\times 800\times 10^3\times 10^{-8} \text{ W}\cdot\text{m}^{-2}$$

$$= 1.58\times 10^5 \text{ W}\cdot\text{m}^{-2}$$

（2）通过的能量为

$$E = ItS = 1.58\times 10^5\times 60\times 4\times 10^{-4} \text{ J} = 3.79\times 10^3 \text{ J}$$

10.21 一个声源向各个方向均匀地发射总功率为 10 W 的声波，求距声源多远处，声强级为 100 dB？

解：设距声源 r 处，声强级为 100 dB。依题意有

$$4\pi r^2 I = 10 \text{ W}$$

$$10\lg\frac{I}{I_0} = 100$$

式中，$I_0 = 10^{-12}$ W·m^{-2}，解得

$$r = 8.92 \text{ m}$$

10.22 太阳光波每分钟垂直射到地球表面每平方厘米面积上的能量约为

9.4 J，试确定地球表面上太阳光中电场强度和磁感应强度的振幅（为简单起见，太阳光按某一频率的单色光处理）。

解：设太阳光波为某单一频率的平面简谐波。依题意，此电磁波的强度即平均能流密度的大小为

$$I = \bar{S} = \frac{9.4}{60 \times 10^{-4}} \text{ J} \cdot \text{s}^{-1} \cdot \text{m}^{-2} = 1.57 \times 10^3 \text{ W} \cdot \text{m}^{-2}$$

根据 $I = \bar{S} = \frac{1}{2}E_0 H_0 = \frac{1}{2}E_0 \frac{B_0}{\mu_0}$ 以及 $\sqrt{\varepsilon_0} E_0 = \sqrt{\mu_0} H_0 = \frac{B_0}{\sqrt{\mu_0}}$（即 $E_0 = cB_0$）可得

$$B_0 = \sqrt{\frac{2\bar{S}\mu_0}{c}} = \sqrt{\frac{2 \times 1.57 \times 10^3 \times 4\pi \times 10^{-7}}{3 \times 10^8}} \text{ T} = 3.63 \times 10^{-6} \text{ T}$$

$$E_0 = 1.09 \times 10^3 \text{ N} \cdot \text{C}^{-1}$$

10.23 某广播电台辐射的无线电波的平均功率 $P = 15$ kW。设电磁波的能量均匀地向四面八方传播，试求：

（1）距电台 10 km 处的电磁波的强度；
（2）该点处电场强度和磁场强度的振幅。

解：（1）电磁波的强度：

$$I = \frac{P}{4\pi r^2} = \frac{15 \times 10^3}{4 \times 3.14 \times 10^8} \text{ W} \cdot \text{m}^{-2} = 1.19 \times 10^{-5} \text{ W} \cdot \text{m}^{-2}$$

（2）由 $I = \frac{1}{2}E_0 H_0$ 及 $\sqrt{\varepsilon_0} E_0 = \sqrt{\mu_0} H_0$ 可得

$$E_0 = \sqrt{2I\sqrt{\frac{\mu_0}{\varepsilon_0}}} = \sqrt{2 \times 1.19 \times 10^{-5} \times \sqrt{\frac{4\pi \times 10^{-7}}{8.85 \times 10^{-12}}}} \text{ V} \cdot \text{m}^{-1} = 9.47 \times 10^{-2} \text{ V} \cdot \text{m}^{-1}$$

$$H_0 = \sqrt{2I\sqrt{\frac{\varepsilon_0}{\mu_0}}} = \sqrt{2 \times 1.19 \times 10^{-5} \times \sqrt{\frac{8.85 \times 10^{-12}}{4\pi \times 10^{-7}}}} \text{ A} \cdot \text{m}^{-1} = 2.51 \times 10^{-4} \text{ A} \cdot \text{m}^{-1}$$

10.24 假设 100 W 灯泡的输入功率中有 10% 以 500 nm 波长的光向四面八方均匀辐射。在距光源 2 m 处，设此波长的电场与磁场均按正弦规律变化，即

$$E = E_0 \sin \omega t, \quad H = H_0 \sin \omega t$$

试确定 E 和 H 的具体表达式。

解：依题意有

$$\omega = 2\pi\nu = \frac{2\pi c}{\lambda} = \frac{2 \times 3.14 \times 3 \times 10^8}{500 \times 10^{-9}} \text{ rad} \cdot \text{s}^{-1} = 3.77 \times 10^{15} \text{ rad} \cdot \text{s}^{-1}$$

$$I = \frac{P}{4\pi r^2} = \frac{100 \times 10\%}{4 \times 3.14 \times 2^2} \text{ W} \cdot \text{m}^{-2} = 0.2 \text{ W} \cdot \text{m}^{-2}$$

$$E_0 = \sqrt{2I\sqrt{\frac{\mu_0}{\varepsilon_0}}} = \sqrt{2 \times 0.2 \times \sqrt{\frac{4\pi \times 10^{-7}}{8.85 \times 10^{-12}}}} \text{ V} \cdot \text{m}^{-1} = 12.3 \text{ V} \cdot \text{m}^{-1}$$

$$H_0 = \sqrt{2I\sqrt{\frac{\varepsilon_0}{\mu_0}}} = \sqrt{2\times 0.2 \times \sqrt{\frac{8.85\times 10^{-12}}{4\pi \times 10^{-7}}}} \text{ A} \cdot \text{m}^{-1} = 3.26\times 10^{-2} \text{ A} \cdot \text{m}^{-1}$$

所以 E 和 H 的具体表达式为

$$E = 12.3\sin(3.77\times 10^{15}t) \text{ (V} \cdot \text{m}^{-1})$$

$$H = 3.26\times 10^{-2}\sin(3.77\times 10^{15}t) \text{ (A} \cdot \text{m}^{-1})$$

10.25 一平面电磁波在空气中传播，其波长为 0.030 m，电场强度的幅值为 30 V·m^{-1}。试求：(1) 电磁波的频率；(2) 磁感应强度的幅值；(3) 平均能流密度。

解：(1) $$\nu = \frac{c}{\lambda} = \frac{3\times 10^8}{0.030} = 10^{10} \text{ Hz}$$

(2) $$B_0 = \frac{E_0}{c} = \frac{30}{3\times 10^8}\text{T} = 1.0\times 10^{-7} \text{ T}$$

(3) $$\overline{S} = \frac{1}{2}E_0H_0 = \frac{E_0 B_0}{2\mu_0} = \frac{30\times 1.0\times 10^{-7}}{2\times 4\pi \times 10^{-7}}\text{W} \cdot \text{m}^{-2} = 1.2 \text{ W} \cdot \text{m}^{-2}$$

10.26 S_1 和 S_2 为两个相干波源，相距四分之一波长的距离，S_1 比 S_2 超前 $\frac{\pi}{2}$ 的相位。若两波在 S_1、S_2 连线方向强度均为 I_0，并且不随距离而变化，试求在 S_1、S_2 连线上 S_1 外侧各点的合成波强度以及 S_2 外侧各点的合成波强度。

解：如图所示，在 S_1、S_2 两侧任取 P、Q 两点讨论。

设 S_1 初相为 φ_1，S_2 初相为 φ_2，则 $\varphi_1 - \varphi_2 = \frac{\pi}{2}$。

题 10.26 解图

对 S_1 外侧 P 点，S_1 传到 P 点的相位为

$$\phi_1 = 2\pi\left(\frac{t}{T} - \frac{S_1P}{\lambda}\right) + \varphi_1$$

S_2 传到 P 点的相位为

$$\phi_2 = 2\pi\left(\frac{t}{T} - \frac{S_2P}{\lambda}\right) + \varphi_2 = 2\pi\left(\frac{t}{T} - \frac{S_1P + S_1S_2}{\lambda}\right) + \varphi_2$$

考虑到 $S_1S_2 = \frac{\lambda}{4}$，有 $\Delta\phi_P = \phi_1 - \phi_2 = \pi$，所以 P 点干涉相消，合振幅为 $A_{合} = 0$，而波强 $I = \frac{1}{2}\rho u\omega^2 A^2 \propto A^2$，有 $I_{合} = 0$。由于 P 点的任意性，S_1 外侧所有点均有 $I_{合} = 0$。

对 S_2 外侧 Q 点，同理有

$$\Delta\phi_Q = \phi_1 - \phi_2 = 0, \quad A_{合} = \sqrt{A_1^2 + A_2^2 + 2A_1A_2\cos\Delta\phi_Q} = 2A_1$$

$I_{合} \propto A_{合}^2 = 4A_1^2$，$I_0 \propto A_1^2$，所以 $\frac{I_{合}}{I_0} = \frac{4A_1^2}{A_1^2} = 4$。由于 Q 点的任意性，S_2 外侧所有点均有 $I_{合} = 4I_0$。

10.27 如图所示，位于 A、B 两点的两个波源，振幅相等，频率都是 100 Hz，相位差为 π，若 A、B 相距 30 m，波速为 400 m·s^{-1}，求 A、B 连线上两波源之间因干涉而静止的各点的

位置。

解：在图中，A、B 两点相距 $l=30$ m，P 为 A、B 两波源之间的一点，与 A 点相距为 x。设波源 A 引起的 P 点的振动为

$$y_1 = A\cos\omega\left(t-\frac{x}{u}\right)$$

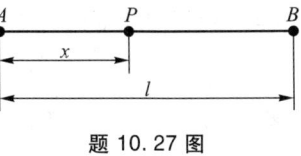

题 10.27 图

则波源 B 引起的 P 点的振动可以表示为

$$y_2 = A\cos\left[\omega\left(t-\frac{l-x}{u}\right)+\pi\right]$$

依题意有

$$\Delta\phi = \omega\left(t-\frac{l-x}{u}\right)+\pi-\omega\left(t-\frac{x}{u}\right) = (2K+1)\pi, \quad K=0,\pm 1,\pm 2,\cdots$$

即

$$\frac{2\omega x}{u} = 2K\pi+\frac{\omega l}{u}, \quad x=2K+15, \quad K=0,\pm 1,\pm 2,\cdots,\pm 7$$

所以，因干涉而静止的各点的位置为 1 m，3 m，5 m，…，15 m，…，25 m，27 m，29 m。

10.28 如图所示，地面上一波源 S 与一波探测器 D 之间的距离为 d。从 S 直接发出的波与从 S 发出经高度为 H 之水平层反射后的波，在 D 处加强，反射线及入射线与水平层所构成的角度相同。当水平层升高 h 距离时，在 D 处未测到信号，不考虑大气吸收，求 d、h、H 与波长 λ 的关系（反射时考虑半波损失）。

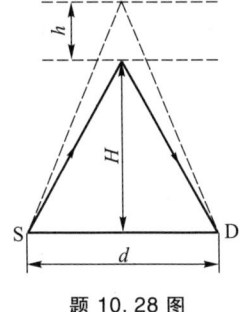

题 10.28 图

解：设高度为 H 时，D 处接收的是第 K 级干涉加强信号；高度为 $(H+h)$ 时，D 处接收的是第 K 级干涉减弱信号。考虑反射时有半波损失，于是有

$$2\sqrt{H^2+\left(\frac{d}{2}\right)^2}-d+\frac{\lambda}{2}=K\lambda$$

$$2\sqrt{(H+h)^2+\left(\frac{d}{2}\right)^2}-d+\frac{\lambda}{2}=(2K+1)\frac{\lambda}{2}$$

两式相减，得

$$2\left(\sqrt{(H+h)^2+\left(\frac{d}{2}\right)^2}-\sqrt{H^2+\left(\frac{d}{2}\right)^2}\right)=\frac{\lambda}{2}$$

整理得

$$\lambda = 2\left(\sqrt{4(H+h)^2+d^2}-\sqrt{4H^2+d^2}\right)$$

10.29 一驻波可以表示为

$$y = 0.02\cos 750t\cos 20x$$

式中，x、y 的单位为 m，t 的单位为 s。求：

（1）形成此驻波的两行波的振幅和波速；

（2）相邻两波节间的距离；

（3）$t = 2.0 \times 10^{-3}$ s 时，$x = 5.0 \times 10^{-2}$ m 处质点振动的速度。

解：（1）由驻波方程可知，$\omega = 750$，$k = \dfrac{2\pi}{\lambda} = 20$，$A = 0.01$ m，所以振幅 $A = 0.01$ m，波速 $u = \dfrac{\omega}{k} = \dfrac{750}{20}$ m·s^{-1} = 37.5 m·s^{-1}。

（2）两相邻波节间的距离为

$$\Delta x = \dfrac{\lambda}{2} = \dfrac{\pi}{k} = \dfrac{\pi}{20} \text{ m} = 0.157 \text{ m}$$

（3）质点振动的速度方程为

$$v = \dfrac{\partial y}{\partial t} = -15 \cos 20x \sin 750 t$$

将 $t = 2.0 \times 10^{-3}$ s 和 $x = 5.0 \times 10^{-2}$ m 代入方程，可得

$$v = -8.08 \text{ m·s}^{-1}$$

10.30 设入射波的波函数为 $y_1 = A \cos 2\pi \left(\dfrac{t}{T} + \dfrac{x}{\lambda} \right)$，在 $x = 0$ 处发生反射，反射点为一自由端。求：(1) 反射波的波函数；(2) 合成驻波的表达式；(3) 波腹、波节的位置。

解：（1）反射波的波函数为

$$y_2 = A \cos 2\pi \left(\dfrac{t}{T} - \dfrac{x}{\lambda} \right)$$

（2）合成驻波的表达式为

$$y = y_1 + y_2 = 2A \cos \dfrac{2\pi}{\lambda} x \cos 2\pi \dfrac{t}{T}$$

（3）波腹位置为

$$x = \dfrac{K}{2} \lambda, \quad K = 0, 1, 2, \cdots$$

波节位置为

$$x = (2K + 1) \dfrac{\lambda}{4}, \quad K = 0, 1, 2, \cdots$$

10.31 一平面简谐波沿 x 轴正向传播，如图所示。其振幅为 A，频率为 ν，波速为 u。(1) $t = 0$ 时，在原点 O 处的质元由平衡位置向位移正方向运动，试求出此波的波函数；(2) 若经分界面反射的波的振幅和入射波的振幅相等，试写出反射波的波函数，并求出 x 轴上因入射波和反射波干涉而静止的各点的位置。

解：（1）依题意，原点 O 处质元振动的初相位为 $-\pi/2$，所以波函数为

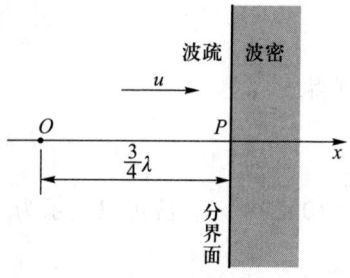

题 10.31 图

$$y_1 = A\cos\left[2\pi\nu\left(t - \frac{x}{u}\right) - \frac{\pi}{2}\right]$$

（2）求反射波表达式要分步进行。入射波在 P 点引起的振动表达式为

$$y_{入P} = A\cos\left[2\pi\nu\left(t - \frac{3\lambda/4}{u}\right) - \frac{\pi}{2}\right] = A\cos 2\pi\nu t$$

反射波在 P 点引起的振动表达式为

$$y_{反P} = A\cos[2\pi\nu t + \pi]$$

反射波的波函数为

$$y_2 = A\cos\left[2\pi\nu\left(t - \frac{3\lambda/4 - x}{u}\right) + \pi\right] = A\cos\left[2\pi\nu\left(t + \frac{x}{u}\right) - \frac{\pi}{2}\right]$$

根据干涉减弱的条件，有

$$\Delta\phi = \left[2\pi\nu\left(t + \frac{x}{u}\right) - \frac{\pi}{2}\right] - \left[2\pi\nu\left(t - \frac{x}{u}\right) - \frac{\pi}{2}\right] = (2K+1)\pi, \quad K = 0, 1, \cdots$$

解得

$$x = (2K+1)\frac{\lambda}{4}, \quad K = 0, 1, \cdots$$

在 OP 之间因干涉而静止的点的位置为

$$x = \frac{\lambda}{4}, \frac{3}{4}\lambda$$

10.32 一平面简谐波某时刻的波形如图所示。此波以波速 u 沿 x 轴正方向传播，振幅为 A，频率为 ν。

（1）若以图中 B 点为 x 轴的坐标原点，并以此时刻为 $t=0$ 时刻，写出此波的波函数；

（2）图中 D 点为反射点，且为一节点。若以 D 点为 x 轴的坐标原点，并以此时刻为 $t=0$ 时刻，写出此入射波的波函数和反射波的波函数以及合成驻波的波函数，并确定波腹和波节的位置坐标。

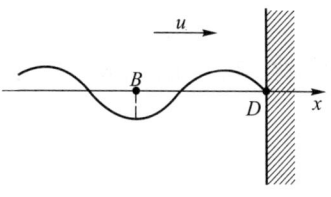

题 10.32 图

解：（1）设竖直向上为位移正方向，波函数为

$$y = A\cos\left[2\pi\nu\left(t - \frac{x}{u}\right) + \pi\right]$$

（2）入射波表达式为

$$y_1 = A\cos\left[2\pi\nu\left(t - \frac{x}{u}\right) - \frac{\pi}{2}\right]$$

反射波表达式为

$$y_2 = A\cos\left[2\pi\nu\left(t + \frac{x}{u}\right) + \frac{\pi}{2}\right]$$

合成驻波的表达式为

$$y = y_1 + y_2 = -2A\sin 2\pi \frac{x}{\lambda} \cos 2\pi\nu t$$

波腹坐标为 $-\dfrac{\lambda}{4}$, $-\dfrac{3}{4}\lambda$, $-\dfrac{5}{4}\lambda$, …; 波节坐标为 0, $-\dfrac{\lambda}{2}$, $-\lambda$, …。

10.33 如图所示，一沿 x 轴正方向传播的平面简谐波，在固定端 B 处反射。A 点处的质点由入射波引起的振动表达式为

$$y_A = A\cos(\omega t + 0.2\pi)$$

已知入射波的波长为 λ, $OA = 0.9\lambda$, $AB = 0.2\lambda$, 设振幅不衰减。试求：

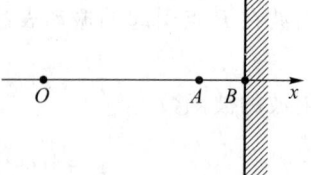

题 10.33 图

（1）入射波表达式；
（2）反射波表达式；
（3）合成驻波表达式。

解：（1）依题意，坐标原点 O 的振动表达式为

$$y_O = A\cos\left(\omega t + 0.2\pi + \frac{0.9\lambda}{\lambda} \times 2\pi\right) = A\cos\omega t$$

所以，入射波表达式为

$$y_1 = A\cos\left(\omega t - \frac{2\pi}{\lambda}x\right)$$

（2）入射波在 B 点的振动表达式为

$$y_{\text{入}B} = A\cos\left(\omega t - \frac{2\pi}{\lambda} \times 1.1\lambda\right) = A\cos(\omega t - 0.2\pi)$$

反射波在 B 点的振动表达式为

$$y_{\text{反}B} = A\cos(\omega t - 0.2\pi + \pi) = A\cos(\omega t + 0.8\pi)$$

所以，反射波表达式为

$$y_2 = A\cos\left[\omega t - \frac{2\pi}{\lambda}(1.1\lambda - x) + 0.8\pi\right] = A\cos\left(\omega t + \frac{2\pi}{\lambda}x + 0.6\pi\right)$$

（3）合成驻波的表达式为

$$y = y_1 + y_2 = 2A\cos\left(\frac{2\pi}{\lambda}x + 0.3\pi\right)\cos(\omega t + 0.3\pi)$$

10.34 若题 10.33 中的波介质 OB 是线密度 $\eta = 1.0 \text{ g} \cdot \text{cm}^{-1}$ 的弦线，而入射波的振幅 $A = 2.0 \text{ cm}$，角频率 $\omega = 40\pi \text{ s}^{-1}$，波长 $\lambda = 20 \text{ cm}$。试求相邻两波节间驻波的平均能量。

解： 参考教材中有关体积元 $\mathrm{d}V$ 中具有的弹性势能为

$$\mathrm{d}E_p = \frac{1}{2}E\left(\frac{\partial y}{\partial x}\right)^2 \mathrm{d}V = \frac{1}{2}\rho u^2\left(\frac{\partial y}{\partial x}\right)^2 \mathrm{d}V$$

式中，$\rho \mathrm{d}V = \mathrm{d}m$ 为相应质量元。本题是弦线，质量元为 $\eta \mathrm{d}x$，其中 η 为弦线的质量线密度。以 $\eta \mathrm{d}x$ 替换 $\rho \mathrm{d}V$，得弹性势能为

$$dE_p = \frac{1}{2}\eta u^2 \left(\frac{\partial y}{\partial x}\right)^2 dx$$

式中，波速 $u = \lambda\nu = \lambda\dfrac{\omega}{2\pi}$。质量元 ηdx 的动能为

$$dE_k = \frac{1}{2}\eta \left(\frac{\partial y}{\partial t}\right)^2 dx$$

将题 10.33 解所得的驻波表达式 $y = 2A\cos\left(\dfrac{2\pi}{\lambda}x + 0.3\pi\right)\cos(\omega t + 0.3\pi)$ 代入 dE_k、dE_p，然后在两个相邻波节之间积分，相加后即可得到所求能量。由于题 10.33 中 B 点坐标为 $x_B = 1.1\lambda$，两相邻波节间距离为 0.5λ，所以积分区间为 $[0.6\lambda, 1.1\lambda]$（或者从 $0 \sim 0.5\lambda$ 积分，结果相同）。

$$E_k = \int_{0.6\lambda}^{1.1\lambda} \frac{1}{2}\eta \left(\frac{\partial y}{\partial t}\right)^2 dx = 2\eta A^2 \omega^2 \left[\int_{0.6\lambda}^{1.1\lambda} \cos^2\left(\frac{2\pi}{\lambda}x + 0.3\pi\right) dx\right] \sin^2(\omega t + 0.3\pi)$$

$$= \frac{1}{2}\lambda\eta A^2 \omega^2 \sin^2(\omega t + 0.3\pi)$$

$$E_p = \int_{0.6\lambda}^{1.1\lambda} \frac{1}{2}\eta u^2 \left(\frac{\partial y}{\partial x}\right)^2 dx = 2\eta A^2 \omega^2 \left[\int_{0.6\lambda}^{1.1\lambda} \sin^2\left(\frac{2\pi}{\lambda}x + 0.3\pi\right) dx\right] \cos^2(\omega t + 0.3\pi)$$

$$= \frac{1}{2}\lambda\eta A^2 \omega^2 \cos^2(\omega t + 0.3\pi)$$

总能量为

$$E = E_k + E_p = \frac{1}{2}\lambda\eta A^2 \omega^2$$

代入数值，得

$$E = \frac{1}{2} \times 0.20 \times 0.10 \times (2.0 \times 10^{-2})^2 \times (40\pi)^2 \text{ J} = 6.32 \times 10^{-2} \text{ J}$$

10.35 如图所示，波源位于坐标原点 O 处，向左、右两侧发射振幅为 A、角频率为 ω 的平面简谐波。设波速为 u，$t = 0$ 时，坐标原点 O 处的质点位于最大位移 A 处，BB' 为波密介质的反射面，其与坐标原点的距离为 $d = \dfrac{5}{4}\lambda$，λ 为波长。若在界面 BB' 反射后波的振幅不变，试求 O 点两侧合成波的表达式。

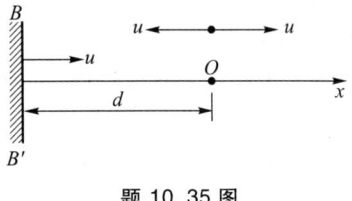

题 10.35 图

解：依题意，由 O 点发出的向 x 轴正方向（右侧）传播的波，其波函数为

$$y_1' = A\cos\omega\left(t - \frac{x}{u}\right) = A\cos\left(\omega t - \frac{2\pi}{\lambda}x\right)$$

由 O 点发出的向 x 轴负方向（左侧）传播的波，其波函数为

$$y_2' = A\cos\omega\left(t + \frac{x}{u}\right) = A\cos\left(\omega t + \frac{2\pi}{\lambda}x\right)$$

入射到 BB' 处的振动表达式为

$$y_B = A\cos\left(\omega t - \frac{2\pi}{\lambda}d\right) = A\cos\left(\omega t - \frac{\pi}{2}\right)$$

反射波 BB' 处的振动表达式为

$$y_B' = A\cos\left(\omega t - \frac{\pi}{2} + \pi\right) = A\cos\left(\omega t + \frac{\pi}{2}\right)$$

反射波在 O 点的振动表达式为

$$y_O = A\cos\left(\omega t - \frac{2\pi}{\lambda}d + \frac{\pi}{2}\right) = A\cos\omega t$$

反射波的波函数为

$$y_2'' = A\cos\omega\left(t - \frac{x}{u}\right) = A\cos\left(\omega t - \frac{2\pi}{\lambda}x\right)$$

所以，在 O 点左侧合成波的表达式为

$$y_1 = y_2' + y_2'' = A\cos\left(\omega t + \frac{2\pi}{\lambda}x\right) + A\cos\left(\omega t - \frac{2\pi}{\lambda}x\right)$$

$$= 2A\cos\frac{2\pi}{\lambda}x\cos\omega t \quad (\text{驻波表达式})$$

在 O 点右侧合成波的表达式为

$$y_2 = y_1' + y_2'' = 2A\cos\left(\omega t - \frac{2\pi}{\lambda}x\right) \quad (\text{行波表达式})$$

10.36 如图所示。一声源 S 振动的频率为 2 040 Hz，以速度 u_S 向一反射面接近，观察者在 A 处测得拍频的频率 $\Delta\nu = 3$ Hz，如声速为 340 m·s^{-1}，求声源移动的速度 u_S；如果声源 S 静止不动，反射面以速度 $v = 0.20$ m·s^{-1} 向 A 处观察者接近，测得拍频 $\Delta\nu = 4$ Hz，求声源的振动频率（AS 连线与反射面垂直）。

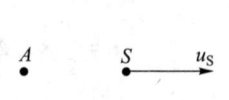

题 10.36 图

解：A 处观察者既接收运动声源 S 发出的声波的振动频率，又接收反射面作为声源发出的声波的振动频率，这两种频率之差即为拍频。由多普勒效应，有

$$\Delta\nu = \frac{u}{u - u_S}\nu - \frac{u}{u + u_S}\nu = \frac{2\nu u u_S}{u^2 - u_S^2}$$

式中，$\Delta\nu = 3$ Hz，$u = 340$ m·s^{-1}，$\nu = 2 040$ Hz。解得 $u_S = 0.25$ m·s^{-1}。

当反射面运动时，A 处观察者既接收静止声源所发声波的振动频率，又同时接收运动的反射面作为声源所发声波的振动频率。这两种频率之差即为拍频。根据多普勒效应，可得

$$\Delta\nu = \frac{u + v}{u - v}\nu - \nu = \frac{2v\nu}{u - v}$$

声源振动频率为

$$\nu = \frac{\Delta\nu(u-v)}{2v} = \frac{4\times(340-0.2)}{2\times 0.2}\text{ Hz} = 3\,398\text{ Hz}$$

10.37 如图所示，火车以 25 m·s^{-1} 的速度行驶，其汽笛声的频率为500 Hz。一个人站在铁轨旁，当火车从他身边驶过时，他听到汽笛声的频率变化为多大？设空气中声速为 340 m·s^{-1}。

若某人站在离铁轨 100 m 处，当 $t=0$ 时，他与火车汽笛的连线与火车速度方向相垂直。问经过多长时间，人所听到的汽笛声的频率比汽笛原有频率低 25 Hz（即 475 Hz）？

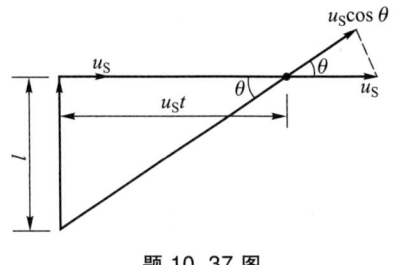

题 10.37 图

解：频率的变化为

$$\Delta\nu = \frac{u}{u-u_S}\nu - \frac{u}{u+u_S}\nu = \frac{2\nu u u_S}{(u-u_S)(u+u_S)}$$

$$= \frac{2\times 340\times 500\times 25}{(340-25)\times(340+25)}\text{ Hz} = 74\text{ Hz}$$

由图可知

$$\nu_R = \frac{u\nu}{u+u_S\cos\theta} = \frac{u\nu}{u+\dfrac{u_S^2 t}{\sqrt{l^2+u_S^2 t^2}}}$$

式中，$\nu_R = 475$ Hz，$l = 100$ m，$u = 340$ m·s^{-1}，$\nu = 500$ Hz，$u_S = 25$ m·s^{-1}。代入数据解得 $t = 4.1$ s。

10.38 如图所示，一长 $l_1 = 60$ cm、横截面积为 1.0×10^{-2} cm^2 的铝丝与一相同横截面积的钢丝连接在一起。把铝丝的另一端固定，钢丝绕过一定滑轮悬挂 $m = 10.0$ kg 的负载，平衡时从滑轮到连接点之间的钢丝的长度 $l_2 = 86.6$ cm。用一可变频率的波源在此组合丝线上激起横波。

(1) 如果使铝丝与钢丝的连接点处为一波节，试确定在此组合丝线上存在的波的最低频率；

(2) 在此频率下，组合丝线上一共有多少个节点？（铝的密度 $\rho_1 = 2.60$ g·cm^{-3}，钢的密度 $\rho_2 = 7.80$ g·cm^{-3}。）

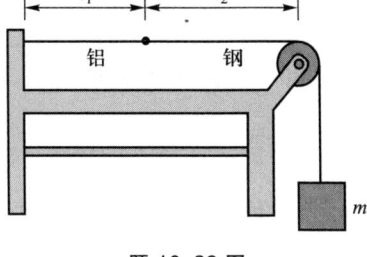

题 10.38 图

解：(1) 波速为

$$u_1 = \sqrt{\frac{F_T}{\eta_1}} = \sqrt{\frac{F_T}{A\rho_1}}, \quad u_2 = \sqrt{\frac{F_T}{\eta_2}} = \sqrt{\frac{F_T}{A\rho_2}}$$

式中，$F_T = mg = 10\times 9.8$ N $= 98$ N，$A = 10^{-2}$ cm$^2 = 10^{-6}$ m^2，$\rho_1 = 2.60$ g·cm^{-3} $= 2.60\times 10^3$ kg·m^{-3}，$\rho_2 = 7.80$ g·cm^{-3} $= 7.80\times 10^3$ kg·m^{-3}。由驻波条件，铝丝中横波的基频频率为

$$\nu_1 = \frac{u_1}{\lambda_1} = \frac{\sqrt{\frac{F_T}{A\rho_1}}}{2l_1}$$

其简正模式为

$$\nu_n = n_1\nu_1 = \frac{\sqrt{\frac{F_T}{A\rho_1}}}{2l_1}n_1$$

同理,钢丝中横波的简正模式为

$$\nu_n' = \frac{\sqrt{\frac{F_T}{A\rho_2}}}{2l_2}n_2$$

依题意有 $\nu_n = \nu_n'$,即

$$\frac{\sqrt{\frac{F_T}{A\rho_1}}}{2l_1}n_1 = \frac{\sqrt{\frac{F_T}{A\rho_2}}}{2l_2}n_2$$

$$\frac{n_1}{n_2} = \frac{l_1}{l_2}\sqrt{\frac{\rho_1}{\rho_2}} = \frac{0.6}{0.866}\sqrt{\frac{2.60}{7.80}} = \frac{1.3}{3} = \frac{2}{5}$$

亦即 $n_1 = 2$,$n_2 = 5$,所以波的最低频率为

$$\nu = 2 \cdot \frac{\sqrt{\frac{F_T}{A\rho_1}}}{2l_1} = \frac{\sqrt{\frac{98}{10^{-6} \times 2.60 \times 10^3}}}{0.60} \text{ Hz} = 324 \text{ Hz}$$

(2)把定滑轮处的一个节点也包括进去,组合丝线上共有 8 个节点。

10.39 有两列平面简谐波,波函数分别为

$$y_1 = A\cos(6t - 5x)$$
$$y_2 = A\cos(5t - 4x)$$

式中,x、y 的单位为 m,t 的单位为 s。求:

(1)此两列波的相速度;

(2)两波叠加后,合成波的波函数,并求出振幅为零的相邻两点之间的距离;

(3)合成波的群速度。

解:(1)依题意有

$$\omega_1 = 6 \text{ rad} \cdot \text{s}^{-1}, \quad k_1 = 5 \text{ rad} \cdot \text{m}^{-1}, \quad \omega_2 = 5 \text{ rad} \cdot \text{s}^{-1}, \quad k_2 = 4 \text{ rad} \cdot \text{m}^{-1}$$

所以,相速度为

$$u_1 = \frac{\omega_1}{k_1} = 1.2 \text{ m} \cdot \text{s}^{-1}, \quad u_2 = \frac{\omega_2}{k_2} = 1.25 \text{ m} \cdot \text{s}^{-1}$$

(2)合成波表达式为

$$y = y_1 + y_2 = A\cos(6t-5x) + A\cos(5t-4x) = 2A\cos\left(\frac{t}{2}-\frac{x}{2}\right)\cos\left(\frac{11}{2}t-\frac{9}{2}x\right)$$

令 $2A\cos\left(\frac{t}{2}-\frac{x}{2}\right) = 0$，有

$$\left(\frac{t}{2}-\frac{x}{2}\right) = (2K+1)\frac{\pi}{2} \quad (K=0, 1, 2, \cdots)$$

对于某一时刻 t，振幅为零的相邻两点之间的距离为

$$\Delta x = 2\pi \text{ m} = 6.28 \text{ m}$$

（3）群速度为

$$u_g = \frac{\Delta\omega}{\Delta k} = \frac{6-5}{5-4} \text{ m} \cdot \text{s}^{-1} = 1 \text{ m} \cdot \text{s}^{-1}$$

10.40 把空气视为理想气体。如果认为声波在空气中的传播过程是等温过程，导出其声速表达式；如果认为声波在空气中的传播过程是绝热过程，导出其声速表达式。在通常情况下，实际测定空气中的声速 $u = 340 \text{ m} \cdot \text{s}^{-1}$。上述两个过程哪一个与实测结果相符？

解：气体中纵波速度为

$$u = \sqrt{\frac{K}{\rho}}$$

式中，K 为体积模量，$K = -\frac{V\Delta p}{\Delta V}$；$\rho$ 为密度，对于理想气体，$\rho = \frac{m'}{V} = \frac{pM}{RT}$。

对于等温过程，$pV = C_1$，所以

$$V\Delta p + p\Delta V = 0$$

于是有

$$K = -\frac{V\Delta p}{\Delta V} = p$$

其声速表达式为

$$u = \sqrt{\frac{K}{\rho}} = \sqrt{\frac{RT}{M}}$$

而对于绝热过程，$pV^\gamma = C_2$，所以

$$p\gamma V^{\gamma-1}\Delta V + V^\gamma \Delta p = 0$$

于是

$$K = -\frac{V\Delta p}{\Delta V} = \gamma p$$

其声速表达式为

$$u = \sqrt{\frac{K}{\rho}} = \sqrt{\frac{\gamma RT}{M}}$$

对于空气，其平均摩尔质量 $M = 29 \times 10^{-3} \text{ kg} \cdot \text{mol}^{-1}$，$\gamma = 1.4$，取 $T = 300 \text{ K}$，$p = 1 \text{ atm} = 1.013 \times 10^5 \text{ Pa}$。

若认为声波传播是等温过程，则空气中声速为

$$u = \sqrt{\frac{RT}{M}} = \sqrt{\frac{8.31 \times 300}{29 \times 10^{-3}}} \text{ m} \cdot \text{s}^{-1} = 293 \text{ m} \cdot \text{s}^{-1}$$

若认为声波传播是绝热过程，则空气中声速为

$$u = \sqrt{\frac{\gamma RT}{M}} = \sqrt{\frac{1.4 \times 8.31 \times 300}{29 \times 10^{-3}}} \text{ m} \cdot \text{s}^{-1} = 347 \text{ m} \cdot \text{s}^{-1}$$

两相比较，绝热过程的声速与实测结果相符。

第五篇 光 学

一、学习指导

光学问题 1　几何光学

基本原理：

光在均匀介质中直线传播，也叫作光的直线传播定律；光的独立传播定律是指两条光线相交后，各自沿原方向继续前进；光的反射和折射定律。

费马原理：

光从某一位置传播到另一位置，光程取极值。光程是折射率与路程的乘积。用费马原理可以解释光在均匀介质中直线传播，以及反射和折射定律。

传播时间可以用光程进行表示：

$$t = \frac{x_1}{v_1} + \frac{x_2}{v_2} + \cdots = \frac{n_1 x_1}{c} + \frac{n_2 x_2}{c} + \cdots = \frac{L}{c}$$

光程取极值，也就是传播时间取极值；从一地到另一地的光程相同，传播时间必然相同；反过来，如果两地之间的传播时间相同，那么光程也就相同。

球面反射成像：

物体 S 与球心 O' 的连线是主轴。球面上一点的法向是球面的径向方向。光线在球面的反射符合反射定律。反射线的反向延长线与主轴的交点是物体的像 S'（图 5.1）。

球面折射成像：

设球面折射镜的半径为 r，折射率为 n'，物体所在的介质折射率为 n。球面折射成像有以下公式：

$$\frac{n'}{s'} - \frac{n}{s} = \frac{n'-n}{r} \tag{5.1}$$

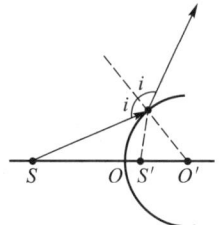

图 5.1　球面反射成像

式中，$s' = |OS'|$ 是像距，实际是以 O 点为原点的坐标系中像 S' 的坐标；$s = |SO|$ 是物距，实际是以 O 点为原点的坐标系中，物体 S 的坐标（图 5.2）。光线前进的方向是坐标轴的正向。式（5.1）等号右边的量叫作光焦度，单位是屈光度，公式为

$$\Phi = \frac{n'-n}{r} \tag{5.2}$$

例如，若 $n' = 1.5$，$n = 1.0$，$r = 0.1\,\mathrm{m}$，算出 $\Phi = 5$ 屈光度，记为 5 D。根据光路可逆原理，如果物体在像点处，那么像就在物体处，物点和像点称为共轭点。

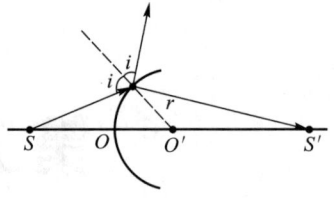

图 5.2　球面折射成像

焦点与焦距：

当 $|SO| \to \infty$ 时，平行光入射到球面上，此时由式（5.1）得到

$$s' = \frac{n'}{n'-n}r = f' \tag{5.3}$$

此时像所在的位置称为第二焦点，$s' = f'$ 是第二焦距。注意，**平行光用平面波描述，等相位面是平面，等相位面上各点的光到达焦点的时间相等，所以光程相等**。

当 $s' \to \infty$ 时，平行光反向入射到球面折射镜上，此时由式（5.1）得到

$$s = -\frac{n}{n'-n}r = f < 0 \tag{5.4}$$

此时光的会聚点称为第一焦点，$s = f$ 是第一焦距。应用第一焦距和第二焦距，球面折射镜成像公式（5.1）写成如下形式：

$$\frac{f'}{s'} + \frac{f}{s} = 1 \tag{5.5}$$

此式叫作**高斯公式**。令 $s' = f' + x'$，$s = f + x$，高斯公式进一步变成

$$xx' = ff' \tag{5.6}$$

此公式叫作**牛顿公式**。

薄透镜成像公式：

透镜是左右对称的，因此 $f' = -f$，代入高斯公式后得到透镜的成像公式为

$$\frac{1}{s'} - \frac{1}{s} = \frac{1}{f'} \tag{5.7}$$

牛顿公式的形式为

$$xx' = ff' = -f^2 = -f'^2 \tag{5.8}$$

由于薄透镜是对称的，穿过透镜中心的光不改变方向。

光学问题 2　光波的描述

光波是电磁波：

在无界空间光波或者电磁波是横波。对于平面波光波，电场或者磁场可以写成

$$y(x,t) = A\cos[\omega(t - x/u) + \varphi] \tag{5.9}$$

当光从一种介质传播到另一种介质时，速度会发生变化，这给处理问题带来一些不便。利用折射率，光速写成 $u = c/n$，波的相位成为

$$\phi = \omega(t - xn/c) + \varphi = \omega t - \frac{\omega}{c}nx + \varphi = \omega t - \frac{2\pi}{\lambda}nx + \varphi \tag{5.10}$$

式中，波长是真空的波长，与介质无关。**真空的波长除以介质中的波长正好等于折射率**。真空的波长较长，介质中的波长较短。**折射率乘以路程，即 nx 叫作光程**。

满足相干条件的两列波的相位差为

$$\Delta\phi = \varphi_1 - \varphi_2 + \frac{2\pi}{\lambda}(n_2 x_2 - n_1 x_1)$$
$$= \varphi_1 - \varphi_2 + \frac{2\pi}{\lambda}\delta \quad (5.11)$$

这里 $\delta = n_2 x_2 - n_1 x_1$ 叫作**光程差**。当两列波相遇发生干涉时，$\Delta\phi = 2k\pi$ 和 $\Delta\phi = (2k+1)\pi$ 分别对应干涉加强和干涉相消，这与机械波的结果是一样的。干涉加强和干涉相消也可以用光程差来表示：当 $\varphi_1 - \varphi_2 = 0$ 时，$\delta = k\lambda$ 和 $\delta = (2k+1)\lambda/2$ 分别对应干涉加强和干涉相消。

半波损失：

光波从光疏介质（折射率小）向光密介质（折射率较大）传播时，反射光与入射光相比，在反射点有相位 π 的改变，对应的光程差是真空波长的一半。透射光没有此现象，光从光密介质向光疏介质传播时，无论是透射光还是反射光，都没有半波损失。

光学问题 3　光波的干涉

根据光程差或者相位差判断干涉是加强还是相消。对于双缝干涉，有

$$\delta = xd/D, \quad \theta \approx \tan\theta = x/D \quad (5.12)$$

第一个等式右边的三个量依次是光到屏幕中心的距离、双缝之间的距离以及双缝到屏幕的距离。薄膜干涉包括劈尖干涉、牛顿环、等倾干涉以及迈克耳孙干涉仪，光程差都可以写成以下形式：

$$\delta = 2ne + \lambda/2 \quad (5.13)$$

等式右边的第二项是可能的半波损失，对于迈克耳孙干涉仪没有该项，即没有半波损失。式中，e 是厚度，对于迈克耳孙干涉仪，e 是两臂的长度差。

对于劈尖干涉，劈尖角 θ、劈尖厚度 e 和斜面上条纹到劈尖的距离 l 有以下关系：

$$\theta = e/l \quad (5.14)$$

对于牛顿环干涉，干涉环的半径 r、平凸透镜的半径 R 和厚度 e 满足以下关系：

$$r^2 = 2Re \quad (5.15)$$

光学问题 4　光波的衍射

惠更斯-菲涅耳原理：

用惠更斯原理可以判断波的传播方向，解释衍射效应；菲涅耳原理指出，屏幕上的光强由子波的干涉决定。所以屏幕上的光强由惠更斯-菲涅耳原理共同决定。

单缝衍射：

平行光入射称为夫琅禾费衍射。屏幕的中央为亮斑。从缝两边出射的光线的光程差是 $\delta = a\sin\phi$。用波长的一半分割此光程差，得到的数目称为半波带数：

$$\frac{\delta}{\lambda/2} = \begin{cases} 2k, & k \neq 0 \\ 2k+1 \end{cases} \quad (5.16)$$

半波带数也是光线的条数,相邻的光线相干相消。当半波带是偶数时,屏幕上是暗纹;当半波带是奇数时,屏幕上是亮纹。因此暗纹的位置由以下条件决定:

$$a\sin\phi = k\lambda, \quad k \neq 0$$

$$x_k = f\tan\phi \approx f\sin\phi = f\frac{k\lambda}{a} \tag{5.17}$$

式中,f 是透镜的焦距。暗条纹 $k=\pm1$ 的间距为

$$\Delta x = 2f\frac{\lambda}{a} \tag{5.18}$$

其也是中央亮纹的宽度。由式(5.17)也可以得到中央亮纹的角宽度 $\Delta\phi = 2\lambda/a$。

如果是单孔衍射,中央亮纹的半角宽度是 $\Delta\phi = 1.22\lambda/D$。中央亮纹的宽度越小,越接近于一个点(原物体),光学仪器的分辨率就会越高。通常用中央亮纹半角宽度的倒数定义分辨率。

光栅衍射:

光栅衍射中有两种因素在起作用,单缝衍射和不同狭缝之间的干涉。缝间干涉亮纹的条件为

$$(a+b)\sin\phi = \pm k\lambda, \quad k = 0, 1, 2, \cdots \tag{5.19}$$

这些亮纹也称为光栅衍射主极大。常量 $a+b=d$ 叫作光栅常量,这里 a 是光栅透光部分的宽度,b 是不透光部分的宽度。当式(5.17)和(5.19)同时满足时,单缝衍射的暗纹与多缝干涉的亮纹重合,光栅干涉的某些主极大消失,此现象称为缺级现象。缺级条件,或者缺少的级数由下式给出:

$$k = \frac{a+b}{a}k' \tag{5.20}$$

k 为整数的那些亮条纹会消失。

光学问题 5　光波的偏振

偏振的概念:

光波是电磁波,是横波。在真空中电场强度除以磁感应强度等于真空中的光速 $E/B=c$。电场的振动方向称为光的偏振方向。

自然光与偏振光:

如果电场沿各个方向都有振动,并且各方向振动的强度相同,这样的光称为自然光。如果电场只沿一个方向振动,这样的光叫做线偏振光、或者完全偏振光,简称偏振光。如果电场的振动在某些方向比较强,某些方向比较弱,这样的光叫做部分偏振光。

偏振光的产生:

产生偏振光的过程称为起偏。产生偏振光的方法有三种,偏振片、反射和折射起偏,以及晶体双折射。

偏振片只允许平行于偏振化方向的光振动通过。自然光通过偏振片后,光强变为原来的一半;偏振光通过偏振片后,光强服从马吕斯定律 $I = I_0\cos^2\theta$。

当光在两种介质交界处发生反射和折射时,反射光和透射光都是部分偏振光。当折射角和

反射角之和是 π/2 时，反射光是完全偏振光，如图 5.3 所示。此时的入射角称为布儒斯特角 i_B：

$$\tan i_B = \frac{n_2}{n_1} \tag{5.21}$$

当光入射到晶体上，且入射方向不沿光轴时，折射光会分为两束，一束为 o 光，一束为 e 光，都是偏振光。

光学问题 6 波片及其作用

波片是一种晶体，光轴平行于表面。

当光垂直入射到波片上时，光不会分成两束，但不同振动方向的光折射率不同，分别是 o 光和 e 光。当光在波片中传播时，o 光和 e 光会产生光程差 δ 和相位差 Δϕ，有

$$\delta = |n_o - n_e| d, \quad \Delta\phi = \frac{2\pi}{\lambda}\delta \tag{5.22}$$

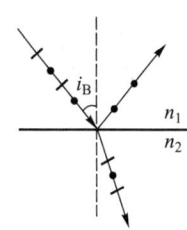

图 5.3 布儒斯特定律

如果相位差是 π，光程差是 λ/2，该波片称为 1/2 波片；如果相位差是 π/2，光程差是 λ/4，该波片称为 1/4 波片。

1/2 波片会使 1、3 象限振动的线偏振光变成 2、4 象限振动的偏振光，也会使顺时针旋转的圆偏振光或者椭圆偏振光变成逆时针旋转。

1/4 波片会使线偏振光变成椭圆或者圆偏振光；也会使椭圆或者圆偏振光变成线偏振光。

二、综合练习

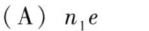

1. 一束平行于光轴的光线，入射到抛物面镜上，反射后会聚于焦点 F，如图所示。可以断定这些光线的光程之间有如下关系：

（A） $A_1P_1F > A_2P_2F > OP_0F$

（B） $A_1P_1F = A_2P_2F = OP_0F$

（C） $A_1P_1F < A_2P_2F < OP_0F$

（D） OP_0F 最小，但不能确定 $|A_1P_1F|$ 和 $|A_2P_2F|$ 哪个较小

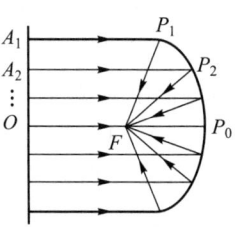

题 1 图

2. 若一双缝装置的两个缝分别被折射率为 n_1 和 n_2 的两块厚度均为 e 的透明介质所遮盖，此时由双缝分别到屏上原中央极大所在处的两束光的光程差 δ 为

（A） $n_1 e$ 　　　　（B） $n_2 e$

（C） $(n_1 + n_2)e$ 　　（D） $(n_1 - n_2)e$

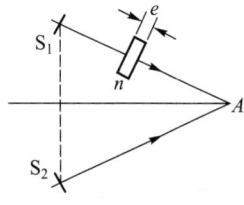

题 3 图

3. 如图所示，假设有两个同相的相干点光源 S_1 和 S_2，发出波长为 λ 的光。A 是它们连线的中垂线上的一点。若在 S_1 与 A 之间插入厚度为 e、折射率为 n 的薄玻璃片，则两光源发出的光在 A 点的相位差 Δϕ 为

(A) $2\pi(n-1)e/\lambda$ (B) $(n-1)e$

(C) $2\pi ne/\lambda$ (D) $2\pi ne/\lambda+\pi$

4. 一束波长为 λ 的单色光从空气垂直入射到折射率为 n 的透明薄膜上，要使反射光线得到增强，薄膜的厚度应为

(A) $\dfrac{\lambda}{4}$ (B) $\dfrac{\lambda}{4n}$ (C) $\dfrac{\lambda}{2}$ (D) $\dfrac{\lambda}{2n}$

5. 在杨氏双缝干涉试验中，用折射率 $n=1.60$ 的薄玻璃片覆盖其中的一个狭缝，发现第六级明纹移动到原来零级条纹位置，若入射光波长为 $\lambda=589$ nm，则该薄玻璃片厚度为

(A) $5.89\ \mu m$ (B) 5.89 mm   (C) $2.21\ \mu m$ (D) 2.21 mm

6. 在杨氏双缝干涉试验中，如果用一很薄的玻璃片覆盖其中的一个狭缝，则

(A) 干涉条纹移动，条纹宽度不变

(B) 干涉条纹移动，条纹宽度变动

(C) 干涉条纹中心不动，条纹宽度不变

(D) 干涉条纹中心不动，条纹宽度变动

7. 在双缝干涉实验中，为使屏上的干涉条纹间距变大，可以采取的办法是

(A) 使屏靠近双缝   (B) 使两缝的间距变小

(C) 把两个缝的宽度稍微调窄   (D) 改用波长较小的单色光源

8. 在双缝干涉实验中，屏幕 E 上的 P 点处是明纹。若将缝 S_2 盖住，并在 S_1S_2 连线的垂直平分面处放一反射镜 M，如图所示，则此时

(A) P 点处仍为明条纹

(B) P 点处为暗条纹

(C) 不能确定 P 点处是明条纹还是暗条纹

(D) 无干涉条纹

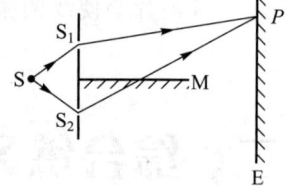

题 8 图

9. 在双缝干涉实验中，所用光波波长 $\lambda=5.46\times 10^{-4}$ mm，双缝与屏间的距离 $D=300$ mm，双缝间距为 $d=0.134$ mm，则中央明条纹两侧的两个第三级明条纹之间的距离为

(A) 1.22 mm   (B) 3.67 mm   (C) 7.33 mm   (D) 14.7 mm

10. 用白光光源进行双缝实验，若用一个纯红色的滤光片遮盖一条缝，用一个纯蓝色的滤光片遮盖另一条缝，则

(A) 干涉条纹的宽度将发生改变

(B) 产生红光和蓝光的两套彩色干涉条纹

(C) 干涉条纹的亮度将发生改变

(D) 不产生干涉条纹

11. 如图所示，两狭缝 S_1 和 S_2 之间的距离为 d，媒质的折射率为 $n=1$，平行单色光斜入射到双缝上，入射角为 θ，则屏幕上 P 处，两相干光的光程差为

(A) r_2-r_1 (B) $(r_2-r_1)+d\sin\theta$

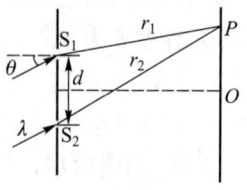

题 11 图

(C) $(r_1-r_2)+d\sin\theta$ (D) $(r_1-r_2)-d\sin\theta$

12. 折射率分别为 n_1 和 n_2 的两块平板玻璃构成空气劈尖，用波长为 λ 的单色光垂直照射。如果将该劈尖装置浸入折射率为 n 的透明液体中，且 $n_2>n>n_1$，则劈尖厚度为 e 的地方两反射光的光程差的改变量是

(A) $(n-1)e-\lambda/2$ (B) $2ne+\lambda/2$
(C) $2ne-\lambda/2$ (D) $2(n-1)e-\lambda/2$

13. 在空气中有一劈形透明膜，其劈尖角 $\theta = 1.0\times10^{-4}$ rad，在波长 $\lambda = 700$ nm 的单色光垂直照射下，测得两相邻干涉明条纹间距 $l = 0.25$ cm，由此可知此透明材料的折射率 n 为

(A) 1.4 (B) 1.2 (C) 1.45 (D) 1.3

14. 下列实验干涉条纹中哪一种属于等倾干涉条纹？

(A) 牛顿环 (B) 劈尖干涉
(C) 均匀厚度的薄膜干涉 (D) 杨氏双缝干涉

15. 用白光做牛顿环实验，得到一系列的同心彩色环状条纹。在同一级环状条纹中，偏离圆心最远的是

(A) 红光 (B) 黄光 (C) 蓝光 (D) 紫光

16. 在牛顿环实验中，曲率半径为 R 的平凸透镜与平板玻璃在中心处恰好接触，它们之间充满折射率为 n 的透明介质，垂直入射到牛顿环上的平行单色光在真空中的波长为 λ，则反射光形成的干涉条纹中，暗环半径的表达式为

(A) $r_k=\sqrt{k\lambda R}$ (B) $r_k=\sqrt{k\lambda R/n}$
(C) $r_k=\sqrt{kn\lambda R}$ (D) $r_k=\sqrt{k\lambda/(nR)}$

17. 用波长为 λ 的单色光垂直照射如图所示的牛顿环装置，观察从空气膜上下表面反射的光形成的牛顿环。若使平凸透镜慢慢地垂直向上移动，从透镜顶点与平面玻璃接触到两者距离为 d 的移动过程中，移过视场中某固定观察点的条纹数目为

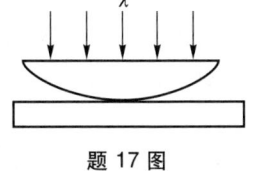

题 17 图

(A) $2d/\lambda$ (B) d/λ (C) $\sqrt{2d/\lambda}$ (D) $\sqrt{d/\lambda}$

18. 把一平凸透镜放在平玻璃上，构成牛顿环装置。当平凸透镜慢慢地向上平移时，由反射光形成的牛顿环

(A) 向中心收缩，条纹间隔变小
(B) 向中心收缩，环心呈明暗交替变化
(C) 向外扩张，环心呈明暗交替变化
(D) 向外扩张，条纹间隔变大

19. 在迈克耳孙干涉仪的一支光路中，放入一片折射率为 n 的透明介质薄膜后，测出两束光的光程差的改变量为一个波长 λ，则薄膜的厚度是

(A) $\lambda/2$ (B) $\lambda/(2n)$ (C) λ/n (D) $\dfrac{\lambda}{2(n-1)}$

20. 用迈克耳孙干涉仪测微小的位移。若入射光波长 $\lambda = 628.9$ nm，当动臂反射镜移动时，干涉条纹移动了 2 048 条，反射镜移动的距离 d 为

(A) 6.44×10^{-4} m (B) 1.29×10^{-3} m
(C) 6.44 mm (D) 1.29 mm

21. 在单缝夫琅禾费衍射实验中，波长为 λ 的单色光垂直入射到单缝上。对应于衍射角为 $30°$ 的方向上，若单缝处波面可分成 3 个半波带，则缝宽度 a 等于
(A) λ (B) 1.5λ (C) 2λ (D) 3λ

22. 波长为 $\lambda = 480.0$ nm 的平行光垂直照射到宽度为 $a = 0.40$ mm 的单缝上，单缝后透镜的焦距为 $f = 60$ cm，当单缝两边缘点 A、B 射向 P 点的两条光线在 P 点的相位差为 π 时，P 点离透镜焦点 O 的距离为
(A) 0.72 mm (B) 7.2 mm
(C) 0.36 mm (D) 3.6 mm

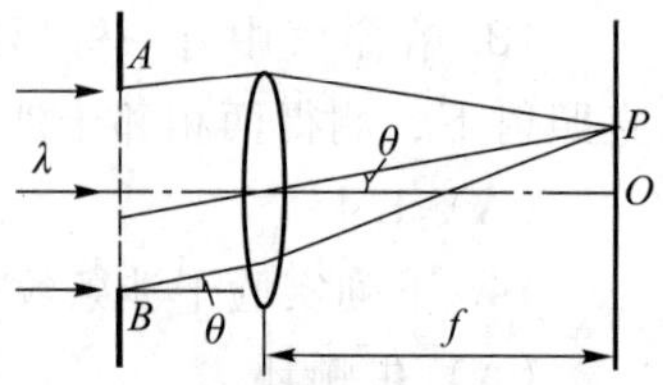

题 22 图

23. 波长为 λ 的单色光垂直入射在缝宽 $a = 4\lambda$ 的单缝上。对应于衍射角 $\phi = 30°$，单缝处的波面可划分的半波带的个数为
(A) 2 (B) 3 (C) 4 (D) 8

24. 在如图所示的单缝夫琅禾费衍射实验中，将单缝 K 沿垂直于光的入射方向（沿图中的 x 方向）稍微平移，则
(A) 衍射条纹移动，条纹宽度不变
(B) 衍射条纹移动，条纹宽度变动
(C) 衍射条纹中心不动，条纹变宽
(D) 衍射条纹不动，条纹宽度不变
(E) 衍射条纹中心不动，条纹变窄

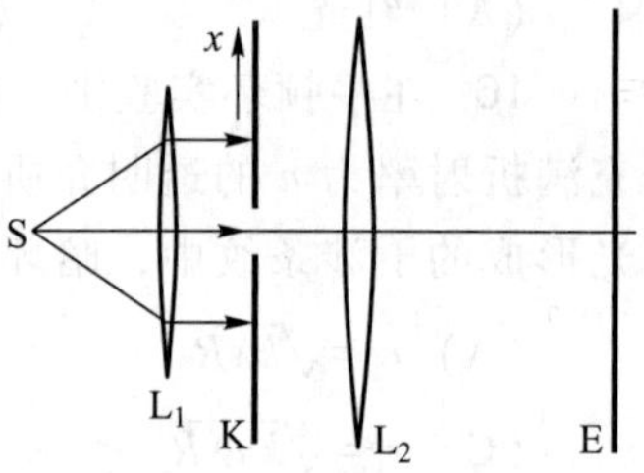

题 24 图

25. 若波长为 625 nm 的单色光垂直入射到一个每毫米有 800 条刻线的光栅上时，则第一级谱线的衍射角为
(A) 38° (B) 60° (C) 30° (D) 45°

26. 用波长为 λ 的单色平行光垂直入射在一块多缝光栅上，其光栅常量 $d = 3$ μm，缝宽 $a = 1$ μm，则位于单缝衍射的中央明条纹中的谱线条数（或光栅主极大的数目）为
(A) 3 (B) 4 (C) 5 (D) 7

27. 某元素的特征光谱中含有波长分别为 $\lambda_1 = 450$ nm 和 $\lambda_2 = 750$ nm 的光谱线。在光栅光谱中，这两种波长的谱线有重叠现象，重叠处 λ_2 的谱线的级数将是
(A) 2，3，4，5，… (B) 2，5，8，11，…
(C) 2，4，6，8，… (D) 3，6，9，12，…

28. 一束平行光垂直入射到某个光栅上，该光束有两种波长的光，波长分别为 $\lambda_1 = 440$ nm 和 $\lambda_2 = 660$ nm。实验发现，两种波长的谱线（不计中央明纹）第二次重合于衍射角 $\phi = 60°$ 的方向上。则此光栅的光栅常量为
(A) 3.05×10^{-6} m (B) 4.57×10^{-6} m
(C) 1.52×10^{-6} m (D) 2.29×10^{-6} m

29. 可见光的波长范围是 400~760 nm，用平行的白光垂直入射在平面透射光栅上时，它产生的不与另一级光谱重叠的完整的可见光光谱是
(A) 第 1 级光谱 (B) 第 2 级光谱 (C) 第 3 级光谱 (D) 第 4 级光谱

30. 在用 X 射线研究某晶体结构时，所用 X 射线波长为 0.488 nm，在掠射角从 0 逐渐增大过程中，发现在掠射角为 30°时第一次观察到干涉加强现象，则所测晶面的晶面间距为

(A) 0.976 nm　　(B) 0.488 nm　　(C) 0.244 nm　　(D) 2.44 nm

31. 三个偏振片 P_1、P_2 与 P_3 堆叠在一起，P_1 与 P_3 的偏振化方向相互垂直，P_2 与 P_1 的偏振化方向间的夹角为 30°。强度为 I_0 的自然光垂直入射于偏振片 P_1，并依次透过偏振片 P_1、P_2 与 P_3，则通过三个偏振片后的光强为

(A) $I_0/4$　　(B) $3I_0/8$　　(C) $3I_0/32$　　(D) $I_0/16$

32. 两个偏振片堆叠在一起，其偏振化方向相互垂直。若一束强度为 I_0 的线偏振光入射，其光矢量振动方向与第一偏振片偏振化方向夹角为 $\pi/4$，则穿过第一偏振片后的光强和连续穿过两个偏振片后的光强分别为

(A) $\dfrac{I_0}{2}, \dfrac{I_0}{4}$　　(B) $\dfrac{I_0}{2}, 0$　　(C) $\dfrac{I_0}{4}, 0$　　(D) $\dfrac{I_0}{4}, \dfrac{I_0}{8}$

33. 如图所示的杨氏双缝干涉装置，若用单色自然光照射狭缝 S，在屏幕上能看到干涉条纹。现在双缝 S_1 和 S_2 的一侧分别加一同质同厚的偏振片 P_1、P_2，若在屏幕上仍能看到很清晰的干涉条纹，则 P_1 与 P_2 的偏振化方向间的夹角可能为

(A) 0°　　(B) 30°　　(C) 45°

(D) 60°　　(E) 90°

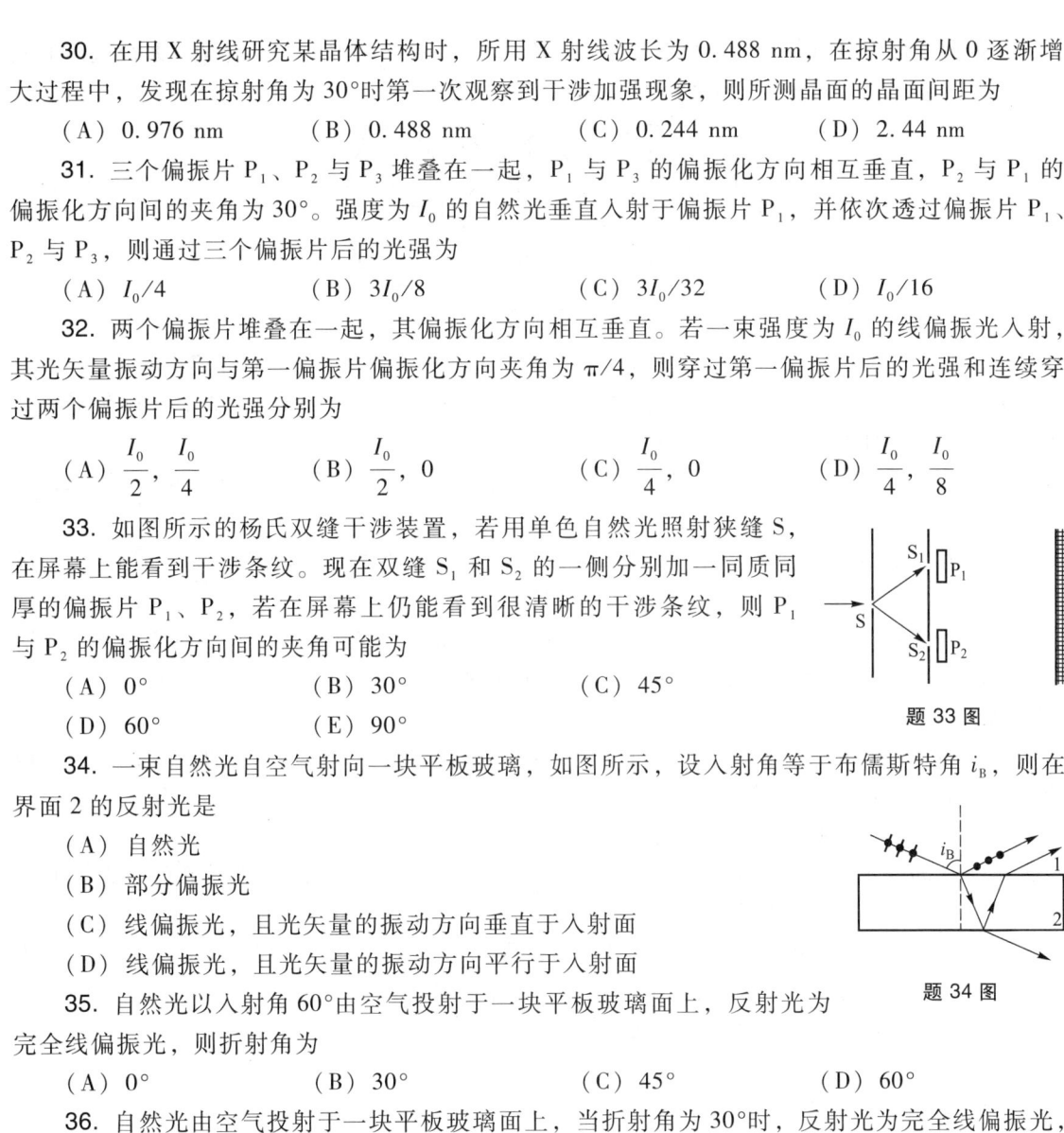

题 33 图

34. 一束自然光自空气射向一块平板玻璃，如图所示，设入射角等于布儒斯特角 i_B，则在界面 2 的反射光是

(A) 自然光

(B) 部分偏振光

(C) 线偏振光，且光矢量的振动方向垂直于入射面

(D) 线偏振光，且光矢量的振动方向平行于入射面

题 34 图

35. 自然光以入射角 60°由空气投射于一块平板玻璃面上，反射光为完全线偏振光，则折射角为

(A) 0°　　(B) 30°　　(C) 45°　　(D) 60°

36. 自然光由空气投射于一块平板玻璃面上，当折射角为 30°时，反射光为完全线偏振光，则此玻璃板的折射率为

(A) 0.58　　(B) 0.71　　(C) 1.41　　(D) 1.73

37. 一束圆偏振光通过 1/2 波片后透出的光是

(A) 线偏振光

(B) 部分偏振光

(C) 和原来旋转方向相同的圆偏振光

(D) 和原来旋转方向相反的圆偏振光

(E) 椭圆偏振光

38. 如图所示，在偏振化方向相互平行的偏振片 P_1 和 P_2 之间，平行放置一厚度为 $d = 0.005$ mm 的晶片（主折射率为 $n_o = 2.612$，$n_e = 2.903$，沿光轴方向切出），晶片的光轴方向与

偏振片的偏振化方向间夹角为 $\theta = 45°$。当可见光垂直照射到该系统上，不能从该系统透出的光的波长是（假设晶片对各种波长的可见光都有相同的折射率）

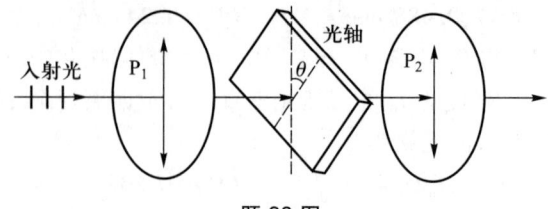

题 38 图

(A) 970 nm   (B) 582 nm   (C) 485 nm   (D) 728 nm

39. 费马原理可用下面的说法来表述：光线由空间的一点进行到另一点时，实际传播路径的总光程同附近的路径比起来，不是_____，便是_____，或者_____。

40. 有一凹球面镜，曲率半径为 20 cm。如果把小物体放在离镜面顶点 6 cm 处，则像在镜_____ cm 处，是_____像（正或倒）。

41. 有一凸球面镜，曲率半径为 20 cm。如果将一点光源放在离镜面顶点 14 cm 远处，则像点在镜_____ cm 处，是_____像（实或虚）。

42. 设凸球形界面的曲率半径为 10 cm，物点在凸面顶点前 20 cm 处，凸面前的介质折射率 $n_1 = 1.0$，凸面后的介质折射率 $n_2 = 2.0$，则像的位置在凸面顶点_____处，是_____像（实或虚）。

43. 一凹球面镜，曲率半径为 40 cm，一小物体放在离镜面顶点 10 cm 处。试作图表示像的位置、虚实和正倒，并计算出像的位置。

44. 单色平行光垂直照射在薄膜上，经上下两表面反射的两束光发生干涉，如图所示，若薄膜的厚度为 e，且 $n_1 < n_2 > n_3$，λ_1 为入射光在 n_1 中的波长，则两束反射光的光程差为_____，在相遇点的相位差为_____。

45. S_1、S_2 是两个相干光源，它们到 P 点的距离分别为 r_1 和 r_2。路径 S_1P 垂直穿过一块厚度为 t_1，折射率为 n_1 的介质板，路径 S_2P 垂直穿过厚度为 t_2，折射率为 n_2 的另一介质板，其余部分可看作真空，这两条路径的光程差等于_____。

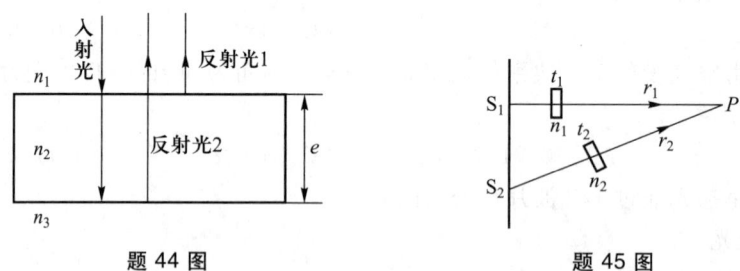

题 44 图   题 45 图

46. 在相同时间内，一束波长为 λ 的单色光在空气中和在玻璃中，传播的路程是否相等_____，光程是否相等_____。（填"相等"或"不相等"。）

47. 一束波长为 λ 的单色光由空气垂直入射到折射率为 n 的透明薄膜上，透明薄膜放在空气中，要使反射光得到干涉加强，则薄膜最小的厚度为_____。

48. 在杨氏双缝实验中，两缝的间距为 0.5 mm，用波长为 600 nm 的单色光照射，在缝后

120 cm 处的屏上测得干涉条纹的间距为_____mm。

49. 在双缝干涉实验中，在屏上形成的干涉图样的明条纹间距为 0.9 mm，双缝间距为 2 mm，双缝与屏的间距为 300 cm。光的波长为_____nm。

50. 在杨氏双缝干涉试验中，如果将整个装置浸入水中，则干涉条纹位置_____，干涉条纹中心位置_____，条纹宽度_____。（分别填"变动"或"不动"）。

51. 用折射率 $n=1.50$ 的薄膜覆盖在双缝干涉实验的一条缝上，这时屏上的第四级明条纹移到原来的零级明条纹位置，如果入射光的波长是 500 nm，则此薄膜的厚度是_____mm。

52. 如图所示，在双缝干涉实验中 S 距狭缝 S_1 和 S_2 的距离相等，用波长为 λ 的光照射双缝 S_1 和 S_2，通过空气后在屏幕 E 上形成干涉条纹。此时 P 点处为第三级明条纹，若将整个装置放于某种透明液体中，P 点为第四级明条纹，则该液体的折射率为_____。

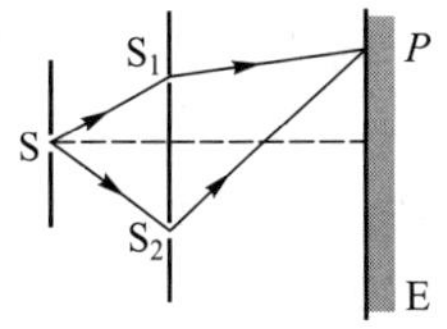

53. 波长为 λ 的平行单色光垂直照射到劈形膜上，劈形膜放在空气中，劈形膜的折射率为 n，第二条明纹与第七条明纹所对应的薄膜厚度之差是_____。

题 52 图

54. 用波长为 λ 的单色光垂直照射折射率为 n 的劈形膜形成等厚干涉条纹，若测得相邻明条纹的间距为 L，则劈尖角 $\theta=$_____。

55. 波长为 λ 的平行单色光，垂直照射到劈形膜上，劈形膜放在空气中，劈尖角为 θ，劈形膜的折射率为 n，第三条暗纹与第八条暗之间的距离是_____。

56. 如图（a）所示，一光学平板玻璃 A 与待测工件 B 之间形成空气劈尖，用波长 $\lambda = 500$ nm 的单色光垂直照射。看到的反射光的干涉条纹如图（b）所示。有些条纹弯曲部分的顶点恰好与其右边条纹的直线部分的连线相切。则工件的上表面不平处是_____（填"凸起"或"凹槽"），缺陷的最大高度（或深度）为_____nm。

57. 如图所示，平板玻璃和凸透镜构成牛顿环装置，全部浸入折射率 $n=1.60$ 的液体中，凸透镜可沿 OO' 移动，用波长 $\lambda=500$ nm 的单色光垂直入射。从上向下观察，看到中心是一个暗斑，此时凸透镜顶点距平板玻璃的距离最少是_____nm。

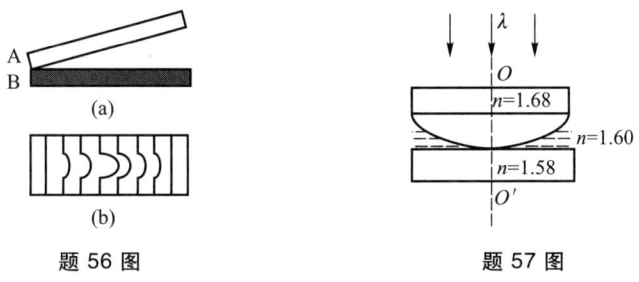

题 56 图　　　　　题 57 图

58. 若把牛顿环装置（都是用折射率为 1.52 的玻璃制成的）由空气搬入折射率为 1.33 的水中，则干涉条纹间距_____（填"变大""变小"或"不变"）。

59. 一个平凸透镜的顶点和一平板玻璃接触，用单色光垂直照射，观察反射光形成的牛顿环，测得中央暗斑外第 k 个暗环半径为 r_1。现将透镜和玻璃板之间的空气换成某种液体（其折射率小于玻璃的折射率），第 k 个暗环的半径变为 r_2，由此可知该液体的折射率为_____。

60. 若在迈克耳孙干涉仪的可动反射镜 M 移动 0.620 mm 的过程中，观察到干涉条纹移动了 2 300 条，则所用光波的波长为_____nm。

61. 在迈克耳孙干涉仪的一条光路中，放入一折射率为 n、厚度为 d 的透明薄片，放入后，这条光路的光程改变了_____。

62. 如果单缝夫琅禾费衍射的第一级暗纹发生在衍射角为 $\phi = 30°$ 的方位上。所用单色光波长为 $\lambda = 500$ nm，则单缝宽度为_____m。

63. 一单色平行光束垂直照射在宽度为 1.0 mm 的单缝上，在缝后放一焦距为 2.0 m 的会聚透镜。已知位于透镜焦平面处的屏幕上的中央明条纹宽度为 2.0 mm，则入射光波长约为_____nm。

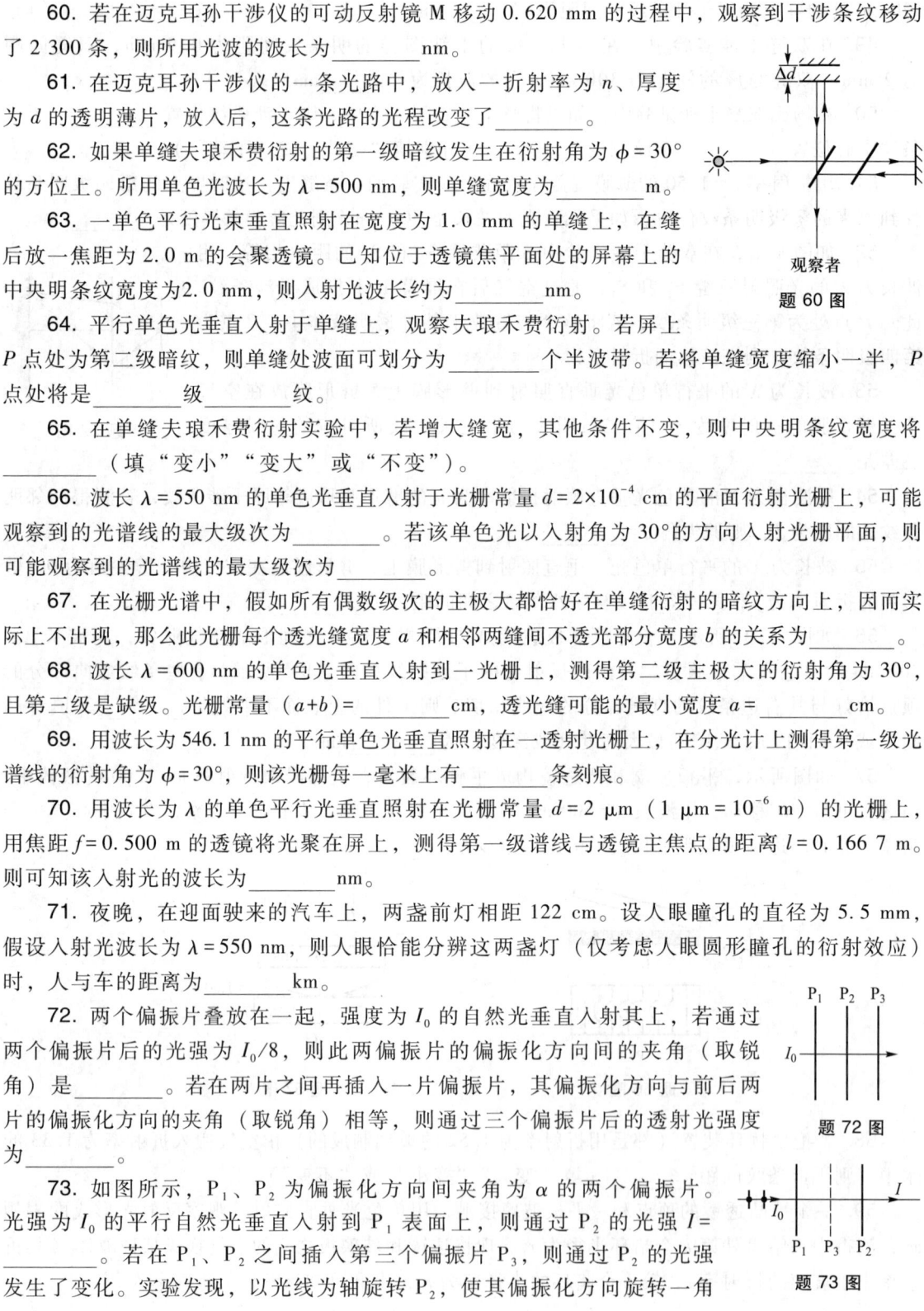

题 60 图

64. 平行单色光垂直入射于单缝上，观察夫琅禾费衍射。若屏上 P 点处为第二级暗纹，则单缝处波面可划分为_____个半波带。若将单缝宽度缩小一半，P 点处将是_____级_____纹。

65. 在单缝夫琅禾费衍射实验中，若增大缝宽，其他条件不变，则中央明条纹宽度将_____（填"变小""变大"或"不变"）。

66. 波长 $\lambda = 550$ nm 的单色光垂直入射于光栅常量 $d = 2 \times 10^{-4}$ cm 的平面衍射光栅上，可能观察到的光谱线的最大级次为_____。若该单色光以入射角为 30° 的方向入射光栅平面，则可能观察到的光谱线的最大级次为_____。

67. 在光栅光谱中，假如所有偶数级次的主极大都恰好在单缝衍射的暗纹方向上，因而实际上不出现，那么此光栅每个透光缝宽度 a 和相邻两缝间不透光部分宽度 b 的关系为_____。

68. 波长 $\lambda = 600$ nm 的单色光垂直入射到一光栅上，测得第二级主极大的衍射角为 30°，且第三级是缺级。光栅常量 $(a+b) =$ _____cm，透光缝可能的最小宽度 $a =$ _____cm。

69. 用波长为 546.1 nm 的平行单色光垂直照射在一透射光栅上，在分光计上测得第一级光谱线的衍射角为 $\phi = 30°$，则该光栅每一毫米上有_____条刻痕。

70. 用波长为 λ 的单色平行光垂直照射在光栅常量 $d = 2$ μm（1 μm $= 10^{-6}$ m）的光栅上，用焦距 $f = 0.500$ m 的透镜将光聚在屏上，测得第一级谱线与透镜主焦点的距离 $l = 0.166~7$ m。则可知该入射光的波长为_____nm。

71. 夜晚，在迎面驶来的汽车上，两盏前灯相距 122 cm。设人眼瞳孔的直径为 5.5 mm，假设入射光波长为 $\lambda = 550$ nm，则人眼恰能分辨这两盏灯（仅考虑人眼圆形瞳孔的衍射效应）时，人与车的距离为_____km。

72. 两个偏振片叠放在一起，强度为 I_0 的自然光垂直入射其上，若通过两个偏振片后的光强为 $I_0/8$，则此两偏振片的偏振化方向间的夹角（取锐角）是_____。若在两片之间再插入一片偏振片，其偏振化方向与前后两片的偏振化方向的夹角（取锐角）相等，则通过三个偏振片后的透射光强度为_____。

题 72 图

73. 如图所示，P_1、P_2 为偏振化方向间夹角为 α 的两个偏振片。光强为 I_0 的平行自然光垂直入射到 P_1 表面上，则通过 P_2 的光强 $I =$ _____。若在 P_1、P_2 之间插入第三个偏振片 P_3，则通过 P_2 的光强发生了变化。实验发现，以光线为轴旋转 P_2，使其偏振化方向旋转一角

题 73 图

度 θ 后，发生消光现象，从而可以推算出 P_3 的偏振化方向与 P_1 的偏振化方向之间的夹角 $\alpha' =$ _____（假设题中所涉及的角均为锐角，且设 $\alpha' < \alpha$）。

74. 一束光强为 I_0 的自然光，相继通过三个偏振片 P_1、P_2、P_3 后，出射光的光强为 $I = I_0/8$。已知 P_1 和 P_3 的偏振化方向相互垂直，若以入射光线为轴，旋转 P_2，要使出射光的光强为零，P_2 最少要转过的角度是_____。

75. 当一束自然光以布儒斯特角 i_B 入射到两种介质的分界面（垂直于纸面）上时，画出图中反射光和折射光的光矢量振动方向。

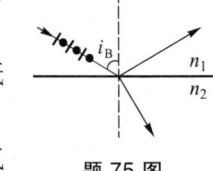

题 75 图

76. 某种透明介质对于空气的临界角（指全反射）等于 $45°$，光从空气射向此介质时的布儒斯特角是_____。

77. 在以下五个图中，前四个图表示线偏振光入射于两种介质分界面上，最后一图表示入射光是自然光。n_1、n_2 为两种介质的折射率，图中入射角 $i_B = \arctan(n_2/n_1)$，$i \neq i_B$。试在图上画出实际存在的折射光线和反射光线，并用点或短线把振动方向表示出来。

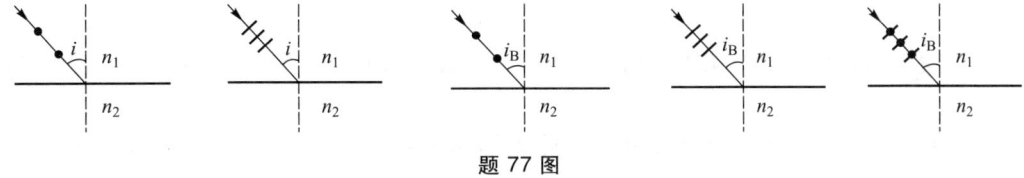

题 77 图

78. 用方解石晶体（负晶体）切成一个截面为正三角形的棱镜，光轴方向如图所示。若自然光以入射角 i 入射并产生双折射。试定性地分别画出 o 光和 e 光的光路及振动方向。

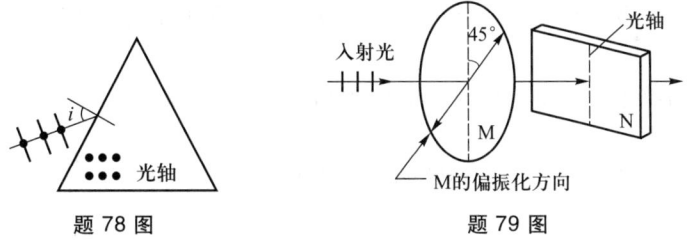

题 78 图　　　　题 79 图

79. 如图所示，一束线偏振光垂直地穿过一个偏振片 M 和一个 $1/4$ 波片 N，入射线偏振光的光振动方向与 $1/4$ 波片 N 的光轴平行，偏振片 M 的偏振化方向与 $1/4$ 波片 N 光轴的夹角为 $45°$，则经过 M 后的光是_____偏振光；经过 N 后的光是_____偏振光。

80. 如图所示，在两个偏振化方向互相垂直的偏振片 P_1 和 P_2 之间放置一厚度为 $d = 0.045$ mm 的晶片（主折射率为 $n_o = 1.64$，$n_e = 1.65$，沿光轴方向切出），光轴方向与偏振片 P_1 的偏振化方向间夹角为 $\varphi = 30°$。波长为 $\lambda = 600$ nm、光强为 I_0 的单色自然光垂直照射到该系统上，则从该系统透出的光强 $I =$ _____ I_0。

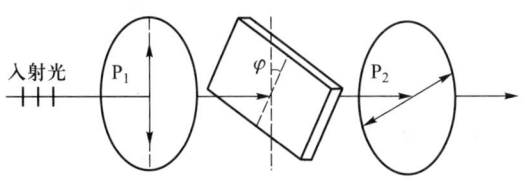

题 80 图

综合练习答案：

1. （B）
2. （D）
3. （A）
4. （B）

解：光程差为 $\delta = 2ne - \dfrac{\lambda}{2}$，相位差为 $\Delta\phi = 2\pi \dfrac{\delta}{\lambda} = \dfrac{4\pi ne}{\lambda} - \pi$ 或 $\dfrac{4\pi ne}{\lambda} + \pi$。要使反射光线得到增强，需使相位差 $\Delta\phi$ 为 2π 的整数倍，所以 B 选项正确。

5. （A）

解：第六级明纹满足光程差 $\delta = 6\lambda$。覆盖薄玻璃片（设厚度为 e）后，光从两狭缝到原来中央明纹位置的光程差为 $(n-1)e$，所以薄玻璃片厚度 $e = \dfrac{6\lambda}{n-1} = 5.89\ \mu m$。

6. （A）

解：未覆盖薄玻璃片时，第 k 级明纹满足 $d\dfrac{x_k}{D} = k\lambda$，其中 d 为两狭缝间距，D 为狭缝到屏的距离，$x_k = k\lambda\dfrac{D}{d}$ 为第 k 级明纹中心距中央明纹中心的距离。所以，在屏上相邻明纹中心间距为 $\Delta x = \dfrac{D\lambda}{d}$。

覆盖薄玻璃片后，第 k 级明纹满足 $d\dfrac{x'_k}{D} \pm (n-1)e = k\lambda$，其中 n 为玻璃片折射率，e 为玻璃片厚度。此时，第 k 级明纹中心距中央明纹中心的距离为 $x'_k = \dfrac{D}{d}[k\lambda \mp (n-1)e]$，$x'_k \neq x_k$，所以覆盖薄玻璃片后，干涉条纹移动。而屏上相邻明纹中心间距未变，仍等于 $\dfrac{D\lambda}{d}$。

7. （B）

解：双缝干涉条纹间距 $\Delta x = \dfrac{D\lambda}{d}$，

欲使 $\Delta x \uparrow$ $\begin{cases}(A)\ D\downarrow\ 错\\(B)\ d\downarrow\ 对\\(A)\ 每缝宽度\downarrow，对 \Delta x 无影响，只影响条纹亮度\\(B)\ \lambda\downarrow\ 错\end{cases}$

8. （B）

解：由于反射镜产生的半波损失，所以由明条纹变为暗条纹。

9. （C）
10. （D）

解：红光和蓝光频率不同，不满足相干条件。

11. （C）

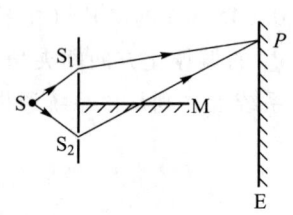

题 8 解图

12. (D)

解：在空气中的光程差为 $2e+\lambda/2$，在透明液体中的光程差为 $2ne$，二者之差为 $2(n-1)e-\lambda/2$。

13. (A)

解：劈形膜表面相邻暗纹（或明纹）间距为 $l=\Delta e/\theta=\lambda/(2n\theta)$，所以劈形透明膜的折射率为 $n=\dfrac{\lambda}{2l\theta}=1.4$。

14. (C)

15. (A)

解：明纹半径为 $r_k=\sqrt{(2k-1)\lambda R/2}$，入射光波长越大，对应牛顿环条纹的半径越大。

16. (B)

17. (A)

解：透镜顶点与平面玻璃接触时，第 k 级明纹满足 $2e+\lambda/2=k\lambda$；在原位置处，移动凸透镜后的空气厚度变为 $e+d$，设此时对应的明纹级数为 k'，有 $2(e+d)+\lambda/2=k'\lambda$，则过程中移过该位置的条纹数目为 $\Delta k=k'-k=2d/\lambda$。

18. (B)

19. (D)

解：迈克耳孙干涉仪每支光路往返各一次，所以附加光程差为 $2(nd-d)=\lambda$，所以薄膜厚度为 $d=\dfrac{\lambda}{2(n-1)}$。

20. (A)

解：$d=\Delta N \cdot \dfrac{\lambda}{2}=6.44\times10^{-4}$ m。

21. (D)

解：菲涅耳半波带公式为 $a\sin\phi=k\cdot\dfrac{\lambda}{2}$，这里 $\phi=30°$，$k=3$，代入可得 $a=\dfrac{3\lambda}{2\sin30°}=3\lambda$。

22. (C)

解：相位差为 π 时，光程差为 $\lambda/2$，所以有 $a\sin\phi=a\dfrac{x}{f}=\dfrac{\lambda}{2}$，得 $x=\dfrac{\lambda f}{2a}=3.6\times10^{-4}$ m。

23. (C)

解：$a\sin\phi=2\lambda=4\times\dfrac{\lambda}{2}$。

24. (D)

解：衍射条纹按菲涅耳半波带处理，取决于各组平行光的角度，而单缝稍作平移并不影响平行光的会聚点，故条纹不动，宽度不变。

25. (C)

解：光栅主极大公式为 $d\sin\phi=k\lambda$，代入 $d=\dfrac{10^{-3}}{800}$ m $=1.25\times10^{-6}$ m，$\lambda=625\times10^{-9}$ m 和 $k=1$

得 $\phi=30°$。

26.（C）

解：据缺级条件 $k/k'=d/a=3/1$ 知，第三级谱线与单缝衍射的第一暗纹重合（因而缺级）。可知在单缝衍射的中央明条纹内共有 5 条谱线，它们相应于 $d\sin\phi=k\lambda$（$k=0$，± 1，± 2）。

[注] 本题不用缺级条件也能解出，因 $d=3a$ 故第三级谱线 $d\sin\phi=3\lambda$，与单缝衍射第 1 个暗纹 $a\sin\phi=\lambda$ 的衍射角 ϕ 相同。由此可知在单缝衍射中央明条纹中共有 5 条谱线，它们是

$$d\sin\phi=k\lambda \quad (k=0, \pm 1, \pm 2)$$

27.（D）

解：光栅衍射主极大公式为 $d\sin\phi=\pm k\lambda$，在两种波长的谱线重叠处有 $k_1\lambda_1=k_2\lambda_2$，代入两波长值得 $3k_1=5k_2$，所以 k_2 应为 3 的倍数。

28.（A）

解：光栅衍射主极大公式为 $d\sin\phi=\pm k\lambda$，在两种波长的谱线重叠处有 $k_1\lambda_1=k_2\lambda_2$，代入两波长值得 $2k_1=3k_2$，所以 k_1 应为 3 的倍数，k_2 应为偶数。当两种波长的谱线（不计中央明纹）第二次重合时，$k_1=6(k_2=4)$，代入光栅主极大公式有 $d\sin 60°=6\times 440\times 10^{-9}$，解得 $d=3.05\times 10^{-6}$ m。

29.（A）

解：设 $\lambda_1=400$ nm，$\lambda_2=760$ nm，λ_1 的第 3 级光谱线的衍射角为 ϕ_1，λ_2 的第 2 级光谱线的衍射角为 ϕ_2。光栅常量为 d，则

$$\sin\phi_1=3\lambda_1/d=3\times 400/d=1\,200/d$$

$$\sin\phi_2=2\lambda_2/d=2\times 760/d=1\,520/d$$

$$\phi_2>\phi_1$$

可见光第 2 级光谱的末端与其第 3 级光谱的前端部分地重叠，所以只有第 1 级光谱是完整的，没有与第 2 级光谱重叠（因为 2×400 nm $>1\times 760$ nm）。

30.（B）

解：布拉格公式为 $2d\sin\theta=k\lambda$（$k=1,2,3,\cdots$），将 $\theta=30°$，$\lambda=0.488$ nm 及 $k=1$ 代入，可得 $d=0.488$ nm。

31.（C）

解：自然光通过 P_1 后：

$$I_1=\frac{I_0}{2}$$

通过 P_2 后：

$$I_2=I_1\cos^2 30°$$

通过 P_3 后：

$$I_3=I_2\cos^2(90°-30°)=I_1\cos^2 30°\cdot\cos^2 60°=\frac{3I_0}{32}$$

32.（B）

解： 线偏振光 I_0 通过第一偏振片后的光强为

$$I_1 = I_0 \cos^2 \frac{\pi}{4} = \frac{I_0}{2}$$

线偏振光 I_0 连续通过两个偏振片后的光强为

$$I_2 = I_1 \cos^2 \frac{\pi}{2} = 0$$

33．（A）

解： 两束光产生干涉时二者光矢量振动方向相同，所以 P_1 与 P_2 的偏振化方向必然相互平行。

34．（C）

解： "界面 2 的反射光"是指 $B \to C$ 的反射光。

若在界面 1 入射角是布儒斯特角，则在界面 2 入射角也是布儒斯特角（证明见下）。因此，界面 2 的反射光是线偏振光，且其光矢量的振动方向垂直于入射面。

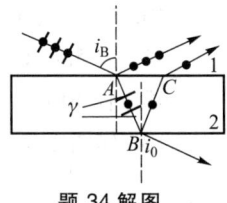
题 34 解图

证明： $\tan i_B = n = \dfrac{n}{n_{空}}$，$n$ 为玻璃折射率。因为 $i_B + \gamma = 90°$，所以

$$\tan \gamma = \tan(90° - i_B) = \frac{1}{\tan i_B} = \frac{n_{空}}{n}$$

在玻璃中，γ 也是布儒斯特角！

35．（B）

36．（D）

解： 当反射光为完全线偏振光时，入射角为布儒斯特角，和折射角之和为 90°。所以有

$$\tan i_B = \tan(90° - 30°) = \frac{n}{n_{空}} = n$$

得此玻璃板的折射率为 1.73。

37．（D）

解： 圆偏振光通过二分之一波片后的透射光仍是圆偏振光，但旋转方向相反。

38．（B）

解： 经过偏振片 P_1 后光强为 $\dfrac{I_0}{2}$，设振幅为 A_0。

在晶片中分解为 o 光和 e 光，设振幅分别为 A_{1o} 和 A_{1e}，有

$$A_{1o} = A_0 \sin \theta, \quad A_{1e} = A_0 \cos \theta$$

经过偏振片 P_2 后这两束光振幅为

$$A_{2o} = A_0 \sin^2 \theta = \frac{A_0}{2}, \quad A_{2e} = A_0 \cos^2 \theta = \frac{A_0}{2} = A_{2o}$$

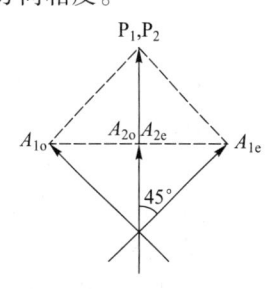
题 38 解图

经过偏振片 P_2 后这两束光的相位差为

$$\Delta \phi = 2\pi \frac{d}{\lambda}(n_e - n_o)$$

若光不能从该系统透出，则应满足

$$\Delta\phi=(2k+1)\pi, \quad k=0, 1, 2, \cdots$$

即不能透出的光的波长为

$$\lambda=2\pi\frac{d}{(2k+1)\pi}(n_e-n_o)=\frac{2910}{2k+1}\ (\text{单位为 nm})$$

得出，当 $k=0$，$\lambda=2910$ nm；$k=1$，$\lambda=970$ nm；$k=2$，$\lambda=582$ nm；$k=3$，$\lambda=416$ nm；$k=4$，$\lambda=323$ nm。

所以，在可见光范围内，波长为 582 nm 和 416 nm 的光波不能从该装置透出。

39. 最小，最大，相同（答出以上三点就行，与次序无关）

40. 后 15（或 -15），正

41. 后 5.8（或 -5.8），虚

42. 后 40 cm，实

43. 作图如图所示。计算像的位置：

$$f=\frac{1}{2}R=20\ \text{cm}, \quad \frac{1}{p}+\frac{1}{q}=\frac{1}{f}$$

解出 $q=-20$ cm，负号表示像在镜面后。

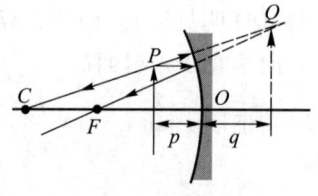

题 43 解图

44. $\delta=2n_2e-\frac{n_1\lambda_1}{2}$，$\frac{4\pi n_2e}{n_1\lambda_1}-\pi\left(\text{或}\frac{4\pi n_2e}{n_1\lambda_1}+\pi\right)$

解：上表面有半波损失，下表面没有。

光程差为

$$\delta=2n_2e-\frac{\lambda_0}{2}\left(\lambda_0\ \text{为真空波长}, \lambda_1=\frac{\lambda_0}{n_1}\right)$$

所以

$$\delta=2n_2e-\frac{n_1\lambda_1}{2}$$

相位差为

$$\Delta\phi=2\pi\frac{\delta}{\lambda_0}=2\pi\frac{2n_2e-n_1\lambda_1/2}{\lambda_0}=2\pi\frac{2n_2e-n_1\lambda_1/2}{n_1\lambda_1}=\frac{4\pi n_2e}{n_1\lambda_1}-\pi$$

45. $[r_2+(n_2-1)t_2]-[r_1+(n_1-1)t_1]$

解：自 S_1 到 P 点的光程为 $(r_1-t_1)+n_1t_1=r_1+(n_1-1)t_1$，自 S_2 到 P 点的光程为 $r_2+(n_2-1)t_2$，所以光程差为 $[r_2+(n_2-1)t_2]-[r_1+(n_1-1)t_1]$。

46. 不相等，相等

解：路程为传播时间与在介质中的传播速度的乘积，光在空气中和在玻璃中的传播速度不等，所以在相同时间内，单色光在空气中和玻璃中传播的路程不相等。

光程等于光在介质中传播的几何路程和介质折射率的乘积，也即在相等时间内在真空（或空气）中通过的几何路程。

47. $\lambda/(4n)$

解：设薄膜厚度为 d，入射光与反射光的光程差为 $\delta=2nd+\lambda/2$，若要干涉加强，必须

$\delta = k\lambda$（k 为整数）。若 d 最小，应取 $k=1$，所以 $d_{\min} = \lambda/(4n)$。

48. 1.44 mm

解：条纹间距 $\Delta x = \dfrac{D}{d}\lambda$。

49. 600

50. 变动，不动，变动

解：装置位于空气中时，第 k 级明纹满足 $d\dfrac{x_k}{D}=k\lambda$，则第 k 级明纹中心距中央明纹中心的距离 $x_k = k\lambda\dfrac{D}{d}$（干涉条纹中心位于 $x_k=0$ 位置），所以在屏上相邻明纹中心间距为 $\Delta x = \dfrac{D\lambda}{d}$。

装置位于水中时，第 k 级明纹满足 $nd\dfrac{x_k'}{D}=k\lambda$，第 k 级明纹中心距中央明纹中心的距离 $x_k' = k\lambda\dfrac{D}{nd}$（干涉条纹中心位于 $x_k'=0$ 位置），相邻明纹中心间距为 $\Delta x' = \dfrac{D\lambda}{nd}$。

51. 4.00×10^{-3} mm

解：第四级明纹满足光程差 $\delta = 4\lambda$。覆盖薄玻璃片（设厚度为 e）后，光从两狭缝到原来中央明纹位置的光程差为 $(n-1)e$。所以薄玻璃片厚度 $e = \dfrac{4\lambda}{n-1} = 4.00\times10^{-3}$ mm。

52. 1.33

解：装置位于空气中时，第 k 级明纹中心距中央明纹中心的距离 $x_k = k\lambda\dfrac{D}{d}$；装置位于水中时，第 k 级明纹中心距中央明纹中心的距离 $x_k' = k\lambda\dfrac{D}{nd}$。

联系本题，有 $x_3 = x_4'$，即 $3\lambda\dfrac{D}{d}=4\lambda\dfrac{D}{nd}$，所以 $n = 1.33$。

53. $5\lambda/(2n)$

解：劈尖第 k 级明纹满足 $2ne_k + \lambda/2 = k\lambda$，因此第七条明纹与第二条明纹所对应的薄膜厚度 e_7 与 e_2 之差为 $\Delta e = e_7 - e_2 = 5\lambda/(2n)$。

54. $\lambda/(2nL)$

解：因 $L = \lambda/(2n\theta)$，所以 $\theta = \lambda/(2nL)$。

55. $5\lambda/(2n\theta)$

解：劈形膜表面相邻暗纹（或明纹）间距为 $L = \Delta e/\theta = \lambda/(2n\theta)$，所以第三条暗纹与第八条暗纹之间的距离是 $L_{8-3} = 5\lambda/(2n\theta)$。

56. 凸起，250

解：劈尖干涉为等厚干涉，同一级次干涉条纹所对应的空气膜的厚度相等。如果工件表面是理想的平面，干涉条纹为一组等间距的平行直线。由于工件表面有缺陷，干涉条纹出现弯曲现象。在图中干涉条纹向远离劈尖处凸出，说明缺陷处的空气膜厚度较与其左侧完好平面部分的空气膜厚度相等，即该处空气膜变薄，说明该处缺陷为凸起。

有些条纹弯曲部分的顶点恰好与其右边条纹的直线部分的连线相切,说明该处条纹级次较平整表面时减小1级,因此对应的空气膜厚度减小量为 $\Delta e = \lambda/2 = 250$ nm,即缺陷的最大高度为 250 nm。

57. 78.1

解:上下反射面均无半波损失,故暗纹满足

$$\delta = 2ne = (2k+1)\frac{\lambda}{2}$$

在中心处,$k=0$,有

$$e_{\min} = \frac{\lambda}{4n} = 78.1 \text{ nm}$$

58. 变小

解:明纹半径为 $r_k = \sqrt{(2k-1)\lambda R/2n}$,将装置由空气搬入折射率为 1.33 的水中,介质折射率由 1 变为 1.33,所以每级条纹半径均变小,条纹间距也变小。

59. r_1^2/r_2^2

解:暗环 $\delta = 2ne + \frac{\lambda}{2} = \frac{nr^2}{R} + \frac{\lambda}{2} = (2k+1)\frac{\lambda}{2}$,有 $nr^2 = k\lambda R$,空气 $n_0 = 1$,液体折射率为 n,有 $n_0 r_1^2 = nr_2^2 = k\lambda R$,所以液体折射率为 $n = n_0 \cdot \frac{r_1^2}{r_2^2} = \frac{r_1^2}{r_2^2}$。

60. 539.1

解:由公式 $\Delta d = N\frac{\lambda}{2}$,得 $\lambda = \frac{2\Delta d}{N} = 539.1$ nm。

61. $2(n-1)d$

解:单程光程改变量为 $(n-1)d$,每条光路往返一次(双程)改变量为 $2(n-1)d$。

62. 1.0×10^{-6}

解:暗纹满足 $a\sin\phi = 2k \cdot \frac{\lambda}{2} = k\lambda$,取 $k=1$,得 $a = \frac{\lambda}{\sin\phi} = 1\times 10^{-6}$ m。

63. 500

解:暗纹满足 $a\sin\phi \approx a \cdot \frac{x}{f} = 2k \cdot \frac{\lambda}{2} = k\lambda$,暗纹位置为 $x_k = k\frac{\lambda f}{a}$,中央明纹宽度等于 ± 1 级暗纹间隔,所以中央明纹宽度为 $d = 2x_1 = \frac{2\lambda f}{a}$,可得入射光波长 $\lambda = \frac{ad}{2f} = 5\times 10^{-7}$ m = 500 nm。

64. 4;第一;暗

65. 变小

解:中央明纹宽度等于 ± 1 级暗纹间隔,暗纹满足 $a\sin\phi \approx a \cdot \frac{x}{f} = 2k \cdot \frac{\lambda}{2} = k\lambda$,所以中央明纹宽度为 $d = 2x_1 = \frac{2\lambda f}{a}$,缝宽 a 变大,中央明纹宽度 d 变小。

66. 3,5

解：垂直入射时，因 $d\sin\phi = k\lambda$，所以可能观察到的光谱线的最大级次为 $k_{max} = [d/\lambda]$（其中符号 $[a]$ 表示不超过实数 a 的最大整数）。代入波长和光栅常量的数值，得 $k_{max} = [3.64] = 3$。

当入射单色光以入射角 θ 入射光栅平面时，此时光栅主极大公式可改写为 $d(\sin\phi \pm \sin\theta) = k\lambda$，所以当以入射角为 $30°$ 的方向入射光栅平面时，可能观察到的光谱线的最大级次为
$$k_{max} = [d(1+\sin 30°)/\lambda] = [5.45] = 5$$

67. $a = b$

68. 2.4×10^{-4}，0.8×10^{-4}

解：由光栅主极大公式 $(a+b)\sin\phi = k\lambda$，得
$$(a+b) = \frac{k\lambda}{\sin\phi} = \frac{2\times 600\times 10^{-9}}{\sin 30°} \text{ m} = 2.4\times 10^{-6} \text{ m}$$

由缺级公式 $k = \frac{a+b}{a}\cdot k'$ 得 $a = \frac{a+b}{k}\cdot k'$。$k=3$ 缺级，$k'=1$ 时，a 最小，故有
$$a = \frac{a+b}{3}\times 1 \text{ m} = 0.8\times 10^{-6} \text{ m}$$

69. 916

解：$(a+b) = \frac{k\lambda}{\sin\phi}$，$k=1$，而 $(a+b) = \frac{1 \text{ mm}}{N} = \frac{10^{-3} \text{ m}}{N}$，$N = \frac{10^{-3}}{a+b} = 916$。

70. 632.6

解：由于 $d\sin\phi = \lambda$，而 $l = f\cdot\tan\phi$，可得 $\tan\phi = l/f = 0.1667/0.5 = 0.3334$，所以 $\sin\phi = 0.3163$。所以，入射光波长为 $\lambda = d\sin\phi = 632.6$ nm。

71. 10

解：由于 $\Delta x = 1.22\frac{\lambda}{D}\cdot f$，这里两盏车灯的距离为 Δx，人眼瞳孔的直径为 D，人与车的距离为 f，所以 $f = \frac{\Delta x\cdot D}{1.22\lambda} = 10$ km。

72. $60°$，$\dfrac{9I_0}{32}$

解：（1）自然光 I_0 通过第一个偏振片后光强为
$$I_1 = \frac{I_0}{2}$$

通过第二个偏振片后光强为
$$I_2 = I_1\cos^2\alpha = \frac{I_0}{2}\cos^2\alpha = \frac{I_0}{8}$$

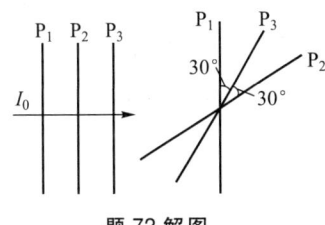

题 72 解图

所以 $\alpha = 60°$。

（2）自然光 I_0 连续通过三个偏振片（相邻两个偏振片的偏振化方向间的夹角均为 $30°$）后的透射光强度为

$$I_3 = I_2\cos^2\alpha_2 = (I_1\cos^2\alpha_1)\cos^2\alpha_2 = \left(\frac{I_0}{2}\cos^2\alpha_1\right)\cos^2\alpha_2$$

$$= \left(\frac{I_0}{2}\cos^2 30°\right)\cos^2 30° = \frac{9I_0}{32}$$

73. $\frac{1}{2}I_0\cos^2\alpha$，$\alpha+\theta-\frac{\pi}{2}$ 或 $\frac{\pi}{2}-\alpha-\theta$

解：（1）由马吕斯定律，$I = I_1\cos^2\alpha = \frac{1}{2}I_0\cos^2\alpha$。

（2）插入第三个偏振片后，由题目括号中所给的假设，则有如图 73（a）和图 73（b）所示的振幅投影图。若使 P_2 旋转一角度 θ 后发生消光现象，则此时 P_2 的偏振化方向必与 P_3 的偏振化方向垂直。由几何图形可得 $\alpha-\alpha'+\theta=\frac{\pi}{2}$，所以 $\alpha'=\alpha+\theta-\frac{\pi}{2}$；或 $\alpha+\alpha'+\theta=\frac{\pi}{2}$，所以 $\alpha'=\frac{\pi}{2}-\alpha-\theta$。

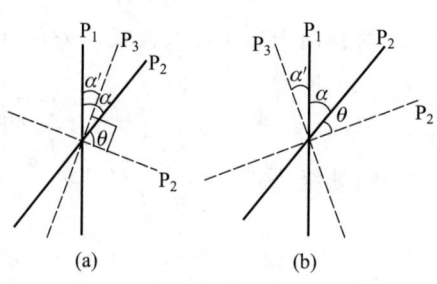

题 73 解图

74. $45°$

解： 自然光 I_0 连续通过三个偏振片后的光强为

$$I_3 = I_2\cos^2\alpha_2 = (I_1\cos^2\alpha_1)\cos^2\alpha_2 = \frac{I_0}{2}\cos^2\alpha_1\cos^2\alpha_2$$

$$= \frac{I_0}{2}\cos^2\alpha_1\cos^2(90°-\alpha_1) = \frac{I_0}{2}\cos^2\alpha_1\sin^2\alpha_1 = \frac{I_0}{8}\sin^2(2\alpha_1) = \frac{I_0}{8}$$

所以，P_2 的偏振化方向与 P_1 和 P_3 的偏振化方向间夹角均为 $45°$。

只有当 P_2 绕光的传播方向转到其偏振化方向与 P_1 或 P_3 的偏振化方向相互垂直时，出射光的光强才为零，因此 P_2 最少要转过的角度为 $45°$。

75. 如图所示

76. $54.7°$

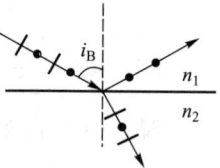

解： 设该透明介质的折射率为 n，则有 $n\sin 45°=1$，所以 $n=\sqrt{2}$。由布儒斯特定律 $\tan i_B = n_2/n_1$，有 $\tan i_B = n = \sqrt{2}$，可得 $i_B = 54.7°$。

77. 如图所示

题 75 解图

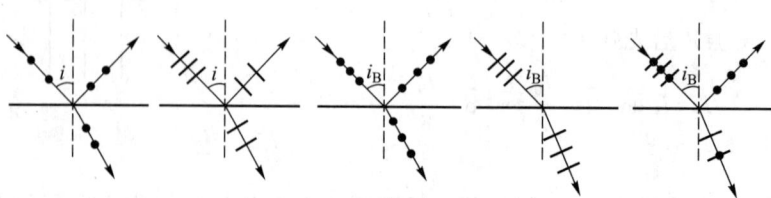

题 77 解图

78. 如图所示

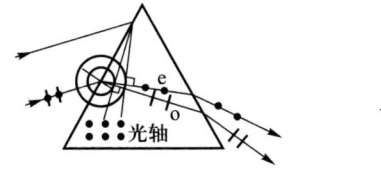

题 78 解图

解：作辅助线（包括光波波面和切线），入射点与切点连线为光线。e 光振动方向平行自己的主平面；o 光振动方向垂直自己的主平面；出射光

$$n\sin i' = \sin i$$

$$n = \frac{c}{v}, \quad v_e > v_o, \quad n_e < n_o$$

由晶体内到晶体外，在相同的入射角 i' 情况下，o 光比 e 光偏转角 i 更大。更何况由图可知，$i'_o > i'_e$，所以 o 光偏角更大。

79. 线、圆

解：经过 M 后 $I = I_0 \cos^2 \theta$，是线偏振光。线偏振光以 45°入射到 1/4 波片，出射圆偏振光。

80. $\dfrac{3}{16}$

解：经过偏振片 P_1 后光强为 $\dfrac{I_0}{2}$，设振幅为 A_0。在晶片中分解为 o 光和 e 光，设振幅分别为 A_{1o} 和 A_{1e}，有

$$A_{1o} = A_0 \sin\varphi, \quad A_{1e} = A_0 \cos\varphi$$

经过偏振片 P_2 后这两束光振幅为

$$A_{2o} = A_{1o}\cos\varphi = A_0\sin\varphi\cos\varphi, \quad A_{2e} = A_{1e}\sin\varphi = A_0\cos\varphi\sin\varphi$$

经过偏振片 P_2 后这两束光的相位差为

$$\Delta\phi = 2\pi\frac{d}{\lambda}(n_e - n_o) + \pi = \delta + \pi$$

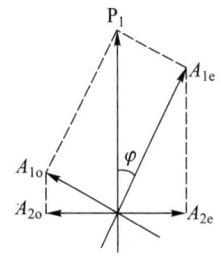

题 80 解图

式中，$\delta = 2\pi\dfrac{d}{\lambda}(n_e - n_o) = \dfrac{3\pi}{2}$。因而合振幅为

$$A = \sqrt{A_{2o}^2 + A_{2e}^2 + 2A_{2o}A_{2e}\cos\Delta\phi} = \sqrt{A_{2o}^2 + A_{2e}^2 - 2A_{2o}A_{2e}\cos\delta}$$

$$= A_{2o}\sqrt{2 - 2\cos\delta} = 2A_{2o}\sin\frac{\delta}{2}$$

因而有 $A^2 = 4A_0^2\sin^2\varphi\cos^2\varphi\sin^2\dfrac{\delta}{2} = \dfrac{3}{8}A_0^2$，因而出射光强为 $I = \dfrac{3}{16}I_0$

三、解题参考

第 11 章 几何光学基础

11.1 略

11.2 略

11.3 如图 (a)、(b)、(c) 所示,MM' 为薄透镜的主光轴,S、S' 为物点和像点,用作图法求透镜中心点及焦点的位置(透镜两端折射率相同,光线从左向右进行)。

解:如图所示,L 为透镜,O 为透镜中心位置,F' 为焦点位置。(c) 无解。

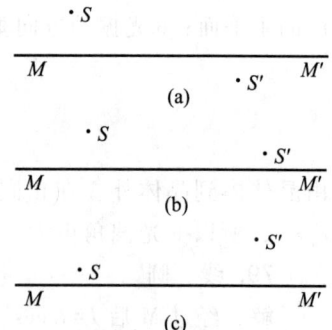

题 11.3 图

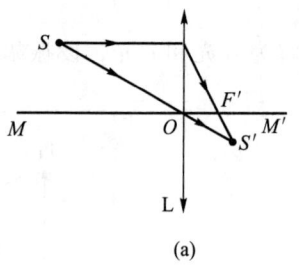
(a)

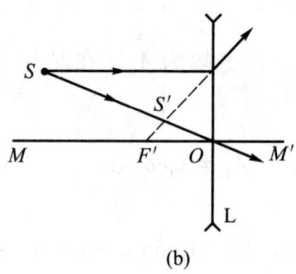
(b)

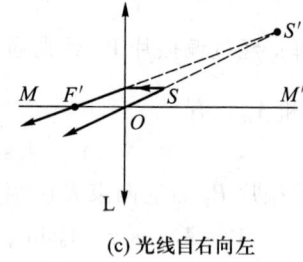
(c) 光线自右向左

题 11.3 解图

11.4 如图所示,一个凸面反射镜,曲率半径为 20 cm,物点 P 在顶点 O 左侧 14 cm 处,C 为凸面镜球心,计算像的位置并画图。

解:由 $\dfrac{1}{s'}+\dfrac{1}{s}=\dfrac{2}{r}$,代入 $s=-14$ cm,$r=20$ cm,可得 $s'=5.83$ cm。

像的位置:右侧,虚像,如图所示。

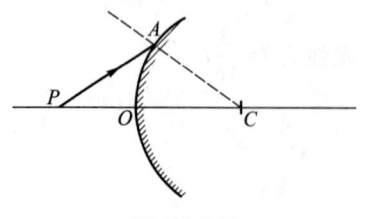

题 11.4 图

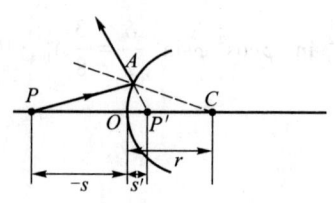

题 11.4 解图

11.5 如图所示，一个折射球面，曲率半径为 10 cm，物点 P 在顶点 O 左侧 20 cm 处，C 为球心，左边介质折射率 $n_1=1.0$，右边介质折射率 $n_2=2.0$，计算像的位置并画图。

解：由 $\dfrac{n_2}{s'}-\dfrac{n_1}{s}=\dfrac{n_2-n_1}{r}$，代入 $s=-20$ cm，$r=10$ cm，可得 $s'=40$ cm。

像的位置：右侧，实像，如图所示。

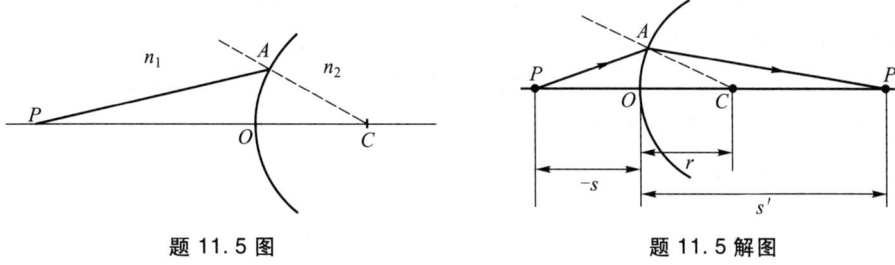

题 11.5 图　　　　　题 11.5 解图

11.6 有一个薄的会聚透镜，焦距为 24 cm，将一物体放在距离透镜中心 9 cm 处，计算像的位置并画图。

解：由 $\dfrac{1}{s'}-\dfrac{1}{s}=\dfrac{1}{f'}$，代入 $s=-9$ cm，$f'=24$ cm，可得 $s'=-14.4$ cm。

像的位置：左侧，正立虚像，如图所示。

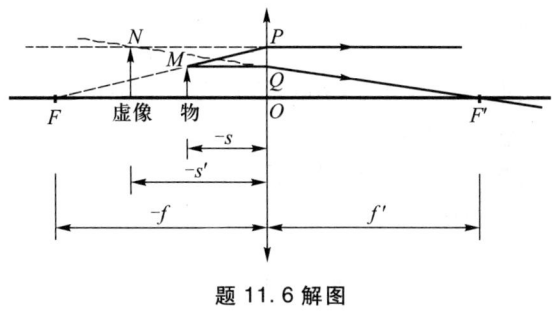

题 11.6 解图

第 12 章　波动光学

12.1 如果两束光是相干的，在两束光重叠处总光强如何计算？如果两束光是不相干的，又怎样计算？有人说："相干叠加服从波的叠加原理，不相干叠加不服从波的叠加原理"。这种说法对吗？

解：两束相干光叠加，先按同方向、同频率两个简谐振动合成的方法确定合振幅，再计算光强；两束非相干光叠加，把两光强直接相加即得总光强。这种说法不对。它们都服从波的叠加原理，只是叠加的方式不同。

12.2 在双缝干涉实验中，如果双缝 S_1 和 S_2 的宽度不相等，对屏幕上的干涉条纹有何影响？如果双缝 S_1 和 S_2 与单缝 S 的距离不相等，则对屏幕上的干涉条纹又有何影响？

解：S_1 和 S_2 的宽度不相等将影响干涉条纹的强度分布，使干涉条纹对比度降低；S_1 和 S_2 距

S 的距离不相等时,将影响屏幕上干涉条纹的位置分布,使得屏幕上明暗条纹的位置有所变化。

12.3 把金属丝折成的框子浸入肥皂液中再拿出来,框上蒙上了一液膜。把框子竖立起来,用白光照射薄膜而观察反射光。刚竖起时膜液不显颜色,但很快就出现了上疏下密的彩色条纹,接着条纹逐渐下移,等到上端出现暗区后不久,液膜就破了。试解释这些现象。

解:刚竖起时,液膜还比较厚,没有干涉现象,液膜不显颜色。在重力作用下,上部液膜较薄,下部液膜较厚,所以出现上疏下密的彩色干涉条纹。当上部液膜的厚度近于零时,由于从液膜前表面反射的光存在半波损失,产生相消干涉,所以成为暗区。当上部液膜过于薄时,在重力作用下,液膜就破了。

12.4 如图所示,在双缝干涉实验中,缝 S 与缝 S_1 和 S_2 之间放一偏振片 P,其偏振化方向平行或垂直于缝 S_1 和 S_2 的连线。若用方位相互垂直的 1/2 波片(与缝平行或垂直)分别遮盖 S_1 和 S_2,试问:屏上的干涉图像将如何变化?若撤离偏振片,将观察到什么样的图像?当用 1/4 波片代替半波片时,情况又将如何?

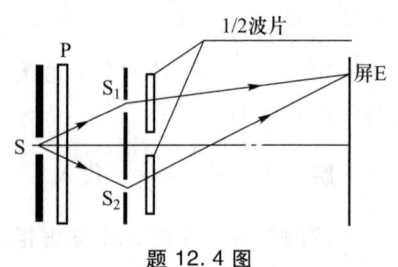

题 12.4 图

解:引入 1/2 波片后,干涉条纹移动了半个条纹的距离;若撤离偏振片,则干涉条纹的强度增大为原来的 2 倍。引入 1/4 波片后,干涉条纹移动四分之一条纹的距离;在此情况下撤离偏振片,则干涉条纹消失。

12.5 假如可见光的波长不是在 400~760 nm 波段,而是在毫米波段,而人眼睛的瞳孔直径仍保持在 3 mm 左右,试想人们看到的外部世界将是什么景象?

解:由于毫米波的波长与人眼瞳孔直径同数量级,通过瞳孔在视网膜上显现的是物体的衍射图样,而看不到物体的真实图像。

12.6 如何区分 1/2 波片、1/4 波片和偏振片?

解:选用与 1/2 波片和 1/4 波片相应波长的光源,用一已知偏振片得到线偏振光,再用三种片分别观测,旋转位置后,有消光现象的即为偏振片。

线偏振光通过 1/2 波片后,出射的光仍是线偏振光,所以可以用上述鉴定好的偏振片观测,旋转偏振片,有消光现象的即为 1/2 波片。

线偏振光通过 1/4 波片后,出射光一般为椭圆偏振光(或圆偏振光),再用偏振片检验,旋转偏振片光强有强弱变化(对圆偏振光则光强无变化),但无消光现象。

12.7 一束圆偏振光照射在一块偏振片上,与原来的光束相比,透射光发生了哪些变化?

解:因为圆偏振光可以看成是由两束振幅相同、振动方向相互垂直的线偏振光合成的结果,所以圆偏振光透过偏振片后将变为线偏振光,且光强为入射光强的一半。

12.8 一束光入射到两种透明介质的分界面上时,发现只有透射光而无反射光,试说明这束光是怎样入射的,其偏振状态如何?

解：这束光是以起偏振角（布儒斯特角）为入射角的、光矢量振动方向平行于入射面的线偏振光。

12.9 如何区别以下几种光：（1）线偏振光；（2）圆偏振光；（3）椭圆偏振光；（4）线偏振光和自然光的混合，即部分偏振光？

解：对于人的眼睛而言，所有这些光看起来都是一样的。在光束行进的路径上插入一个偏振片，并且以光的传播方向为轴转动偏振片，将会出现下面几种可能性：

如果偏振片在某两个位置时完全消光，那么这束光就是线偏振光。

如果光强不变，那么这束光就是圆偏振光。

如果强度有变化但不能完全消光，那么这束光或者是椭圆偏振光，或者是线偏振光和自然光的混合即部分偏振光。这时可将偏振片停留在透射光强度最大的位置，在偏振片的前面插入1/4波片，使它的光轴与偏振片的偏振化方向平行。这样，椭圆偏振光经过1/4波片后就变成线偏振光。因此，再转动偏振片，如果这时存在两个完全消光的位置，那么原光束就是椭圆偏振光；如果不存在完全消光的位置，那么原光束就是部分偏振光。

12.10 汞弧灯发的光通过一滤光片后照射双缝干涉装置。已知缝间距 $d = 0.60$ mm，观察屏与双缝间距 $D = 2.5$ m，测得相邻明纹间距离 $\Delta x = 2.27$ mm。试计算入射光的波长，并指出属于什么颜色。

解：由 $\Delta x = \dfrac{D\lambda}{d}$，有

$$\lambda = \frac{\Delta x d}{D} = \frac{2.27 \times 10^{-3} \times 0.60 \times 10^{-3}}{2.5} \text{ m} = 5.45 \times 10^{-7} \text{ m（绿色）}$$

12.11 在杨氏双缝干涉实验中，两小孔的距离为1.5 mm，观察屏离小孔的垂直距离为1 m，若所用的光源发出波长 $\lambda_1 = 650$ nm 和 $\lambda_2 = 532$ nm 的两种光波，试求两光波分别形成的条纹间距以及两组条纹的第八级亮纹之间的距离。

解：$\lambda_1 = 650$ nm 时条纹间距为

$$\Delta x = \frac{D\lambda}{d} = \frac{1}{1.5 \times 10^{-3}} \times 650 \times 10^{-9} \text{ m} = 0.43 \times 10^{-3} \text{ m} = 0.43 \text{ mm}$$

$\lambda_2 = 532$ nm 时条纹间距为

$$\Delta x = \frac{D\lambda}{d} = \frac{1}{1.5 \times 10^{-3}} \times 532 \times 10^{-9} \text{ m} = 0.35 \times 10^{-3} \text{ m} = 0.35 \text{ mm}$$

两种光波第8级亮纹间距为

$$0.43 \times 8 \text{ m} - 0.35 \times 8 \text{ m} = 0.64 \text{ mm}$$

12.12 用很薄的云母片盖在双缝干涉装置的一条缝上，这时屏上零级条纹移到原来第七级明纹的位置，如果入射光的波长 $\lambda = 550$ nm，云母片的折射率 $n = 1.58$，试求此云母片的厚度。

解：设云母片的厚度为 e，依题意有

$$(n-1)e = \Delta k \cdot \lambda$$

所以

$$e = \frac{\Delta k \cdot \lambda}{n-1} = \frac{7 \times 550}{1.58-1} \text{ nm} = 6\,638 \text{ nm} = 6.638 \text{ μm}$$

12.13 在双缝干涉实验中，若两缝间距为 0.2 mm，光源缝宽度为 0.1 mm，所用光波的波长为 550 nm，要想得到干涉条纹，光源缝到双缝的距离至少是多大？

解：由公式

$$h\theta = h\frac{d}{B} \leq \lambda$$

解得光源到双缝的距离为

$$B \geq \frac{hd}{\lambda} = 3.6 \text{ cm}$$

所以其距离至少为 3.6 cm。

12.14 在如图所示的实验装置中，平板玻璃 MN 上有一油滴，当油滴展开成圆形薄膜时，在波长 $\lambda = 600$ nm 的单色平行光垂直照射下，观察到油薄膜反射光的干涉条纹。已知玻璃的折射率 $n_1 = 1.50$，油膜的折射率 $n_2 = 1.20$，试问：（1）当油膜中心最高点与玻璃片上表面相距 1 200 nm 时，看到的条纹情况如何？可看到几条明纹？各明纹所在处的油膜厚度为多少？中心点的明暗程度如何？（2）当油膜继续扩大时，所看到的条纹情况将如何变化？

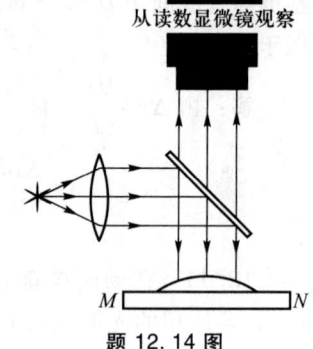

题 12.14 图

解：（1）在油膜上、下表面的反射光均有半波损失，因此明条纹满足

$$2n_2 e = k\lambda, \quad k = 0, 1, 2, \cdots$$

故
$k = 0$ 时，$e = 0$
$k = 1$ 时，$e_1 = 250$ nm
$k = 2$ 时，$e_2 = 500$ nm
$k = 3$ 时，$e_3 = 750$ nm
$k = 4$ 时，$e_4 = 1\,000$ nm

因为油薄膜的等厚线为一组同心圆，故看到的干涉条纹是以油薄膜中心为圆心的明、暗相间的同心圆环。由上面的计算可知，只能看到 5 级明条纹，中心处膜厚 1 200 nm（e_5 = 1 250 nm），因此中心点的亮度介于明和暗之间。

（2）略。

12.15 一块厚度为 1.2 μm 的薄玻璃片，折射率为 1.50。设波长介于 400~760 nm 之间的可见光垂直入射该玻璃片，反射光中哪些波长的光最强？

解：由 $2ne + \frac{\lambda}{2} = k\lambda, \quad k = 1, 2, 3, \cdots$ 得

$$\lambda = \frac{2ne}{k - 1/2} = \frac{2 \times 1.5 \times 1.2 \times 10^{-6}}{k - 1/2} \text{ m}$$

在可见光范围内，解得
$$\lambda = 655 \text{ nm}, 554 \text{ nm}, 480 \text{ nm}, 424 \text{ nm}$$

12.16 在折射率 $n_1 = 1.52$ 的镜头表面镀有一层折射率 $n_2 = 1.38$ 的 MgF_2 增透膜，如果此膜适用于波长 $\lambda = 550$ nm 的光，膜的最薄厚度是多少？

解：设膜的厚度为 e，则有
$$2n_2 e + \frac{\lambda}{2} = k\lambda, \quad k = 1, 2, 3, \cdots$$

所以
$$e = \frac{(k-1/2)\lambda}{2n_2} = \frac{(k-1/2) \times 550}{2 \times 1.38} \text{ nm}$$

最薄的厚度为
$$e = \frac{550}{4 \times 1.38} \text{ nm} = 99.6 \text{ nm}$$

12.17 利用空气劈尖的等厚干涉条纹可以测量精密加工工件表面极小的缺陷。方法是在工件表面上放一平板玻璃（光学平面），使其间形成空气劈尖，如图（a）所示。用波长为 λ 的单色光垂直照射玻璃面以观测干涉条纹。由于工件表面不平，观测到的干涉条纹如图（b）所示。试根据条纹弯曲的方向，说明工件表面的缺陷是凹还是凸的？并证明缺陷深度可用下式表示 $h = \frac{a}{b} \cdot \frac{\lambda}{2}$。

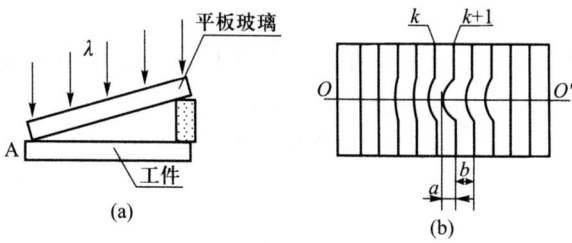

题 12.17 图

解：同一条（或同一级次）干涉条纹下所对应的空气膜的厚度应相等。由于工件表面有缺陷，干涉条纹出现弯曲。由图可知，干涉条纹凸向空气劈尖 A 的方向，对应条纹凸出部位的空气膜厚度应与同一条纹下较右侧的完好平面部分的空气膜厚度相等，可知工件表面存在下凹缺陷，凹痕最深处为 OO' 线的下方。

由于单色光垂直入射，空气的折射率 $n = 1$，干涉条件为
$$2e + \frac{\lambda}{2} = k\lambda, \quad k = 1, 2, 3, \cdots \quad \text{明纹}$$
$$2e + \frac{\lambda}{2} = (2k+1)\frac{\lambda}{2}, \quad k = 0, 1, 2, \cdots \quad \text{暗纹}$$

以暗纹公式计算，暗纹公式可简化为 $2e = k\lambda$，$\Delta e = \Delta k \cdot \frac{\lambda}{2}$。令 $\Delta k = 1$，则得 $\Delta e = \frac{\lambda}{2}$，即相

邻级次干涉条纹所对应的空气膜厚度差为 $\frac{\lambda}{2}$，在 OO 方向上每单位长度所对应的空气膜厚度差为 $\frac{\lambda}{2} \cdot \frac{1}{b}$（$b$ 为相邻明条纹或相邻暗条纹间的距离），所以 a 长度所对应的厚度差为

$$h = \frac{a}{b} \cdot \frac{\lambda}{2}$$

此即凹痕的最大深度。

12.18 钠黄光（$\lambda = 589.3$ nm）垂直照射到很薄的劈尖形玻璃片上，在其表面形成等厚干涉条纹。已知玻璃折射率为 1.52，测得相邻暗条纹的间距为 5.0 mm。求劈尖形玻璃两表面的夹角。

解：暗纹条件为

$$2ne + \frac{\lambda}{2} = (2k+1)\frac{\lambda}{2}$$

即 $\qquad 2ne = k\lambda, \quad k = 0, 1, 2, \cdots$

相邻条纹所对应的玻璃片的厚度差为

$$\Delta e = \frac{\lambda}{2n}$$

设玻璃片两表面的夹角为 θ，相邻暗条纹的间距为 Δl，由于 θ 很小，有

$$\theta = \frac{\Delta e}{\Delta l} = \frac{\lambda}{2n \cdot \Delta l} = \frac{589.3 \times 10^{-9}}{2 \times 1.52 \times 5.0 \times 10^{-3}} \text{ rad} = 3.88 \times 10^{-5} \text{ rad} = 8''$$

12.19 一牛顿环装置的平凸透镜，其球面半径为 5.0 m，透镜周边圆周的直径为 2.0 cm。在空气中用钠黄光（$\lambda = 589.3$ nm）垂直照射，可以产生多少条环形亮纹？如果在透镜和平玻璃板之间的缝隙里注满水（$n = 1.33$），可以产生多少条环形亮纹？

解：牛顿环亮纹半径满足

$$r = \sqrt{\left(k - \frac{1}{2}\right) R\lambda}$$

所以

$$k = \frac{r^2}{R\lambda} + \frac{1}{2} = \frac{\left(\frac{2.0}{2} \times 10^{-2}\right)^2}{5 \times 589.3 \times 10^{-9}} + \frac{1}{2} = 34$$

在空气中可以产生 34 条环形亮纹。

缝隙里注满水后，条纹变密，可以产生 45 条亮纹。

12.20 波长为 680 nm 的平行光垂直照射到 $L = 12$ cm 长的两块玻璃片上，两玻璃片的一边相互接触，另一边被厚 $D = 0.048$ mm 的纸片隔开。试问在这 12 cm 内呈现多少条暗条纹？

解：玻璃片的一边被纸片隔开后，两块玻璃片间形成空气劈尖薄膜。由空气膜上、下表面反射的光相会合产生干涉条纹。暗纹条件为

$$2e+\frac{\lambda}{2}=(2k+1)\frac{\lambda}{2}, \quad k=0, 1, 2, \cdots$$

对应某一膜厚 e，形成第 k 级暗条纹，在最大膜厚 D 处，形成最高级次的暗条纹。于是

$$2D+\frac{\lambda}{2}=(2k_m+1)\frac{\lambda}{2}$$

解得

$$k_m=\frac{2D}{\lambda}=\frac{2\times 0.048\times 10^{-3}}{680\times 10^{-9}}=141.2$$

取整数，$k_m=141$，再加上 $k=0$ 的一条暗纹，共呈现 142 条暗条纹。

12.21 垂直入射的白光从肥皂泡上反射，在可见光中仅有一极大在 $\lambda_1=600$ nm 处，而在紫光端 $\lambda_2=375$ nm 处仅有一极小。如果薄膜的折射率为 1.33，试求薄膜的厚度。

解：设 λ_1 的级次为 k，λ_2 的级次为 m，则依题意得

$$2nd+\frac{\lambda_1}{2}=k\lambda_1$$

$$2nd+\frac{\lambda_2}{2}=\left(m+\frac{1}{2}\right)\lambda_2$$

故

$$\left(k-\frac{1}{2}\right)\lambda_1=m\lambda_2$$

由于 k、m 均为正整数，要满足上式，k 和 m 的最小值分别为 3 和 4。所以最大级次为 3，由此可得薄膜厚度为

$$d=\frac{\left(k-\frac{1}{2}\right)\lambda_1}{2n}=\frac{\left(3-\frac{1}{2}\right)\times 600}{2\times 1.33}\text{ nm}\approx 5.64\times 10^{-4}\text{ mm}$$

12.22 一平凸透镜放在平板玻璃上，以钠黄光（$\lambda=589.3$ nm）垂直入射，观察反射光产生的牛顿环。测得某一亮环的直径为 3.00 mm，在它的外面第 5 个亮环的直径为 4.60 mm。求平凸透镜球面的半径。

解：牛顿环明环半径满足

$$r=\sqrt{\frac{(2k-1)R\lambda}{2}}, \quad k=1, 2, 3, \cdots$$

依题意有

$$r_1=\sqrt{\frac{(2k-1)R\lambda}{2}}$$

$$r_2=\sqrt{\frac{[2(k+5)-1]R\lambda}{2}}$$

解得凸透镜球面半径为

$$R = \frac{r_2^2 - r_1^2}{5\lambda} = \frac{\left(\frac{4.60}{2} \times 10^{-3}\right)^2 - \left(\frac{3.00}{2} \times 10^{-3}\right)^2}{5 \times 589.3 \times 10^{-9}} \text{ m} = 1.03 \text{ m}$$

12.23 如图所示是瑞利干涉仪的基本原理示意图。T_1、T_2 是并排的两个长度均为 l 的气室。光源 S 放在透镜 L_1 的焦点处。经双缝 S_1、S_2 出来的两路光通过 T_1 和 T_2，用目镜 E 观察在透镜 L_2 焦平面 C 上的干涉条纹。

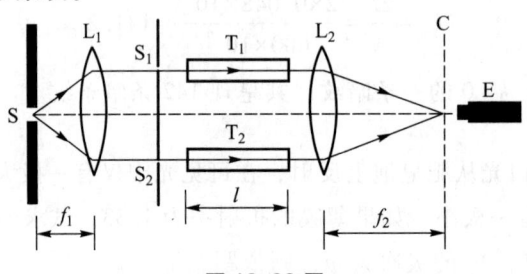

题 12.23 图

（1）设一支管内是大气压下的空气（$n = 1.0003$），另一支管内预先抽成真空。现缓慢地让空气充进管内，直到两管的空气压强相同。设管长 $l = 10$ cm，波长 $\lambda = 600$ nm，充气过程中有多少干涉条纹移过视场？

（2）针对上一问题，若两管都充满空气，然后一支管内的空气逐渐被一种折射率较大的气体所替换，此过程中有 40 个条纹移过视场中心，这种气体的折射率是多大？

解：（1）真空的折射率为 1，依题意有

$$(n-1)l = k\lambda$$

所以

$$k = \frac{(n-1)l}{\lambda} = \frac{(1.0003-1) \times 10 \times 10^{-2}}{600 \times 10^{-9}} = 50$$

共有 50 条干涉条纹移过视场。

（2）设此气体的折射率为 n'，依题意有

$$(n'-n)l = k\lambda$$

所以

$$n' = \frac{k\lambda}{l} + n = \frac{40 \times 600 \times 10^{-9}}{10 \times 10^{-2}} + 1.0003 = 1.00054$$

12.24 观察迈克耳孙干涉仪产生的等倾干涉条纹，在可动反射镜移动距离 $\Delta d = 0.3220$ mm 的过程中，测得中心缩进 1204 个条纹，求所用光波的波长。

解： 空气的折射率 $n = 1$，有

$$2\Delta d = N\lambda$$

所以，光波波长为

$$\lambda = \frac{2\Delta d}{N} = \frac{2 \times 0.3220 \times 10^{-3}}{1204} \text{ nm} = 534.9 \text{ nm}$$

12.25 低压水银同位素（^{198}Hg）放电管发出的绿色谱线在空气中的波长为 546.078 nm，频谱宽度 $\Delta\nu$ 约为 1×10^9 Hz。

（1）谱线宽度 $\Delta\lambda$ 约为多少？
（2）相应的相干时间和相干长度各是多少？
（3）用这种绿光做干涉实验，最多能看到多高级次的干涉条纹？
（4）用这种汞灯作为迈克耳孙干涉仪的光源，可动反射镜最多可以连续移动多大距离？

解：（1）由公式

$$\Delta\nu = -\frac{c\Delta\lambda}{\lambda^2}$$

只考虑数值关系，得

$$\Delta\lambda = \frac{\Delta\nu\lambda^2}{c} = \frac{10^9\times(5.460\,78\times10^{-7})^2}{3\times10^8}\text{ nm} \approx 0.001\text{ nm}$$

（2）相干时间为

$$\tau = \frac{1}{\Delta\nu} = 10^{-9}\text{ s}$$

相干长度为

$$L = c\tau = 3\times10^8\times10^{-9}\text{ m} = 0.3\text{ m}$$

（3）由 $L = k\lambda$ 得

$$k = \frac{L}{\lambda} = \frac{0.3}{546.078\times10^{-9}} = 5.49\times10^5$$

（4）由 $2\Delta d = L = k\lambda$ 有

$$\Delta d = \frac{L}{2} = 0.15\text{ m}$$

12.26 有一单缝，缝宽 $a = 0.10$ mm，在缝后放一焦距为 50 cm 的会聚透镜，用波长 $\lambda = 546$ nm 的平行光垂直照射单缝，试求位于透镜焦平面处屏上中央亮纹的宽度。

解：中央亮纹的宽度为 $k = 1$ 与 $k = -1$ 两条暗纹之间的距离。由公式

$$a\sin\phi \approx a\frac{x}{f} = k\lambda$$

可得

$$a\frac{x_1}{f} = \lambda$$

所以中央亮纹宽度为

$$2x_1 = \frac{2f\lambda}{a} = \frac{2\times0.5\times5.46\times10^{-7}}{0.10\times10^{-3}}\text{ m} = 5.46\times10^{-3}\text{ m} = 5.46\text{ mm}$$

12.27 一单色平行光垂直入射一单缝，其衍射第三级明纹位置恰与波长为 600 nm 的单色光垂直入射该缝时衍射的第二级明纹位置重合，试求该单色光的波长。

解：由单缝衍射明纹公式，有

$$a\sin\phi = (2k_1+1)\frac{\lambda_1}{2}$$

$$a\sin\phi = (2k_2+1)\frac{\lambda_2}{2}$$

解得

$$\lambda_1 = \frac{2k_2+1}{2k_1+1}\lambda_2 = \frac{5\times600}{7}\text{ nm} = 428.6\text{ nm}$$

12.28 在宽度 $a=0.6$ mm 的单狭缝后有一薄透镜 L，其焦距 $f=40$ cm。在焦平面处有一个与狭缝平行的屏。以平行光垂直入射，在屏上形成衍射条纹。如果在透镜主光轴与屏的交点 O 和距 O 点 1.4 mm 的 P 点看到的是亮条纹，如图所示。求：

（1）入射光的波长；

（2）P 点条纹的级次；

（3）从 P 点看，对该光波而言，狭缝处的波面可分成的半波带数目；

（4）若 P 点看到的是暗纹，结果如何？

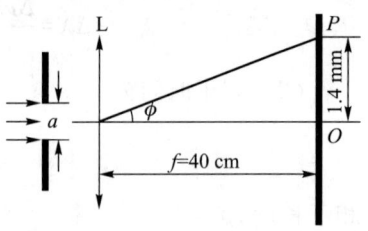

题 12.28 图

解：（1）O 点为亮纹中心位置。在屏幕上的其他位置，当符合

$$a\sin\phi = k\lambda, \quad k = \pm1, \pm2, \pm3, \cdots$$

时，为暗纹位置；当符合

$$a\sin\phi = (2k+1)\frac{\lambda}{2}, \quad k = \pm1, \pm2, \pm3, \cdots$$

时，为次亮纹位置。依题意，P 点符合

$$a\sin\phi = (2k+1)\frac{\lambda}{2}$$

但

$$\sin\phi = \frac{|OP|}{f}$$

所以

$$\lambda = \frac{2a|OP|}{(2k+1)f} = \frac{2\times0.6\times10^{-3}\times1.4\times10^{-3}}{(2k+1)\times0.4}\text{ m} = \frac{4.2\times10^{-6}}{2k+1}\text{ m}$$

在可见光范围内，只有 $k=3$，$\lambda_3=600$ nm 和 $k=4$，$\lambda_4=467$ nm 符合上式。所以，入射光的波长可能是 600 nm，也可能是 467 nm。

（2）对于 $\lambda_3=600$ nm 的光，为第 3 级明条纹；对于 $\lambda_4=467$ nm 的光，为第 4 级明条纹。

（3）对于 $\lambda_3=600$ nm 的光，为 7 个半波带；对于 $\lambda_4=467$ nm 的光，为 9 个半波带。

（4）由暗纹公式得

$$\lambda = \frac{a|OP|}{kf} = \frac{0.6\times10^{-3}\times1.4\times10^{-3}}{0.4k}\text{ m} = \frac{2.1\times10^{-6}}{k}\text{ m}$$

在可见光范围内解得

$$\lambda_1 = 700 \text{ nm}（对应 k=3）$$
$$\lambda_2 = 525 \text{ nm}（对应 k=4）$$
$$\lambda_3 = 420 \text{ nm}（对应 k=5）$$

即是说，入射光可能是上述三种波长中的某一种。

12.29 一双缝，缝距 $d=0.4$ mm，两缝宽度都是 $a=0.080$ mm，用波长 $\lambda=480$ nm 的单色平行光垂直照射双缝，在双缝后放一焦距 $f=1.0$ m 的凸透镜，求：

（1）在透镜焦平面处的屏上，双缝干涉条纹的间距 Δx；

（2）在单缝衍射中央亮纹范围内的双缝干涉亮纹的数目。

解：（1）由双缝干涉亮纹公式有

$$d\sin\phi = d\frac{x}{f} = k\lambda$$

干涉条纹间距为

$$\Delta x = \frac{f}{d}\lambda = \frac{1\times 480\times 10^{-9}}{0.4\times 10^{-3}} \text{ m} = 1.2\times 10^{-3} \text{ m} = 1.2 \text{ mm}$$

（2）依题意知

$$d = 5a$$

单缝衍射暗纹位置满足

$$a\sin\phi = k\lambda$$

即 $d\sin\phi = 5\lambda$ 为单缝衍射第一级暗纹位置，但却是双缝干涉第 5 级亮纹的位置，所以在单缝衍射中央亮纹范围内的双缝干涉亮纹的级次为 $k=0, \pm 1, \pm 2, \pm 3, \pm 4$，共计 9 条亮纹。

12.30 已知天空中某两颗星的角距离为 4.84×10^{-6} rad，由它们发出的光波可按波长 $\lambda=500$ nm 计算。问望远镜物镜的直径至少要多大，才能分辨这两颗星？

解：由最小分辨角公式：

$$\delta\phi = 1.22\times \frac{\lambda}{D}$$

可知物镜直径为

$$D = 1.22\times \frac{\lambda}{\delta\phi} = 1.22\times \frac{500\times 10^{-9}}{4.84\times 10^{-6}} \text{ m} = 0.126 \text{ m} = 12.6 \text{ cm}$$

12.31 一光栅宽 2.0 cm，共有 6 000 条缝，今用钠黄光（$\lambda=589.3$ nm）垂直入射，问在哪些衍射角位置上出现主极大？

解：光栅常量为

$$d = \frac{2\times 10^{-2}}{6\,000} \text{ m} = 3.3\times 10^{-6} \text{ m}$$

光栅公式为

$$d\sin\phi = k\lambda, \quad k=0, \pm 1, \pm 2, \cdots$$

衍射角为

$$\phi = \arcsin\frac{k\lambda}{d} = \arcsin\frac{589.3\times10^{-9}k}{3.3\times10^{-6}}$$

解得对应主极大的衍射角 ϕ 为 0，±10.3°，±20.9°，±32.4°，±45.6°，±63.2°。

12.32 一每厘米有 6 000 条刻线的光栅，用钠黄光（$\lambda = 589$ nm）以 30°角斜入射，求各级光谱线的衍射角。最多能看到第几级光谱线？

解： 由斜入射光栅公式有

$$d(\sin\theta+\sin\phi) = k\lambda, \quad k = 0, \pm1, \pm2, \cdots$$

衍射角为

$$\phi = \arcsin\left(\frac{k\lambda}{d}-\sin\theta\right) = \arcsin\left(\frac{k\lambda}{d}-\sin 30°\right) = \arcsin\left[\frac{589\times10^{-9}k}{0.01/6\ 000}-0.5\right]$$

解得

$$k = 0, \phi_0 = -30°; \quad k = 1, \phi_1 = -8.4°; \quad k = 2, \phi_2 = 11.9°;$$
$$k = 3, \phi_3 = 34.1°; \quad k = 4, \phi_4 = 66.0°; \quad k = -1, \phi_{-1} = 58.6°$$

最多能看到第四级光谱线。

12.33 用钠黄光（$\lambda = 589$ nm）垂直照射到某光栅上，测得其第三级光谱线的衍射角为 $10°11'$。

（1）若换用另一单色光垂直照射此光栅，测得其第二级光谱线的衍射角为 $6°12'$，求此单色光的波长；

（2）若用白光（$\lambda = 400\sim760$ nm）垂直照射此光栅，问其第二级光谱的张角为多大？

解：（1）由光栅公式有

$$d\sin\phi_3 = 3\lambda_1 \text{ 和 } d\sin\phi_2 = 2\lambda_2$$

故

$$\lambda_2 = \frac{3\lambda_1\sin\phi_2}{2\sin\phi_3} = \frac{3\times589\times\sin 6°12'}{2\times\sin 10°11'}\text{ nm} = 540\text{ nm}$$

（2）白光波长范围为 400~760 nm，所以

$$d\sin\phi_1 = k\lambda_1$$
$$d\sin\phi_2 = k\lambda_2$$

式中，$k = 2$，$\lambda_1 = 400$ nm，$\lambda_2 = 760$ nm。光栅常量 d 可由（1）问求得：

$$d = \frac{3\times589\times10^{-9}}{\sin 10°11'}\text{ m} = 10.0\times10^{-6}\text{ m}$$

$$\Delta\phi = \phi_2 - \phi_1 = \arcsin\left(\frac{2\lambda_2}{d}\right) - \arcsin\left(\frac{2\lambda_1}{d}\right)$$
$$= \arcsin\left(\frac{2\times760\times10^{-9}}{10.0\times10^{-6}}\right) - \arcsin\left(\frac{2\times400\times10^{-9}}{10.0\times10^{-6}}\right)$$
$$= 8.7° - 4.6° = 4.1°$$

12.34 波长为 600 nm 的单色光垂直入射到一光栅上。第二、第三级明条纹分别出现在 $\sin\phi_2 = 0.20$ 和 $\sin\phi_3 = 0.30$ 处，第四级缺级。试求：

(1) 光栅常量；

(2) 光栅上狭缝宽度；

(3) 屏上实际可以呈现的全部级数。

解：（1）由 $d\sin\phi = k\lambda$，$k = 0$，± 1，± 2，… 知，光栅常量为

$$d = \frac{k\lambda}{\sin\phi} = \frac{2 \times 600 \times 10^{-9}}{0.2} \text{ m} = 6 \times 10^{-6} \text{ m}$$

（2）因为第 4 级缺级，可知 $a + b = 4a$，即狭缝宽度为

$$a = \frac{a+b}{4} = \frac{d}{4} = 1.5 \times 10^{-6} \text{ m}$$

（若 $a = \frac{3}{4}d = 4.5 \times 10^{-6}$ m，也符合题意。）

（3）由 $d\sin\phi = k\lambda$ 及 $\sin\phi \leq 1$ 可得

$$k_m = \frac{d}{\lambda} = 10$$

所以，k 的取值为 $k = 0$，± 1，± 2，…，± 9。但由于 $k = \pm 4$，± 8 缺级，实际可以呈现的全部条纹数只有 15 条。

12.35 将氦放电管发出的光垂直照射到某光栅上，设此光栅最多能看到第五级光谱线。今测得波长 $\lambda_1 = 668$ nm 的光谱线的衍射角为 $\phi = 20°$，如果在同一种 ϕ 角下出现更高级次的波长 $\lambda_2 = 447$ nm 的光谱线，问光栅常量应为多少？

解：由光栅公式有

$$d\sin\phi_1 = k_1\lambda_1$$
$$d\sin\phi_2 = k_2\lambda_2$$

即

$$\frac{k_2}{k_1} = \frac{\lambda_1}{\lambda_2} = \frac{668}{447} \approx \frac{3}{2} = \frac{6}{4}$$

依题意可知 $k_2 = 3$，$k_1 = 2$，所以光栅常量为

$$d = \frac{k_1\lambda_1}{\sin\phi} = \frac{2 \times 668 \times 10^{-9}}{\sin 20°} \text{ m} = 3.9 \times 10^{-6} \text{ m}$$

12.36 以波长为 0.11 nm 的 X 射线照射某晶面，在掠射角为 $11°15'$ 时获得第一级极大反射光，问：

（1）晶面间距是多大？

（2）又以一束待测 X 射线照射晶面，测得第一级极大反射光相应的掠射角为 $17°30'$，问待测 X 射线的波长是多大？

解：（1）由布拉格公式

$$2d\sin\theta = k\lambda$$

依题意，晶面间距为

$$d = \frac{\lambda}{2\sin\theta} = \frac{0.11}{2 \times \sin 11°15'} \text{ nm} = 0.28 \text{ nm}$$

（2）待测 X 射线的波长为
$$\lambda = 2d\sin\theta = 2\times 0.28\times\sin 17°30' \text{ nm} = 0.17 \text{ nm}$$

12.37 沃拉斯顿棱镜由两块石英晶体黏合而成，各自的光轴方向如图所示。试讨论当自然光进入棱镜而后又进入空气中时，光线是如何弯曲行进的？（石英的主折射率 $n_o = 1.544$，$n_e = 1.553$。）

解：如图所示。

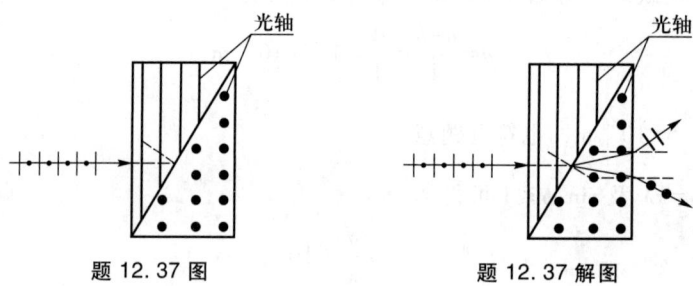

题 12.37 图　　　　　题 12.37 解图

12.38 自然光通过两个偏振化方向成 60° 的偏振片，透射光强为 I_1。今在这两个偏振片之间再插入另一偏振片，它的偏振化方向与前两个偏振片均成 30° 角，则透射光强为多少？

解：设入射自然光光强为 I_0，依题意有
$$I_1 = \frac{1}{2}I_0\cos^2 60°$$
$$I_1' = \frac{1}{2}I_0\cos^2 30°$$
$$I_2' = \left(\frac{1}{2}I_0\cdot\cos^2 30°\right)\cos^2 30° = \frac{I_1\cos^4 30°}{\cos^2 60°} = 2.25 I_1$$

12.39 自然光入射到两个互相重叠的偏振片上。如果透射光强为：
（1）透射光最大强度的 1/3；
（2）入射光强度的 1/3。
那么，这两个偏振片偏振化方向间的夹角各是多少？

解：设入射自然光强度为 I_0，两偏振片的偏振化方向夹角为 θ，依题意有

（1）
$$\frac{1}{3}\times\frac{1}{2}I_0 = \frac{1}{2}I_0\cos^2\theta$$

解得 $\theta = 54.8°$。

（2）
$$\frac{1}{3}I_0 = \frac{1}{2}I_0\cos^2\theta$$

解得 $\theta = 35.3°$。

12.40 要想使用偏振片使出射线偏振光的振动方向垂直于入射线偏光的振动方向，至少需要几块偏振片？应怎样安排才能使出射的光强最大？这最大出射光强与入射光强之比是

多少?

解:至少需要两块偏振片。设第一块偏振片的偏振化方向与入射线偏振光的振动方向之间夹角为 θ,依题意,第二块偏振片的偏振化方向与第一块偏振片的偏振化方向之间夹角为 $\left(\dfrac{\pi}{2}-\theta\right)$。根据马吕斯定律,有

$$I_1 = I\cos^2\theta$$

$$I_2 = I_1\cos^2\left(\dfrac{\pi}{2}-\theta\right) = I\cos^2\theta\cos^2\left(\dfrac{\pi}{2}-\theta\right)$$

$$= I\cos^2\theta\sin^2\theta = \dfrac{1}{4}I\sin^2(2\theta)$$

要想使出射光强最大,需 $\sin^2(2\theta)$ 为最大值。可知 $\theta = 45°$,此时出射光强与入射线偏振光的光强之比为 $1/4$。

12.41 一束光是自然光和线偏振光的混合光(部分偏振光),让它垂直通过一偏振片,若以此入射光束为轴旋转偏振片,测得透射光强度最大值是最小值的 5 倍,求入射光束中自然光与线偏振光的光强比值。

解:设入射自然光的强度为 I_0,线偏振光的强度为 I,则透过偏振片后的最大光强为 $(I_0/2+I)$,最小光强为 $I_0/2$,所以

$$\dfrac{I_0/2+I}{I_0/2} = 5$$

即

$$\dfrac{I_0}{I} = \dfrac{1}{2}$$

12.42 在两块平行放置的正交偏振片 P_1、P_3 之间,平行放置另一块偏振片 P_2。光强为 I_0 的自然光垂直 P_1 入射。$t=0$ 时,P_2 的偏振化方向与 P_1 的偏振化方向平行,然后 P_2 以恒定的角速率 ω 以光传播方向为轴旋转。证明自然光通过这一系统后出射光的光强为 $I = \dfrac{I_0}{16}(1-\cos 4\omega t)$。

证明:设某时刻 t,P_2 与 P_1 的偏振化方向之间的夹角为 ωt,则 P_3 与 P_2 的偏振化方向之间的夹角为 $\left(\dfrac{\pi}{2}-\omega t\right)$,出射的光强为

$$I = \dfrac{I_0}{2}\cos^2\omega t\cos^2\left(\dfrac{\pi}{2}-\omega t\right) = \dfrac{I_0}{2}\cos^2\omega t\sin^2\omega t$$

$$= \dfrac{I_0}{16}(1-\cos 4\omega t)$$

12.43 水的折射率为 1.33,玻璃的折射率为 1.50。光先由水中射向玻璃而反射时,起偏振角为多少?当光由玻璃射向水中而反射时,起偏振角又为多少?这两个起偏振角的数值间是什么关系?

解：光由水中射向玻璃时，$\tan i_B = \dfrac{n_2}{n_1}$，故

$$i_B = \arctan\left(\dfrac{n_2}{n_1}\right) = \arctan\left(\dfrac{1.50}{1.33}\right) = 48.4°$$

光由玻璃射向水中时，$\tan i_B = \dfrac{n_1}{n_2}$，故

$$i_B = \arctan\left(\dfrac{n_1}{n_2}\right) = \arctan\left(\dfrac{1.33}{1.50}\right) = 41.6°$$

这两个起偏振角互为余角。

12.44 光在某两种介质界面上的临界角是45°，它在界面同一侧的起偏振角是多少？

解：由折射定律 $\dfrac{\sin i}{\sin \gamma} = \dfrac{n_2}{n_1}$，由题意知

$$\sin \gamma = 1, \quad \sin i = \dfrac{n_2}{n_1} = \dfrac{\sqrt{2}}{2}$$

所以，起偏振角为

$$i_B = \arctan \dfrac{n_2}{n_1} = \arctan \dfrac{\sqrt{2}}{2} = 35.3°$$

12.45 根据布儒斯特定律可以测定不透明介质的折射率。今测得某电介质在空气中的起偏振角 $i_B = 58°$，试求它的折射率。

解：空气的折射率 $n = 1$，所以

$$\tan i_B = \dfrac{n_2}{n_1} = n_2 = \tan 58° = 1.60$$

12.46 如图所示，自然光从空气中以布儒斯特角入射到水面上，水的折射率为1.33，折射光再入射到水中的一块玻璃上，玻璃的折射率为1.50。若从玻璃表面反射的光也是线偏振光，求玻璃表面与水面的夹角。

解：如图所示，根据布儒斯特定律可得

$$\tan i_B = 1.33$$

$$\tan\left(\dfrac{\pi}{2} - i_B + \theta\right) = \dfrac{1.50}{1.33}$$

解得 $\theta = 11.5°$。

如果玻璃板在水中向另一侧倾斜，可得 θ 角的另一结果，约为85.4°。

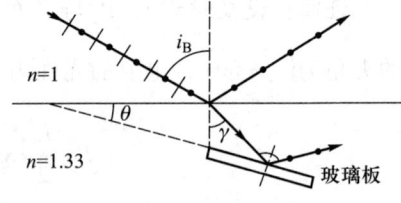

题 12.46 图

12.47 如图所示，在两个偏振化方向正交的偏振片之间放置一厚度 $d = 0.045$ mm 的晶片，其折射率 $n_e = 1.55$，$n_o = 1.54$。晶片是沿光轴方向切出的，放置晶片时使其光轴与第一个偏振片的偏振化方向成 $\phi = 30°$角。波长 $\lambda = 600$ nm、光强为 I_0 的自然光垂直照射到该系统上，

求通过这一系统的光强。

解：自然光透过偏振片 P_1 后，成为光强为 $\dfrac{I_0}{2}$ 的线偏振光。在晶片中分成 o 光和 e 光，透过晶片后成为椭圆偏振光，通过偏振片 P_2 将产生干涉。合振幅满足

$$A_2^2 = A_{2o}^2 + A_{2e}^2 + 2A_{2o}A_{2e}\cos\Delta\phi$$

式中

$$\Delta\phi = \frac{2\pi}{\lambda}\left[(n_e - n_o)d + \frac{\lambda}{2}\right] = \frac{5}{2}\pi$$

$$A_{2o} = A_{2e} = A_1 \sin 30°\cos 30°$$

所以光强为

$$I = \frac{I_0}{2}\cdot 2\sin^2 30°\cos^2 30° = \frac{3}{16}I_0 \approx 0.19 I_0$$

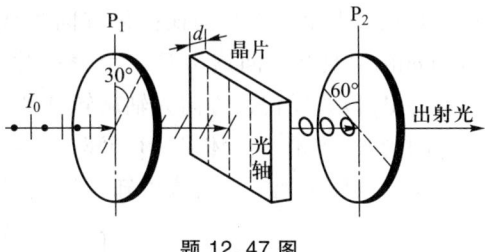

题 12.47 图

12.48 如图所示，在两个偏振化方向相互正交的偏振片之间插入一块 1/4 波片。强度为 I_0 的单色自然光垂直入射到第一个偏振片上。

（1）若 1/4 波片的光轴与偏振片的偏振化方向成 45°角，求透射光强度；

（2）若波片的光轴平行于某一偏振片的偏振化方向，则透射光强度是多大？

解：（1）如图所示，透过第二个偏振片 P_2 的光的振幅为

$$A_2 = \sqrt{A_{2e}^2 + A_{2o}^2 + 2A_{2e}A_{2o}\cos\Delta\phi}$$

式中

$$A_{2e} = A_{2o} = A_1 \cos 45°\sin 45°$$

$$\Delta\phi = 2\pi\dfrac{\dfrac{\lambda}{4}+\dfrac{\lambda}{2}}{\lambda} = \frac{3}{2}\pi$$

所以

$$A_2 = \sqrt{2}A_1\cos 45°\sin 45° = \frac{\sqrt{2}}{2}A_1$$

因光强与振幅的二次方成比例，所以透射光强度为

$$I = \frac{1}{2}I_1 = \frac{1}{4}I_0$$

（2）在此情况下，透射光强为零。

12.49 如图所示，厚度为 0.025 mm 的方解石晶片，其表面平行于光轴，放在两个正交偏振片之

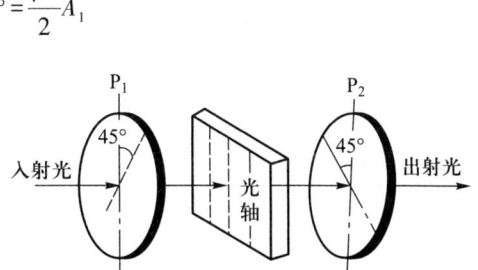

题 12.49 图

间，光轴与两个偏振片的偏振化方向各成 45°角。如果射入第一个偏振片的光是波长为 400～760 nm 的可见光，问透出第二个偏振片的光少了哪些波长的光？在其他条件不变的情况下，只是将 P_2 以光线传播方向为轴旋转 90°，使其偏振化方向与 P_1 平行，此时出射光中少了哪些波长的光？（方解石晶体 $n_o = 1.658$，$n_e = 1.486$。）

解：由偏振光干涉公式可知，透过偏振片 P_2 的出射光的干涉条件为

$$(n_o - n_e)d + \frac{\lambda}{2} = \begin{cases} k\lambda, & k = 1, 2, 3, \cdots, \text{干涉加强} \\ (2k+1)\frac{\lambda}{2}, & k = 1, 2, 3, \cdots, \text{干涉减弱} \end{cases}$$

利用干涉减弱公式，即

$$(n_o - n_e)d = k\lambda, \quad k = 1, 2, 3, \cdots$$

得

$$\lambda = \frac{(n_o - n_e)d}{k} = \frac{(1.658 - 1.486) \times 0.025 \times 10^6}{k} \text{ nm} = \frac{0.043 \times 10^5}{k} \text{ nm}$$

所以在 400～760 nm 范围，少了波长为 717 nm、614 nm、538 nm、478 nm 和 430 nm 的光。

第二种情况干涉条件为

$$(n_o - n_e)d = \begin{cases} k\lambda, & k = 1, 2, 3, \cdots, \text{干涉加强} \\ (2k+1)\frac{\lambda}{2}, & k = 1, 2, 3, \cdots, \text{干涉减弱} \end{cases}$$

经计算可得，少了波长为 662 nm、573 nm、506 nm、453 nm 和 410 nm 的光。

12.50 如图所示，一劈尖形石英晶片，劈尖角 $\beta = 0.5°$，置于两正交的偏振片 P_1、P_2 之间，晶片的光轴平行于劈棱，且与 P_1、P_2 的偏振化方向均成 45°角。现以汞的 404.7 nm 的紫色平行光正入射，形成一些平行于晶片棱边的明暗条纹。

（1）求相邻暗纹的间距；

（2）若将 P_2 的偏振化方向旋转 90°，干涉图样有何变化？（对于波长为 404.7 nm 的紫光，石英晶体 $n_o = 1.5572$，$n_e = 1.5667$。）

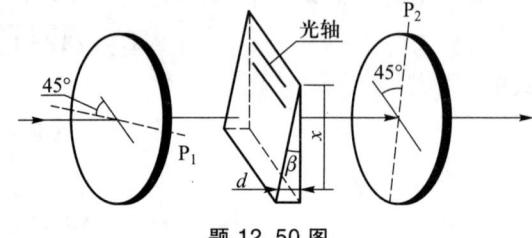

题 12.50 图

解：（1）如图所示，设距劈棱为 x 处石英晶体的厚度为 d，通过此处晶片的 o 光、e 光产生的光程差为 $(n_e - n_o)d = (n_e - n_o)x\beta$，再透过偏振片 P_2 后，总光程差为 $(n_e - n_o)x\beta + \frac{\lambda}{2}$。因干涉而形成暗纹的条件为

$$(n_e - n_o)x\beta + \frac{\lambda}{2} = (2k+1)\frac{\lambda}{2}$$

相邻条纹间距为

$$\Delta x = \frac{\lambda}{(n_e - n_o)\beta}$$

$$= \frac{404.7 \times 10^{-9} \text{ m}}{(1.5667 - 1.5572) \times 0.5° \times 3.14/180°}$$
$$= 4.88 \times 10^{-3} \text{ m} = 4.88 \text{ mm}$$

（2）将 P_2 的偏振化方向旋转90°，透过 P_2 的相干光束无附加光程差 $\frac{\lambda}{2}$，所以干涉图样的明、暗纹位置互换，即原来的明条纹处将变为暗纹。

12.51 如图所示，一种测定超声波在透明液体中传播速度的方法是使超声波在液体中形成驻波，因而在液体中形成一定间隔的疏部和密部，这样的液体就和平面透射光栅一样可以产生光的衍射现象，因此称为超声光栅。实验简图如图所示，其中 T 为盛液体的容器，E 为置于透镜 L 焦平面上的屏。超声波发生器产生频率为 ν 的超声波在液体中传播。设入射光波长为 λ，在屏上测得两相邻明条纹间的距离为 Δx。证明超声波在此液体中的传播速度为 $u = \frac{f\lambda}{\Delta x}\nu$。

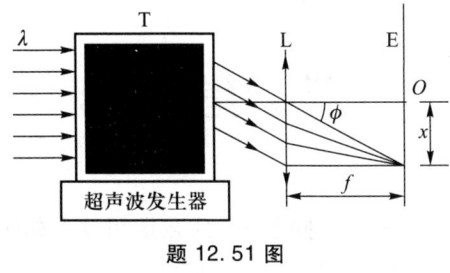

题 12.51 图

证明：由光栅公式可得，在屏 E 上相邻明条纹间距为

$$\Delta x = \frac{f\lambda}{a+b}$$

式中，$a+b$ 为光栅常量。对于超声光栅，此光栅常量等于相邻两波节或相邻两波腹之间距离的 2 倍，即等于超声波的波长 λ'。于是，超声波的传播速度为

$$u = \nu\lambda' = \frac{f\lambda}{\Delta x}\nu$$

第六篇 近代物理学

一、学习指导

相对论问题 1 什么是相对论和狭义相对论

简单地说，相对论就是关于相对运动的理论。"相对运动"的思想可以追溯到公元前 300 多年的时候，著名的希腊哲学家**亚里士多德**提出的"地心说"，认为地球是宇宙的中心，其他星体绕地球运动。公元前 100 多年的时候，**托勒密**进一步改进和完善了地心说。一千多年之后，**哥白尼**（1473—1543）提出了"日心说"，宇宙间万物以太阳为中心而运动，物体都相对于太阳运动。

伽利略（1564—1642）的相对性原理：一切惯性系都是等价的。所以地心说和日心说实际上是等价的。根据伽利略相对性原理，牛顿第二定律在不同的惯性系中形式相同，时间和空间都是绝对的。

麦克斯韦电磁理论与光速：

真空中的光速是常量。根据伽利略相对性原理，这是不可能的，于是矛盾出现了。实验观测发现，在任何条件下真空中的光速都是常量。伽利略的坐标变换似乎应该作出修改。

爱因斯坦的假设：

两个惯性系依然等价，但是联系两个惯性系的坐标变换应该满足光速不变性。牛顿第二定律的形式应该改变。这样的理论就是狭义相对论。

相对论问题 2 狭义相对论原理和洛伦兹变换

狭义相对论的两个基本原理：

（1）相对性原理，所有的惯性系等价，物理规律在所有惯性系中有相同的形式；（2）光速不变原理，真空中的光速是常量，与光源和观察者的运动无关。

洛伦兹变换：

根据相对论的两个基本原理，可以得到坐标变换：

$$x' = \gamma(x - vt)$$
$$y' = y$$
$$z' = z$$

$$t' = \gamma\left(t - \frac{v}{c^2}x\right) \tag{6.1}$$

式中，因子 $\gamma = 1/\sqrt{1-v^2/c^2}$。关于洛伦兹坐标变换，这里提出以下几点：(1) 时间坐标和空间坐标联合在一起变换，体现了时空的统一，时空不再绝对；(2) 当两个参考系的相对速度 v 远远小于光速 c 时，洛伦兹变换退化到伽利略变换；(3) 如果要求两个参考系中的坐标都是实数，那么应该有 $v<c$，即参考系的速度要小于真空中的光速。由于参考系可以建立在物体上，所以物体的速度应该小于真空中的光速。信号的速度不会大于真空中的光速，可以保证因果律成立。

速度变换：

从洛伦兹坐标变换出发，可以直接得到速度变换：

$$\begin{aligned} u_x' &= \frac{dx'}{dt'} = \frac{u_x - v}{1 - u_x v/c^2}, & u_x &= \frac{dx}{dt} \\ u_y' &= \frac{dy'}{dt'} = \frac{u_y}{\gamma(1 - u_x v/c^2)}, & u_y &= \frac{dy}{dt} \\ u_z' &= \frac{dz'}{dt'} = \frac{u_z}{\gamma(1 - u_x v/c^2)}, & u_z &= \frac{dz}{dt} \end{aligned} \tag{6.2}$$

速度的变换形式上比较复杂，似乎也看不出什么明显的规律。不过也有一个特点，那就是垂直于相对运动方向的速度 $u_{y,z}$ 的变换会与相对运动方向的速度 u_x 有关。这样的速度变换会保持光速不变。在非相对论近似下，爱因斯坦的相对论速度变换回到伽利略的速度变换。

能量和动量变换：

通过速度变换，可以进一步得到相对论动量和能量的变换。

$$\begin{aligned} p_x' &= \gamma(p_x - vE/c^2) \\ p_y' &= p_y \\ p_z' &= p_z \\ E' &= \gamma(E - vp_x) \end{aligned} \tag{6.3}$$

我们看到，动量和能量联合在一起变换，形式类似于时空坐标的变换，这正是时空统一的一种反映或者要求。在由速度变换得到动量能量变换时，以下关系式是非常有用的：

$$\frac{1}{\sqrt{1-\frac{u'^2}{c^2}}} = \frac{1-u_x v/c^2}{\sqrt{1-\frac{u^2}{c^2}}\sqrt{1-\frac{v^2}{c^2}}} \tag{6.4}$$

式中，$u^2 = u_x^2 + u_y^2 + u_z^2$，$u'^2 = u_x'^2 + u_y'^2 + u_z'^2$。

相对论问题 3　相对论的时空特性

洛伦兹变换决定了狭义相对论的时空观或者时空特性：(1) 时间与空间处于同等的地位，**时空统一，时空联合变换**；(2) 没有统一的时间，因此同时性不再是绝对的，**同时是相对的**；(3) **时间膨胀**，$\Delta t = \gamma \tau$；(4) **长度收缩**，在运动方向上 $l = l_0/\gamma$。这里 τ 和 l_0 分别是固有时间和固有长度（或者静止时间、静止长度），是相对于静止的钟或者静止的物体所观察到的时间和长度。时间和长度都会发生变化，因而不再是绝对的。

长度的定义：

相对论中必须注意长度的定义。对于一个运动的物体怎么知道其长度呢？必须用一个足够长的尺子，同时记下物体两端在尺子上的刻度。例如，当 $\Delta t = t_2 - t_1 = 0$ 时，$\Delta x = x_2 - x_1$ 才是长度；反过来，当 $\Delta t' = t_2' - t_1' = 0$ 时，$\Delta x' = x_2' - x_1'$ 才是长度。

相对论问题 4　相对论力学

牛顿第二定律的一般形式和相对论的动量、质量为

$$F = \frac{d\boldsymbol{p}}{dt}, \quad \boldsymbol{p} = m\boldsymbol{v}, \quad m = \frac{m_0}{\sqrt{1 - v^2/c^2}} \tag{6.5}$$

一个质点的相对论能量、动能和静止能量依次为

$$E = mc^2, \quad E_k = E - m_0 c^2, \quad E_0 = m_0 c^2 \tag{6.6}$$

能量与动量的关系为

$$E^2 = p^2 c^2 + m_0^2 c^2 \tag{6.7}$$

对于真空中的光信号 $m_0 = 0$，$E = pc$。

相对论问题 5　质能关系及其应用

质量亏损和结合能：

根据相对论的质量与能量的关系 $E = mc^2$，$E_0 = m_0 c^2$，质量与能量紧密联系在一起，质量的变化意味着能量的变化，能量的变化也意味着质量的变化。如果两个或多个物体结合在一起，质量发生了减少（称为质量亏损），对应的能量就是结合能：

$$\begin{aligned} \Delta m &= m_{ABC\cdots} - (m_A + m_B + m_C + \cdots) \\ \Delta E &= \Delta m c^2 \end{aligned} \tag{6.8}$$

氢原子的结合能：

电子和质子结合在一起形成氢原子，过程方程如下：

$$e^- + p \rightarrow {}_1^1 H + \Delta E \tag{6.9}$$

各粒子质量如下：

$$\begin{aligned} m_e &= 0.000\,910\,938\,291 \times 10^{-27} \text{ kg} \\ m_p &= 1.672\,621\,777 \times 10^{-27} \text{ kg} \\ m_H &= 1.673\,532\,691 \times 10^{-27} \text{ kg} \end{aligned} \tag{6.10}$$

质量亏损和结合能如下：

$$\begin{aligned} \Delta m &= m_e + m_p - m_H = 2.421\,5 \times 10^{-35} \text{ kg} \\ \Delta E &= \Delta m c^2 = 13.6 \text{ eV} \end{aligned} \tag{6.11}$$

结合能与实验所得结果一致。这里真空的光速取为实验值 $c = 2.997\,924\,58 \times 10^8 \text{ m} \cdot \text{s}^{-1}$。

氦原子的结合能：

氦原子原子核外边有两个电子，将第一个电子电离需要能量 24.587 387 512 eV，再将第二个电

子电离需要的能量是 54.417 762 17 eV。二者之和就是氦原子的总电离能或者结合能。用原子单位表示，各个粒子的质量为

$$m_e = 0.000\ 548\ 579\ 909\ \text{u}$$
$$m_{He} = 4.002\ 603\ 254\ 15\ \text{u}$$
$$m_\alpha = 4.001\ 506\ 179\ 12\ \text{u} \tag{6.12}$$
$$1\text{u} = 1.660\ 538\ 921 \times 10^{-27}\ \text{kg}$$
$$1\ \text{u}c^2 = 931.494\ 061\ \text{MeV}$$

两个电子与一个 α 粒子结合成氦原子，质量亏损和结合能如下：

$$\Delta m = 2m_e + m_\alpha - m_{He} = 8.478 \times 10^{-8}\ \text{u}$$
$$\Delta E = \Delta mc^2 = 78.97\ \text{eV} \tag{6.13}$$

与实验定出的结合能一致。

氢原子和氦原子的结合能证实了质能关系的正确性。狭义相对论不仅可以应用于核反应和粒子碰撞等高能过程，也可以正确描述化学反应等低能过程。

量子问题 1 热辐射现象与描述

热辐射：

自然界中的物体只要热力学温度不是零，就会向外发射电磁波，这种现象称为热辐射。描述物体辐射电磁波能力的是辐出度，包括**单色辐出度和总辐出度**。

反射和吸收：

当光波或者电磁波入射到一个物体上的时候，光波或者电磁波可以被反射，也可以被吸收，用**反射系数和吸收系数**描述相应过程。反射系数和吸收系数之和是 1。用反射系数或者吸收系数，可以将物体分为白体、灰体和黑体。另外还有一种物体叫作选择性吸收体，只吸收某种波长的光波或者电磁波。

基尔霍夫辐射定律：

相同温度条件下，任何物体的单色辐出度与吸收系数的比值都相同，都等于黑体的单色辐出度，即

$$\frac{e_1(\lambda, T)}{a_1(\lambda, T)} = \frac{e_2(\lambda, T)}{a_2(\lambda, T)} = \cdots = e_0(\lambda, T) \tag{6.14}$$

这里 $e_i(\lambda, T)$ 和 $a_i(\lambda, T)$ 分别是某一物体的单色辐出度和吸收系数，$e_0(\lambda, T)$ 代表黑体的单色辐出度，只是波长和温度的函数。

量子问题 2 光的波粒二象性

普朗克的能量子假说：

1900 年普朗克为了解释黑体辐射的规律提出了能量子的概念。普朗克将原子设想为一个频率为 ν 的谐振子，发出的光波的能量是不连续的，是最小能量单位 $\varepsilon_0 = h\nu$ 的整数倍，这一特性就像电荷的量子化一样。对于光波，能量的最小单位因此是 $\varepsilon = h\nu$，其中 $h = 6.626 \times 10^{-34}$ J·s，ν 是光波的频率。黑体辐射有以下两个实验定律或特性：

$$\lambda_m T = b, \quad e(T) = \sigma T^4 \tag{6.15}$$

分别称为维恩位移定律和斯特藩-玻耳兹曼定律。式中，T 是黑体的热力学温度，λ_m 是黑体辐出度的最大值所对应的波长，$e(T)$ 是总辐出度。两个常量分别为 $b = 2.898 \times 10^{-3}$ m·K，$\sigma = 5.670 \times 10^{-8}$ W·m^{-2}·K^{-4}。

爱因斯坦的波粒二象性：

经典的电磁波理论和光波理论确立了光的波动性。1905 年爱因斯坦提出了光子的思想，解释了光电效应的实验规律。因而光既具有波动性，又具有粒子性，称为波粒二象性。波粒二象性关系为

$$\varepsilon = h\nu, \quad p = h/\lambda \tag{6.16}$$

解释光电效应的爱因斯坦方程是

$$h\nu = h\nu_0 + \frac{1}{2}mv^2 \tag{6.17}$$

以上方程三项的意义分别是入射光子的能量、逸出功（脱出功）和出射电子的最大动能。ν_0 叫作截止频率或者红限频率，相应的波长叫作红限波长。由于电子的动能必须大于等于零，所以入射光的频率必须大于等于截止频率，才可以有光电子出来。令 $\frac{1}{2}mv^2 = eU_a$，U_a 叫作遏止电压。

康普顿实验证实光的粒子性：

1925 年康普顿散射用实验证实了光子的真实性。康普顿散射就是光与电子的散射，将光描述为光子，将光与电子的散射当作光子与电子的碰撞，很好地解释了康普顿效应。计算过程要利用动量守恒和能量守恒，证明这两个守恒定律在微观世界也是成立的。如果电子初始是静止的，那么碰撞后光的波长改变为

$$\Delta\lambda = \lambda' - \lambda = 2\frac{h}{m_e c}\sin^2\frac{\theta}{2} \tag{6.18}$$

式中，$h/(m_e c) = 0.002\ 43$ nm。波长的改变极小，用可见光做康普顿散射实验不具有观测效应。只有短波长的光才可以观测到康普顿散射结果。康普顿散射中反冲电子获得的能量等于光子能量的损失：

$$\Delta E = \frac{hc}{\lambda} - \frac{hc}{\lambda'} = \frac{hc}{\lambda} - \frac{hc}{\lambda + \Delta\lambda} \approx \frac{hc}{\lambda}\frac{\Delta\lambda}{\lambda + \Delta\lambda} \tag{6.19}$$

这一结果可由能量守恒定律直接得出。

量子问题 3　物质的波粒二象性

德布罗意的物质波：

1924 年德布罗意将爱因斯坦的波粒二象性思想应用到了任意物质，认为所有物质都具有波粒二象性，满足关系

$$\varepsilon = h\nu, \quad p = h/\lambda \tag{6.20}$$

相应的波叫作**物质波**或者**德布罗意波**，描述物质波的函数称为**波函数**。物质波的波长由动量确定：

$$\lambda = h/p \tag{6.21}$$

知道了动量就可以确定波长。

海森伯不确定关系：

有了波粒二象性之后，坐标和动量的不确定度之间满足**海森伯不确定关系**：

$$\Delta x \cdot \Delta p_x \geq \hbar/2, \quad \Delta y \cdot \Delta p_y \geq \hbar/2, \quad \Delta z \cdot \Delta p_z \geq \hbar/2 \tag{6.22}$$

在单缝衍射实验中，缝宽变小，条纹间距增大，同一级别的条纹衍射角增大就是不确定关系的反映。时间和能量之间也有类似的关系：

$$t \cdot \Delta E \geq \hbar/2 \tag{6.23}$$

对于一个量子体系，处于基态的寿命是无限大，因此基态能级宽度趋于零。当系统处于激发态时，寿命是有限的，造成能级有一定宽度，谱线因此也有一定宽度，一般不是单色的。

量子问题4　波函数的性质和满足的方程

物质波的波函数具有什么意义呢？玻恩认为物质波的波函数代表概率，波函数绝对值的二次方是概率密度（归一化后），$\rho = |\psi|^2$，粒子出现在区域 $\mathrm{d}V$ 的概率是 $|\psi|^2 \mathrm{d}V$。一个粒子在全空间出现的概率是1，有

$$\int_\infty |\psi|^2 \mathrm{d}V = 1 \tag{6.24}$$

这一条件称为波函数的归一化条件。为了使波函数能够描述概率，波函数要满足标准条件：单值、有限、连续。波函数满足薛定谔方程：

$$H\psi = \mathrm{i}\hbar \frac{\partial \psi}{\partial t}, \quad H = \frac{p^2}{2m} + V \tag{6.25}$$

在量子力学中，物理量不再是普通的经典数，而是算符，物理量的可能值是算符的本征值。在坐标空间，坐标算符就是坐标自己，动量算符是

$$p_x \to -\mathrm{i}\hbar \frac{\partial}{\partial x}, \quad p_y \to -\mathrm{i}\hbar \frac{\partial}{\partial y}, \quad p_z \to -\mathrm{i}\hbar \frac{\partial}{\partial z} \tag{6.26}$$

薛定谔方程一般情况下是偏微分方程。如果哈密顿不含时间，波函数可以一般地写成

$$\psi(x, t) = \psi(x)\exp(-\mathrm{i}Et/\hbar), \quad H\psi = E\psi \tag{6.27}$$

这样的波函数叫作定态波函数。第二个式子叫作定态薛定谔方程，也是哈密顿量的本征值方程，本征值就是能量的可能值。对于一维无限深势阱，能量的本征值（或者可能值）以及定态波函数是

$$E_n = \frac{n^2 \pi^2 \hbar^2}{2m}, \quad n = 1, 2, 3, \cdots$$

$$\psi_n(x) = \sqrt{\frac{2}{a}} \sin \frac{n\pi x}{a} \tag{6.28}$$

整数 n 叫作体系的量子数。量子数的出现是量子系统的特点。在量子力学中，很多物理量的取值不再连续，因而在取值中会出现不连续的数值。谐振子的能量可能值为

$$E_n = (n + 1/2)\hbar\omega, \quad n = 0, 1, 2, \cdots \tag{6.29}$$

能量不连续，就像阶梯一样，称为能级。

量子问题 5 氢原子的能级和量子数

一个电子围绕质子运动形成氢原子，电子和质子之间有库仑势能。完整的量子力学是在 1925—1926 年形成的，而在 1900 年人们已经逐渐有了量子的思想。在量子思想的出现到量子论的成熟，经历了近 25 年的时间。在这期间，玻尔用量子思想结合牛顿力学成功描述了氢原子的光谱，这一理论称为旧量子论。玻尔理论假设电子只能处于特定轨道运动，不同轨道之间的跃迁放出光子。

1911 年原子核的发现：

1911 年卢瑟福根据 α 粒子的散射实验结果，提出了原子的核式结构模型。在用 α 粒子轰击原子时，发现有大角散射现象，说明原子内有非常坚硬的地方，卢瑟福称之为原子核。

玻尔的旧量子论：

主要解决氢原子问题。一个电子在原子核外运动，用经典力学的牛顿定律描述。为了得到光谱的实验结果，强行让原子在特定的轨道上运动。每一轨道有特定的能量，不同轨道之间的跃迁给出发射光子的能量。

描述氢原子的四个量子数：

在标准量子力学中，用能量、角动量、角动量的一个分量和自旋等四个物理量描述电子绕质子的运动。

（1）能量

$$E_n = -\frac{13.6}{n^2} \text{ eV} \tag{6.30}$$

整数 $n=1, 2, 3, \cdots$ 叫做主量子数，取值所对应的能级分别称为基态（$n=1$）、第一激发态（$n=2$）、第二激发态（$n=3$）、第三激发态（$n=4$）……。从高能级向低能级的跃迁会发出光子，吸收光子也可以由低能级跃迁到高能级。根据能量守恒，两个能级的能量差等于光子的能量：

$$E_n - E_m = h\nu = \frac{hc}{\lambda} \tag{6.31}$$

从高能级向基态的跃迁发出的光形成的光谱系列叫作莱曼系，向第一激发态的跃迁的光谱系列叫作巴耳末系，向第二激发态的系列叫作帕邢系。

（2）角动量的平方的本征值为

$$l(l+1)\hbar^2, \quad l=0, 1, 2, \cdots, n-1 \tag{6.32}$$

整数 l 叫作角量子数。对于特定的主量子数，角量子数有 n 个可能的取值。

（3）角动量的第三分量本征值为

$$m_z \hbar, \quad m_z = 0, \pm1, \pm2, \cdots, \pm l \tag{6.33}$$

整数 m_z 叫作磁量子数。对于特定的角量子数，磁量子数有 $2l+1$ 个可能的取值。

（4）电子的自旋角动量简称自旋。自旋角动量平方的本征值也可以写为

$$s(s+1)\hbar^2, \quad s=1/2 \tag{6.34}$$

对于电子，量子数 $s=1/2$。我们说电子的自旋是 1/2。电子自旋角动量的第三分量只有两个可能的取值 $\pm(1/2)\hbar$。

对于一个特定的主量子数,可能的状态数是

$$2\sum_{l=0}^{n-1}(2l+1)=2n^2 \tag{6.35}$$

这些数目正是元素周期表中原子核外每一层所能容纳的电子数目。

量子问题 6　电子在原子核外的分布规律

电子在原子核外的分布服从两个原理:(1)泡利不相容原理——同一个量子态只能有一个电子;(2)能量最小原理——原子的分布要使系统的能量最低。当原子数少时,电子先占据量子数小的状态;当电子数多时,由于电子之间的相互作用,有的时候会有违反情况。

电子的正常分布如下,叫作原子的电子组态:

$$1s^1;\ 1s^2;\ 1s^22s^1;\ 1s^22s^2;\ 1s^22s^22p^1;\ 1s^22s^22p^2;\ \cdots$$
$$1s^22s^22p^6;\ 1s^22s^22p^63s^1;\ \cdots \tag{6.36}$$

在光谱学中,符号 s, p, d, e, f, … 对应角量子数 $l=0$, 1, 2, 3, 4, …。角量子数符号前边的数字是主量子数,右上角的数字是电子数目。

二、综合练习

1. 宇宙飞船相对于地面以速度 v 做匀速直线飞行,某一时刻飞船头部的宇航员向飞船尾部发出一个光信号,经过 Δt(飞船上的钟)时间后,被尾部的接收器收到,则由此可知飞船的固有长度为(c 表示真空中光速)

(A) $c\cdot\Delta t$ 　　　　　　　　　　　　(B) $v\cdot\Delta t$

(C) $\dfrac{c\cdot\Delta t}{\sqrt{1-(v/c)^2}}$ 　　　　　　　(D) $c\cdot\Delta t\cdot\sqrt{1-(v/c)^2}$

2. 在某地发生两件事,静止位于该地的甲测得时间间隔为 4 s,若相对于甲做匀速直线运动的乙测得时间间隔为 5 s,则乙相对于甲的运动速度是(c 表示真空中光速)

(A) $(4/5)c$ 　　　　　　　　　　　(B) $(3/5)c$

(C) $(2/5)c$ 　　　　　　　　　　　(D) $(1/5)c$

3. 设某微观粒子的总能量是它的静止能量的 K 倍,则其运动速度的大小为(以 c 表示真空中的光速)

(A) $\dfrac{c}{K-1}$ 　　　　　　　　　　(B) $\dfrac{c}{K}\sqrt{1-K^2}$

(C) $\dfrac{c}{K}\sqrt{K^2-1}$ 　　　　　　(D) $\dfrac{c}{K+1}\sqrt{K(K+2)}$

4. 某核电站年发电量为 100 亿度,它等于 36×10^{15} J 的能量,如果这是由核材料的全部静止能转化而来的,则需要消耗的核材料的质量为

(A) 0.4 kg (B) 0.8 kg
(C) $(1/12) \times 10^7$ kg (D) 12×10^7 kg

5. 根据相对论力学，动能为 0.25 MeV 的电子，其运动速度约等于
(A) $0.1c$ (B) $0.5c$
(C) $0.75c$ (D) $0.85c$
(c 表示真空中的光速，电子的静能 $m_0 c^2 = 0.51$ MeV。)

6. 以速度 v 相对于地球做匀速直线运动的恒星所发射的光子，其相对于地球的速度的大小为_____

7. π^+ 介子是不稳定的粒子，在它自己的参考系中测得平均寿命是 2.6×10^{-8} s，如果它相对于实验室以 $0.8c$（c 为真空中光速）的速率运动，那么实验室坐标系中测得的 π^+ 介子的寿命是_____ s。

8. 两个惯性系中的观察者 O 和 O' 以 $0.6c$（c 表示真空中光速）的相对速度互相接近。如果 O 测得两者的初始距离是 20 m，则 O' 测得两者经过时间 $\Delta t' = $ _____ s 后相遇。

9. 静止时边长为 50 cm 的立方体，当它沿着与它的一个棱边平行的方向相对于地面以匀速度 2.4×10^8 m·s^{-1} 运动时，在地面上测得它的体积是_____。

10. 狭义相对论确认，时间和空间的测量值都是_____，它们与观察者的_____密切相关。

11. 设电子静止质量为 m_e，将一个电子从静止加速到速率为 $0.6c$（c 为真空中光速），需做功_____。

12. 假设太阳表面可视为黑体，测得太阳单色辐出度的最大值所对应的波长为 $\lambda_m = 465$ nm，于是估算出太阳表面的温度为
(A) 3 780 K (B) 6 232 K
(C) 7 800 K (D) 12 000 K

13. 如果一个无线电接收机，接收到频率为 10^8 Hz 的电磁波的功率为 1 μW，则每秒接收到的光子数是
(A) 2.60×10^{19} 个 (B) 1.50×10^{19} 个
(C) 3.00×10^{19} 个 (D) 3.60×10^{19} 个

14. 所谓"黑体"是指这样一种物体，即
(A) 能够反射任何可见光的物体
(B) 能够反射任何电磁波的物体
(C) 颜色是纯黑的物体
(D) 能够全部吸收外来的任何电磁辐射的物体

15. 有两种粒子，其质量 $m_1 = 2m_2$，动能 $E_{k1} = 2E_{k2}$，则它们的德布罗意波长之比 λ_1/λ_2 为
(A) 1/4 (B) 1/2
(C) 1/8 (D) $1/\sqrt{2}$

16. 某阴极射线管的阴阳极之间的电压为 350 V，设电子逸出阴极时的速度为零，则电子到达阳极时与其相应的德布罗意波长为

(A) $350m_e eh$　　　　　　　　　　(B) $\dfrac{h}{\sqrt{700m_e e}}$

(C) $\dfrac{h}{\sqrt{3.5m_e e}}$　　　　　　　　(D) $\dfrac{h}{\sqrt{350m_e e}}$

17. 如果两种质量不同的粒子，其动量相同，则这两种粒子的
    (A) 德布罗意波长相同　　　　(B) 能量相同
    (C) 速度相同　　　　　　　　(D) 动能相同

18. 波长 $\lambda = 500$ nm 的光沿 x 轴正向传播，若光的波长的不确定量 $\Delta\lambda = 10^{-4}$ nm，则利用不确定关系式 $\Delta x \Delta p_x \geq h$ 可得光子的坐标不确定量至少为
    (A) 25 cm　　　　　　　　　(B) 50 cm
    (C) 250 cm　　　　　　　　 (D) 500 cm

19. 波长为 355 nm 的单色光照射到金属钠上，测得光电子的最大动能是 1.2 eV，则金属钠的红限波长是
    (A) 535 nm　　　　　　　　(B) 435 nm
    (C) 500 nm　　　　　　　　(D) 540 nm

20. 频率为 ν_1 和 ν_2 的两种不同频率的光波分别照射到两种不同的金属表面，都发生光电效应，测得光电子的初动能之间有以下关系 $E_{k1} < E_{k2}$，则入射光的频率之间有以下关系：
    (A) $\nu_1 < \nu_2$　　　　　　　　(B) $\nu_1 > \nu_2$
    (C) $\nu_1 = \nu_2$　　　　　　　　(D) 不能确定

21. 用频率为 ν 的单色光波照射某金属，发生光电效应，光电子的动能为 E_k，如果入射光的频率变为原来的两倍，则光电子的动能为
    (A) $2h\nu + E_k$　　　　　　　(B) $2h\nu - E_k$
    (C) $h\nu + E_k$　　　　　　　 (D) $h\nu - E_k$

22. 在康普顿散射实验中，如果散射角是 π，那么波长的改变量是
    (A) 0.002 43 nm　　　　　　(B) 2×0.002 43 nm
    (C) 3×0.002 43 nm　　　　　(D) 4×0.002 43 nm

23. 在康普顿散射实验中，散射光的波长是入射光的 2 倍，散射光光子的能量是反冲电子动能的多少倍
    (A) 1　　(B) 2　　(C) 3　　(D) 4

24. 大量的氢原子处于第二激发态，原子跃迁时将发出几种波长的光：
    (A) 1　　(B) 2　　(C) 3　　(D) 4

25. 氢原子中的电子处于 3d 量子态，描述氢原子量子态的四个量子数 n、l、m_l、m_s 的可能取值为
    (A) (3, 0, 1, -1/2)　　　　　　(B) (1, 1, 1, -1/2)
    (C) (2, 1, 0, 1/2)　　　　　　(D) (3, 2, 0, 1/2)

26. 波函数乘以一个大于 1 的实常数，则粒子在空间的概率分布将
    (A) 增大　　(B) 减小　　(C) 不变　　(D) 不能确定

27. 一个粒子在宽为 $2a$ 的无限深势阱中运动，定态波函数为 $\psi(x) = \dfrac{1}{\sqrt{a}}\cos\dfrac{3\pi x}{2a}$，坐标 x 的变化范围是 $(-a \leq x \leq a)$，该粒子在 $x = 5a/6$ 处宽为 $\mathrm{d}x$ 的区间出现的概率为

(A) $\dfrac{\mathrm{d}x}{2a}$

(B) $\dfrac{\mathrm{d}x}{a}$

(C) $\dfrac{\mathrm{d}x}{\sqrt{2a}}$

(D) $\dfrac{\mathrm{d}x}{\sqrt{a}}$

28. 在氢原子的 K 壳层中，量子态的四个量子数 n、l、m_l、m_s 的可能取值为

(A) (1, 0, 0, −1/2) (B) (1, 1, 1, −1/2)
(C) (1, 1, 0, 1/2)   (D) (2, 1, 0, 1/2)

29. 以下可能的量子数组合中，哪一组可以描述氢原子的量子态？

(A) (2, 2, 0, −1/2) (B) (1, 1, 1, −1/2)
(C) (1, 2, 0, 1/2)   (D) (4, 1, 0, 1/2)

30. 波函数的标准条件是什么_____，波函数的意义是什么_____。

31. 氢原子中电子从 $n = 3$ 的激发态被电离出去，需要的能量为_____ eV（氢原子基态能量为 −13.6 eV）。

32. 钨的红限波长是 230 nm，用某一波长的单色光照射金属钨，从表面逸出的光电子的最大动能是 1.5 eV，则照射钨的光波的波长是_____ nm（普朗克常量 $h = 6.63 \times 10^{-34}$ J·s）。

33. 当绝对黑体的温度从 27 ℃ 升到 327 ℃ 时，其辐出度增加为原来的_____倍。

34. 金属铯的红限波长是 660 nm，其逸出功为_____。

35. 低速运动的质子和 α 粒子，它们的德布罗意波长相同，则它们的动量之比为_____，动能之比为_____。

36. 金属钯的红限频率是 $\nu_0 = 1.21 \times 10^{15}$ Hz，现在以波长为 $\lambda = 0.207\ \mu\mathrm{m}$ 的紫外线照射金属钯的表面产生光电效应，则遏止电压是_____。

37. 在光电效应实验中，测得入射光的波长是 300 nm，光电子的能量范围为 $0 \sim 4.0 \times 10^{-19}$ J，则此金属的红限频率是_____ Hz，光电子的遏止电压是_____ V。

38. X 射线被物质散射后，散射光中会出现波长_____ 和波长_____ 的两种成分，其中康普顿散射与_____相关。

39. 氢原子的巴耳末谱线系是从高激发态向主量子数 $n =$ _____ 状态的跃迁；如果在巴耳末系光谱中有一频率为 6.15×10^{14} Hz 谱线，它是氢原子从能量为_____ eV 的状态向能量为_____ eV 状态的跃迁。

40. 在氢原子光谱中，由各激发态向基态跃迁发出的谱线组成莱曼系，那么在莱曼系中波长最短的谱线对应的光子的能量是_____ eV，波长最长的谱线所对应的光子的能量为_____ eV。

41. 在氢原子的莱曼系中，有一条波长为 121.6 nm，要使该谱线出现，应该给处于基态的氢原子提供的最小能量是_____ eV。

42. 氢原子处于第三激发态即主量子数 $n = 4$，在向低激发态跃迁的过程中，发出不同波长的谱线，从 $n =$ _____ 到 $n =$ _____ 跃迁发出的光线的波长最短；从 $n =$ _____ 到

$n =$ _____ 跃迁发出的光线的波长最长。

43. 在戴维孙-革末电子实验中，从阴极出来的电子经过 500 V 的电压加速，然后投射到晶体上，这种电子束的德布罗意波长是 $\lambda =$ _____ nm。

44. 设波函数是 $\psi(\boldsymbol{r}, t)$，则 $\psi^*(\boldsymbol{r}, t)\psi(\boldsymbol{r}, t)$ 表示_____，波函数的归一化条件是_____。

45. 如果电子被限制在无限深势阱中运动，阱宽为 0.05 nm，用不确定关系近似估计动量的不确定值为_____。

46. 氢原子中，对于主量子数是 2，自旋磁量子数是 1/2 的量子态，能够容纳的电子数是_____。

47. 量子力学中，电子的轨道角动量是量子化的。氢原子中电子的轨道角动量是 $L = \sqrt{l(l+1)}\hbar$，当主量子数是 3 的时候，轨道角动量的可能取值是_____。

48. 多电子原子中，电子的排列遵循_____原理和_____原理。

49. 泡利不相容原理的内容是_____。

50. 锂原子有 3 个电子，处于基态的锂原子的电子组态是_____。

51. 钴原子（$Z = 27$）有两个电子在 4s 态，没有其他 $n \geq 4$ 的电子，则在 3d 态的电子可以有多少个_____。

52. 氦原子处于基态时，两个电子的量子态可以表示为_____ 和_____ ［用四个量子数 (n, l, m_l, m_s) 表示］。

综合练习答案：

1. （A）
2. （B）
3. （C）
4. （A）
5. （C）
6. （C）
7. 4.33×10^{-8}
8. 8.89×10^{-8}
9. 0.075 m^3
10. 相对的，运动
11. $0.25 m_e c^2$
12. （B）

解：黑体辐射的维恩位移定律 $\lambda_m T = 2.898 \times 10^{-3}$ m·K。

13. （B）

解：1 μW = 10^{-6} W，所以每秒接收到的电磁波能量 $E = 10^{-6}$ J，一个光子的能量，$\varepsilon_0 = h\nu$，所以光子数为

$$N = \frac{E}{h\nu} = \frac{10^{-6}}{6.63 \times 10^{-34} \times 10^8} \approx 1.5 \times 10^{19}$$

14. (D)

解：黑体的定义。

15. (B)

解：根据 $\lambda = \dfrac{h}{p}$，$E_k = \dfrac{p^2}{2m}$ 可得 $\lambda = \dfrac{h}{\sqrt{2mE_k}}$，所以 $\dfrac{\lambda_1}{\lambda_2} = \sqrt{\dfrac{m_2 E_{k2}}{m_1 E_{k1}}}$。

16. (B)

解：电子的动能 $E_k = \dfrac{p^2}{2m} = eU$，式中 e 是电子的电荷量大小，$U = 350$ V 是阳极与阴极之间的电势差。

17. (A)

18. (C)

解：从 $p = \dfrac{h}{\lambda}$ 可得 $\Delta p = \dfrac{h \Delta \lambda}{\lambda^2}$，代入不确定关系式 $\Delta x \Delta p_x \geqslant h$ 得到 $\Delta x \geqslant \dfrac{\lambda^2}{\Delta \lambda} = 250$ cm。

19. (D)

解：光电效应的爱因斯坦方程 $h\nu = h\nu_0 + E_k$，而频率 $\nu = \dfrac{c}{\lambda}$，$\nu_0 = \dfrac{c}{\lambda_0}$。

20. (D)

解：根据爱因斯坦方程 $h\nu = W_0 + E_k$，由于逸出功不知道，所以频率关系无法确定。

21. (C)

解：反复应用光电效应的爱因斯坦方程。

22. (B)

23. (A)

解：设入射光和散射光的波长分别为 λ_0 和 λ，有 $\lambda = 2\lambda_0$，散射光光子的能量为 $\varepsilon = \dfrac{hc}{\lambda} = \dfrac{hc}{2\lambda_0}$，反冲电子的动能 $E_k = \dfrac{hc}{\lambda_0} - \dfrac{hc}{\lambda} = \dfrac{hc}{\lambda_0} - \dfrac{hc}{2\lambda_0} = \dfrac{hc}{2\lambda_0}$，所以散射光光子的能量和反冲电子的动能相等。

24. (C)

25. (D)

26. (C)

解：波函数代表概率，需要归一化。

27. (A)

解：概率密度是波函数绝对值的二次方 $|\psi|^2$，小区间的概率为 $|\psi|^2 \mathrm{d}x$。

28. (A)

解：K 壳层对应 $n = 1$。

29. (D)

30. 单值、有限、连续；波函数绝对值的二次方正比于概率

31. 1.51 eV

32. 180 nm
33. 16
34. 1.89 eV
35. 1；4
36. 0.99 V
37. 4.0×10^{14} Hz；2.5 V
38. 不变；变长；波长变长
39. 2；-0.85 eV；-3.4 eV

解：氢原子能级的能量差等于光子能量 $h\nu = E_n - E_k$。

40. 13.6 eV；10.2 eV
41. 10.2 eV
42. 4，1；4，3
43. 0.054 9 nm
44. t 时刻粒子在 r 处出现的概率密度；$\int |\psi(r, t)|^2 \mathrm{d}V = 1$
45. $\Delta x \approx 0.05$ nm，利用 $\Delta x \Delta p \geq \hbar$，得到 $\Delta p \geq \hbar/\Delta x = 1.32\times 10^{-23}$ kg·m·s^{-1}
46. 4
47. 0，$\sqrt{2}\hbar$，$\sqrt{6}\hbar$
48. 泡利不相容原理；能量最低原理
49. 一个原子内两个电子不能处于完全相同的量子态
50. $1s^2 2s^1$
51. 7 个
52. (1, 0, 0, 1/2)；(1, 0, 0, -1/2)

三、解题参考

第 13 章 狭义相对论

13.1 经典力学中的相对性原理与狭义相对论中的相对性原理有什么不同？

解：经典力学中的伽利略相对性原理要求力学规律在不同的惯性系中形式相同，而狭义相对论中爱因斯坦的相对性原理不限于力学规律，还要求其他的物理规律，例如电磁规律在不同的惯性系中形式相同。

13.2 经典力学的时空观与狭义相对论的时空观有什么主要区别？

解：经典力学的时空观是绝对的时间和空间，时间和空间相互独立，而在狭义相对论中时间和空间处于同等的地位，在洛伦兹变换中时间和空间联合起来变换，因此有了同时的相对性、时间延缓和长度收缩等与经典时空观明显不同的结果。

13.3 由洛伦兹变换证明 $c^2t^2-x^2-y^2-z^2=c^2t'^2-x'^2-y'^2-z'^2$，并说明其物理意义。

解： 将洛伦兹变换或者反变换代入其中就可以证明其正确性。此式反映了真空中的光速不变性，如果一个观察者测到信号的速度是真空光速，$c^2t^2-x^2-y^2-z^2=0$，那么另一个参考系看这个信号的速度也是真空中的光速，即 $c^2t'^2-x'^2-y'^2-z'^2=0$。

13.4 如果真空中的光速是 300 m/s，且对任何惯性系都一样，那么人们对现实世界的感受如何？

解： 相对论效应会明显，物体的运动速度可以容易接近真空中的光速。

13.5 如果真空中的光速趋于无限大，那么狭义相对论的结果会有什么变化？

解： 狭义相对论的结果会变成牛顿力学的结果，因为相对无限大的速度来说，一切有限大小的速度都是小的。

13.6 狭义相对论中的长度收缩与物体的热胀冷缩有何区别？

解： 狭义相对论中的长度收缩是由于相对运动引起的观察效应，而热胀冷缩是物体由于受到外界影响引起的物体内部分子状态的改变，即使相对于物体静止也可以观察到。

13.7 一直尺沿长度方向接近观测者，观测者测得米尺的长度是 0.5 m，问观测者测得米尺的速度是多少？如果观测者没有发现米尺的长度有变化，原因是什么？

解： 米尺的固有长度 $l_0=1$ m，观察者测得的长度 $l=0.5$ m。根据长度收缩公式有 $l=l_0\sqrt{1-v^2/c^2}$，解得 $v=c\sqrt{1-l^2/l_0^2}=c\sqrt{1-0.5^2/1^2}=(\sqrt{3}/2)c$。

如果观测者没有看到米尺的长度发生变化，说明米尺是横向接近观测者的。

13.8 一飞船以 $0.98c$ 的速度离开地球，飞船的固有长度是 20 m。飞船上的人从船尾向船头发射一个光信号，问：

（1）飞船上的人看，信号从船尾到船头行走的时间间隔是多少？

（2）地球上的人看光信号从船尾到船头行走的时间间隔和空间间隔分别是多少？

解：（1）设飞船是 K' 系，地球是 K 系，两个参考系的相对运动速度因此是 $v=0.98c$。已知条件是 $\Delta x'=20$ m。飞船上的人看，信号从船尾到船头行走的时间间隔是

$$\Delta t'=\frac{\Delta x'}{c}=\frac{20}{3\times 10^8}\text{ s}=6.67\times 10^{-8}\text{ s}$$

（2）地球上的人看光信号从船尾到船头行走的时间间隔和空间间隔可以由洛伦兹变换得到

$$\Delta t=\frac{\Delta t'+v\Delta x'/c^2}{\sqrt{1-v^2/c^2}}=\frac{6.67\times 10^{-8}+0.98\times 6.67\times 10^{-8}}{\sqrt{1-0.98^2}}\text{ s}=6.67\times 10^{-7}\text{ s}$$

$$\Delta x=\frac{\Delta x'+v\Delta t'}{\sqrt{1-v^2/c^2}}=\frac{20+0.98\times 20}{\sqrt{1-0.98^2}}\text{ m}=198\text{ m}$$

13.9 一飞船以 0.999 9c 的速度离开地球向牛郎星飞行，牛郎星与地球之间的距离是 16 光年。问：

(1) 地球上的人看，飞船需要飞行多长时间才能到达牛郎星？

(2) 需要准备多长时间的食物，也就是飞船上的人觉得需要多长时间才能到达牛郎星？

解：(1) 设飞船是 K' 系，地球是 K 系，两个参考系的相对运动速度因此是 $v = 0.999\,9c$。已知条件是 $\Delta x = 16$ 光年，这也是地球与牛郎星之间的固有长度。地球上的人看，飞船行走的时间是

$$\Delta t = \frac{\Delta x}{v} \approx 16 \text{ 年}$$

(2) 由于长度收缩，飞船上的人看地球到牛郎星之间的距离是 $\Delta x \sqrt{1-v^2/c^2}$。因此飞船上的人看，飞船行走的时间是

$$\Delta t' = \frac{\Delta x \sqrt{1-v^2/c^2}}{v} \approx 16\sqrt{1-0.999\,9^2} = 0.224 \text{ 年}$$

需要准备两个半月左右的食物。直接用洛伦兹变换也会得到同样的结果

$$\Delta t' = \frac{\Delta t - v\Delta x/c^2}{\sqrt{1-v^2/c^2}} = \frac{\Delta x/v - v\Delta x/c^2}{\sqrt{1-v^2/c^2}} = \frac{\Delta x}{v} \cdot \frac{1-v^2/c^2}{\sqrt{1-v^2/c^2}} = \frac{\Delta x}{v}\sqrt{1-v^2/c^2} = 0.224 \text{ 年}$$

13.10 参考系 K' 沿参考系 K 的 x 轴，向正向运动。在参考系 K 中相距 1 m 的两个地方同时发生了两个事件，参考系 K' 中的观察者测得这两个事件的空间间隔是 2 m，问参考系 K' 中的观察者测得这两个事件时间间隔是多少？

解：题中给出的已知条件是 $\Delta t = 0$，$\Delta x = 1$，$\Delta x' = 2$，各量的单位都是国际单位制。

需要由洛伦兹变换先求两个参考系的相对运动速度

$$\Delta x' = \frac{\Delta x - v\Delta t}{\sqrt{1-v^2/c^2}} = \frac{\Delta x}{\sqrt{1-v^2/c^2}}, \quad \text{解得 } v = c\sqrt{1-\Delta x^2/\Delta x'^2} = (\sqrt{3}/2)c。$$

参考系 K' 中的观察者测得这两个事件时间间隔是

$$\Delta t' = \frac{\Delta t - v\Delta x/c^2}{\sqrt{1-v^2/c^2}} = -5.77 \times 10^{-9} \text{ s}$$

13.11 开始时，参考系 K' 与参考系 K 的坐标原点和各个坐标轴重合。之后，参考系 K' 沿参考系 K 的 Ox 轴，以 0.8c 的速度向正向运动。在参考系 K' 中有一个直尺与 Ox 轴的夹角是 30°，问在参考系 K 中观察，直尺与 Ox 轴的夹角是多少？

解：设直尺的长度是 l，在参考系 K' 中有

$$\Delta x' = l\cos 30° = 0.866l, \quad \Delta y' = l\sin 30° = 0.5l$$

在参考系 K 中

$$\Delta x = \Delta x' \sqrt{1-v^2/c^2}, \quad \Delta y = \Delta y'$$

夹角的正切为 $\tan \theta = \Delta y/\Delta x$，得到夹角为

$$\theta = \arctan \frac{\Delta y}{\Delta x} = 43.9°$$

13.12 一观测者沿边长为 a 的正方形的一边方向以速度 v 接近正方形，问这一观测者看到的正方形的面积是多少？

解：沿运动方向上有长度收缩，而垂直运动方向上没有长度收缩，因此观测者看到的正方形的面积是

$$S = a \times a\sqrt{1-v^2/c^2} = a^2\sqrt{1-v^2/c^2}$$

13.13 一观测者以速度 v 接近边长为 a 的立方体，问这一观测者看到的立方体的体积多少？如果物体不是立方体，结果会不会有变化？

解：立方体的固有体积 $V_0 = a^3$。沿运动方向上有长度收缩，而垂直运动方向上没有长度收缩，因此观测者看到的立方体的体积是

$$V = a^2 \times a\sqrt{1-v^2/c^2} = V_0\sqrt{1-v^2/c^2}$$

如果物体不是立方体，结果也不会有变化，仍然有关系 $V = V_0\sqrt{1-v^2/c^2}$。

13.14 （1）计算电子的静止能量分别用 J 和 eV 表示；
（2）如果静止的电子分别受到 20.0 kV 和 5.00 MV 的电压加速，求电子的运动速度。

解：（1）电子的静止质量是 $m_e = 9.109 \times 10^{-31}$ kg，因此静止能量为

$$E_0 = m_0 c^2 = 9.109 \times 10^{-31} \times (3 \times 10^8)^2 \text{ J} = 8.187 \times 10^{-14} \text{ J}$$

转换成电子伏特是

$$E_0 = \frac{8.187 \times 10^{-14}}{1.6 \times 10^{-19}} \text{ eV} = 0.511 \text{ MeV}$$

（2）电子的动能 $E_k = eV_0 = \gamma m_e c^2 - m_e c^2$，其中 $e = 1.6 \times 10^{-19}$ C 是基本电量，V_0 是加速电压。进一步得到

$$\gamma = \frac{m_e c^2 + eV_0}{m_e c^2} = 1 + \frac{eV_0}{m_e c^2}$$

另一方面 $\gamma = 1/\sqrt{1-v^2/c^2}$ 或者 $v = c\sqrt{1-(1/\gamma)^2}$。代入数据，经过一定的运算得到

$$V_0 = 20.0 \text{ kV}, \quad \gamma = 1.039, \quad v = 0.272c = 8.15 \times 10^7 \text{ m/s}$$
$$V_0 = 5.00 \text{ MV}, \quad \gamma = 10.78, \quad v = 0.996c$$

当 $V_0 = 20.0$ kV 时，电子获得的动能小于静止能量4%，最后的速度大约是真空光速的四分之一；当 $V_0 = 5.00$ MV 时，电子获得的动能远远超过其静止能量，电子获得的速度接近真空中的光速。

13.15 π 介子的静止能量是 140 MeV，固有寿命是 2.6×10^{-8} s。如果一运动 π 介子的能量是 280 MeV，问 π 介子在衰变前在地面上能够走过多长的距离？

解：π 介子的总能量 $E = 280$ MeV，静止能量 $E_0 = m_0 c^2 = 140$ MeV。先由能量公式计算运动 π 介子的运动速率

$$E = \frac{m_0 c^2}{\sqrt{1-v^2/c^2}}$$

代入数据得到 $v=0.866c$。根据时间延缓效应可得运动 π 介子的寿命 $\Delta t = 2.6\times10^{-8}/\sqrt{1-v^2/c^2} = 5.2\times10^{-8}$ s。因此 π 介子在衰变前能够通过的距离是

$$v\Delta t = 0.866c\times 5.2\times 10^{-8} \text{ m} = 13.5 \text{ m}。$$

13.16 当一微观粒子的动能等于其静止能量时，其寿命是固有寿命的多少倍？

解：微观粒子的总能量

$$E = E_k + m_0 c^2 = \frac{m_0 c^2}{\sqrt{1-v^2/c^2}}$$

当动能等于静止能量时，得到 $\gamma = 1/\sqrt{1-v^2/c^2} = 2$，根据时间延缓公式知道微观粒子的运动寿命 $\Delta t = \gamma \Delta \tau = 2\tau$，也就是说运动寿命是其固有寿命的两倍。

13.17 在一种热核反应 $_1^2\text{H} + _1^3\text{H} \rightarrow _2^4\text{He} + _0^1\text{n}$ 中，各个粒子的静止质量是氘核 $_1^2\text{H}$，$m_D = 3.3437\times10^{-27}$ kg，氚核 $_1^3\text{H}$，$m_T = 5.0049\times10^{-27}$ kg，氦核 $_2^4\text{He}$，$m_{He} = 6.6425\times10^{-27}$ kg，中子 n，$m_n = 1.6750\times10^{-27}$ kg。求这一反应的质量亏损和释放出的能量。

解：这一反应的质量亏损为

$$\Delta m = (m_D + m_T) - (m_{He} + m_n) = 0.0311\times 10^{-27} \text{ kg}$$

释放出的能量因此为

$$\Delta E = \Delta m c^2 = 0.0311\times 10^{-27} \times (3\times 10^8)^2 \text{ J} = 2.799\times 10^{-12} \text{ J}$$

第 14 章 物质的波粒二象性

14.1 什么是黑体？黑色的物体就能当作黑体吗？在任何温度下黑体都呈现黑色吗？

解：能够完全吸收所有波长光波的物体叫作黑体；黑体不是指颜色发黑的物体；黑体不一定在任何温度下都是黑色，物体的颜色由从物体发出的光的颜色决定。

14.2 光照射到一个物体上，一部分能量被反射，一部分能量被吸收，吸收系数是怎么定义的？应该怎么定义反射系数？反射系数和吸收系数之间有什么关系？对于白体、灰体和黑体，反射系数分别怎么取值？

解：吸收系数是吸收能量除以入射能量；反射系数则是反射能量除以入射能量；吸收系数和反射系数之和为 1。对于白体，反射系数是 1，对于灰体反射系数介于 0 和 1 之间，对于黑体反射系数是零。

14.3 既然绝对黑体能够完全吸收照射到其表面的外来辐射，照此推断，黑体的温度应该无限地升高，对吗？

解：不对，黑体除了吸收能量之外还辐射能量。根据基尔霍夫定律，吸收能力越强，辐射能力也会越强。

14.4 有经验的炼钢工人通过小孔观察炼钢炉内的钢水颜色就可以估计出钢水的温度，这是根据什么原理做到的？

解：根据维恩位移定律 $\lambda_m T = b = 2.898\times 10^{-3}$ m·K，黑体辐射的峰值波长由温度决定。根

据钢水颜色可以知道峰值波长，进而确定温度。

14.5 任何有温度的物体都发射电磁波，为什么人眼看不见黑暗中的物体？你知道用什么样的仪器可以看见黑暗中的物体？

解： 低温物体发射红外线，人眼看不见红外线，也就是说人的眼睛对于光波有一定的感知范围，只能看见可见光范围内的光；能够探测红外线的仪器可以"看见"黑暗中的物体。

14.6 根据爱因斯坦的光量子假说，光子的动量和能量与什么因素有关？

解： 光子的动量与光的波长有关 $p=h/\lambda$；光子的能量由频率决定 $\varepsilon=h\nu$。

14.7 在光电效应中，遏止电压与哪些因素有关？

解： 遏止电压与电子的初始动能有关，有关系 $\frac{1}{2}m_e v^2 = eU_a$。这里 U_a 是遏止电压。

14.8 在光电效应中，如果将入射光的强度增加一倍，实验结果有何变化？如果将光的频率增加一倍，结果又如何？

解： 增加光强，意味着光子数增多，从金属中打出的光电子就多，电流加强；如果增加光的频率，根据爱因斯坦方程 $h\nu = W_0 + \frac{1}{2}m_e v^2$，可知电子的初始动能会增加，因为逸出功 W_0 是不变的。

14.9 如果用可见光进行康普顿效应实验，试比较散射光波长改变与入射光波长的大小关系。

解： 可见光的波长范围是 400~760 nm，而康普顿效应中的波长改变为

$$\Delta\lambda = 2k\sin^2\frac{\theta}{2}, \quad k = \frac{h}{m_e c} = 0.00243 \text{ nm}$$

波长的改变与入射光的波长相比很小，几乎可略。用可见光做康普顿散射实验不合适。

14.10 光电效应和康普顿效应都反映了光的粒子性，两个实验所展示的意义有何不同？

解： 光电效应只涉及光子的能量，用到了能量守恒；而康普顿散射反映了光子的动量和能量，用到了动量守恒和能量守恒。

14.11 在玻尔的氢原子理论中，为什么原子的总能量为负值？

解： 电子和原子核相距很远，或者处于电离状态时，势能选择为零。如果此处动能也是零，那么总能量就是零。当原子中的电子和原子核相互靠近形成束缚态时，要放出能量，使总能量变成负值。如果给电子提供很大的能量使其电离，则能量可以大于零。

14.12 当一个正电子和一个负电子在真空相遇时总会放出一对光子，为什么不能只放出一个光子？

解： 考虑一种情况，正负电子相对运动，总动量为零，如果只有一个光子，总动量不可能

为零。所以如果只有一个光子，这样的过程会违反动量守恒规律。一般情况下可以证明，如果只有一个光子，能量守恒和动量守恒不能满足。

14.13 在康普顿效应中，散射光的波长与什么因素有关？与散射体的材料性质有关吗？

解：散射光的波长与入射光的波长、电子的质量、散射角等因素有关，与材料无关。

14.14 实物粒子的波动性与连续介质中传播的机械波以及电磁波有什么本质上的不同？

解：实物粒子的物质波是概率波，无法直接测量，而机械波或者电磁波都是可以测量到的。

14.15 氢原子的玻尔理论用到了什么样的假设？这些假设与经典物理有什么矛盾冲突吗？

解：在氢原子的玻尔理论中用到了轨道量子化，角动量量子化和轨道之间的跃迁等假设，这与经典物理的连续概念完全不同。

14.16 如果一个质子和一个电子具有相同的速度，哪一个的德布罗意波长更长？如果二者的动能相同，结果如何？

解：物质波的波长 $\lambda = h/p$，动量 $p = mv = \sqrt{2mE_k}$。由于质子的质量比电子的质量大，当二者具有相同的速度或者动能时，质子的动量更大，而波长更小，所以两种情况下，都是电子的波长更长。

14.17 用可见光照射处于基态的氢原子，氢原子能被激发吗？

解：不能。氢原子的能量可以写成

$$E_n = -\frac{13.6}{n^2} \text{ eV}$$

要使处于基态的氢原子激发所需要的最低能量为

$$\Delta E = E_2 - E_1 = 10.2 \text{ eV}$$

最短波长或者光子能量最大的可见光波长是 400 nm，光子的能量约为 3.11 eV，不具有 $\Delta E = E_2 - E_1 = 10.2$ eV 这么多能量，因此可见光不能使处于基态的氢原子激发。

14.18 有哪些实验揭示了原子内部的这些特点：原子的有核结构、原子存在能级。

解：卢瑟福的 α 粒子大角散射实验表明原子内部有核结构；原子光谱表明原子的能量不连续，是分离的。

14.19 用 eV 表示 500 nm 绿光的光子能量。

解：光子能量为 $\varepsilon = h\nu = \dfrac{hc}{\lambda} = 2.485$ eV。注意 1 eV $= 1.602 \times 10^{-19}$ J。

14.20 （1）什么是黑体辐射的维恩位移定律？
（2）根据宇宙大爆炸理论，现在的宇宙起源于很久以前的一次强烈爆发。宇宙大爆炸遗留在宇宙空间的均匀背景辐射相当于 3 K 的黑体辐射。此辐射的单色辐出度在什么波长下有极大值?

解: 黑体的维恩位移定律是 $\lambda_m T = b$, $b \approx 2.898 \times 10^{-3}$ m·K; 将 $T = 3$ K 代入,得到峰值波长 $\lambda_m \approx 0.966 \times 10^{-3}$ m。

14.21 对黑体进行加热,其峰值波长 λ_m 由 690 nm 变到 500 nm,总辐出度增加了多少倍?

解: 根据维恩位移定律有

$$T\lambda_m = b$$

和斯特藩-玻耳兹曼定律有

$$e(T) = \sigma T^4$$

得

$$\frac{e_2(T)}{e_1(T)} = \frac{\lambda_{m1}^4}{\lambda_{m2}^4}(1.38)^4 = 3.63$$

14.22 把白炽灯的钨丝看作黑体,若其工作温度为 2 500 K,则单色辐出度的最大值所对应的辐射的波长是多少?由此解释白炽灯发光效率为什么低。

解: 将温度 $T = 2\,500$ K 代入维恩位移定律 $T\lambda_m = b$,有 $b \approx 2.898 \times 10^{-3}$,得到黑体辐射的峰值波长为 1 160 nm。此波长不在可见光范围,所以大部分能量被浪费。

14.23 白炽灯的工作温度为 2 400 K,假设灯丝可以被看作黑体,如果灯的功率为 100 W,求灯丝的表面积。

解: 根据斯特藩-玻耳兹曼定律

$$e(T) = \sigma T^4 \quad \text{①}$$

式中,$\sigma = 5.67 \times 10^{-8}$ W·m^{-2}·K^{-4},灯的功率为

$$P = e(T) \cdot S \quad \text{②}$$

联立式①和式②,得灯丝的表面积为

$$S = \frac{P}{\sigma T^4} = \frac{100}{5.67 \times 10^{-8} \times (2\,400)^4} \text{ m}^2 = 5.3 \times 10^{-5} \text{ m}^2$$

14.24 当波长为 300 nm 光照射在某金属表面时,光电子的能量范围为 $0 \sim 4.0 \times 10^{-19}$ J。在做上述光电效应实验时遏止电压是多少?此金属的红限频率是多少?

解: (1) 零光电子的动能 $E_k = eU_a = 4.0 \times 10^{-19}$ J,得到遏止电压 $U_a = 2.5$ V。

(2) 爱因斯坦方程 $h\nu = \frac{hc}{\lambda} = h\nu_0 + E_k$,入射光子的波长 $\lambda = 300 \times 10^{-9}$ m,光电子的动能 $E_k = 4.0 \times 10^{-19}$ J,得到截止频率 $\nu_0 = 4.0 \times 10^{14}$ Hz。

14.25 在光电效应中,如果光波的波长从 400 nm 变到 300 nm,对同一个金属,遏止电压增大多少?

解：设 $\lambda_1 = 400$ nm，$\lambda_2 = 300$ nm，由爱因斯坦方程 $\dfrac{hc}{\lambda} = h\nu_0 + E_k$ 和关系 $E_k = eU_a$，可得遏止电压的增加量 $\Delta U_a = U_{2a} - U_{1a} = \dfrac{1}{e}\left(\dfrac{hc}{\lambda_2} - \dfrac{hc}{\lambda_1}\right) = 1.035$ V。

14.26 铝的逸出功是 4.2 eV，波长为 200 nm 的光波投射到铝的表面，求：
（1）光电子的最大动能；
（2）遏止电压；
（3）截止波长。

解：（1）由爱因斯坦方程 $\dfrac{hc}{\lambda} = W + E_k$ 和逸出功 $W = 4.2$ eV，入射光的波长 $\lambda = 200$ nm，可得光电子的动能 $E_k = 2.02$ eV。

（2）利用关系 $E_k = eU_a$，容易得到遏止电压 $U_a = 2.02$ V。

（3）由逸出功与截止波长的关系 $W = h\nu_0 = \dfrac{hc}{\lambda_0}$ 以及 $W = 4.2$ eV，可得截止波长 $\lambda_0 = 296$ nm。

14.27 电子和光子各具有波长 2.0×10^{-10} m，它们的动量和总能量各是多少？

解：根据波粒二象性关系 $p = \dfrac{h}{\lambda}$，可得电子和光子的动量相同都是 $p = 3.32 \times 10^{-24}$ kg·m·s^{-1}；电子的能量 $E = m_e c^2 + E_k \approx 0.5612$ MeV，光子的能量 $\varepsilon = \dfrac{hc}{\lambda} = 6.19 \times 10^3$ eV。

14.28 一个静止电子经过 2.80 V 的电压加速，则电子的德布罗意波长是多少？如果一个光子具有同样的能量，其波长是多少？

解：（1）加速电压 $U = 2.80$ V，电子获得的动能 $E_k = eV = \dfrac{p^2}{2m_e}$，电子的波长 $\lambda = \dfrac{h}{p} = 0.733$ nm。

（2）令 $E_k = eU = h\nu = \dfrac{hc}{\lambda}$，可得光子波长 $\lambda = 444$ nm。

14.29 在康普顿散射实验中，所用的 X 射线的波长为 0.1 nm。如果在散射角为 45°方向观测，求：
（1）散射光的波长和散射光子的能量；
（2）反冲电子的能量。

解：（1）入射光的波长 $\lambda = 0.1$ nm，散射光的波长 $\lambda = \lambda_0 + \Delta\lambda$，$\Delta\lambda = 2k\sin^2\dfrac{\theta}{2}$，$k = \dfrac{h}{m_e c} = 0.00243$ nm，算出 $\lambda = \lambda_0 + \Delta\lambda = 0.1007$ nm。

散射光子的能量为

$$\varepsilon = h\nu = \dfrac{hc}{\lambda} = 12.3 \text{ keV}$$

(2) 反冲电子获得的动能 $E_k = \dfrac{hc}{\lambda_0} - \dfrac{hc}{\lambda} = 87.4$ eV，反冲电子的能量 $E = m_e c^2 + E_k$。

14.30 用波长为 0.1 nm 的光做康普顿散射实验，在散射角为 90° 方向上，散射光的波长是多少？反冲电子获得的动能是多少？

解：（1）入射光的波长 $\lambda = 0.1$ nm，散射光的波长 $\lambda = \lambda_0 + \Delta\lambda$，$\Delta\lambda = 2k\sin^2\dfrac{\theta}{2}$，$k = \dfrac{h}{m_e c} = 0.00243$ nm，算出 $\lambda = \lambda_0 + \Delta\lambda = 0.10243$ nm。

（2）反冲电子获得的动能是

$$E_k = \dfrac{hc}{\lambda_0} - \dfrac{hc}{\lambda} = 294.7 \text{ eV}。$$

14.31 一个能量为 4.0×10^3 eV 的光子与一个静止的电子碰撞，电子能够获得的最大动能是多少？

解： 设入射光光子的波长是 λ_0，散射光光子的波长是 λ，则有 $\lambda = \lambda_0 + \Delta\lambda$，$\Delta\lambda = 2k\sin^2\dfrac{\theta}{2}$，$k = \dfrac{h}{m_e c} = 0.00246$ nm，反冲电子获得的动能 $E_k = \dfrac{hc}{\lambda_0} - \dfrac{hc}{\lambda}$。当散射光的波长最大即散射角 $\theta = \pi$ 时，电子获得的动能最大。利用 $\dfrac{hc}{\lambda_0} = 4.0 \times 10^3$ eV，可得入射光的波长。进一步得到电子获得的最大动能为 62 eV。

14.32 一束单色光被一批处于基态的氢原子吸收，在这些氢原子重新跃迁回基态时，发出六种不同波长的谱线，入射单色光的波长是多少？

解： 要使氢原子发出 6 条波长不同的谱线，氢原子需要从基态跃迁到 $n = 4$ 的状态，因此入射光光子的能量为 $\varepsilon = E_4 - E_1 = \dfrac{hc}{\lambda}$，得到光子的波长 $\lambda = 97.3$ nm，这里 $E_n = -\dfrac{13.6}{n^2}$ eV 是氢原子的能量。

14.33 氢原子莱曼系的最短波长和最长波长是多少？

解： 由里德伯公式

$$\sigma = \dfrac{1}{\lambda} = R\left(\dfrac{1}{m^2} - \dfrac{1}{n^2}\right)$$

莱曼系 $m = 1$。最长波长取 $n = 2$，得 $\lambda_{\max} = 121.5$ nm；最短波长取 $n = \infty$，得 $\lambda_{\min} = 91.17$ nm。

14.34 在氢原子的巴耳末系中有一条谱线频率为 6.15×10^{14} Hz，产生此谱线的两个能级的能量是多少？

解： 巴耳末系是从高能态向主量子数 $n = 2$ 状态的跃迁，对于 $n = 2$ 的状态，氢原子的能量为

$$E_2 = -\dfrac{13.6}{2^2} \text{ eV} = -3.4 \text{ eV}$$

而频率为 6.15×10^{14} Hz 的光子的能量为 $\varepsilon = h\nu = 2.55$ eV，所以与该条谱线相关的另一个能级的能量是 -3.4 eV $+ 2.55$ eV $= -0.85$ eV，即与该条谱线相关的两个能级的能量是 -0.85 eV 和 -3.4 eV。

第 15 章　量子力学基础

15.1　一个自由粒子的物质波波函数是什么形式？由此能够得到自由粒子的什么信息？

解：在一维空间自由粒子的波函数是 $\psi(x,t) = Ae^{i(px-Et)/\hbar}$，从这一形式可以知道粒子的动量和能量。

15.2　对于微观粒子为什么会有不确定关系？不确定关系是由于测量误差引起的吗？

解：不确定关系是由物质的波粒二象性特性引起的；不确定关系是物质自身的特性，不是由外界的测量误差引起的。

15.3　为什么处于激发态的原子总是具有一定的寿命？原子跃迁所发出的光谱线频率是否绝对地单一？试从时间与能量的不确定关系出发加以说明。

解：时间与能量有不确定关系，因此能级会有一定的宽度和寿命；由于能级有宽度，所以谱线也不是一条线。

15.4　计入自旋以后，描述原子中电子的量子数需要四个，分别是什么？它们是怎样取值的？每一个壳层容纳的电子数目是多少？你知道为什么需要四个量子数吗？

解：四个量子数分别为主量子数、角量子数、磁量子数和自旋磁量子数。它们的取值如下：主量子数 $n = 1, 2, 3, \cdots$；角量子数 $l = 0, 1, 2, 3, \cdots, n-1$；磁量子数 $m_l = 0, \pm 1, \pm 2, \cdots, \pm l$；自旋磁量子数 $m_s = \pm 1/2$。一个壳层容纳的电子数 $N_n = \sum_{l=0}^{n-1}[2(2l+1)] = 2n^2$。一个系统的量子数个数与其自由度相同，电子的空间运动有三个自由度再加上自旋，共有四个自由度。

15.5　判断以下各种说法的对与错：
（1）实物粒子与光子一样，既具有波动性，亦具有粒子性。
（2）氢原子中的电子在作确定的轨道运动，轨道是量子化的。
（3）根据氢原子的量子力学理论，只能得出电子出现在某处的概率，而不能断言电子一定在某处出现。

解：（1）和（3）正确，（2）不正确，因为在量子力学中用波函数描述粒子的运动，没有轨道的概念，也谈不上轨道量子化。

15.6　什么是隧道效应？隧道效应消失的条件是什么？

解：在量子力学中，由于粒子的波粒二象性特性，即使入射粒子的能量小于势垒的高度，粒子也有一定的概率穿过势垒，这一现象叫作势垒贯穿或者隧道效应；势垒无限高或者无限宽时，隧道效应消失，即这种情况下粒子无法穿过势垒。

15.7 波函数满足的三个标准条件是什么？波函数的归一化有什么意义？

解：量子力学中的波函数要满足单值、有限、连续的标准条件。归一化表示一个粒子在全空间出现的概率是1。

15.8 德布罗意关系是否适用于宏观物体？为什么宏观物体不考虑波动性？什么情况下可以将微观粒子当作经典粒子来对待？

解：表示波粒二象性的德布罗意关系适用于任何物体；宏观物体波长太短；粒子的物质波波长远小于空间尺度。

15.9 线性谐振子的能级是什么？能级间距有什么特点？基态能量为什么不是零？

解：谐振子的能级是 $E_n = \left(n + \dfrac{1}{2}\right)\hbar\omega$，$n = 0, 1, 2, 3, \cdots$；能级等间距；定性地说，由于不确定关系，谐振子的坐标和动量不能同时为零，因而动能和势能不能同时为零，总能量不能是零。

15.10 量子力学中的定态指的是什么样的状态？

解：概率分布不随时间变化的状态。

15.11 当无限深势阱的宽度变大或者变小时，能级有什么变化？

解：无限深势阱的能级是 $E_n = \dfrac{n^2 \hbar^2}{2ma^2}$，势阱变宽时，相应的能级能量减小。

15.12 什么是激光？产生激光需要什么条件？激光光束与自然光相比有什么特点？根据这些特点，举例说明激光在科学技术和生产生活中有什么应用。

解：激光是受激辐射的光放大；粒子数翻转和谐振腔是产生激光的基本条件；激光具有以下一些特点：方向性好、单色性好、相干性好、高亮度能量集中。

15.13 质量为 m 的粒子在一宽度为 a 的一维无限深势阱中运动，试用不确定关系估算粒子的最低能量。

解：粒子的位置不确定量为 $\Delta x = a$，根据不确定原理，动量的不确定量为 $\Delta p \geqslant h/a$，定性地认为动量 $p \approx \Delta p \sim h/a$。根据 $E_k = \dfrac{p^2}{2m}$，粒子的最小能量约为 $E_k = \dfrac{h^2}{2ma^2}$。

［注］按照量子力学的严格结果，$\Delta x \Delta p \geqslant \hbar/2$，得到 $\Delta p \geqslant \hbar/(2a)$。

15.14 证明自由粒子的不确定关系可以写成 $\Delta x \Delta \lambda \geqslant \lambda^2$，这里 λ 是自由粒子的德布罗意波的波长。

证明：德布罗意关系式为

$$p = \dfrac{h}{\lambda}$$

两边取微分得

$$\Delta p = \frac{h}{\lambda^2}\Delta\lambda$$

代入不确定关系式，得

$$\Delta x \cdot \frac{h}{\lambda^2}\Delta\lambda \geq h, \quad 即 \Delta x \cdot \Delta\lambda \geq \lambda^2$$

15.15 要使电子的德布罗意波长为 0.1 nm，需要多大的加速电压？

解：
$$\frac{1}{2}mv^2 = eU, \quad \lambda = \frac{h}{p} = \frac{h}{\sqrt{2mE_k}} = \frac{h}{\sqrt{2meU}}$$

加速电压为

$$U = \frac{h^2}{2me\lambda^2} = \frac{(6.63\times10^{-34})^2}{2\times9.11\times10^{-31}\times1.6\times10^{-19}\times(10^{-10})^2} \text{ V} = 151 \text{ V}$$

15.16 如果粒子的位置不确定量等于其德布罗意波波长，证明此粒子的速度不确定量等于或大于其速度。

证明： 依题意，有

$$\Delta x = \lambda = \frac{h}{mv} \qquad ①$$

而坐标与动量的不确定关系是

$$\Delta x \cdot \Delta p_x \geq h \qquad ②$$

联立式①、式②得

$$\Delta x \cdot m\Delta v = \frac{h}{mv} \cdot m\Delta v = \frac{h}{v}\Delta v \geq h$$

因此，得 $\Delta v \geq v$，命题得证。

15.17 描述一个粒子的波函数为 $\psi(x) = A\sin(2\pi x/\lambda)$，其中 A、k 是常数，粒子在何处出现的概率最大，在何处出现的概率为零？

解： 粒子的波函数为 $\psi(x) = A\sin(2\pi x/\lambda)$，粒子的概率密度为波函数绝对值的二次方 $|\psi(x)|^2 = |A\sin(2\pi x/\lambda)|^2$。

当 $|\sin(2\pi x/\lambda)| = 1$ 时，概率最大，对应的坐标 $x = \pm(2k-1)\lambda/4$，$k = 1, 2, 3, \cdots$。

当 $|\sin(2\pi x/\lambda)| = 0$ 时，概率最小，对应的坐标 $x = \pm k\lambda/2$，$k = 0, 1, 2, 3, \cdots$。

15.18 假设一个粒子的波函数为 $\psi(x) = A/(x-i)$，求：
(1) 常数 A；
(2) 概率密度函数；
(3) 什么地方粒子出现的概率最大。

解：（1）根据归一化条件 $\int_{-\infty}^{\infty}|\psi(x)|^2\mathrm{d}x = 1$，得到系数 $A = \frac{1}{\sqrt{\pi}}$；（2）概率密度函数为 $|\psi|^2 = \frac{1}{\pi(1+x^2)}$；（3）根据概率密度的形式可知，$x = 0$ 处概率最大。

15.19 粒子在一维无限深势阱中运动,波函数为

$$\psi(x) = \sqrt{\frac{2}{a}} \sin \frac{3\pi x}{a}$$

式中,$0<x<a$。粒子出现概率最大的位置在何处?

解:概率密度是波函数绝对值的二次方,所以当 $\left|\sin\frac{3\pi x}{a}\right| = 1$ 时,概率最大。对应 $0<x<a$ 范围内的坐标有三个值 $x = \frac{a}{6}, \frac{3a}{6}, \frac{5a}{6}$,这就是粒子出现概率最大的位置。

15.20 一维运动的粒子,被限制在 $x=0$ 和 $x=a$ 的两个不可穿透的壁垒之间,描写粒子状态的波函数是 $\psi(x) = Ax(x-a)$,式中 A 为常数。
(1) 将此波函数归一化;
(2) 求粒子位置在 $x=a/2$ 时的概率密度函数;
(3) 在区间 $0 \sim a/3$ 发现粒子的概率。

解:(1) 波函数的归一化条件 $\int_0^a |\psi(x)|^2 dx = 1$,由此得到系数 $A = \frac{1}{a^2}\sqrt{\frac{30}{a}}$。

(2) 将 $x=a/2$ 代入 $|\psi(x)|^2 = |Ax(x-a)|^2$,得到概率密度为 $\frac{15}{8a}$。

(3) 在区间 $0 \sim a/3$ 发现粒子的概率为

$$\int_0^{a/3} |\psi(x)|^2 dx = A^2 \int_0^{a/3} [x(x-a)]^2 dx = 0.18$$

15.21 如果氢原子的主量子数 $n=3$,那么其他量子数的取值分别是多少?

解:当 $n=3$ 时,其他量子数的可能取值:(1) $l=0$,$m_l=0$,$m_s=\pm 1/2$;(2) $l=1$,$m_l=0$,± 1,$m_s=\pm 1/2$;(3) $l=2$,$m_l=0$,± 1,± 2,$m_s=\pm 1/2$。

15.22 在描述原子内电子状态的量子数 n、l、m_l 中,
(1) 当 $n=5$ 时,l 的可能值是多少?
(2) 当 $l=5$ 时,m_l 的可能值为多少?
(3) 当 $l=4$ 时,n 的最小可能值是多少?
(4) 当 $n=3$ 时,电子可能状态数为多少?

解:(1) 当主量子数 n 确定后,角量子数的取值为 $l=0, 1, 2, \cdots, n-1$。所以当 $n=5$ 时,角量子数 $l=0, 1, 2, 3, 4$。

(2) 当角量子数 l 确定后,磁量子数的取值为 $m_l=0, \pm 1, \pm 2, \cdots, \pm l$。所以当 $l=5$ 时,磁量子数 $m_l=0, \pm 1, \pm 2, \pm 3, \pm 4, \pm 5$。

(3) 由于 $l=0, 1, 2, \cdots, n-1$,所以当 $l=4$ 时,主量子数的最小值为 $n=5$。

(4) 当主量子数确定后,电子的可能状态数为 $2n^2$,所以当 $n=3$ 时,可能的量子数是 $2n^2=18$。

15.23 当电子的角量子数 $l=3$ 时，求：（1）轨道角动量；（2）轨道角动量的 z 分量；（3）轨道角动量与 z 轴的夹角。

解：（1）角量子数 $l=3$，轨道角动量为
$$L=\sqrt{l(l+1)}\,\hbar=\sqrt{12}\,\hbar$$

（2）磁量子数 m_l 的取值为 -3，-2，-1，0，1，2，3，所以轨道角动量的第三分量取值为
$$L_z=m_l\hbar=-3\hbar,\ -2\hbar,\ -\hbar,\ 0,\ \hbar,\ 2\hbar,\ 3\hbar$$

（3）轨道角动量与 z 轴的夹角为
$$\theta=\arctan\frac{L_z}{L}=29.9°,\ 54.7°,\ 73.2°,\ 90°,\ 106.8°,\ 125.3°,\ 150.1°$$

15.24 写出硼原子（B，$Z=5$）和氩原子（Ar，$Z=18$）在基态（能量最低态）时的电子排列式，即电子组态。

解：两个原子的电子组态分别为 B($1s^2 2s^2 2p^1$)，Ar($1s^2 2s^2 2p^6 3s^2 3p^6$)。

郑重声明

高等教育出版社依法对本书享有专有出版权。任何未经许可的复制、销售行为均违反《中华人民共和国著作权法》，其行为人将承担相应的民事责任和行政责任；构成犯罪的，将被依法追究刑事责任。为了维护市场秩序，保护读者的合法权益，避免读者误用盗版书造成不良后果，我社将配合行政执法部门和司法机关对违法犯罪的单位和个人进行严厉打击。社会各界人士如发现上述侵权行为，希望及时举报，本社将奖励举报有功人员。

反盗版举报电话　　（010）58581999　58582371　58582488
反盗版举报传真　　（010）82086060
反盗版举报邮箱　　dd@hep.com.cn
通信地址　　北京市西城区德外大街4号
　　　　　　高等教育出版社法律事务与版权管理部
邮政编码　　100120

防伪查询说明

用户购书后刮开封底防伪涂层，利用手机微信等软件扫描二维码，会跳转至防伪查询网页，获得所购图书详细信息。也可将防伪二维码下的20位密码按从左到右、从上到下的顺序发送短信至106695881280，免费查询所购图书真伪。

反盗版短信举报
编辑短信"JB，图书名称，出版社，购买地点"发送至10669588128
防伪客服电话
（010）58582300